suhrkamp taschenbuch
wissenschaft 1463

In seinem Buch *Die Konstitution der Moralität* (stw 1421) hat Thomas Rentsch im Anschluß an Phänomenologie, Hermeneutik und Sprachanalyse auf die fundamentale Bedeutung der praktischen Grundlagen aller unserer Lebensvollzüge für die Philosophie und insbesondere für die Moralphilosophie hingewiesen. Seine Grundfrage dort lautete: Wie ist eine menschliche Welt überhaupt möglich? Die Studien des vorliegenden Bandes ergänzen und vertiefen die Konstitutionsanalysen, die Rentsch zunächst als Antwort auf seine Grundfrage formuliert hatte. Sie ergänzen sie, indem sie das Konzept einer transzendentalen Anthropologie als praktische Philosophie in der Auseinandersetzung mit einer Reihe philosophiegeschichtlich bedeutender Autoren wie u. a. Hegel, Nietzsche, Kierkegaard, Marx, Heidegger, Wittgenstein und Adorno erproben. Sie vertiefen sie, da Rentsch nunmehr den Begriff der Negativität in den Mittelpunkt seiner Überlegungen zur Verfassung der menschlichen Welt rückt. Im Anschluß an Hegels Lehre von der »Macht der Negativität« und an andere Autoren in der Tradition negativen Denkens ist es die zentrale These der Untersuchungen von Rentsch, daß Negativität *faktisch* als Endlichkeit, Verletzlichkeit, Alter und Tod, *praktisch* als interexistentielle Differenz und interpersonale Ferne und *begrifflich* als stets fallible sprachliche Weltorientierung letztlich nicht überwunden, sondern nur jeweils transformiert werden kann und so auf neuen Niveaus immer erhalten bleibt.
Neben der Diskussion zentraler Fragen der Gegenwartsphilosophie, wie z. B. der Frage nach dem Verhältnis von Universalismus und Relativismus, stehen auch Anschlußmöglichkeiten des Ansatzes von Rentsch zur Diskussion, welche nicht nur Grundlagen der Philosophie und Hermeneutik, sondern auch Disziplinen wie die Rechtswissenschaft, Theologie und Gerontologie betreffen.
Thomas Rentsch ist Professor für Philosophie mit Schwerpunkt Praktische Philosophie/Ethik an der Technischen Universität Dresden. Er ist Mitherausgeber des *Historischen Wörterbuchs der Philosophie* und der *Wittgenstein Studies*. Bücher: *Heidegger und Wittgenstein* (1985); *Martin Heidegger – Das Sein und der Tod* (1989); (Mithrsg.), *Die Gegenwart der Gerechtigkeit* (1995). Im Suhrkamp Verlag hat er u. a. veröffentlicht: *Die Konstitution der Moralität. Transzendentale Anthropologie und praktische Philosophie*, 1990 und 1999 (stw 1421).

Inhalt

Sein ist unablösbar von Macht, sogar die Stoiker und Spinoza haben es gewußt. (...)
Zwischen Sein und Macht aber ist in der Geschichte ein Abgrund aufgerissen, und deshalb existiert Wahrheit nur in der Negation.

Max Horkheimer

Vorbemerkung

Für ihre Mithilfe bei der Fertigstellung des Bandes danke ich Theda Rehbock, Christoph Demmerling und meinen Dresdner Kollegen. Ich danke Peter Braun, Christoph Henning, Dirk Mende und Sven Schiman für die intensive Mitarbeit an den Korrekturen, Herrn Braun insbesondere für die Erstellung des Registers. Ich danke Frau Brigitte Proft für die Erstellung des Manuskripts. Last not least danke ich Friedhelm Herborth vom Verlag für die gute Kooperation.

Dresden, im März 1999

Negativität und praktische Vernunft – Einführung in die Thematik

I

Philosophisch ist das Negative nicht nur das Gegenteil des Positiven, sondern auch des Affirmativen. Ein weiteres spezifisches Gegenteil des Positiven ist das Privative, griechisch die Steresis, die ›Beraubung‹. Daher wäre, philosophisch betrachtet, angesichts der Thematik des vorliegenden Bandes die geläufige Frage: Wo bleibt das Positive? unangebracht. Freilich hat der inflationäre Gebrauch des abstrakten Titels ›Negativität‹ im Anschluß an Hegel es gestattet, diesen als Überschrift für eine Vielzahl von Phänomenen und Perspektiven generalisierend zu verwenden.

Phänomene der Negativität erscheinen auf elementarer Ebene *ontologisch* als Versagung, Nichtigkeit (»das Nichts«) und Tod, *anthropologisch* als Neinsagenkönnen und *logisch* als Verneinung, als Formen der Negation. Hegels philosophischer Terminus ›Negativität‹ und seine Analyse der ›Negation der Negation‹ schließt diese logisch-ontologische Differenz in einer Bewegung dialektischer Selbstreflexivität zusammen.[1] Noch die klassischen Aufsätze

1 Vgl. zum Thema von Negation und Negativität im Umkreis Hegels und in der Gegenwartsdiskussion: D. Henrich, »Formen der Negation in Hegels Logik«, in: *Hegel-Jahrbuch 1974* (1975), S. 245-256; W. Hübener, »Hegels Idee der Negativität und die metaphysische Tradition«, in: H. Weinrich (Hg.), *Positionen der Negativität*, München: Fink 1975, S. 476-481 (= Poetik und Hermeneutik VI). Die seinerzeitigen Vorlagen und Beiträge der Forschungsgruppe Poetik und Hermeneutik thematisieren fast ausschließlich formale, ontologische, linguistische, fiktionale und ästhetische Formen von Negativität. Praktisch-philosophische und ethische Bezüge finden sich dagegen so gut wie nicht. Demgegenüber bietet die historische Untersuchung von W. Bonsiepen, *Der Begriff der Negativität in den Jenaer Schriften Hegels*, Bonn: Bouvier 1977 (= Hegel-Studien, Beiheft 16) Anschlüsse auch an sozialphilosophische und politisch-philosophische Fragen. Das gilt auch für die systematisch anregende Arbeit von U. Müller, *Erkenntniskritik und negative Metaphysik bei Adorno. Eine Philosophie der dritten Reflektiertheit*, Frankfurt am Main: Athenäum 1988. Für die Diskussion der Thematik wesentlich ist:

über *Die Verneinung* von Frege und Freud[2] aus den Jahren 1918 bzw. 1925 repräsentieren jeweils eine Seite dieser Differenz, die ich bewußthalten und in einem praktisch-philosophischen Kontext präzisieren will.

Der Begriff der Negativität wird in den Untersuchungen des vorliegenden Bandes daher auf drei Verständnisebenen gebraucht, die man zwar nicht trennen kann, aber auf jeden Fall zur ersten Orientierung unterscheiden muß. Zunächst geht es auf der alltäglichen Ebene der menschlichen Erfahrung um *faktische Negativität*, die als anthropologische Fragilität und Endlichkeit, Bedürftigkeit, Mangelhaftigkeit, Leidbedrohtheit, Fehlbarkeit und Sterblichkeit jeden Menschen und die menschliche Kultur insgesamt betrifft. Sie zeigt sich im sozialen Zusammenleben z. B. in den Gestalten der Asymmetrie, in Herrschaft und Gewalt, Ferne, Fremdheit und Nicht-Verstehen zwischen Ethnien, Klassen, Generationen, in der sexuellen Differenz, zwischen Kranken und Gesunden, Privilegierten und Deklassierten. Zu dieser zunächst faktisch feststellbaren Negativitätsebene, die unser gesamtes Welt-

M. Theunissen, *Negative Theologie der Zeit*, Frankfurt am Main: Suhrkamp 1991 sowie die Bände: E. Angehrn u. a. (Hg.), *Dialektischer Negativismus. Michael Theunissen zum 60. Geburtstag*, Frankfurt am Main: Suhrkamp 1992 und M. Hattstein u. a. (Hg.), *Erfahrungen der Negativität. Festschrift für Michael Theunissen zum 60. Geburtstag*, Hildesheim/Zürich/New York: Olms 1992. Neuerlich zugänglich ist auch die bisher unveröffentlichte Abhandlung von M. Heidegger, »Die Negativität. Eine Auseinandersetzung mit Hegel aus dem Ansatz in der Negativität« (1938/39, 1941), in: ders., *Hegel*, Gesamtausgabe Bd. 68, Frankfurt am Main: Klostermann 1993, S. 3-61. Auch die Arbeit von R. Schurz, *Negative Hermeneutik. Zur sozialen Anthropologie des Nicht-Verstehens*, Opladen: Westdeutscher Verlag 1995 bietet praktisch-philosophische Perspektiven. Zur Begriffsgeschichte von Negativität vgl. W. Bonsiepen, Art. »Negation, Negativität«, in: J. Ritter/K. Gründer (Hg.), *Hist. Wörterbuch der Philosophie*, Band 6, Basel: Schwabe & Co. 1984, Spalte 671-686 sowie Th. Kobusch, Art. »Nichts, Nichtseiendes«, in: Ritter/Gründer, a.a.O., Spalte 805-836.

2 G. Frege, »Die Verneinung. Eine logische Untersuchung« (1918/19), in: ders., *Logische Untersuchungen*, Göttingen: Vandenhoeck 1966, S. 54-71; S. Freud, »Die Verneinung« (1925), in: ders., Studienausgabe Band III: *Psychologie des Unbewußten*, Frankfurt am Main: Fischer 1982, S. 371-377.

und Selbstverhältnis in Geschichte und Gegenwart durchgängig prägt, tritt auf der zweiten Ebene die *praktische Beurteilung des jeweils Negativen als ›negativ‹*, z. B. als moralische Schuld, als gefährdete Sittlichkeit, als konfligierende Interessenlage, aber auch als praktische Einsicht in die Grenzen unserer Handlungsmöglichkeiten. Von diesen beiden, der faktischen und der praktischen, die Bewertungen der faktischen Negativität mit einschließenden müssen wir drittens die methodische, *begriffliche Ebene der alltäglichen und philosophischen Reflexion von Negativität* in allen ihren Aspekten abheben.

Die Ebenen sind gleichursprünglich, das heißt: sie sind, methodisch betrachtet, in ihrer Bedeutung irreduzibel aufeinander, unableitbar voneinander und nur wechselseitig durch Bezug aufeinander verstehbar und analysierbar. Deswegen gilt z. B. ebenso, daß wir mit der Reflexion nicht aus der Fragilität und Endlichkeit herauskommen können – die Gebrochenheit unserer Erkenntnis und Selbsterkenntnis bleibt stets erhalten –, als auch, daß wir unsere faktischen Erfahrungen des Negativen angemessen nur praktisch, in einem kommunikativen Prozeß der Selbstreflexion und Selbsterkenntnis, verstehen und begreifen können, wenn überhaupt. Wenn man die Gleichursprünglichkeit der genannten Ebenen nicht berücksichtigt, drohen sie sich substantialistisch bzw. formalistisch zu verselbständigen. Klassiker der Negativitätsreflexion haben deshalb immer wieder elementare, aber oft in der Alltäglichkeit verborgene und verdeckte Lebenserfahrungen aus der Sprachlosigkeit zu befreien versucht und als ausgezeichnete Erschließungsphänomene des menschlichen Selbst- und Weltverhältnisses genutzt: so Hegel den Schmerz, den Kampf und das unglückliche Bewußtsein, Kierkegaard Angst und Verzweiflung, Marx die Entfremdung des Menschen von seinen eigenen Werken, Schopenhauer den kreatürlichen Leidenszusammenhang, Nietzsche Erfahrungen der Sinnlosigkeit und Kontingenz, Freud Psychosen, Neurosen und Perversionen, Heidegger Todesangst und Langeweile. Auch für Wittgensteins im Kern ethisch gemeinte Sprachkritik spielen Schmerz, Unsagbarkeit und Wahnsinn (keineswegs nur auf der Beispielebene) eine zentrale Rolle, und Adornos Reflexion des beschädigten Lebens verbindet in Mikroanalysen sozialer Negativität Lebensbezug und kritische Methode.

Zum einen geht es in den folgenden Untersuchungen darum, *einen Primat der praktischen Vernunft* und praktisch begriffener Intersubjektivität bei der Negativitätsreflexion zu wahren; das heißt vor allem, die soziale und kommunikative Einbettung des Negativen bei dessen Analyse zu berücksichtigen. Denn das Negative tendiert durch sein inkommensurables Gewicht nicht nur dazu, sich der begrifflichen Analyse zu entziehen, sondern damit auch dazu, sich zur Weltanschauung zu verselbständigen: als negativistische Ontologie, als anthropologisch oder geschichtsphilosophisch entwickelter Pessimismus oder Nihilismus. Zum zweiten geht es mir darum, in kritischer Fortführung Hegelscher Systemgedanken *die methodisch-begriffliche Seite der Negativitätsreflexion* zu präzisieren. Das bedeutet, ein objektivistisches, nicht kritisch-hermeneutisch geklärtes Verständnis philosophischer Analysen mit Gründen auszuschließen. Es bedeutet ferner, angesichts des Sogs der Thematik auf naheliegende Anleihen an religiöse Sinntraditionen und appellative Sprachmöglichkeiten zu verzichten. Schließlich sollte man das stets angebrachte Bewußtsein unserer Fehlbarkeit im Bereich der philosophischen Methode nicht bis zur Selbstzerstörung forcieren; auch zur »Dekonstruktion« von Sinn muß zunächst einmal verständlicher Sinn da sein.

2

Bereits in meinen Analysen zu *Heidegger und Wittgenstein* habe ich versucht, die moderne Philosophie als sinnkritische Reflexion auf die Grenzen des menschlichen Lebens (einer menschlichen Welt) und der Sprache zu begreifen; als Reflexion auf existentiale wie kategoriale Grenzen, die sich gerade in ihrer Unverfügbarkeit als Möglichkeitsbedingungen von Sinn erweisen lassen.[3] Die moderne Philosophie steht damit in der Kontinuität der kritischen Sinngrenzanalysen Kants (und damit der europäischen Metaphysik), deren zweifache Radikalisierung und Präzisierung sie darstellt. Die Transzendentalphilosophie wird einerseits dadurch radikalisiert, daß die transzendentale Selbstreflexivität durch den explizit gemachten Bezug auf die alltägliche Erfahrung (»Lebenswelt«) und die menschliche Lebenspraxis in sozialen und kom-

3 Th. Rentsch, *Heidegger und Wittgenstein. Existential- und Sprachanalysen zu den Grundlagen philosophischer Anthropologie*, Stuttgart: Klett-Cotta 1985, v. a. S. 322 ff.

munikativen Lebensformen konkret verortet werden kann, nicht mehr in einem Bewußtsein »überhaupt«. Zum anderen wird die sinnkriteriale methodische Zielrichtung transzendentaler Konstitutionsanalysen durch den ›linguistic turn‹ begriffs- und sprachanalytisch präzisierbar. In der Kontinuität kritischer Sinnanalysen stehen auch meine Untersuchungen zur anthropologischen und sprachlichen *Konstitution der Moralität*, die einen systematischen Zusammenhang von Moral und (negativer) Anthropologie behaupten. Für die Moral vorgängig konstitutiv sind demnach insbesondere *negative praktische Einsichten* in die Grenzen unseres Erkennens und Handelns, in das, was wir, recht verstanden, nicht können.[4] Auf dieser Grundlage habe ich eine negative Anthropologie menschlicher Würde und eine Ethik wechselseitiger inter-

4 Th. Rentsch, *Die Konstitution der Moralität. Transzendentale Anthropologie und praktische Philosophie*, Frankfurt am Main: Suhrkamp ²1999, v. a. § 16: »Die anthropologische Negativität«, § 20: »Praktische Interexistentiale und negative praktische Einsichten«, S. 182-189 und S. 218-233. Produktive Ansätze zu einer negativen Anthropologie »als bestimmte Negation aller Möglichkeit widerspruchsfrei positiver; und als Erschließung des Humanen aus seiner Verleugnung und Abwesenheit« bot bereits U. Sonnemann, *Negative Anthropologie. Vorstudien zur Sabotage des Schicksals*, Frankfurt am Main: Suhrkamp 1969, S. 227-269, dort S. 227. Allerdings bleiben die anregenden Überlegungen von Sonnemann gegenüber systematisch-argumentativen Möglichkeiten bewußt einem tentativ-nachdenklichen oder aphoristisch-apodiktischen Sprachmodus verpflichtet. Vgl. auch: S. Gürtler (Hg.), *Spontaneität und Prozeß. Zur Gegenwärtigkeit kritischer Theorie*, Hamburg: Europ. Verl.-Anst. 1992. Bereits die philosophische Anthropologie H. Plessners hat v. a. durch ihre Analysen zur »Exzentrizität« bzw. zur »exzentrischen Positionalität« des Menschen eine begriffliche Präzisierung negativ-anthropologischer Befunde insbesondere über die menschliche »Doppelnatur« unternommen. (Vgl. H. Plessner, *Die Stufen des Organischen und der Mensch* (1928).) Ich teile allerdings die Kritik von K. Lorenz, *Einführung in die philosophische Anthropologie*, Darmstadt: WBG ²1992, S. 98 ff. an Plessner: Dessen Ansatz bleibt trotz eines interessanten Begriffs von »Mitwelt« letztlich »monologisch« und damit solipsistisch einem cartesianischen bzw. transzendental bewußtseinsphilosophischen Denken verhaftet. »Subjektkonstitution« und »Verdinglichung« treten in diesem Denken viel zu schnell dualistisch-dichotomisch auseinander, ohne daß z. B. die leiblich-sinnlichen und dialogischen Modi kommunikativer und reflexiver Welterschließung von Beginn an berücksichtigt würden.

personaler Unverfügbarkeit (Entzogenheit) entwickelt. Sie setzt kein ontologisches oder metaphysisches Menschenbild mit entsprechender Zweckbestimmung voraus: Eine humane Welt wird nicht durch einen substantiellen »Kern« des Menschseins objektivistisch garantiert, sondern bildet sich allererst durch das Faktum der instrumentell und pragmatisch nicht tilgbaren Unverfügbarkeit und Entzogenheit der Mitmenschen (und damit meiner selbst).

Diese negativ-kritische These richtet sich auch methodisch gegen eine philosophisch-doktrinale Objektivierbarkeit und Verfügbarkeit der normativen Voraussetzungen menschlichen Handelns, wie sie nach meinem Urteil z.B. die Diskursethik, deren kritische Intentionen ich teile, wider Willen unterstellt. Die Diskursethik läutert aus unserer alltäglichen, gestörten und gebrochenen, gleichsam von Grundrauschen untermalten Verständigungspraxis deren ideale Bedingungen heraus. Das Bild einer idealen Kommunikationsgemeinschaft erscheint mir als exemplarische Fehlkonstruktion aufgrund der vermeintlichen Möglichkeit einer knappen und objektiven Erfassung der normativen Voraussetzungen unserer Redepraxis in Form einer Theorie. Demgegenüber gehen meine Analysen, in diesem Punkt skeptisch, davon aus, daß auch unsere verständigungsorientierte Kommunikation *strukturell* (konstitutiv) fragil, opak, materiell, naturhaft bedingt und endlich ist. Das gilt auch für Begründungen und Rechtfertigungen. Die negativen Aspekte, die unserer Redepraxis anhaften, lassen sich nicht als zufällige Störungen und lästige Randbedingungen dieser Praxis von deren vermeintlich reinem, idealem Kern abspalten, sondern sie selbst enthalten im Methodensinne einer *via negativa* das kritische Potential, das zur Aufklärung von Vernunft und Moral erforderlich ist und das auch zur Destruktion von Dogmatismus und Skeptizismus beitragen kann. Denn Kommunikation, die immer schon gelingt, ist keine mehr.[5]

Zur Klärung und Beantwortung der Frage *Wie ist eine menschliche Welt überhaupt möglich*? habe ich unter anderem folgende negativ-

5 Vgl. zu dieser Kritik: A. Wellmer, *Ethik und Dialog. Elemente des moralischen Urteils bei Kant und in der Diskursethik*, Frankfurt am Main: Suhrkamp 1986, [2]1998 sowie F. Kambartel, »Begründungen und Lebensformen. Zur Kritik des ethischen Pluralismus«, in: ders., *Philosophie der humanen Welt. Abhandlungen*, Frankfurt am Main: Suhrkamp 1989, S. 44-58.

pragmatische Konstitutionsbedingungen menschlichen Handelns und Verstehens herausgearbeitet: die deterministische und naturalistische *Unableitbarkeit* unserer Handlungen; die *Nichtobjektivierbarkeit* der singulären Totalität unseres personalen Lebens; schließlich die wechselseitige *Unverfügbarkeit* (Entzogenheit) humaner Personen füreinander (und auch für sich selbst).[6] Ich habe auf diesem Hintergrund für einen negativen ethischen Universalismus argumentiert; negativ deswegen, weil auch dieser Universalismus – jenseits der unaufhörlichen philosophischen und wissenschaftlichen Selbstbegründungs- und Selbstbehauptungsversuche der Subjekte in der Neuzeit – die Einsicht in deren untilgbare interpersonale und personale Unverfügbarkeit zu seinem Ausgangspunkt nimmt.[7]

Mit dieser Position verbindet sich ein postdogmatisches und posttraditionalistisches Vernunftverständnis, das einerseits essentialistische, substanzontologische und remythisierende Ansätze ebenso zurückweist wie jede deren Stelle beanspruchende szientistische und funktionalistische Ersatzmetaphysik, das andererseits aber weit zurückreicht in die Genesis der okzidentalen Rationalität: zum biblischen Bildverbot, zum sokratischen Nichtwissen und zu den Traditionen negativer Theologie.[8]

6 Vgl. Th. Rentsch, »Wie ist eine menschliche Welt überhaupt möglich? Philosophische Anthropologie als Konstitutionsanalyse der humanen Welt«, in: Ch. Demmerling/G. Gabriel/Th. Rentsch (Hg.), *Vernunft und Lebenspraxis. Philosophische Studien zu den Bedingungen einer rationalen Kultur. Für Friedrich Kambartel*, Frankfurt am Main: Suhrkamp 1995, S. 192-214. Vgl. auch »Negativität und Ethik«, in diesem Band.

7 Vgl. dazu Th. Rentsch, *Die Konstitution der Moralität*, a.a.O. (Anm. 4), §§ 22-24, in denen ich einen hermeneutischen Universalismus entwickle, sowie das neue Vorwort »Methode und Selbsterkenntnis« und den Beitrag »Die Kultur der Differenz« in diesem Band.

8 Vgl. dazu die grundlegenden Arbeiten von M. Theunissen zur philosophischen Bedeutung negativer Theologie in: *Negative Theologie der Zeit*, a.a.O. (Anm. 1). Vgl. zum Thema ferner: A. Heller, »Politik nach dem Tode Gottes«, in: J. Huber/A. M. Müller (Hg.), *Instanzen/Perspektiven/Imaginationen*, Zürich: Stroemfeld 1995, S. 75-94 und W. Oelmüller, »Philosophische Aufklärung – Neue Mythen – Negative Theologie«, in: H.-J. Höhn (Hg.), *Krise der Immanenz. Religion an den Grenzen der Moderne*, Frankfurt am Main: Fischer 1996, S. 206-234. Vgl. meinen Artikel »Theologie, negative«, in: J. Ritter/K. Gründer (Hg.), *Hist. Wörterbuch der Philosophie*, Bd. 10, Basel: Schwabe & Co. 1998. In

Im Kontext dieser Überlegungen stehen auch die Abhandlungen und Untersuchungen dieses Bandes. Sie dienen einer historischen und systematischen Erweiterung und inhaltlichen Vertiefung der Reflexion negativer Aspekte der praktischen Vernunft. Negativität in der Ethik geltend zu machen, hat zunächst den Zweck, gegen einen überzogenen Normativismus und Präskriptivismus eine »Kritik der Sollensethik«[9] zu leisten, einer Ethik, die in unver-

Vorbereitung befindet sich eine größere Abhandlung mit dem Titel *Das Prinzip der Negativität: Bildverbot, Nichtwissen, Tod Gottes*, in der ich die Bedeutung eines prinzipiellen Negativismus für die Genese der okzidentalen Rationalität untersuche.

9 Vgl. zu dieser Zielsetzung: M. Theunissen, »Möglichkeiten des Philosophierens heute«, in: ders., *Negative Theologie der Zeit*, a.a.O. (Anm. 1), S. 13-36. J. Habermas hat die negativ-theologischen und zugleich eine »absolute Objektivität« denkenden Prämissen dieser Kritik des Normativismus mit wichtigen Fragen konfrontiert: vgl. J. Habermas, »Kommunikative Freiheit und negative Theologie. Fragen an Michael Theunissen«, in: ders., *Vom sinnlichen Eindruck zum symbolischen Ausdruck. Philosophische Essays*, Frankfurt am Main: Suhrkamp 1997, S. 112-135. Die Kritik am von Theunissen anvisierten Zusammenhang von »Selbstverwirklichung und Allgemeinheit« präzisiert K. Lorenz, wenn er bei Theunissen noch eine transzendental-bewußtseinsphilosophisch konzipierte Vermittlung bzw. »›Versöhnung‹ von Individuellem und Allgemeinem durch Aufhebung des Individuellen« verortet, »die in Gestalt des speziell neuzeitlichen Mißverständnisses von der Vernunft als der ›Menschheit in uns‹ (...) den nicht selten narzistisch wirkenden Individualismus der Moderne wie ein ›Gegengift‹ erst hervorgebracht hat, gegen den sich Theunissen wendet.« K. Lorenz, *Einführung in die philosophische Anthropologie*, a.a.O. (Anm. 4), S. 110. U. J. Wenzel vermutet in seiner Kritik an Theunissens negativer Ethik, diese sei noch »›zu wenig‹ negativistisch« geraten und verweist auf meinen Ansatz einer Radikalisierung der Negativitätsreflexion mittels ihrer bereits phänomenologischen Verortung in der interpersonalen, wechselseitigen Ferne, Fremdheit und Entzogenheit der Mitmenschen: »Eingebettet in einen übergreifenden, näherhin fundamentalanthropologischen Zusammenhang, verwandeln geltungs- und legitimationstheoretische Fragen sich in solche, die statt Begründungen Beschreibungen als Antwort verlangen. Beschreibungen, in denen Begründungsversuche unter dem Aspekt aufbewahrt sein können, daß sie Aufschluß geben über die prä- und protomoralische Verfassung der Subjekte, deren Moralität erfragt ist. Wird die moralphilosophische in eine fundamentalphilosophische Dimension gleichsam zurückgegründet, eröffnen sich umgekehrt womöglich neue Perspektiven für die Frage nach der Konstitution von Morali-

mittelter Idealität neben bzw. über unseren realen, fragilen und kontingenten Lebensverhältnissen steht oder sich, affirmativ und mit einem instrumentalistischen Selbstverständnis ausgestattet, praktisch-ethisch und utilitaristisch diesen Verhältnissen gleichmacht. Ich stimme Michael Theunissen zu, wenn er schreibt: »Die Reflexion auf gesellschaftliche Verhältnisse, die Autonomie erschweren oder gar verhindern, verkommt im selben Maß, in dem die soziale Deformation der Individuen zunimmt.«[10] Ein überzogener Normativismus und Präskriptivismus im Rückgriff auf vermeintlich zeitlos gültige Sinnexplikationen z. B. Kants tendiert dazu, wider Willen einen ideologischen Schein über undurchschaute Verhältnisse auszubreiten und so bloß legitimatorisch zu funktionieren. Das gilt erst recht vom unkritisch wiederbelebten Neoaristotelismus der »Tugendethik«.

Aber die folgenden Untersuchungen richten sich nicht nur gegen einen abstrakten Normativismus, der sich um die Erfüllbarkeit seiner Forderungen nicht kümmert und gegen dessen feindlichen Bruder, eine systemischen Imperativen funktional eingepaßte Ethik als Reparaturbetrieb. Sie richtet sich auch gegen einen ebenso unkritischen Negativismus und damit gegen Tendenzen zu einer *Ontologisierung von Negativität* bzw. deren begriffliche Fetischisierung.[11] Ich bin überzeugt davon, daß die eingehende

tät.« Vgl. U. J. Wenzel, »Negativistische Ethik?«, in: M. Hattstein u. a. (Hg.), *Erfahrungen der Negativität*, a.a.O. (Anm. 1), S. 355-372, dort S. 366. Diese Bemerkungen von Wenzel bringen die systematische Verklammerung von Negativitätsreflexion, Interpersonalitätsanalyse und Konstitutionsanalyse der praktischen Vernunft treffend auf den Begriff, die auch für die vorliegenden Untersuchungen leitend ist.

10 M. Theunissen, »Möglichkeiten des Philosophierens heute«, a.a.O. (Anm. 9), S. 30.

11 Der klassische Bereich einer solchen Ontologisierung von Negativität läßt sich mit den Stichworten: ›Böses‹, ›Sünde‹, ›Teufel‹ und ›Hölle‹ umreißen. Es ist sicher kein geistesgeschichtlicher Zufall, daß es in der letzten Zeit wieder verstärkt zu einer ernsthaften Auseinandersetzung mit diesem traditionell auf hohem Reflexionsniveau begrifflich durchdrungenen Bereich gekommen ist. Vgl. dazu exemplarisch: C. Colpe/W. Schmidt-Biggemann (Hg.), *Das Böse. Eine historische Phänomenologie des Unerklärlichen*, Frankfurt am Main: Suhrkamp 1993, sowie: A. Schaller/W. von Rahden (Hg.), *Die andere Kraft. Zur Renaissance des Bösen*, Berlin: Akademie 1993 und: F. Hermanni/P. Koslowski (Hg.), *Die Wirklichkeit des Bösen. Systematisch-theologische und philo-*

Thematisierung negativer Aspekte der menschlichen Lebenspraxis für eine Aufklärung der kategorialen Voraussetzungen praktischer Vernunft weit unverzichtbarer ist, als üblicherweise angenommen wird. Während in der theoretischen Philosophie und Wissenschaftstheorie allenthalben und selbstverständlich von Fehlbarkeit, Irrtumsanfälligkeit, von der strukturellen Begrenztheit menschlicher Erkenntnismöglichkeiten ausgegangen wird, meint man sich im praktischen Bereich vermeintlich reinen Sollens »frei« bewegen zu können: als ob die Taube Vernunft im luftleeren Raum reiner Idealität am besten fliegen könnte. Aber die Negativitäten durchsetzen unsere Praxis durchgängig. Die Philosophen der Moderne, die das Bewußtsein dieser prekären Bedingtheit und Fragilität durch ihre Untersuchungen maßgeblich geschärft haben: Heidegger durch seine Hermeneutik der Faktizität, Wittgenstein durch seine Sprachkritik und Adorno durch seine negative Dialektik – sie alle haben keine Ethiken geschrieben, weil sie gute Gründe dafür hatten, eine affirmative, unmittelbare und positive Explikation des Guten und der praktischen Vernunft für problematisch oder sogar für irreführend zu halten. Das gilt schon für Marx und Kierkegaard, Schopenhauer, Nietzsche und Freud.

sophische Annäherungen, München: Fink 1989 sowie R. Safranski, *Das Böse oder Das Drama der Freiheit*, Frankfurt a.M.: Fischer 1999. Der hier neuerlich thematisierte Bereich berührt sich allenthalben mit der Thematik des vorliegenden Bandes. Insbesondere bei der Interpretation Hegels, Kierkegaards und Adornos sind klassische hamartiologische Kontexte hermeneutisch unverzichtbar. (Vgl. dazu vorbildlich: J. Ringleben, *Hegels Theorie der Sünde. Die subjektivitätslogische Konstruktion eines theologischen Begriffs*, Berlin/New York 1977.) In der Fortführung einer kritisch-hermeneutischen und transzendental-anthropologischen Aneignung der Rationalitätspotentiale der traditionellen Reflexion des Bösen und der Sünde wird eine psychoanalytische Vorgehensweise nach meiner Überzeugung nicht ausreichen. Auch eine solche Aneignung müßte auf dem Explikationsniveau kommunikativer Lebensformen und einer begriffskritischen Interexistentialanalyse ansetzen, um auch hier eine irreführende Ontologisierung bzw. substantialistische Vergegenständlichung wesentlich nur dialogisch-praktisch begreifbarer, genuin humaner Phänomene zu verhindern. Auf diese noch zu leistende Aufgabe kann ich an dieser Stelle nur hinweisen. Es gibt in diesem Kontext auch einen ›blinden Fleck‹ im Ansatz der klassischen kritischen Theorie, insbesondere in der Konzeption der negativen Dialektik der Aufklärung bei Adorno und Horkheimer.

Glücklicherweise ist es bei diesem Vorbehalt nicht geblieben, und es kam zur sinnvollen Rehabilitierung der praktischen Philosophie. Die folgenden Untersuchungen dienen dazu, auch die negativ-kritischen Ergebnisse Heideggers, Wittgensteins und Adornos für die Ethik fruchtbar zu machen.

3

Ich habe den vorliegenden Band in zwei Teile gegliedert; Teil 1 ist mehr an Sachthemen, Teil 2 an Autoren und Interpretationen orientiert. Immer aber besteht der Rückbezug auf das übergreifende Erkenntnisinteresse am systematischen Konnex von negativer Anthropologie, negativer Ethik und deren erkenntnis- und sprachkritischen, methodischen Voraussetzungen. Der Beitrag zur *Transformation der existentialen Analytik Heideggers* zeigt exemplarisch, daß eine Art Kryptocartesianismus diese Analytik wider Willen und gegen die dezidierten systematischen Intentionen einer Überwindung der Bewußtseinsphilosophie belastet. Heidegger erfaßt in seiner frühen Hermeneutik der Faktizität zwar die anthropologische Notwendigkeit des Sich-Verendlichen-Müssens im zeitlich-ekstatischen Existenzvollzug besonders eindringlich. Aber die ›vorgezeichnete‹ Faktizität dieses vorgängig gedachten horizontalen Vollzugsgeschehens absorbiert sowohl die Ebene der Intersubjektivität wie auch die einer vernünftig verstandenen Praxis, die zwischen Tod und Verfallen schließlich gleichsam zerrieben wird. Damit bietet *Sein und Zeit* nicht zuletzt ein aufschlußreiches Modell philosophischer Fetischisierung von Negativität, die sich vor allem in der ›thanatologischen Engführung‹ der Todesanalysen sowie in der Abwertung der alltäglichen Öffentlichkeit dokumentiert bzw. zumindest nahelegt.[12]
Die Analysen zur *Aufhebung der Ethik* und zu den Depotenzierungstheorien von Marx, Nietzsche und Freud dienen dem Nachweis, daß wir von diesen als Zerstörern der Ethik angesehenen Autoren ethisch mehr lernen können als aus affirmativ-normativen, abstrakten Explikationen des Guten, des Gerechten oder des

12 Vgl. zur Kritik: Th. Rentsch, *Heidegger und Wittgenstein*, a.a.O. (Anm. 3) sowie ders., *Martin Heidegger – Das Sein und der Tod. Eine kritische Einführung*, München: Piper 1989.

Glücks.[13] Die »Zerstörer«, die durch die grundlegenden ökonomischen, triebgeschichtlichen und psychoanalytischen Relativierungen und Depotenzierungen die transzendental-autonomistischen Subjektkonzeptionen wie auch die idealistischen Vernunft- und Moralvorstellungen in Aufklärungsabsicht destruierten, erscheinen uns heute viel eher als Zeugen und Gesprächspartner für ein angemessenes, nicht-hybrides humanes Selbstverständnis denn als Vernichter einer authentischen Moral. Denn die praktische Vernunft können wir nicht von praktischer Einsicht in die Bedingtheiten unserer geschichtlichen Lebensform ablösen. Wenn auch die selbstmißverständlichen, nämlich positivistisch bleibenden und nicht kritisch-hermeneutisch reflektierten Theorienkonstrukte von Marx, Nietzsche und Freud vergangen sind – ihre Ideologie-, Ressentiment- und Illusionskritik bleibt für eine negativ vorgehende Moralphilosophie wichtig. Die negativ-praktische Einsicht in die Endlichkeit, Naturabhängigkeit und soziale Bedingtheit menschlicher Praxis ist somit auch nicht als eine dauerhafte »Kränkung« zu werten; sie ist im Gegenteil befreiend.

Meine Dresdner Antrittsvorlesung *Negativität und Ethik*[14] bündelt die systematischen Überlegungen zur interpersonalen, kommunikativen Transformation von Negativität. Dazu konfrontiere ich Heidegger mit Hegel. Während Heideggers Analyse der konstitutiven Verdecktheit, Verfallenheit und ›Diesigkeit‹ des Daseins (›Larvanz‹, ›Ruinanz‹) monologisch-subjektzentriert bleibt, setzt schon der Jenaer Hegel hier zu Recht nicht nur die Gesellschafts-, Moral- und Rechtskonstitution, sondern bereits den Ort der *eigentlich sozialen Selbstkonstitution des Einzelnen* im Medium der kommunikativen Lebensformen der Arbeit, der Sprache und der Liebe an.[15] Bereits das alltägliche Handeln wird ermöglicht

13 Zur Marxschen Moralkritik vgl. nunmehr: A. Wildt, »Paradoxien in der Marxschen Moralkritik und ihre Auflösung«, in: *Logos* 4, Heft 3 (1997) S. 210-242.

14 Gehalten in Dresden am 9. November 1993; eine englische Fassung: »Negativity and Ethics« erschien im *Graduate Faculty Philosophy Journal, New York* Vol. 18 No. 2 (1995) der New School for Social Research, S. 127-138.

15 Auch A. Honneth, *Kampf um Anerkennung. Zur moralischen Grammatik sozialer Konflikte*, Frankfurt am Main: Suhrkamp 1992 zeigt eindringlich, wie die konkreten Anerkennungsverhältnisse bereits

und geprägt durch interpersonal konstituierte Unverfügbarkeit. Nur durch wechselseitige Anerkennung im Medium kommunikativer Praxis kann sich auch gegen die »Nacht der Welt« ein fragiles Selbstverhältnis aus der Natur herausarbeiten, sich begrifflich in der Wirklichkeit festhalten und in Interaktionen stabilisieren.

Die Überlegungen zu einer *Kultur der Differenz* erweitern die existentialen und interpersonalen Negativitätsanalysen zu einer interkulturellen Hermeneutik in praktischer Absicht. Sie stellen einen Fluchtpunkt meiner Überlegungen im Kontext politischer Philosophie und bei der Reflexion auf die Verklammerung von Existenz und Politik dar. Die Reflexion der interpersonalen Ferne, Fremdheit und Entzogenheit eröffnet auch die Perspektive einer interkulturellen Ethik und eines hermeneutischen Universalismus ohne idealistische Illusionen. In diesem Zusammenhang entwickle ich Argumente gegen den Relativismus aus einer Radikalisierung der negativ-kritischen Selbstreflexion; ›Nichtidentität‹ muß praktisch begriffen werden. Phänomene singulärer Totalität lassen sich als Möglichkeitsbedingungen der Ethik für eine endliche menschliche Praxis auszeichnen. Auf dieser Grundlage plädiere ich für eine Kultur der Differenz und formuliere praktische und methodische Konsequenzen für eine interkulturelle Hermeneutik, Ethik und Politik.

Gegen positivistische und idealistische Vorstellungen von *Gerechtigkeit* richtet sich ein Beitrag, der die rechtsphilosophische Differenz von Recht und Gerechtigkeit in deren aporetischen begrifflichen Bestimmungen verfolgt und eine negative Dialektik von quantifizierender Unter- und scheinhaft idealer Überbestimmung

beim Jenaer Hegel aus einem Kampf hervorgehen, der durch Leiden und Empörung gegen konkrete Mißachtung motiviert ist, d.h. durch Erfahrungen der Kränkung menschlicher Würde. Vgl. dazu auch J. Habermas, *Faktizität und Geltung. Beiträge zur Diskurstheorie des Rechts und des demokratischen Rechtsstaats,* Frankfurt am Main: Suhrkamp 1992, S. 514. Vgl. bereits die prägnante Darstellung von A. Honneth, »Moralische Entwicklung und sozialer Kampf. Sozialphilosophische Lehren aus dem Frühwerk Hegels«, in: A. Honneth u. a. (Hg.), *Zwischenbetrachtungen. Im Prozeß der Aufklärung. Jürgen Habermas zum 60. Geburtstag,* Frankfurt am Main: Suhrkamp 1989, S. 549-573. An dieser Stelle ergibt sich eine zentrale systematische Beziehung zur mit Hegel denkenden kritischen Theorie.

von Gerechtigkeit freizulegen versucht. Die praktische Einsicht in diese negative Dialektik kann die alltägliche und juristische Urteilskraft produktiv enttäuschen und so sensibilisieren.[16]

Die rechtsphilosophische Grundlagenreflexion auf die *Bedingungen der Unmöglichkeit einer Verfassungslegitimation* zeigt, daß die sinnkriterialen Grenzreflexionen der klassischen Transzendentalphilosophie ihre praktisch-politische Entsprechung in der Konstitution der bürgerlichen Gesellschaft haben. Der Aufweis der Unmöglichkeiten und Paradoxien der verfassungsmäßigen Selbstkonstitution und Selbstlegitimation sowie funktionalistischer oder Hobbesianischer Konstruktionen ist aber nicht resignativ, skeptisch oder dezisionistisch zu verstehen. Ich argumentiere auf der negativen Folie vielmehr für demokratische Öffentlichkeit und Diskursivität und gegen etatistische Hypertrophie und verfassungsgerichtlich sanktionierte Anti-Politik.[17]

Die Analysen zur *Ethik des Alterns* gehören zum Kernbereich einer negativ-anthropologisch reflektierten praktischen Philosophie. Es zeigt sich, daß für eine solche Ethik die Konstruktion eines abstrakten, autonomen Vernunftsubjekts nicht zureicht; daß die Radikalisierung der menschlichen Lebenswirklichkeit im konkreten Alterungsprozeß, die Vulnerabilität leiblich-endlicher Personen dieser Ethik nicht äußerlich bleiben darf. Die antike Tradition der Ethik als Lebenskunst mit ihrer Reflexion auf die Lebensalter ist somit von bleibender Aktualität. Auch so wird sichtbar, wie untrennbar Existenz und Politik angesichts des jeden Menschen betreffenden individuellen Lebensschicksals von Alter und Sterben sind. Die Frage nach dem Verständnis dieses Schicksals und nach einem erträglichen Umgang mit ihm ist eine soziale, ökonomische und politische Frage ersten Ranges.[18] An einer ethischen

16 Vgl. zum Diskussionskontext: Ch. Demmerling/Th. Rentsch (Hg.), *Die Gegenwart der Gerechtigkeit. Diskurse zwischen Recht, praktischer Philosophie und Politik*, Berlin: Akademie 1995. Der Band geht auf die Vorträge einer internationalen Tagung »Was ist Gerechtigkeit« zurück, die im Dezember 1993 in Dresden vom Institut für Philosophie der TU Dresden in Kooperation mit dem Collège Internationale de Philosophie (Paris) ausgerichtet wurde.

17 Vgl. zum Kontext der Diskussion: W. Brugger (Hg.), *Legitimation des Grundgesetzes aus Sicht von Rechtsphilosophie und Gesellschaftstheorie*, Baden-Baden: Nomos 1996.

18 Meine Überlegungen zur Ethik des Alterns konnte ich zuerst im

Reflexion der späten Lebenszeit kann auch deutlich werden, von welcher praktischen und politischen Tragweite bereits die schlichten *Feststellungen und Beschreibungen* unserer jeweiligen Lebenssituationen für deren normatives Verständnis und ihre ethische Beurteilung sind: Anthropologie und Ethik lassen sich gar nicht trennen, und auch die praktische Vernunft ist leiblich situiert und kann nur so konkret werden.

Der kritisch-hermeneutische Entwurf zur *Religionsphilosophie* versucht mit negativen Methodenschritten zunächst, falsche Verständnisse von Religion abzuarbeiten, indem er fragt, was Religion nicht ist. Er steht damit in einer Tradition der Religionsphilosophie als Religionskritik aus Respekt vor authentischer religiöser Praxis. Indem immanente Religionskritik deren Sinnanspruch gerade ernst nimmt, kann sie weiterkommen als bloße Ideologiekritik. Die Philosophie kann sich dabei auf alle Religionen beziehen. Die Authentizität von Lebensformen läßt sich jedenfalls nicht nach einem linearen Schema von Fortschritt und Säkularisierung von außen beurteilen. Es gehört zu einer sich über ihre eigene kontingente Geschichtlichkeit aufklärenden Aufklärung, areligiöse und atheistisch-profane Lebensformen von Bevölkerungsgruppen in westlichen Metropolen nicht für die Mitte der Welt, noch für das Ziel und Ende der Weltgeschichte zu halten. Eine kritische Hermeneutik muß demgegenüber von der Gleichzeitigkeit pluralistischer und inkommensurabler religiöser, individualistischer und profan-ethischer Sinntraditionen als der *normalen* Grundsituation ausgehen. Angesichts dieser Situation ist die Fiktion einer normativen Nacktheit und absoluten postkonventionellen Bodenlosigkeit schon im Blick auf Üblichkeiten unserer Lebensformen und auf die Rechts- und Institutionengeschichte unhaltbar.

Rahmen der Arbeitsgruppe ›Altern und gesellschaftliche Entwicklung‹ von P. B. Baltes und J. Mittelstraß an der Akademie der Wissenschaften zu Berlin 1989 im Max-Planck-Institut für Bildungsforschung Berlin vortragen, später auch auf dem Europäischen Kongreß für Gerontologie in Amsterdam 1995 und auf dem Europäischen Kongreß für Gerontopsychiatrie in Berlin 1998. Vgl. ferner meine Arbeiten: »Altern als Werden zu sich selbst. Philosophische Ethik der späten Lebenszeit«, in: P. Borscheid (Hg.), *Alter und Gesellschaft*, Stuttgart: Hirzel 1995, S. 53-62 sowie »Aging as becoming oneself: A Philosophical Ethics of Late Life«, in: Journal of Aging Studies Vol. 11, No. 4 (1997), S. 263-271.

Für die Reflexion der Negativität ist ein weiterer Aspekt wichtig: Gerade, weil es die Religionen umfassend und grundsätzlich mit dem Unverfügbaren, mit Kontingenz, Transzendenz, mit Gott bzw. mit dem »Nichts«, mit Stille und Leere zu tun haben, mit Negativitätsphänomenen par excellence, gilt es, in der Philosophie appellative und nicht kritisch reflektierte Anleihen bei und Usurpationen von religiösen Sinntraditionen zu vermeiden. Spuren eines solchen Parasitismus – und mehr – finden sich nicht nur in Heideggers Spätphilosophie, sondern auch in Adornos forcierter Negativitätskonstruktion und ihren ästhetik-theoretischen Entsprechungen; sie finden sich auch bei Lévinas und Derrida.[19] Demgegenüber bin ich davon überzeugt, daß durch eine klare Ebenendifferenzierung zwischen Ethik, Ästhetik und Religion und ebenso zwischen Literatur, Wissenschaft und Philosophie alle Bereiche einer komplex binnendifferenzierten Kultur der Vernunft nur gewinnen können.

Der zweite Teil des Bandes enthält Interpretationen zu Kerntexten negativen Denkens. An der *Genese der Hegelschen Negativitätsreflexion* wird sichtbar, wie negativ-theologische und negativ-anthropologische Traditionslinien verbunden werden, vermittelt auch über die aristotelische Lehre von der Negativität des Intel-

19 Vgl. v. a. E. Lévinas, *Die Zeit und der Andere*, übers. L. Wenzler, Hamburg: Meiner 1984; ders., *Ethik und Unendliches*, übers. D. Schmidt, Graz/Wien: Passagen 1986; ders., *Jenseits des Seins oder anders als Sein geschieht*, übers. Th. Wiemer, Freiburg/München: Alber 1991; ders., *Die Spur des Anderen*, übers. N. Krewani, Freiburg/München: Alber 1992. Während ich die Intention einer Negativitäts- und Transzendenzreflexion der Interpersonalität als fundamental-ethischer Transformation der Ontologie teile, so möchte ich doch die sehr appellativ gehaltene *Form*, die diese Reflexion in den Texten von Lévinas annimmt, durch eine methodisch nachvollziehbare Konstitutionsanalyse z. B. praktischer Einsichten als entbehrlich erweisen. Auch J. Derrida zehrt in seinen sinnkritischen Texten (v. a. im Umfeld von *Die Schrift und die Differenz*) nicht nur von einer radikalisierten Negativitätsreflexion, sondern auch von nicht explizierten negativen, v. a. neuplatonischen Theologoumena (z. B. der »Ur-Spur«), deren begriffliche Struktur gerade analytisch aufzuklären wäre. Die hermeneutische Differenz ist etwas anderes als die ontologische Differenz – so hätte wohl eine Kritik an Derrida mithilfe eines wohlverstandenen Heidegger und mit Gadamer anzusetzen.

lekts.[20] Erst wenn man sieht, wie bereits die rationale theologische Tradition die Gotteserkenntnis mit der wahren menschlichen Selbsterkenntnis in eins gesetzt hatte, wird man deren anthropologisch-praktisches und emanzipatorisches Potential und seine Bedeutung für die Genese von Neuzeit und Moderne richtig einschätzen. Die rationalen Rekonstruktionen Hegels haben aber auch eine Tendenz zu nur formalistischen, schematisch verengten Konzeptionen von Vermittlung. Die begriffslogische Struktur der Negation der Negation kann die konkreten Formen von Negativität nur abstrakt in Allgemeinheit aufheben. Dieses Problem betrifft wieder das Verhältnis der anfangs unterschiedenen Ebenen der Negativitätsreflexion; es tritt auch für einen idealsprachlich konzipierten Normativismus und Universalismus erneut auf. Die sozialontologisch-phänomenologischen Ansätze der Jenaer Realphilosophie sind oft überzeugender in der Entfaltung des wegweisenden Gedankens, daß Negativität auf allen Ebenen und in allen Medien ihrer sozialen, zivilisatorischen, kulturellen und moralischen Verarbeitung, Transformation und Vermittlung erhalten bleibt.

Im Bestreben, die Hegelsche Formalität und damit Gewaltsamkeit der Vermittlung selbst begriffskritisch zu überwinden, gibt Adornos Konstruktion des Nichtidentischen in der *Negativen Dialektik* der Tendenz zu einer dualistischen Ontologisierung von Negativität zumindest methodologisch nach. Aber die konkreten, sozialphilosophisch situierten Einzelstudien Adornos lassen sich gegen diese undialektische Einseitigkeit gerichtet lesen.

Der sprachkritischen Radikalisierung der Hegelschen Dialektik und der Transzendentalphilosophie Kants gilt auch der Aufsatz zu Adorno und Wittgenstein. Seine zentrale These ist: Die *Negativität der Sprache*, ihre Nichtobjektivierbarkeit betrifft die philosophische Reflexion selbst im Kern. Es gibt keine transzendentale

20 Nach B. Tuschling, »Die Idee in Hegels Philosophie des subjektiven Geistes«, in: F. Hespe/ders. (Hg.), *Psychologie und Anthropologie oder Philosophie des Geistes. Beiträge zu einer Hegel-Tagung in Marburg 1989*, Stuttgart: Frommann 1991 denkt Hegel Gott bereits früh und im Anschluß an Leibniz' Apperzeptionstheorie als das Negative seiner selbst, als absolute Negativität (S. 548 f.). Vgl. zur Vorgeschichte: Kobusch, a.a.O. (Anm. 1). Vgl. zu meinen Interpretationen auch die Rezension von Ch. Hackenesch in der *Philos. Rundschau* 43 (1996), S. 142-164, dort v. a. S. 149 f.

Sprache bzw. Metasprache, keine *lingua franca* der transzendentalen Konstitution. Das anti-essentialistische Denken Adornos und Wittgensteins in Analogien, in Familienähnlichkeiten, in Konstellationen, in Parataxen und übersichtlichen, beweglichen Anordnungen dient der Kritik an einem sprachidealistischen Refugium des Absoluten.

Der Aufsatz zu Musil will zeigen, was eine philosophische Reflexion der Negativitätsthematik von einer literarischen Leistung wie der des *Mann ohne Eigenschaften* nach dem Ende der Postmoderne lernen kann. Musil gelingt es, ästhetische, soziale, interpersonale, sexuelle und mystische Aspekte der Differenz und Transzendenz in ihrer Verschränktheit so zu vergegenwärtigen, daß ihre sich anbietende Irrationalisierung, bloß subjektivistische Thematisierung und Konfundierung vermieden bzw. ironisch gebrochen werden. Im Kontext der Wiener Moderne sind die Beziehungen zu Wittgenstein wie zu Heidegger aufschlußreich für das Thema Negativität.

Die Bemerkungen zu *Kierkegaard, Heidegger und Wittgenstein* zeigen, wie sich die durch Kierkegaard existenzphilosophisch transformierte Hegelsche Dialektik zur sprachkritischen Transformation der Transzendentalphilosophie in Wittgensteins *Tractatus* und zu ihrer ethischen Zielsetzung verhält.

Der Beitrag über die Philosophie der Farben und die *Autonomie der Phänomene* gehört zur Reflexion der Negativität, weil mit Goethe und Wittgenstein gezeigt werden kann, daß traditionelle ontologische und erkenntnistheoretische Thematisierungen der Farbphänomene deren Wirklichkeit verfehlen. Diese Wirklichkeit erweist sich auch für physikalische und neurophysiologische Bestimmungen als inkommensurabel. Erst die negativ-kritische Einsicht in diese Verfehlung und Inkommensurabilität vermag den Weg zur Autonomie der Phänomene zu eröffnen.

Die konstitutive Begrenztheit unserer sprachlichen Möglichkeiten präzisiert der *späte Wittgenstein* z. B. als die Unentscheidbarkeit der Differenz »empirisch«/»begrifflich«, als Unbestimmtheit der Referenz, als die Wahrheitsindefinitheit unseres Wissens, als Nichtletztbegründbarkeit unserer Gewißheiten, als Unvorhersehbarkeit von Sprachhandlungen, als Angewiesenheit auf bestimmte Basissätze. Aber diese negativ-kritischen Analysen Wittgensteins haben keine skeptischen Konsequenzen für die praktische Vernunft: Sie eröffnen vielmehr die Möglichkeit, die praktische Vernunft *jenseits von Dogmatismus und Relativismus* neu zu begreifen.

4

Mit zwei Thesen, die mir für künftige Arbeiten wichtig sind, will ich abschließend die Intention der vorliegenden Untersuchungen zusammenfassen. Die erste betrifft das *methodische* Selbstverständnis der Philosophie auf dem Hintergrund der Negativitätsreflexion. Ihr Medium, die Sprache, steht uns nicht rein oder wie ein Instrument zur Verfügung, sondern nur kontextbedingt, geschichtlich geworden, mißverständlich, opak und durchlöchert von Unbestimmtheit und Offenheit. In der kritischen Reflexion auf die Sprache geht es daher um das Herausarbeiten der Fehlbarkeiten und ihrer verdeckten Ursprünge im alltäglichen Gebrauch, die unserer Rede von uns selbst und unseren praktischen Selbstverständnissen anhaften. Auch hier ist die Grundeinsicht zunächst negativ: »Ich kann mit der Sprache nicht aus der Sprache heraus.«[21] Die kritische Reflexion auf die sprachlichen Möglichkeiten des Philosophierens gestattet aber andererseits durchaus eine »Reflexion der Reflexion« ohne bewußtseinsphilosophisch induzierten Regressus ad infinitum oder Circulus vitiosus. Zwar ist die grammatische Konstitution unserer geschichtlich gewordenen Unterscheidungssysteme nicht noch einmal in einer transzendentalen Subjektivität begründet, die ihrerseits »urstiftend« fungierte. Mit Hegel, Adorno und Wittgenstein sehen wir uns gegenüber solchem transzendental-ontologischen Ursprungsdenken auf die geschichtlich und kulturell vorgängige Lebenspraxis verwiesen. Angesichts dieser Vermitteltheit ist der Schein eines ›absoluten‹ Apriori der Schein einer nur wieder unkritischen, abstrakten Unmittelbarkeit. Auch etwaiges ›Absolutes‹ – z. B. unbedingte praktische Geltungsansprüche – gibt es nur relativ zu einer konkreten Praxis des Verstehens und Handelns. Diese Situiertheit aller Vernunftperspektiven einzusehen und dennoch an der Geltung konstitutiver Sinnbedingungen für unsere wohlverstandene Praxis jenseits von Dogmatismus und Relativismus gerade

21 L. Wittgenstein, *Philosophische Bemerkungen*, Frankfurt am Main: Suhrkamp 1981, § 6 (S. 54).

festzuhalten, ist das Ziel philosophischer Analysen. Sprachkritisch und hermeneutisch können wir dabei den Anspruch transzendentaler Selbstreflexion (und auch den Anspruch metaphysischer »Wesens«-Analysen) ohne bewußtseinsphilosophische und ontologische Prämissen aufnehmen: Denn sprechen können wir sinnexplikativ und erläuternd sowohl über die sprachlichen wie auch über die nichtsprachlichen Bedingungen, die Grammatik und die Präsuppositionen unseres Sprechens und Handelns – und eben dies ist der rettbare methodische Sinn ehemals transzendentaler Konstitutions- bzw. metaphysischer Wesensanalysen – allerdings im Bewußtsein unserer Begrenztheit.[22]

Die zweite These besagt, daß die Negativitätsreflexion sich zum Programm einer *kritischen, interkulturellen Hermeneutik in praktischer Absicht* erweitern muß. Die begriffs- und sprachkritische Radikalisierung der transzendentalen Erkenntniskritik durch die Analyse der interpersonalen Modi der Negativität: Ferne, Entzogenheit, Alterität und Asymmetrie ist verbunden mit einer kulturellen Kontextualisierung der Philosophie.[23] Das bedeutet gerade nicht ihre Relativierung. Negative Anthropologie und negative Ethik schärfen und präzisieren die Einsicht in die Fragilität und Vorläufigkeit unserer Selbsterkenntnis, unserer Situationsverständnisse und unserer Autonomie. Aus dieser negativ-praktischen Einsicht ergibt sich die Aufgabe einer vorsichtigen kritisch-hermeneutischen Aneignung sowohl eigener wie fremder Sinntraditionen. Das Bewußtsein des »Nichtidentischen«, des »Anderen unserer selbst«, der interpersonalen wie interkulturellen Differenzen eröffnet praktisch den Weg zur Konzeption einer

22 In diese Richtung gehen auch die methodologischen Überlegungen von P. Stekeler-Weithofer zur »Vernunft als sinnkritischer Präsuppositionsanalyse«, in: V. Caysa/K.-D. Eichler (Hg.), *Praxis – Vernunft – Gemeinschaft. Auf der Suche nach einer anderen Vernunft*, Weinheim: Beltz 1994, S. 234-255. Vgl. ausführlich: ders., *Sinnkriterien. Die logischen Grundlagen kritischer Philosophie von Platon bis Wittgenstein*, Paderborn: Schöningh 1995. Stekeler-Weithofer hat diese methodologischen Einsichten fruchtbar auch auf Hegel angewandt; vgl. ders., *Hegels Analytische Philosophie. Die Wissenschaft der Logik als kritische Theorie der Bedeutung*, Paderborn: Schöningh 1992.

23 Vgl. dazu: F. Kambartel, »Vernunft: Kriterium oder Kultur? Zur Definierbarkeit des Vernünftigen«, in: ders., *Philosophie der humanen Welt*, a.a.O. (Anm. 5), S. 27-43.

Kultur der Differenz, in der die sinnkonstitutiven Modi der Negativität in lebbaren Formen vernünftiger, autonomer und solidarischer Praxis aufgehoben wären.

Erster Teil
Ethik, Anthropologie, Sozialphilosophie – zur Systematik negativen Denkens

1. Interexistentialität
Zur Transformation der existentialen Analytik Heideggers

1. Die Grundfrage der Philosophie

Heidegger bestimmte die Grundfrage der Philosophie zweifach: als Frage nach dem Sinn von Sein – als Seinssinnfrage – und als die Frage: Warum ist überhaupt etwas und nicht vielmehr nichts? – als Seinsgrundfrage. In der Tradition der Analytischen Philosophie wird die Grundfrage als Frage nach der Bedeutung von Bedeutung – the meaning of meaning – gestellt. Heidegger mußte in bezeichnender methodischer Konsequenz die Fundamentalontologie wenigstens zunächst als Frage nach dem einzig seinsverstehenden Seienden, dem Dasein, und mithin als existentiale Analytik, entfalten. In der Analytischen Philosophie versuchte zwar Carnap, die Lebensfragen einem Bereich jenseits der methodischen Vernunft zuzuweisen. Durch die Entwicklung der Philosophie der normalen Sprache, den ordinary language approach, und, radikaler noch, durch den systematischen Lebensformbezug der Sprachanalyse in der späteren Philosophie Ludwig Wittgensteins ist aber dieser linguistische Reduktionismus und Idealismus im Ansatz überwunden worden. Im Anschluß an diese Entwicklungen und im Rückgriff auf die Transzendentalphilosophie Kants formuliere ich die Grundfrage der Philosophie als die Frage: *Wie ist eine menschliche Welt überhaupt möglich?* Diese Frage zielt also auf die Möglichkeitsbedingungen, auf die transzendentalen Konstitutionsbedingungen der Welt des Menschen. Sowohl der Sinn von Sein als auch die Bedeutung von Bedeutung lassen sich nur im Rückbezug auf das gemeinsame Leben und Sprechen der Menschen thematisieren und analysieren. Die Entfaltung der entsprechenden Konstitutionsanalysen wirft nun ein kritisches Licht sowohl auf die existentiale Analytik, die Heidegger in *Sein und Zeit* entwickelt hat, als auch auf die spätere »Kehre« und das Denken des Seins und der Seinsgeschichte. Die Thesen, die sich aus den folgenden Analysen ergeben, lassen sich, auf Heidegger bezogen, so formulieren:

1. Die existentiale Analytik von »Sein und Zeit« stellt eine verzerrte Konstitutionsanalyse der menschlichen Welt dar.
2. Heidegger hat die falsche Kehre vollzogen.
Erläutern und begründen wir diese Thesen.

2. Das Kerndefizit von »Sein und Zeit« und der existentialen Analytik

Sein und Zeit stellt zunächst das systematisch und methodisch reflektierte Programm einer transzendentalen Anthropologie dar. Denn dies ist ja der eigentliche Inhalt dieses Grundwerkes des 20. Jahrhunderts. Seine eigene Abgrenzung von dem Titel Anthropologie betrifft a) eine empirische Anthropologie (und auch Psychologie und Soziologie), b) eine solche sich philosophisch nennende Anthropologie, die nicht auf der systematischen Ebene transzendentaler Konstitutionsanalysen arbeitet. Das Ergebnis der Sinnkonstitutionsanalysen von »Sein und Zeit« (und der Untersuchungen im Umfeld) läßt sich thetisch so zusammenfassen:

1. Der Sinn von Sein kann nur im Fragen nach dem seinsverstehenden Dasein freigelegt werden.
2. Der Sinn des Daseins ist das In-der-Welt-sein.
3. Der Sinn des In-der-Welt-seins ist die Sorge.
4. Der Sinn der Sorge ist die (ekstatische) Zeit.

Der Analyse der zeitlichen Sorge als der konstitutiven Struktur des menschlichen Selbst- und Weltverhältnisses kommt in *Sein und Zeit* daher unbestreitbar die systematische Zentralstellung zu. Die Untersuchung läuft auf dieses Existential zu (§§ 1-14), sie konzentriert sich auf es (§§ 42 ff.), sie vertieft die Sorge-Analyse in der Todesanalyse, wobei der Tod als äußerste Grenze und Verunmöglichung des sorgenden Sich-zu-sich-Verhaltens erscheint (§§ 46-53), sie radikalisiert sie weiter in der Analyse von Gewissensruf (als Ruf der Sorge) und ursprünglichem Schuldigsein als den innersten Grenzen des sorgenden Sich-zu-sich-Verhaltens (§§ 54-60), um eben diese Sorge-Analysen abschließend mit den Analysen zur Zeitlichkeit als ursprünglichem »ontologischen Sinn der Sorge« (§§ 61-66) auf fundamentalere Weise zu wiederholen.
Heidegger hat mit dieser Sorge-Analyse aufs deutlichste die Tat-

sache ins Zentrum gerückt, *daß wir das Leben tätig zustande bringen*: »Die transzendentale Konstitution ist eine zentrale Möglichkeit der Existenz des faktischen Selbst.«[1] Die Analysen haben indessen just auf diesem Hintergrund ein zweifaches systematisch heikles und voraussetzungsreiches Gefälle: *Einerseits* tritt durch die pragmatische Option eine technische, instrumentelle und operative Ebene sinnkonstitutiv in die Analyse ein. Diese Ebene der transzendentalpragmatischen Konstitution im Umgehen-mit-etwas führt zu den Zuhandenheitsanalysen. Die Sorge hat hier eine *technisch-pragmatische* Bedeutung. *Zum anderen* ist die Sorge Sorge um das eigenste, eigentliche Selbstseinkönnen. Es geht ihr in diesem Fall nicht um die zu bewältigende äußere und zeughaft gegenständliche Wirklichkeit, sondern um die Bewältigung der Faktizität der äußersten und der innersten Grenzen der eigenen Existenz selbst. Hier erhält die Sorge einen *transzendental-solipsistischen* bzw. einen *existential-subjektivistischen* Status. Dieser Solipsismus mündet systematisch in die *thanatologische* Engführung der Todesanalyse sowie desgleichen in die existentiale Deduktion der Weltgeschichte aus der existentiellen Geschichtlichkeit des menschlichen Daseins (§§ 72-83).[2]

Dieses zweifache, 1. instrumentell-operative und 2. solipsistisch-thanatologische Gefälle von *Sein und Zeit* ergibt sich aus der Sorge-Analyse trotz des Anspruchs Heideggers, eine Destruktion der traditionellen Ontologie, Bewußtseinsphilosophie und Erkenntnistheorie durchgeführt zu haben. Betrachten wir die Sorge-Analyse genauer, um deren strukturelles Defizit präzise zu benennen. Die volle Sorge-Struktur lautet nach Heidegger bekanntlich so: *Sich-vorweg-sein im Schon-sein-in-der-Welt als Sein-bei innerweltlich begegnendem Seienden (§ 41).*

Betrachten wir diese synkategorematische Formulierung kritisch, so zeigt sich:

1. Das Sich-vorweg-sein gibt eine leere Zukünftigkeit vor und bestimmt die Sorge *primär monologisch*, denn es unterstellt ein einzelnes Orientierungssubjekt.

1 Aus einem Brief Heideggers an Husserl, abgedruckt in: E. Husserl, *Phänomenologische Psychologie,* Husserliana 9, hg. W. Biemel, Den Haag 1962, S. 601 f.

2 Vgl. dazu ausführlich: Th. Rentsch, *Heidegger und Wittgenstein. Existential- und Sprachanalysen zu den Grundlagen philosophischer Anthropologie*, Stuttgart 1985, S. 167 ff.

2. Das Schon-sein-in-der-Welt als transzendentales Konstituens der Sorge führt den Weltbegriff auf das Existential des jemeinigen In-der-Welt-seins zurück, und damit auf den *existentiellen Solipsismus.*

3. Das Sein-bei innerweltlich begegnendem Seienden qualifiziert das begegnende Seiende nicht näher, sondern läßt es gänzlich und methodisch unbestimmt. Obwohl das Wort »begegnen« aus dem Umgang der Menschen miteinander stammt, begegnet bei Heidegger z. B. auch ein Werkzeug, mit dem, hat man es zur Hand, eine Technik ausgeübt werden kann: Das »Zeug« ist dann »zuhanden«. Blickt man es lediglich an, ohne mit dem Instrument etwas zu tun, erhält es den Charakter der bloßen »Vorhandenheit«. Primär *begegnen* jedoch im gemeinsamen Leben andere Menschen. Und das Sein-bei anderen Menschen hat *eine ganz andere Konstitution* als das Sein-bei Werkzeugen oder bei bloß vorhandenen Gegenständen. Die formalisierte Sorge-Struktur, Heideggers konstitutionsanalytische Fassung der Form möglichen menschlichen Handelns, deckt diese Differenzierung zu.

Zunächst kann eingewendet werden, daß es bei der Sorge-Analyse ja gerade um die Erfassung der allgemeinen und formalen Konstitutionsaspekte der menschlichen Weltorientierung gehe. Indessen: Diese Analyse gestattet es auch später nicht, Fälle menschlicher kommunikativer Praxis von Fällen des technischen Herstellens von etwas bzw. des instrumentellen Umgangs mit Werkzeugen *gemäß ihrer Konstitution* voneinander zu unterscheiden. Sie nivelliert so in einem transzendental-pragmatischen Erzeugungsidealismus die Fälle:

– einen Nagel mit dem Hammer einschlagen,
– sich das Hemd zuknöpfen
und
– jemandem eine Bitte erfüllen,
– einem anderen aufmerksam zuhören.

Daß diese Vollzüge bzw. Handlungen die gleiche formale *Zeitstruktur* (die Zeitlichkeit ist ja nach Heidegger der ›Sinn der Sorge‹) haben, das ist ihnen nicht wesentlich, sondern äußerlich. Die Nivellierung der instrumentellen und der kommunikativen Modi des In-der-Welt-seins durch das temporalisierte Sorge-Existential gestattet es Heidegger mithin, auch die Beziehungen der

Menschen untereinander formal als ›Verfallen an das innerweltlich begegnende Seiende‹ zu kennzeichnen, wie das ›Sein-bei innerweltlich begegnendem Seienden‹ auch genannt wird.
Demgegenüber muß gefragt werden, ob sich an dieser Analyse nicht grundlegend etwas ändert, wenn wir die *interexistentielle* Verfassung der menschlichen Welt und der sorgenden Praxis ins Zentrum rücken. Sind nicht durch Heideggers Analyse insbesondere *eigentliche Modi des gemeinsamen Lebens* bereits methodisch ausgeschlossen, so daß z.B. ein gelungenes Leben (›Eigentlichkeit des Daseins‹) nur noch als formale Ganzheit des *einzelnen*, nämlich jemeinigen und in den Tod vorlaufenden Daseins bestimmt werden kann? Nicht das Beispielmaterial – die ontisch-existentielle Explikationsebene –, sondern die im Ansatz enggeführte, reduktionistische transzendentale Konstitutionsanalyse überhaupt möglicher menschlicher Praxis wäre dann für die Defizite verantwortlich. Die kritische Kernthese gegen Heidegger möchte ich zunächst so formulieren:

In Heideggers Beschreibung der Form aller menschlichen Praxis in der Gestalt des Existentials der Sorge geht das Moment der interexistentiellen Konstitution einer menschlichen Welt nicht strukturell ein.

In *Sein und Zeit* wird das konstitutive Moment der apriorischen *Inter*existentialität nicht wirklich und angemessen berücksichtigt. *Nachdem* (der Zeitsinn des apriorischen Perfekt ist wichtig) die Struktur der Sorge monologisch, und insofern, bei allem prätendierten Anti-Cartesianismus, subjektzentriert freigelegt worden ist, tritt *dann* das ›Mitsein mit anderen‹ in den Blick. Es tritt, auch dies ist wichtig, insbesondere unter pejorativen Titeln in den Blick, vornehmlich unter dem Gesichtspunkt der *Enteignung des Wesentlichen der jemeinigen Existenz,* unter dem Gesichtspunkt der Enteignung der Eigentlichkeit. Der zentrale Titel für diesen konstitutionstheoretischen Sachverhalt ist in der existentialen Analytik das ›Verfallen an das uneigentliche Man‹. Das heißt: Apriorische Interexistenz und kommunikatives Wesen der menschlichen Welt treten zunächst in depravierten Modi in den Blick. Heidegger überspringt die Ebene der interexistentiellen Konstitution. Dieses Kerndefizit der Existentialanalyse ist entscheidend dafür verantwortlich, daß er die *a primis fundamentis* ethische Dimension der transzendental-anthropologischen Konstitution nicht bzw. nur monologisch verzerrt in den Blick bekommt. Er sieht nicht, daß – wie gleich zu zeigen ist – gelungene Formen des gemeinsamen Lebens die primären Modi situativer Erschlossenheit darstellen, daß in ihnen ›das Sein‹ sich anfänglich ›lichtet‹. Vielmehr stellt das Sorge-Existential eine technisch-pragmatische Engführung der gemeinsamen Praxis dar und schreibt diese konstitutionsanalytisch fest. Die so festgestellte Struktur gibt eine monologische Verfaßtheit der Selbstbezüglichkeit bereits im Ansatz vor. Die primäre Konstitutionsebene wird konsequent instrumentell am Paradigma des Umgehens mit handhabbaren Werkzeugen entwikkelt. Dem entspricht eine systematische Depotenzierung des gemeinsamen Lebens in der Gestalt der ›uneigentlichen Existenz‹, der ›Verfallenheit an das Man‹ mit ihren Grundzügen des ›Geredes‹ (§ 35), der ›Neugier‹ (§ 36) und der ›Zweideutigkeit‹ (§ 37). Es wird so nicht sichtbar, daß positive kommunikative Interexistentiale – wie z. B. Wahrhaftigkeit, Aufrichtigkeit, Vertrauen, gegenseitige Hilfe und Bemühen um Klarheit – die durchschnittliche Alltäglichkeit gleichermaßen charakterisieren. Diese authentischen Modi der Alltäglichkeit ermöglichen eine vernünftige Weltorientierung und ein transparentes Selbstverhältnis *gerade auch für jeden einzelnen,* so daß nicht von einem ›Verfallen‹ an sie im pejorativen Sinne die Rede sein kann. Durch die Engführung der Analyse der Sorge verstellt Heidegger sich im Ansatz die Möglichkeit, diese Tatsache der Konstitution freizulegen. So kann die durchschnittliche Alltäglichkeit selbst nur als totaler Verfallenheits- und Verblendungszusammenhang erscheinen: auf dem Grund einer bereits konstitutionsanalytisch, transzendental-anthropologisch mit der ›Sorge‹ festgeschriebenen *primären Verdinglichung.* Aus dieser Depotenzierung der authentischen Formen des gemeinsamen Lebens ergibt sich in immanenter Konsequenz der Existentialanalyse die notwendige *Verdeckung* der kommunikativen Interexistentialität. Die Verdeckung zeigt sich im Fortgang der Analysen von *Sein und Zeit* in der ausschließlichen Konzentration auf Existentiale wie Furcht, Angst und Tod. Das hermeneutische Gefälle dieser Analysen steigert sich von der Sorge über die Furcht – hier sind noch Gegenstände der Welt einbezogen – bis zur Angst, in der alles innerweltlich Besorgbare in die Bedeutungslosigkeit abgleitet, um im einzigartigen jemeinigen Tod die Klimax zu erreichen. Nicht das ontisch-existentielle

Beispielmaterial, welches oft Anlaß zur Kritik an Heidegger wurde, ist es, das hier systematisch irreführt; es ist vielmehr die interne Konsequenz der Analyse auf der Ebene der transzendental-anthropologischen Konstitution selbst.

Insbesondere verfehlt die formal-temporale Sorge-Analyse, daß die transzendentale Grundform menschlicher Welt- und Selbstverhältnisse diejenige *praktischer Sinnentwürfe* mit von diesen Entwürfen unablösbaren, sinnkonstitutiven *Erfüllungsgestalten* ist.[3] *Weil* die Ebene der praktischen Sinnentwürfe mit der Sorge-Struktur bereits von Anfang an mit dem ›Verfallen an das innerweltliche Seiende‹ verfehlt wurde und so erst recht die kommunikativen Erfüllungsgestalten der Praxis gar nicht gesehen werden können, müssen weitere Modi mit phänomenologisch-hermeneutischer Erschließungsfunktion konstitutiv auf *Vereinzelung* des Menschen abzielen. Man könnte von einer zutage tretenden Stirnerschen Substruktur in *Sein und Zeit* sprechen. Auf der existentiell-ontischen Ebene tritt die schwere Hypothek einer reaktionären Mythisierung des Fronterlebnisses in der Analyse des ›Vorlaufens in den Tod‹ dieser Tendenz zur Seite.[4]

3. Das verdeckte Eingeständnis des systematischen Scheiterns der Analysen von »Sein und Zeit«: Der Hyper-Cartesianismus des § 69

Völlig konsequent verfolgt *Sein und Zeit* eine monologische Bestimmung des guten Lebens, der ›eigentlichen Existenz‹. Da die technisch-instrumentelle Ebene, in die die menschliche Praxis enggeführt wurde, für eine solche Perspektive nicht in Frage kommt, andererseits aber die kommunikative Ebene der Interexistenz entweder abgeblendet oder auf systematisch verzerrte Formen reduziert wurde, bleibt nur eine radikalisierte Vereinzelung des einzelnen Daseins in Konfrontation mit seinem sterblichen Leben im Ganzen, um die Möglichkeitsbedingung der Eigentlichkeit auszumachen. Die Totalisierung des Selbstverhältnisses wird

3 Vgl. die systematische Ausarbeitung in: Th. Rentsch, *Die Konstitution der Moralität. Transzendentale Anthropologie und praktische Philosophie*, Frankfurt am Main 1990, ²1999.

4 Vgl. dazu: Th. Rentsch, *Martin Heidegger – Das Sein und der Tod. Eine kritische Einführung*, München 1989, S. 97-174.

ontisch-existentiell durch die gegenstandslose Todesangst paradigmatisiert. An die Stelle des Cartesianismus und seiner Konstruktion einer subjektbefangenen Selbstsicherheit – in *Sein und Zeit* nur Maskierung der eigentlich gemeinten Destruktion der cartesischen Grundstellung der transzendentalen Phänomenologie Husserls – tritt nicht die systematische Ausarbeitung der Konstitution des gemeinsamen Lebens in der primären Welt;[5] sondern die Selbstsicherheit wird nur zum ganzen In-der-Welt-sein und zu dessen Todesgewißheit ausgedehnt: *Ich habe Todesangst, also bin ich eigentliche Existenz.*

Wie tief dieses Denken *Sein und Zeit* prägt, ein Werk, dessen vehementeste Polemik sich gegen den cartesischen Dualismus von *res cogitans* und *res extensa* richtet (§ 13; §§ 19-21), das zeigt besonders eindrücklich der § 69 »Die Zeitlichkeit des In-der-Welt-seins und das Problem der Transzendenz der Welt«.[6] Hier wird – wiederum im Wege der Verdeckung und des Überspringens der interexistentiellen Konstitution – die Konstitution der Welt schließlich aufgespalten

a) in die Ekstasen der Zeitigung der Zeitlichkeit, und

b) in die Schemata der Weltlichkeit der Welt, die sich im ›Besorgen‹ zeigen.

Man kann die systematische Grundstellung von *Sein und Zeit* daher – und dies ist bisher nicht scharf gesehen worden – als einen *verzeitlichten und ›verweltlichten‹ Cartesianismus* bezeichnen. Dieser wird gerade nicht dadurch gebrochen, daß *Sein und Zeit* eine existentiale Interpretation von Kants transzendentalem Schematismus im Rücken hat, denn fortgesetzt wird der Gedanke, die Konstitution des menschlichen Seins auf dem Wege über die Gegenstandskonstitution zu erreichen. Und die monologische Grundstellung wird ebensowenig durch den existentiell-ontischen Untergrund des Kierkegaardschen Denkens gebrochen; denn diese gegen einen universalen Verdinglichungszusammenhang aufgebotenen Analysen der Schuld, der Furcht, der Angst und des Todes radikalisieren nur die konstitutionstheoretisch angelegte Vereinzelung.

5 Vgl. systematisch: Rentsch, *Die Konstitution der Moralität* (Anm. 3), § 8: Der zweifache Ursprung der primären Welt.

6 Vgl. dazu auch meine Interpretationen in: Th. Rentsch (Hg.), *Martin Heidegger: Sein und Zeit* (Reihe Klassiker Auslegen), Berlin: Akademie 2000.

4. Die Interexistentiale der Weltkonstitution

Gegen Heidegger ist systematisch herauszuarbeiten, daß nur eine *Interexistentialanalyse* es ermöglicht, die Konstitution einer menschlichen Welt aufzuklären und damit auch im Ansatz die Grundfrage der Philosophie: Wie ist eine menschliche Welt überhaupt möglich?, zu beantworten. In unserer Analyse tritt an die Stelle der Sorge-Struktur als der Möglichkeitsbedingung menschlicher Praxis deren Bestimmung als praktischer Sinnentwurf des Menschen mit unablösbaren, wesentlich kommunikativen Erfüllungsgestalten in einer gemeinsamen Welt. Konstitutiv für menschliche Sinnentwürfe sind immer bereits *die möglichen Formen des gemeinsamen Lebens.* Das Sich-vorweg-sein ist bereits strukturell Sinnentwurf in einem kommunikativen Horizont. Die Sinnentwürfe richten sich mit ihren Erfüllungsgestalten primär in eine interexistentiell erschlossene Situation. Die ›ekstatische‹ Konstitution muß primär zwischenmenschlich – mit Bezug auf die *Ekstasen der Interpersonalität* – und nicht primär monologisch und formal-zeitlich angesetzt werden.[7] Entscheidend ist, daß sich das in der Sorge-Analyse strukturell isoliert gedachte Sich-zu-sich-Verhalten *eines* Menschen selbst allererst in einem *kommunikativen Horizont apriorischer Interexistentialität* konstituieren kann. Aus diesem Horizont, der existential-grammatisch z. B. an der Gleichursprünglichkeit der interpersonalen Indikatoren (ich, du, er, sie, es, wir, ihr, sie) aufweisbar ist[8], vermag auch ›ich‹ auf ›mich‹ zurückzukommen und ›mich‹ zu entdecken.

Diese Analyse stellt die systematische Anwendung des von Ludwig Wittgenstein vorgetragenen, sogenannten *Privatsprachenarguments* auf die Thematik der Weltkonstitution dar. In den §§ 243 ff. seiner *Philosophischen Untersuchungen* hat Wittgenstein eine essentielle Destruktion der klassischen Erkenntnistheorie und Bewußtseinsphilosophie vollzogen, indem er *ex negativo* die Unmöglichkeit einer lediglich privaten Selbstbeziehung und die Unmöglichkeit, für sich allein einer semantischen Regel zu folgen,

7 Rentsch, *Die Konstitution*, a.a.O., § 11: Die praktische Transformation des Existentials der ›Sorge‹ und die ethische Defizienz der Analysen Heideggers: Zur Destruktion der Existentialen Analytik.

8 Vgl. zur Entwicklung einer Existentialen Grammatik: Rentsch, *Heidegger und Wittgenstein*, a.a.O. (Anm. 2), S. 254-321.

aufwies. In systematischer Anwendung auf unsere Thematik läßt sich diese grundstürzende Einsicht so wiedergeben:
1. Bereits in sehr elementaren Zusammenhängen konstituiert sich ein jeweiliges Selbstverhältnis – ein sorgendes Sich-zu-sich-Verhalten – nur inmitten eines gemeinsamen Lebens und durch dieses.
2. Sprachliche Interexistentiale – die Sprachhandlungen des Behauptens, des Bekundens, des Versprechens, des Vertrauens, der Versicherung des Glaubens und des Bittens z. B. – ermöglichen auch den gemeinsamen Umgang mit Gegenständen. Die Formen des instrumentellen Weltverhältnisses werden umgriffen und ermöglicht durch praktische Sinnentwürfe. Erst das Verständnis der interexistentiellen Praxis mit so elementaren und fundamentalen Sinnbedingungen wie z. B. der Täuschungslosigkeit, der Ehrlichkeit, der Richtigkeit der Auskunft, der Verläßlichkeit der Information mit den entsprechenden reziproken Sinnerwartungen ermöglicht auch eine Orientierung im Gebrauchssinn der Zuhandenheit.

Das heißt: bereits in der von Heidegger systematisch diskreditierten und dennoch zu Recht zum methodischen Ausgangsbereich gewählten ›durchschnittlichen Alltäglichkeit‹ sind schlichte authentische Modi kommunikativer Interexistenz unverzichtbar, um überhaupt ›sorgende‹ Vollzüge (auch des Selbstverhältnisses) zu ermöglichen. Das zeitliche Sich-zu-sich-Verhalten ist durch das gemeinsame Leben zugänglich und geformt, z. B. in folgenden kommunikativ-interexistentiellen Verhältnissen:

- jemandem zuhören,
- jemandem helfen,
- sich untereinander beraten,
- an jemanden denken,
- für jemanden arbeiten,
- jemanden lieben,
- auf jemanden warten,
- jemandem etwas beibringen.

Das, was wir jeweils tun, ist durch kommunikative Interexistentiale konstituiert. Anders gesagt: Bereits, was »Wirklichkeit« ist, nennt keine objektive oder subjektive Realität, sondern ist näherhin als *kommunikative, transzendentale und praktische Lebensform der Menschen* zu analysieren.

Wie lassen sich nun die weltkonstitutiven kommunikativen Interexistentiale genauer kennzeichnen? Entscheidend ist, daß »Welt«, »Leben« und »Sprache« selbst solche Interexistentiale par excellence sind. Die apriorische Situationalität ist interexistentiell verfaßt. Je mein Leben ist mein Leben nur, insofern es a priori interexistentielles Leben war und ist. Die Sprache ist das Interexistential schlechthin. Entscheidend ist ferner: *Interexistentiale sind keine Eigenschaften von Subjekten (die gegeneinander isoliert sind), sondern konstitutive Grundzüge des gemeinsamen Lebens, interpersonale Relationen zwischen den Menschen.* In diese kommunikativen Interexistentiale – z. B. der Arbeit, der Sprache, der Liebe und der Macht – treten wir im Prozeß der Menschwerdung, im Prozeß unserer transzendentalen Genesis ein, wie wohl als erster der Jenenser Hegel in ganzer Tragweite erkannte. Eine ausdifferenzierte Interexistentialanalyse, eine Topik der kommunikativen Interexistentiale, vermag etwa folgende Gruppen zu unterscheiden:

- ökonomische Interexistentiale (Arbeit, Tausch, Handel, Produktion, Distribution, Konsumtion),
- politische Interexistentiale (Macht, Herrschaft, Gleichheit, Recht),
- sexuelle und erotische Interexistentiale (Begehren, Liebe),
- pädagogische Interexistentiale (Lehren und Lernen),
- ästhetische Interexistentiale (Produktion und Rezeption von Werken),
- religiöse Interexistentiale (meditative und kongregative).

In einer detaillierten Interexistentialanalyse sind diese und weitere kommunikative Formen der menschlichen Weltkonstitution zu untersuchen.[9] Insbesondere erweist sich dabei auch das jemeinige Sich-zu-sich-Verhalten selbst als kommunikatives Interexistential. Um den systematischen Weg der Interexistentialanalyse noch etwas zu konturieren, seien folgende Irrwege ausgeschlossen:

1. Es führt kein Weg vom isoliert konzipierten Einzelsubjekt zu den anderen Subjekten. Vorgängig vor jeder existentialen Selbstkonstitution ist vielmehr die interexistentiale Konstitution. Dies ist der Schritt von Kants transzendentalem Subjekt zur dialektischen kommunikativen Weltkonstitution der geschichtlichen Ar-

9 Vgl. Rentsch, *Die Konstitution der Moralität*, a.a.O., §§ 12-23.

beit, Sprache und Liebe, wie sie zuerst der Jenenser Hegel entfaltet hat und wie sie Gegenstand der kritischen Theorien von Marx, Nietzsche, Wittgenstein und Freud wurde.

2. Ein weiterer Irrweg, den die Interexistentialanalyse ausschließen muß, ist eine Nivellierung der interpersonalen Differenzen zur Unterschiedslosigkeit einer Indifferenzphilosophie der Intersubjektivität. Vielmehr wird gerade die singuläre Totalität der einzelnen Existenz kommunikativ-interexistentiell konstituiert.

3. Auszuschließen ist ferner eine bloße Umkehrung der Konstitutionsverhältnisse. Konstituiert nur der andere je mich, so ergibt sich ein *regressus in infinitum.* Diesen Mangel scheint die Intersubjektivitätstheorie der Dialogphilosophie Bubers aufzuweisen.

4. Der Grundgedanke der wechselseitigen Konstitution darf nicht so gedacht werden, daß zunächst Einzelsubjekte sich isoliert gegenüberstehen, die sich alsdann wechselseitig durch ihre Interaktionen ermöglichen. Die wechselseitige Konstitution muß vielmehr so gedacht werden, daß wir Menschen werden, *indem wir in die kommunikative Interexistentialität einer gemeinsamen menschlichen Welt eintreten.*

5. Ein Einwand: Das Mitsein

Aber hat Heidegger nicht das Mitsein-mit-anderen zentral systematisch in Ansatz gebracht, so z. B. in § 26 von *Sein und Zeit*? Freilich; entscheidend ist aber, daß dieses Mitsein lediglich ein Existential (des Einzelnen) *neben anderen* Existentialen (Jemeinigkeit, Geworfenheit etc.) ist, während gemäß meiner Anwendung Wittgensteins auf Heidegger *alle transzendentalen Konstituentien* primär kommunikative Interexistentiale sind.

6. Ein Ausblick: Seinsdenken und Seinsgeschichte

Von dieser kritischen Analyse wird auch das spätere Denken Martin Heideggers betroffen: Es erscheint allzu leicht als Rückfall in eine vorkritische, dogmatische Ontologie, deren Behauptungen überschwenglich im Kantschen Sinne bzw. vermessen sind. Die Aufdeckung der kommunikativen Interexistentiale der Rede und der Praxis als Konstituentien einer menschlichen Welt verunmöglicht schließlich eine Dissoziation von Ethik und Ontologie: Die Seinsfrage beantwortet sich in der gemeinsamen, autonomen und solidarischen Praxis, nirgendwo sonst und sonst nicht.

2. Aufhebung der Ethik

Alle Moral ist Instinkt (...) eine Wirkung der Natur.

Abbé Galiani

1. Was heißt »Aufhebung der Ethik«?

Von einer Aufhebung der Ethik im strengen Sinne kann vor allem dann die Rede sein, wenn deren entscheidende Grundvoraussetzung, die menschliche Freiheit, bestritten wird, und ferner, wenn die argumentative Art und Weise dieses Bestreitens gegen die Verbindlichkeit von normativen Geltungsansprüchen und Werten gerichtet wird. Dieses Bestreiten erfolgt besonders wirksam zunächst im Empirismus und vor allem im Materialismus der Aufklärung des 18. Jahrhunderts, als deren grundlegende Kritik sich die Philosophie Kants versteht. Es setzt sich im ›positivistischen‹, durch den Fortschritt der Naturwissenschaften geprägten 19. Jahrhundert – und weiter – fort in Gestalt verschiedener Formen der Verwissenschaftlichung: bei Karl Marx durch die Analyse der materiellen, näherhin ökonomischen Voraussetzungen gesellschaftlich geltender Normen; bei Friedrich Nietzsche durch die empirische, näherhin biologische Entschleierung der Ansprüche der gesamten abendländischen, ›platonisch-christlichen‹ Moral; bei Sigmund Freud durch die Analyse der Triebgeschichte der Vernunft und ihres untergründigen Zusammenhangs mit Angst, Tod und Sexualität.

Normative Geltungen werden in diesen mit Wissenschaftsanspruch auftretenden, gleichwohl ›tiefenhermeneutischen‹, entlar-

venden Interpretationsmodellen zu Funktionen der menschlichen Selbsterhaltung bzw. der gesellschaftlichen Systemerhaltung erklärt und auf solche Funktionen reduziert. – Insofern erfolgt im Verlauf der philosophischen Aufklärung und im Zuge ihrer Radikalisierung während der letzten 200 Jahre eine empirische Depotenzierung und Entschleierung ehemals theologisch, metaphysisch oder fundamentalphilosophisch erhobener normativer Geltungsansprüche, eine Depotenzierung und Entschleierung, deren argumentativer Kern der Schritt von der Grundannahme echter Autonomie des Menschen – als dem Ursprung aller Ethik und Moralität – zur Analyse dieses Ursprungs in Imperativen der Selbsterhaltung des Einzelnen bzw. der menschlichen Gattung oder gesellschaftlicher Systeme ist.
Die Thematik der Aufhebung der Ethik gerade durch Aufklärung und Moderne ist auf diese Weise mit der philosophischen Grundfrage nach der menschlichen Freiheit bzw. Unfreiheit – d. h. nach den Formen menschlicher Determiniertheit – verbunden. Dies bleibt so auch im 20. Jahrhundert, in dem Ansätze des philosophischen Behaviorismus in der Psychologie, der Systemtheorie in der Soziologie, des naturwissenschaftlichen Reduktionismus in der Verhaltensforschung, der Evolutionstheorie und der Soziobiologie sowie im Denken des – vor allem französischen – Strukturalismus erneut funktionalistische Erklärungen menschlichen Verhaltens entwickeln. Philosophisch-systematisch bleibt aber angesichts aller – der klassischen wie auch aller neueren – Ansätze zur Aufhebung der Ethik jeweils genau zu fragen:
1. Handelt es sich um eine definitive Leugnung jeglicher ethischen Geltung und normativen Verbindlichkeit? Dies wäre ein philosophischer *Amoralismus* bzw. ein radikaler ethischer *Skeptizismus*.
2. Handelt es sich um eine Relativierung normativer Ansprüche zum Beispiel hinsichtlich ihrer unleugbaren Bedingtheit, um einen ethischen *Relativismus*?
3. Handelt es sich um lediglich partiale – Teilbereiche menschlicher Praxis oder deren Aspekte betreffende – wissenschaftliche Beschreibungsmodelle, die aber zur Erklärung der gesamten Praxis herangezogen werden, um Formen der Wissenschaftsgläubigkeit und des *Szientismus*?
4. Handelt es sich um Reduktionsformen der Ethik, die selbst – gegebenenfalls verborgene – normative Ansprüche mit sich füh-

ren, um »*Krypto-Ethiken*«, die implizite Ersatzfunktionen normativer Ansprüche übernehmen? Die meisten Ansätze zu einer Aufhebung der Ethik erweisen sich als Mischformen eines ethischen Relativismus und Szientismus bzw. als Krypto-Ethiken, zum Beispiel der Marxismus und die Psychoanalyse. Eher selten ist der Versuch eines reinen philosophischen Amoralismus, den auch Nietzsche bei näherer Betrachtung nicht durchhalten kann und will.

Philosophisch entscheidend ist zum einen, wie wir die *argumentative Stringenz* der materialistischen, deterministischen, wissenschaftlichen (szientistischen) Bestreitung menschlicher Handlungsfreiheit und moralischer Autonomie beurteilen. Philosophisch zentral ist zum anderen die hermeneutische Reichweite und Validität, die *Deutungsadäquatheit* der Ansätze der Aufhebung der Ethik angesichts unserer alltäglichen, lebenspraktischen und lebensweltlichen Erfahrungen und Einsichten, Intuitionen und Evidenzen.

Mit Hegel läßt sich der philosophische Sinn der Rede von der *Aufhebung* dialektisch auf dreifache Weise verstehen; »aufgehoben« werden kann ein (auch ethisches) Phänomen

1. durch seine kritisch-analytische Durchdringung und ›verstandesmäßige‹, depotenzierende Erklärung und Reduktion;
2. durch das vernunftgemäße Verstehen dieses Phänomens auf einer qualitativ neuen Stufe, in einem neuen Kontext bzw. Sinnzusammenhang, der die authentische Bedeutungsfülle des Phänomens bewahrt;
3. durch die den gesamten Prozeß der Reduktion und Bewahrung noch einmal begreifende Reflexion.

Das heißt, erst wenn wir die reduktionistischen Aufhebungen selbst mitsamt den sie kritisierenden, die Eigenständigkeit der Ethik bewahrenden Argumenten dargestellt haben – dies tun wir in Kapitel 4 über »Genesis und Geltung« –, können wir die von Hegel gemeinte dialektische Aufhebung der Ethik im vernünftigen Begriff leisten.

Wenden wir uns zunächst den wesentlichen geschichtlichen Formen der Aufhebung der Ethik zu.

2. Traditionen der Aufklärung: Materialismus und Moralistik

Vorläufer der Moral- und Ethikkritik der klassischen Moderne – wie wir sie bei Marx (vgl. 3.1.), Nietzsche (vgl. 3.2.) und Freud (vgl. 3.3.) finden – sind bereits die frühneuzeitlichen Metaphysikkritiker[1] sowie Machiavelli, Bacon und Hobbes im Gesamtansatz ihrer Analysen. Machiavelli konzipiert in seinem *Il Principe* (1513/1532) eine moralfreie Machtpolitik. Francis Bacon destruiert in seinem Hauptwerk *Novum Organon* (1620) traditionelle Vorstellungen sowohl der antiken wie auch der scholastischen Autoren; in seinem Werk *De Dignitate et Augmentis scientiarum* (1623) entwirft er seine *Idolenlehre*, eine radikale Vorurteilskritik, in der er versucht, die Ursprünge menschlicher Illusionen und Selbsttäuschungen an ihrem gesellschaftlichen Entstehungsort aufzudekken. Mit der induktiven und empirischen Orientierung Bacons verbindet sich seine Lehre vom *Machtwissen* (mit dem berühmten Grundsatz »Wissen ist Macht«) als dem positiven Gegenstück der einzig und allein auf Erfahrung gestützten Skepsis. Thomas Hobbes entwickelt in seinem *Leviathan* (1651) auf der Grundlage einer pessimistischen Anthropologie eine moralfreie Staatstheorie: Die wölfischen Menschen im Urzustand (mit dem Grundsatz »Homo homini lupus«) unterwerfen sich dem »großen Ungeheuer« des Staats-Leviathan, um sich wechselseitig vor ihrer eigenen Bestialität und Grausamkeit zu sichern – bleibendes Motiv des geistesgeschichtlichen Syndroms ›Aufhebung der Ethik‹.

Die unsystematische, literarisch in Einzelbeobachtungen fragmentarisierte Anthropozentrik der französischen *Moralistik* (La Rochefoucauld (1613-1680), Montesquieu (1689-1755), Vauvenargues (1715-1747), Galiani (1728-1787), Chamfort (1741-1794), Rivarol (1753-1801), Joubert (1754-1824), Jouffroy (1796-1842) unternimmt mit ihrem ungebundenen Räsonnement eine Entschleierung gesellschaftlichen Scheins und des in Moral und Ethik angelegten kollektiven und individuellen Selbstbetrugs, indem sie mit ihrer feinfühligen Psychologie den gesellschaftlich Agierenden gleichsam in die Falten ihrer Herzen und in die abgründige Eitel-

1 Vgl. Th. Rentsch, »Metaphysikkritik«, in: J. Ritter/K. Gründer (Hg.): *Historisches Wörterbuch der Philosophie* Bd. 5, Basel/Stuttgart 1980, Sp. 1280-1289.

keit ihrer ambivalenten Motive sieht. So schreibt Nicolas Chamfort: »Wenige Menschen gestatten sich einen nachdrücklichen und unerschrockenen Gebrauch ihrer Vernunft und wagen es, sie mit ganzer Stärke auf alle Gegenstände anzuwenden. Die Zeit ist gekommen, wo man sie auf alle Gegenstände der Moral, der Politik und der Gesellschaft richten muß (...); unterläßt man dies, so bleibt man in der Mittelmäßigkeit stecken.«[2] Diese von Chamfort geforderte illusionslose Anwendung der Vernunft auf alle ehemals tabuisierten und geheiligten Gegenstände der Moral und der Sittlichkeit fördert vornehmlich die prekäre Ungesichertheit und Zwiespältigkeit ethischer Wertung zutage: »In den Dingen ist alles verwirrtes Wesen, bei den Menschen ist alles bloß Stückwerk. Im Moralischen wie im Physischen ist alles vermischt, nichts ist einheitlich und nichts ist rein.«[3] Wenn Nietzsche später in seiner Moralkritik den »reinen Geist« als die »reine Lüge« bezeichnet, so steht er bewußt in der Tradition der französischen Moralisten. Ihre subtile phänomenologische Psychologie läßt dem ethischen Schein kein Eigenrecht: »Vorurteil, Eitelkeit und Berechnung, das ist es, was die Welt regiert. Wer als Regel seiner Lebensführung nur Vernunft, Wahrheit und Empfindung kennt, hat mit der Gesellschaft so gut wie nichts mehr gemein. In sich selbst muß er fast sein ganzes Glück suchen und finden.«[4] Der zynische, skeptische und sarkastische Duktus der moralistischen Aufhebung der Ethik verdankt sich im Sinne einer negativen Dialektik oft gerade dem rigiden Ernstnehmen der Ansprüche der Moral selbst.
Im Zuge der Aufklärung, des Empirismus und Frühmaterialismus bilden sich immer stärker symptomatologische Kritiktraditionen heraus. Durch die massiven, nachhaltig wirksamen Historisierungsprozesse innerhalb der Aufklärung: der klimatheoretischen der Forschungsreisen (Maupertuis, La Condamine), der biologischen (Boerhaave), der evolutionstheoretischen und geologischen (Buffon; Diderot, »Rêve d'Alembert«), der botanisch-zoologischen (Linné), der literaturgeschichtlichen (Massieu, Fontenelle, Irailh, Aublet de Maubuy), der geistesgeschichtlichen (Boulanger),

2 N. Chamfort, *Früchte der vollendeten Zivilisation. Maximen, Gedanken, Charakterzüge*, übers. R.-R. Wuthenow, Stuttgart: Reclam 1977, S. 21.

3 Chamfort, a.a.O., S. 27.

4 A.a.O.,S. 37.

der ökonomischen (Raynal), der politischen (Duport du Tertre, Pilati de Tassulo), der des Aberglaubens und der Orakel (Fontenelle, Bernard) und der der Philosophie selbst (Boureau-Deslandes) – durch diese Historisierungsprozesse erfolgt eine tiefgreifende Relativierung und Genetisierung aller moralischen Sinnentwürfe und normativen Orientierungen. Sie erscheinen als Funktion, Reflex oder Symptom externer klimatischer, ethnischer, politischer oder ökonomischer Bedingungen. Im Zuge dieser Symptomatologie wird die sensualistische Erkenntnistheorie des klassischen englischen Empirismus, in der John Locke den menschlichen Verstand als »white paper« beschrieben hatte, zur politischen *Milieutheorie* radikalisiert: Die Unbeschriebenheit des weißen Blattes Papier berechtigt erziehungs- und gesellschaftstheoretisch zur Annahme der Depravation der Individuen durch die Bedingungen ihrer Außenwelt. Montesquieu behauptet auf dieser Grundlage die Abhängigkeit der Ideen von Natur und Gesellschaft.

Moraldestruktive *Determinationstheorien* sind das epochale Endergebnis dieser umfassenden, auf ganze Zeitalter und die Grundsituation des Menschen zugleich bezogenen Vorurteils-, Illusions-, Betrugs- und Selbsttäuschungskritik im Verbund mit der Historisierung und Genetisierung von Ideen und Moralvorstellungen. De La Mettrie versteht den Menschen als einen materiellen Wirkungszusammenhang; er ist für ihn ein Automat, eine Maschine, die der beständigen Notwendigkeit ihrer Reproduktion unterworfen ist (*L'homme machine*, 1747). Helvetius akzentuiert in allen moralischen Zusammenhängen die Kontingenz der Entwicklungsprozesse des Interessenlebens (*Le Bonheur*, 1741-1751; *De l'esprit*, 1758; *De l'homme*, 1772). Holbachs mechanischer Materialismus reduziert den Menschen auf dessen physische Organisation und ersetzt Gott durch die als Maschine begriffene Natur. Die materiellen und sozialen Bedingungen der Erkenntnis lassen die Ethik als verschleierten Ausdruck von Herrschaftsinteressen durchschaubar werden.

Der Materialismus der französischen Aufklärung unternimmt eine radikale Reduktion aller vormals als genuin menschlich eingestuften Phänomene auf natürliche Substrate. Er führt nicht nur zum revolutionären Umsturzdenken und bis zur Französischen Revolution von 1789, sondern in einigen Fällen, so bei De La Mettrie und De Sade, auch zum dezidiert *amoralischen Libertinismus*.

Ein Vorläufer von Nietzsches Destruktion der Moral, auf den sich Nietzsche auch oft explizit bezieht, ist der neapolitanische Abbé Ferdinand Galiani, der im vorrevolutionären Paris in den Kreisen der Aufklärer und in den Salons verkehrte. Seine Aufhebung der Ethik ist von der »Resignation der Spätaufklärung« (F. Schalk) geprägt, in der neben dem Verlust des Unwiederbringlichen der alten Welt ein Bewußtsein von dessen Wert mitschwingt: »Wir sind durch unsere Aufklärung eher arm als reich geworden, wir wissen, daß eine Unmenge Dinge, die unsere Väter für wahr ansahen, falsch sind, und wir wissen wenig wahre, die sie nicht wußten.«[5] Die Aufklärung kritisierte den aristotelischen Urzug der Dinge zum obersten Zweck, die ontologisch-metaphysische Sanktion auch der christlichen Ethik für zwei Jahrtausende. Galiani schreibt: »Das ›Beste‹ ist etwas, das nur in unserem Kopf vorhanden ist; denn es ist nur der Begriff einer Beziehung, und man hat daraus den Angelpunkt für die ganze Physik einer Welt gemacht, die außer uns ist. Welche Tölpel sind doch die Metaphysiker!«[6] Dies ist die entscheidende Subjektivierung und Anthropologisierung einer ontologisch begründeten Wertordnung, die für die agrarische Epoche kennzeichnend war. Das Fazit Galianis lautet: *»Alle Moral ist Instinkt (...) eine Wirkung der Natur«.*[7] Jedoch: »Der Mensch möchte alles wissen. Alles verneinen und alles bezweifeln und ausharren in der Armut der Gedanken, des Wissens (...) welch schreckliche Leere, welch ein Nichts.«[8]

3. Die modernen Klassiker der Moralkritik

3.1. Karl Marx: Ökonomische Aufhebung

Während die Moralkritik und Destruktion der Ethik bei Nietzsche ganze Bücher mit umfassenden und expliziten Darstellungen füllt, er sie explizit und breit entfaltet (vgl. 3.2.), ist die Stellung von Marx zur Moral in seinen Werken eher versteckt. Ferner ist diese

5 F. Galiani, in: F. Schalk (Hg.), *Die französischen Moralisten*, Bd. 2, München: dtv 1973, S. 45.

6 F. Galiani, Briefe an Madame d'Epinay, übers. H. Conrad, München: Kösel 1970, S. 224.

7 Galiani, in: Schalk, a.a.O., S. 96 (hervorgehoben von mir, Th. R.).

8 A.a.O., S. 45.

Stellung durchaus ambivalent. Einerseits gibt es den Marxschen Immoralismus; andererseits ist seine Aufhebung der Ethik mit seiner theoretischen Gesamtperspektive, nämlich der Aufhebung der traditionellen Philosophie *in toto* durch revolutionären Umsturz so sehr verklammert, so sehr auch durchsetzt mit einer impliziten normativen Sichtweise der Weltgeschichte, daß die Frage nach der Art und Weise dieser Aufhebung eine komplizierte Interpretationsdebatte entfacht hat, die bis in die Gegenwart reicht.

Marx destruiert die Ethik, wie sie in der Gesellschaft der sich industrialisierenden Epoche vorkommt, als philosophischen Mythos, als bürgerliche Ideologie. Er will sie als Lüge, als Illusion und *gesellschaftlich* notwendigen Schein entlarven. Sie ist die Mystifikation realer Verhältnisse.

Indessen verlagern die Grundschriften des revolutionären Kommunismus auf der anderen Seite ein Motiv aus Hegels »Phänomenologie des Geistes«, nämlich das von Herrschaft und Knechtschaft in der Weltgeschichte, auf die welthistorische Rolle und Funktion des unterdrückten Proletariats. In Hegels Konzeption ist das ursprünglich unterdrückte Subjekt auch das moralische, der wahre Handelnde.

In die Konzeption von Marx geht diese Grundüberlegung auf eine verwandelte Weise ein: einerseits verwandelt durch die von Darwin bewirkte evolutionäre Revolution der Sichtweise des Menschenlebens; zum zweiten bewirkt durch seine Aufnahme der ökonomischen Analysen der bürgerlichen Theoretiker Adam Smith und David Ricardo.

Der entscheidende Punkt der Marxschen Moralkritik ist auf diesem Hintergrund und in einem Modell der Ableitung bzw. des *Reduktionismus* zu sehen. Er besteht daher darin, ehemals nur innerphilosophisch geführte Debatten auf moderne Einzelwissenschaften zu beziehen. Dies kann man zunächst als den positivistischen Kern nicht nur der Kritik, sondern der gänzlichen Aufhebung von Moral im Rahmen der Marxschen Überlegungen bezeichnen.

Das Modell der Ableitung des ehemals autonom gedachten geistigen Bereichs aus der Natur, des »Überbaus« aus der materiellen »Basis« tritt bei Darwin biologisch-genetisch, bei Marx ökonomisch-genetisch auf. Im Sozialdarwinismus gestatten die Prinzipien der Variabilität der Arten und der Selektion die Reduktion jeglicher geistiger Leistung auf Funktionen optimaler Anpassung.

Bei Marx gestatten die Prinzipien der gattungsgeschichtlich notwendigen Produktion und Reproduktion auf der ökonomischen Ebene die Ableitung dessen, was sich Gesellschaften über sich – religiös, mythisch, philosophisch, ethisch – denken, aus eben diesen Imperativen der ökonomischen Selbstkonstitution. Die Rückführung auf Animalität wird bereits von Darwin selbst bewußt häretisch gegen traditionelle Moralvorstellungen gewendet. Dazu werden »Freude und Schmerz, Glück und Elend«[9], »Liebe«[10] und »Großmut«[11] bereits auf tierischer Ebene konstatiert und beispielsweise das Verhalten der Hunde ihrem Herrn gegenüber als mögliches Urbild des Gottesverhältnisses angesehen.
Wichtig für die Geschichte der Aufhebung der Ethik im 19. Jahrhundert ist die Tendenz, genetische Reduktionen auf Grund naturwissenschaftlicher Untersuchungen zu generellen Sätzen auszuweiten. Für die Wirkung des Darwinismus bleibt bestimmend, die empirischen Befunde der Abstammungslehre in philosophischen Kontexten zu verwenden.
Marx' Aufhebung der Ethik geschieht im Versuch, alle Bewußtseinsleistungen als Resultate des gesellschaftlichen Produktionsprozesses zu erklären: »Die Moral, Religion, Metaphysik und sonstige Ideologie und die ihnen entsprechenden Bewußtseinsformen behalten hiermit nicht länger den Schein der Selbständigkeit (...) nicht das Bewußtsein bestimmt das Leben, sondern das Leben bestimmt das Bewußtsein.«[12] Im Gegensatz zu einer christlichen Ethik, »welche vom Himmel auf die Erde herabsteigt«, wird bei Marx »von der Erde zum Himmel gestiegen. Das heißt, es wird nicht ausgegangen von dem, was die Menschen (...) sich einbilden, (...) auch nicht von (...) eingebildeten (...) Menschen (...): Es wird von den wirklich tätigen Menschen ausgegangen und [an] ihrem wirklichen Lebensprozeß auch die Entwicklung der ideologischen Reflexe und Echos dieses Lebensprozesses dargestellt.«[13] Moral und Ethik werden zu ableitbaren Produkten, Echos und Reflexen, damit zur Ideologie der bürgerlichen Gesellschaft und der kapi-

9 Ch. Darwin, *Die Abstammung des Menschen*, Leipzig: Kröner 1932, S. 83.
10 Darwin, a.a.O., S. 84.
11 A.a.O., S. 87.
12 K. Marx, *Die Frühschriften*, Hg. S. Landshut, Stuttgart: Kröner 1953, S. 349.
13 MEW 3 (Deutsche Ideologie), S. 26.

talistischen Ökonomie. Sie tun so, als gälten sie, während in Wirklichkeit die Klassenstruktur und der Warentausch, die Eigentumsverhältnisse und damit die konkreten ökonomischen Machtverhältnisse bestimmend sind: »Der Kredit ist das nationalökonomische Urteil über die Moralität eines Menschen.«[14] Die christliche Moral ist nur eine Waffe des Reichen: sie übersetzt den wirklichen »Unterschied von *arm* und *reich*« in den ideellen »Gegensatz des *Guten* und des *Bösen*«[15], so daß »man ein Millionär sein (muß), um es ihren Helden nachmachen zu können«.[16]
In der »Deutschen Ideologie« (1844/45) heißt es folgerichtig, »die Heuchelei« der »Philosophie, die sich an alle Individuen ohne Unterschied richtet, konnte natürlich erst aufgedeckt werden, als die Produktions- und Verkehrsbedingungen der bisherigen Welt kritisiert werden konnten, d. h. als der Gegensatz zwischen Bourgeoisie und Proletariat kommunistische und sozialistische Anschauungen erzeugt hatte. Damit war aller Moral, sei sie Moral der Askese oder des Genusses, der Stab gebrochen.«[17]
Marx ist – wie die beiden anderen großen Klassiker der Moderne, Nietzsche und Freud – ein sehr guter Kenner der Antike gewesen. Hier entstand – parallel zur Tragik und zur Lyrik – die Philosophie mitsamt den Wissenschaften in den Schulen des Platon und des Aristoteles. Aristoteles entwickelte Ethik, Politik und Ökonomie als eine in sich stimmige theoretisch-reflexive und praktische Einheit; als eine Einheit, die – ganz selbstverständlich – exemplarisch an den überschaubaren Verhältnissen mittlerer Größenordnung im antiken Stadtstaat, der Polis, ausgerichtet war. In dieser vereinheitlichenden Reflexion ergeben sich die rationalen Imperative der politischen Ordnung und der Haushaltung (Ökonomie) relativ umstandslos aus der realistischen, lebensnahen Ethik des Aristoteles. Der entscheidende Bruch in der ethischen Reflexion setzt ein, wenn in der Wende zur modernen westlichen Industriegesellschaft die Einheit von Nah- und Fernbereich ethischer, moralischer Mikro- und politisch-ökonomischer Makro-Ebene eine weltgeschichtlich zäsurhafte, strukturelle Entzweiung erfährt: die Dissoziation von Unmittelbarkeit (der schlichten Beurteilung

14 MEGA I. 3, S. 534.
15 MEW 2, S. 215.
16 A.a.O., S. 194.
17 MEW 3, S. 404.

zugänglicher ethischer Praxis) und »unendlicher Vermitteltheit« (Hegel) der komplexen gesellschaftlichen Verhältnisse im Werden der kapitalistischen Ökonomie.
Marx' Aufhebung der Ethik läßt sich selbst als Reflex dieses Bruches verstehen. Sie wird noch gesteigert durch seine Lehre vom *Verschwinden der Moral* im Kommunismus. Hier nimmt die ideologiekritische Perspektive seiner Theorie spekulative Züge an: Mit dem Kommunismus werden die ideologischen Formen: Moral, Religion, Familie – allesamt Auswirkungen der Klassenkämpfe – »sich vollständig auflösen«.[18]

3.2. Friedrich Nietzsche: Genealogische Aufhebung

Einen der radikalsten, dezidiertesten und philosophisch explizitesten Versuche der kritischen Destruktion der Ethik stellt das Werk Nietzsches dar. In seiner letzten Schaffensperiode unternahm er es, die Grundprinzipien dieser Kritik – in Anknüpfung an die Willensmetaphysik seines Lehrers Arthur Schopenhauer – in den beiden Schriften *Jenseits von Gut und Böse. Vorspiel einer Philosophie der Zukunft* (1886) und *Zur Genealogie der Moral. Eine Streitschrift* (1887) zusammenzufassen. Die Moralkritik weitet sich in diesen Texten zu einer Kritik der gesamten europäischen Philosophie und christlichen Kultur, insbesondere auch des gegenwärtigen Zeitalters Nietzsches aus.
Welches sind die Grundprinzipien der Aufhebung der Ethik im Denken Nietzsches? Die Ethik und die Moral sind gemäß seiner Analyse etwas ganz anderes, als gemeinhin und vor allem in der Philosophie angenommen und behauptet wird. »Der Grundglaube der Metaphysiker ist *der Glaube an die Gegensätze der Werthe*« (5, 16). Diese Gegensätze sind »nur Vordergrunds-Schätzungen«, »vorläufige Perspektiven«, ja »Frosch-Perspektiven« (ebd.); »der schlimmste, langwierigste und gefährlichste aller Irrthümer« war »bisher ein Dogmatiker-Irrthum«, »nämlich Plato's Erfindung vom reinen Geiste und vom Guten an sich« (5, 12). Nietzsche geht es daher um den »Kampf gegen Plato, oder, um es verständlicher und für's ›Volk‹ zu sagen«, um den »Kampf gegen den christlich-kirchlichen Druck von Jahrtausenden – denn Christenthum ist Platonismus für's ›Volk‹« (ebd.).

18 MEW 4 (Manifest), S. 480.

Anstatt nun an die moralischen Werturteile »an sich« bzw. an ihre religiös begründete Gültigkeit zu glauben, gilt es »zu begreifen, dass zum Zweck der Erhaltung von Wesen unsrer Art solche Urtheile als wahr *geglaubt* werden müssen« (5, 25). Der Glaube an ihre Wahrheit ist »nöthig, als ein Vordergrunds-Glaube und Augenschein, der in die Perspektiven-Optik des Lebens gehört« (5, 26).

An die Stelle eines ethischen Dogmatismus auf metaphysischer (platonisch-ontologisch die Rangordnung des Seins betreffender) oder christlicher (theologisch die Schöpfungsordnung und die göttlichen Gebote betreffender) Grundlage setzt Nietzsche zunächst einen philosophischen *Vitalismus* – Vorbild der späteren Lebensphilosophie (H. Bergson; W. Dilthey; G. Simmel, *Einleitung in die Moralwissenschaft* (1892/93)) – und erkenntnistheoretischen *Perspektivismus*: Prinzip der Realität und des für wahr Erachteten ist einzig und allein die Erhaltung des Lebens. Aus Gründen seiner Selbsterhaltung entwirft das Leben sich die für es dienlichen Erhaltungsperspektiven. »Vor allem will etwas Lebendiges seine Kraft *auslassen* – Leben selbst ist Wille zur Macht« (5, 27). Nietzsche analysiert diese interne Machtstruktur des menschlichen Willens, zu der seiner Meinung nach »Gefühle« und »Denken« durch einen »Affekt des Commando's« vereinigt und dem Willen untergeordnet werden (5, 32). Auf diesem Hintergrund wird »Moral ... als Lehre von den Herrschafts-Verhältnissen verstanden, unter denen das Phänomen ›Leben‹ entsteht« (5, 34).

Der Mensch hat gemäß Nietzsches Vorurteilskritik zu hoch von sich gedacht, als er sich als »Subjekt« mit »freiem Willen« konzipierte: »Das Verlangen nach ›Freiheit des Willens‹, in jenem metaphysischen Superlativ-Verstande« ist das illusionäre Verlangen, die Ursache seiner selbst (causa sui) »zu sein und, mit einer mehr als Münchhausen'schen Verwegenheit, sich selbst aus dem Sumpf des Nichts an den Haaren in's Dasein zu ziehn« (5, 35). Die idealistische Philosophie des reinen Geistes hat somit Nietzsches Analyse zufolge theologische Absolutismen wie die »Schöpfung aus dem Nichts« (*creatio ex nihilo*) in illusionärer Verkennung seiner tatsächlichen Bedingtheit auf den Menschen als Subjekt »freier« Willensakte, als »Ursache seiner selbst«, *causa sui*, übertragen.

Demgegenüber lehrt der Amoralismus Nietzsches – er selbst spricht von seinem ›Immoralismus‹ –, daß wir an der Schwelle einer »außermoralischen Periode« der menschlichen Selbstbesinnung stehen, »dass Moral, im bisherigen Sinne, also Absichten-Moral« – die insbesondere den freien Willen als Selbstverursachung moralisch qualifizierbarer menschlicher Handlung annahm –, »ein Vorurtheil gewesen ist, eine Voreiligkeit, eine Vorläufigkeit vielleicht, ein Ding etwa vom Range der Astrologie und Alchymie, aber jedenfalls Etwas, das überwunden werden muss. Die Überwindung der Moral, in einem gewissen Verstande sogar die Selbstüberwindung der Moral: mag das der Name für jene lange geheime Arbeit sein, welche den feinsten und redlichsten, auch den boshaftesten Gewissen von heute, als lebendigen Probirsteinen der Seele, vorbehalten blieb« (5, 51). Die Reflexionsbewegung Nietzsches wird hier ihrem für sie typischen Anspruch nach als eine überbietende Radikalisierung von Prämissen der Aufklärung erkennbar: War deren Vorurteilskritik – seit Francis Bacon und Pierre Bayle – noch auf die Befreiung von verzerrender Autoritätswahrheit und interessenbedingter ideologischer Verschleierung ausgerichtet, um Freiheit als authentische, moralisch und politisch begriffene Autonomie freizusetzen, so will Nietzsches Radikalkritik noch Moralität und Freiheit selbst als undurchschaute Vorurteile erweisen.

Die Beurteilung dieser Radikalkritik hängt davon ab, ob ihr Stringenz und argumentative Überzeugungskraft neben ihrem bewußt provokanten, polemischen, ›boshaften‹ Gestus zukommt, ob ihr oft beißender Hohn auf die europäische Vernunfttradition bei aller literarischen Brillanz philosophische Substanz hat.

Nietzsches Voraussetzung ist, »dass nichts Anderes als real ›gegeben‹ ist als unsre Welt der Begierden und Leidenschaften, dass wir zu keiner anderen ›Realität‹ hinab oder hinauf können als gerade zur Realität unsrer Triebe – denn Denken ist nur ein Verhalten dieser Triebe zu einander« (5, 54). – Dieses »ist nur« ist die Grundform von Nietzsches Reduktionismus der Moraldestruktion. Er will »unser gesammtes Triebleben als die Ausgestaltung und Verzweigung Einer Grundform des Willens (...) erklären – nämlich des Willens zur Macht, wie es *mein* Satz ist« (5, 55).

Nietzsches Aufhebung der Ethik in Gestalt seines Reduktionismus' des Machtwillens: »gesetzt, dass man alle organischen Funktionen auf diesen Willen zur Macht zurückführen könnte und in ihm auch die Lösung des Problems der Zeugung und Ernährung (...) fände, so hätte man damit sich das Recht verschafft, *alle* wirkende Kraft eindeutig zu bestimmen als: *Wille zur Macht*«

(5, 55) – diese Aufhebung steht damit eindeutig in der Tradition der Schopenhauerschen Willensmetaphysik. Das »Ding an sich«, das *eine Prinzip*, das die Welt im Innersten zusammenhält, war bereits bei Schopenhauer, den Nietzsche in den späten systematischen Schriften *Jenseits von Gut und Böse* und *Genealogie der Moral* als seinen Lehrer bezeichnet, der weltgründende und weltbewegende Wille. Diese »Monoprinzipialität des Seins« als Wille übernimmt Nietzsche ausdrücklich: »Die Welt von innen gesehen, die Welt auf ihren ›intelligiblen Charakter‹ hin bestimmt und bezeichnet – sie wäre eben ›Wille zur Macht‹ und nichts ausserdem« (5, 55).

Hintergrund und Voraussetzung von Nietzsches Konzeption einer Aufhebung und Destruktion der Ethik ist somit eine – Schopenhauer aufnehmende – empirische Entschleierung der Kantschen »intelligiblen«, »noumenalen« Welt der Moral und der menschlichen Freiheit, des »Ding an sich« als pures, letztlich quantifizierbares Energie- und Kraftpotential.

Die Ethik der Aufklärung und die Moralphilosophie des deutschen Idealismus waren an universalen Werten und Normen – Freiheit, Gleichheit, Solidarität – orientiert gewesen. Noch die Schopenhauersche Mitleidsethik des bürgerlichen Pessimismus führt ein solches universalistisches Moment mit sich: universales Mitleid mit allen leidenden Kreaturen, universale Willensverneinung und Entsagung. Von diesen Auffassungen hebt sich Nietzsches Moraldestruktion entschieden ab. An die Stelle des ethischen Universalismus setzt sie einen heroischen *Elitarismus*, der sich politisch als Antidemokratismus und vehementer Antisozialismus präzisiert. An die Stelle der Schopenhauerschen Erlösungslehre des Pessimismus, der – dem Buddhismus verwandten – Lehre von der Willensverneinung, setzt sie die unbedingte Bejahung des Machtwillens, seine Steigerung: »Was ist gut? – Alles, was das Gefühl der Macht, den Willen zur Macht, die Macht selbst im Menschen steigert. Was ist schlecht? – Alles, was aus der Schwäche stammt. Was ist Glück? – Das Gefühl davon, daß die Macht wächst, – daß ein Widerstand überwunden wird. (...) Die Schwachen und Mißrathenen sollen zu Grunde gehn: erster Satz der Gesellschaft (...) Was ist schädlicher als irgend ein Laster? Das Mitleiden der That mit allem Mißrathenen und Schwachen, – ›das Christenthum‹ (...)« (13, 192). »Man muss den schlechten Geschmack von sich abthun, mit Vielen übereinstimmen zu wollen.

›Gut‹ ist nicht mehr gut, wenn der Nachbar es in den Mund nimmt. Und wie könnte es gar ein ›Gemeingut‹ geben! Das Wort widerspricht sich selbst: was gemein sein kann, hat immer nur wenig Werth. Zuletzt muss es so stehn, wie es steht und immer stand: die grossen Dinge bleiben für die Grossen übrig, die Abgründe für die Tiefen, die Zartheiten und Schauder für die Feinen, und, im Ganzen und Kurzen, alles Seltene für die Seltenen« (5, 60). Dieser Elitarismus und Antidemokratismus richtet sich polemisch gegen »das allgemeine grüne Weideglück der Heerde, mit Sicherheit, Ungefährlichkeit, Behagen, Erleichterung des Lebens für Jedermann; ihre beiden am reichlichsten abgesungnen Lieder und Lehren heissen ›Gleichheit der Rechte‹ und ›Mitgefühl für alles Leidende‹« (5, 61).

Demgegenüber vertritt Nietzsche mit spürbarem Genuß die ketzerische Auffassung der »Umgekehrten«, »dass Härte, Gewaltsamkeit, Sklaverei, Gefahr auf der Gasse und im Herzen, Verborgenheit, Stoicismus, Versucherkunst und Teufelei jeder Art, dass alles Böse, Furchtbare, Tyrannische, Raubthier- und Schlangenhafte am Menschen so gut zur Erhöhung der Species ›Mensch‹ dient, als sein Gegensatz« (5, 61 f.). Die Stoßrichtung von Nietzsches Argumentation ist hier die Kritik einer ethischen Zurechtstellung der menschlichen Welt und Wirklichkeit, in der das Abträgliche, das Schreckliche und das Böse in ihrer bleibenden Bedeutung verkannt und weggeleugnet werden. Er entwirft gegen das »Herdenglück« einer nivellierten Masse das Existenzideal des freien Geistes und des neuen Philosophen, der sich von den herkömmlichen verlogenen Wertordnungen gelöst hat. Die Aufhebung der Ethik kommt bei Nietzsche also keineswegs ohne normative, wertende Orientierungen aus, so daß man ihn geradezu als einen Moralisten des Amoralismus bezeichnet hat. Entscheidend für Nietzsche ist – so seine Ausführungen im 5. Hauptstück von *Jenseits von Gut und Böse* –, daß die Moral eine sie entlarvende *Naturgeschichte* hat, gänzlich externe Bedingungen ihrer Entstehung und Entwicklung. Die Moralen erscheinen in dieser Deutungsperspektive zunächst und vor allem als Zucht- und Reproduktionsmittel der Völker. »Man mag jede Moral darauf hin ansehn: die ›Natur‹ in ihr ist es, welche (...) die allzugrosse Freiheit hassen lehrt und das Bedürfnis nach beschränkten Horizonten, nach nächsten Aufgaben pflanzt, – welche die *Verengerung der Perspektive*, und also in gewissem Sinne die Dummheit, als eine

Lebens- und Wachsthums-Bedingung lehrt. ›Du sollst gehorchen, irgend wem, und auf lange: *sonst* gehst du zu Grunde und verlierst die letzte Achtung vor dir selbst‹ – dies scheint mir der moralische Imperativ der Natur zu sein« (5, 109 f.). Dieser naturalistische Imperativ ist nicht unbedingt, nicht kategorisch – polemisch wendet sich das ›Sonst‹ Nietzsches gegen Kants Reinheitskonzeption –, und er wendet sich auch nicht an den Einzelnen, »wohl aber an Völker, Rassen, Zeitalter, Stände, vor Allem aber das ganze Thier ›Mensch‹, an *den* Menschen« (5, 110).

Moral ist für Nietzsche Imperativ der Selbsterhaltung und zugleich damit auch Symptom der Furcht vor starken und unkontrollierbaren Trieben und Affekten: »Wer das Gewissen des heutigen Europäers prüft, wird aus tausend moralischen Falten (...) immer den gleichen Imperativ herauszuziehen haben, den Imperativ der Heerden-Furchtsamkeit: › wir wollen, dass es irgendwann einmal *Nichts mehr zu fürchten* giebt!‹« (5, 123). Die »Furcht ist (...) die Mutter der Moral« (5, 122).

Der leidenschaftlich polemische Duktus der Moralkritik Nietzsches bezieht seine Energie aus der hartnäckigen Bemühung, gerade diejenigen Antriebe der Ethik vorurteilslos aufzudecken, die ihr selbst verborgen, gleichsam hinter ihrem Rücken ständig wirksam sind. Am ursprünglichsten sind hier Nietzsche zufolge genetisch-anthropologisch das Entsetzen, die Angst und die Furcht vor dem *Leiden*. Mit »Spott und Mitleid« zugleich blickt er daher auf *Hedonismus* (Streben nach Lust als Flucht vor dem Leiden), *Pessimismus* (buddhistische bzw. Schopenhauersche Leidensflucht durch Resignation, Weltverneinung und Erlöschen des Willens), *Utilitarismus* (Flucht vor dem Leiden durch das »Herdenglück« der größten Zahl befriedigter Individuen) und *Eudämonismus* (Glücksstreben als Leidvermeidungsstrategie aus Angst); sie alle verkennen nach Nietzsche die fundamentale anthropologische Tatsache der »Zucht des Leidens, des *grossen* Leidens«, die »alle Erhöhungen des Menschen bisher geschaffen hat« (5, 161). Die Ethiken erscheinen in dieser Perspektive als willkürliche und vor allem illusionäre Zurechtstellungen der tatsächlichen Geschichte und Situation des Menschen. Die Moral der Furcht ist eine Moral entpersönlichter »Herden«, entindividuierter Massen; sie ist eine *Sklavenmoral*, eine Moral der Schlechtweggekommenen: »Das moralische Urtheilen und Verurtheilen ist die Lieblings-Rache der Geistig-Beschränkten an Denen, die es weniger sind, auch eine Art Schadenersatz dafür, dass sie von der Natur schlecht bedacht wurden, endlich eine Gelegenheit, Geist zu bekommen und fein zu *werden*: – Bosheit vergeistigt. Es thut ihnen im Grunde ihres Herzens wohl, dass es einen Massstab giebt, vor dem auch die mit Gütern und Vorrechten des Geistes Überhäuften ihnen gleich stehn: – sie kämpfen für die ›Gleichheit Aller vor Gott‹ und *brauchen* beinahe dazu schon den Glauben an Gott« (5, 154). Die Tücke und beabsichtigte Perfidie von Nietzsches destruktiver Interpretation der Moralität besteht also darin, den nicht nur amoralischen, sondern definitiv unmoralischen, boshaften Ursprung der Moral freilegen zu wollen. Angesichts dieses Ursprungs erscheint zum Beispiel der Glaube an Gott im Beziehungsgefüge der Moral als Funktion der Selbstgerechtigkeit »schwacher«, benachteiligter Personen.

Die Grundfrage, die Nietzsche in seiner Streitschrift »Zur Genealogie der Moral« stellt, lautet, »unter welchen Bedingungen erfand sich der Mensch jene Werthurtheile gut und böse? *und welchen Werth haben sie selbst?*« (5, 249 f.). Er beantwortet sie durch seine Theorie der Entstehung des *Gewissens*. Diese Theorie ist der Kernbestandteil von Nietzsches Aufhebung der Ethik. Sie ist die Probe auf seine These (in *Jenseits von Gut und Böse*), daß auch unter der »schmeichlerischen Farbe« der »moralischen Wort-Flittern und -Franzen« »der schreckliche Grundtext homo natura wieder heraus erkannt werden muss. Den Menschen nämlich zurückübersetzen in die Natur« (5, 169). Diese These lautet, »Fast Alles, was wir ›höhere Cultur‹ nennen, beruht auf der Vergeistigung und Vertiefung der *Grausamkeit* – dies ist mein Satz; jenes ›wilde Thier‹ ist gar nicht abgetödtet worden, es lebt, es blüht, es hat sich nur – vergöttlicht« (5, 166). Der Grund der Kultur ist sublimierte Grausamkeit; »Blut und Grausen ist auf dem Grunde aller ›guten Dinge‹!« (5, 297).

Nietzsches Theorie der Entstehung des Gewissens in der Zweiten Abhandlung der *Genealogie der Moral* über »Schuld« und »schlechtes Gewissen« konstruiert folgenden Zusammenhang: Das menschliche Gewissen ist in der urgeschichtlichen Frühzeit der Menschheitsentwicklung entstanden. Es muß hier ein Übergang angenommen werden, bei dem ursprünglich ganz ungehemmte Triebe, Instinkte und Affekte gleichsam noch tierischer Menschen in eine neue Ordnung und gesellschaftlich lebbare Form gezwungen wurden. Nietzsches Anthropologie unterscheidet drei

Ebenen der menschlichen Existenz: die Triebschicht, den Willen und das Gedächtnis. Demgemäß erfolgte in der Frühgeschichte die Unterordnung der Triebschicht, der ungehemmten Instinkte, unter die Herrschaft des Willens und des Gedächtnisses. Diese Unterordnung geschah nach Nietzsche im Zuge der Entstehung früher staatlicher Gewalt und unter Führung grausamer Herrscher mit brutalem Zwang. Dieser Zwang zu früher gesellschaftlicher Ordnung wurde durch Strafandrohung ausgeübt und sanktioniert.
Zu dieser Zeit stand Strafe Nietzsche zufolge zwar in Zusammenhang mit Schuld; allerdings war dies ein noch außermoralischer Schuldbegriff, der aus dem Bereich des Tauschhandels (ökonomischer ›Schulden‹) genommen wurde. Schuld bedeutet hier die Entschädigung für die Nichteinhaltung eines Vertrags.
Die erste starke Voraussetzung der genealogischen Gewissenstheorie Nietzsches besteht nun darin, diese Entschädigung in der Form der grausamen physischen Peinigung des Schuldners anzusetzen. Seine Darstellung legt einen ursprünglichen Sado-Masochismus von Strafen und Sühnen frei, indem er den Kern der archaischen Wiederherstellung der Rechtsordnung im Sich-Weiden-Können am Leiden des gepeinigten Schuldners sieht. Das Sich-Weiden an der Grausamkeit der Strafmaßnahmen ist, wenn diese Analyse zutrifft, der Ursprung gerechter sozialer Ordnungen.
Die zweite starke Voraussetzung für Nietzsches Theorie der Gewissensentstehung ist die einer archaischen Inversion der Triebe und Affekte, einer Verinnerlichung aller primitiven Instinkte: Im Maße der externen brutalen Gewalt- und Strafandrohungen gegen die die frühen Ordnungen bedrohenden Übergriffe wandte der Mensch die Affekte der Feindseligkeit und Grausamkeit nach innen, gegen sich selbst. In der Linie der defizitären Anthropologie bereits Herders, der den Menschen als den »Invaliden seiner höheren Kräfte« bezeichnete, sieht Nietzsche ihn als *krankes Tier* (5, 367). Hier liegt der Ursprung des schlechten Gewissens: »Ich nehme das schlechte Gewissen als die tiefe Erkrankung, welcher der Mensch unter dem Druck jener gründlichsten aller Veränderungen verfallen musste, die er überhaupt erlebt hat, – jener Veränderung, als er sich endgültig in den Bann der Gesellschaft und des Friedens eingeschlossen fand« (5, 321 f.). Nietzsche vergleicht die neolithische Revolution der Seßhaftwerdung des Menschen mit dem Übergang der Wassertiere aufs feste Land; sie mußten ihre beweglichen Jagd-Instinkte gewaltsam zähmen:

»Alle Instinkte, welche sich nicht nach Aussen entladen, *wenden sich nach Innen* – dies ist das, was ich die *Verinnerlichung* des Menschen nenne: damit wächst erst das an den Menschen heran, was man später seine ›Seele‹ nennt. (...) Jene furchtbaren Bollwerke, mit denen sich die staatliche Organisation gegen die alten Instinkte der Freiheit schützte – die Strafen gehören vor Allem zu diesen Bollwerken – brachten zu Wege, dass alle jene Instinkte des wilden freien schweifenden Menschen sich rückwärts, sich *gegen den Menschen selbst* wandten. Die Feindschaft, die Grausamkeit, die Lust an der Verfolgung, am Überfall, am Wechsel, an der Zerstörung – Alles das gegen die Inhaber solcher Instinkte sich wendend: *das* ist der Ursprung des ›schlechten Gewissens‹« (5, 322 f.).

Dies ist das Fazit der extremen Negativwertung des Gewissens angesichts seiner Genese aus der Triebrepression, dem Sado-Masochismus und der Grausamkeitsinversion: »Hier ist *Krankheit*, es ist kein Zweifel, die furchtbarste Krankheit, die bis jetzt im Menschen gewüthet hat« – die »*Bestialität der Idee*« bricht sofort aus dem Menschen hervor, wenn er »nur ein wenig verhindert wird, Bestie der That zu sein!« (5, 332 f.).
Folgende vier deutlich unterscheidbare Lehrstücke dienen nach dem Ausgeführten zu Nietzsches Aufhebung der Ethik und Destruktion der Moralität:
1. die Lehre vom realitätskonstitutiven Perspektivismus der Selbst- und Lebenserhaltung;
2. die Lehre vom Willen zur Macht als Lebensprinzip und von der internen Struktur des Machtwillens;
3. die Elitetheorie der Zucht und des Leidens und die Psychologie des Ressentiments (der Sklavenmoral);
4. die Genealogie der Moral aus der Internalisierung archaischer Grausamkeit und aus Furcht und Leidensflucht.
Auf allen vier Ebenen erscheinen Moral und Ethik nicht nur als etwas anderes als gemäß der traditionellen alltäglichen, religiösen und vor allem philosophischen Auffassung, sondern – in provokativer und polemischer »Umwertung aller Werte« – sich steigernd als deren schieres Gegenteil.
Nietzsches Philosophie enthält auf dem Hintergrund seiner Moraldestruktion auch eine Utopie, an der die erheblichen normativen Implikationen seiner Aufhebung der Ethik sichtbar werden. Ihre Grundzüge sind:

1. der universale Ästhetizismus, die Lehre Nietzsches, nur als ästhetisches Phänomen sei die Welt gerechtfertigt; damit verbunden
2. das Existenzideal des freien Geistes und des Übermenschen, der als Künstler das Welt-Spiel durchschaut und lachend bejaht, den Willen zur Macht zwanglos in eine neue Existenzform tänzerischer Leichtigkeit verwandelt; schließlich
3. die Lehre Nietzsches (Zarathustras) von der Bejahung der Ewigen Wiederkehr des Gleichen, von der tragischen Bejahung des Vielen, des Leidens, des Zufalls, des Welt-Spiels in seiner Sinnlosigkeit. Von diesen Perspektiven zeugt auch das Gedicht »An Goethe« aus den »Liedern des Prinzen Vogelfrei« im Anhang zur *Fröhlichen Wissenschaft:*

> Das Unvergängliche
> Ist nur dein Gleichniss!
> Gott der Verfängliche
> Ist Dichter-Erschleichnis ...
>
> Welt-Rad, das rollende,
> Streift Ziel auf Ziel;
> Noth – nennt's der Grollende,
> Der Narr nennt's – Spiel ...
>
> Welt-Spiel, das herrische
> mischt Sein und Schein: -
> Das Ewig-Närrische,
> mischt uns hinein ...

3.3. Sigmund Freud: Psychologische Aufhebung

Freuds Theorie versteht sich in der Tradition von Aufklärung und Wissenschaft und ist ein dezidierter Versuch, *Illusionsverzicht* einzuüben. Dabei wird ein Ableitungsverhältnis des Bewußtseins vom unbewußten Triebleben gegen die Autonomie menschlichen Denkens konstatiert: »das Ich (ist) nicht Herr (...) im eigenen Haus«.[19] Getreu seinem positivistischen Wissenschaftsideal wird eine quantitativ verstandene Affektivität – genannt Libido – zur

19 S. Freud, GW x, S. 21.

Triebbasis für die Ausbildung auch von abstrakten Ideen erklärt. Geistige Leistungen – wie z. B. die Unterscheidung von ›gut‹ und ›böse‹ – können so auf biologische Prozesse der Selbst- und Arterhaltung zurückgeführt werden. Die psychoanalytische Erklärung religiöser Phänomene läßt diese als kollektive Infantilphase der Daseinsbewältigung erscheinen.[20] Wie Marx das Verhältnis von Sein und Bewußtsein durch die These vom Primat der ökonomischen Produktionssphäre anti-idealistisch umkehrt, so deutet Freud das Denken als Epiphänomen einer inneren Triebökonomie des Menschen. Wie Marx Moral als ideologisches Phänomen, als »falsches Bewußtsein« versteht, analysiert Freud sie, pointiert formuliert, als das genaue Gegenteil dessen, wofür sie sich hält. Das wird insbesondere sichtbar in seiner Theorie der Gewissensentstehung (z. B. in seiner Schrift *Das Ich und das Es* (1923)), die sehr große Verwandtschaft zu Nietzsche zeigt, sowie in der für seine Einschätzung der moralischen Phänomene grundlegenden Schrift über *Das Unbehagen in der Kultur* (1930). Hier führt Freud aus: Der wesentliche Lebenszweck, den die Menschen verfolgen, sei, daß sie nach dem Glück streben, »sie wollen glücklich werden und so bleiben. Dies Streben hat zwei Seiten, ein positives und ein negatives Ziel, es will einerseits die Abwesenheit von Schmerz und Unlust, andererseits das Erleben starker Lustgefühle.«[21] »Ein ursprüngliches, sozusagen natürliches Unterscheidungsvermögen für Gut und Böse darf man ablehnen. Das Böse ist oft gar nicht das dem Ich Schädliche oder Gefährliche, im Gegenteil auch etwas, was ihm erwünscht ist, ihm Vergnügen bereitet. Darin zeigt sich also fremder Einfluß; dieser bestimmt, was Gut und Böse heißen soll.«[22] Das Böse ist in der Analyse Freuds nämlich nichts anderes als das, »wofür man mit Liebesverlust bedroht wird«, also das, wovon die anderen wünschen, daß wir es nicht tun. »Verliert der Mensch die Liebe des andern, von dem er abhängig ist, so büßt er auch den Schutz vor mancherlei Gefahren ein, setzt sich vor allem der Gefahr aus, daß dieser Übermächtige ihm in der Form der Bestrafung seine Überlegenheit beweist.«[23]

20 S. Freud, GW XIV, S. 373.
21 S. Freud, *Das Unbehagen in der Kultur*, Frankfurt am Main: Fischer 1977, S. 74.
22 Freud, a.a.O., S. 111.
23 A.a.O., S. 111 f.

Die Unterscheidung von Gut und Böse entspringt also nach Freud der Angst vor den Folgen des Liebesverlustes, noch deutlicher: Die moralkonstitutiven Grundunterscheidungen verdanken sich der *Todesangst*.

Das »Unbehagen in der Kultur« speist sich des näheren aus Qual und Not des Gewissens. Die Gewissensentstehungstheorie Freuds ist der systematische Kern seiner Art und Weise der Aufhebung der Ethik, ihrer Aufhebung in außer- und nicht-ethische Kategorien. Die Ursituation bzw. Ursprungssituation ist hier die des kleinen Kindes, das sich hilflos in der Gewalt seiner Eltern vorfindet. Sein Wohl und Wehe hängt von ihnen ab, und Freud unterstellt nun eine zweifache Reaktion des Kindes auf diese Situation: Einerseits entsteht in ihm angesichts der elterlichen Erziehungsmaßnahmen und ›Übergriffe‹ der Aggressionstrieb, ein Aufbegehren gegen die erfahrene Triebhemmung, ein Sich-Wehren gegen die Einschränkungen. Im Kind entfaltet sich ein aggressiv-destruktives Triebpotential. Auf der anderen Seite entsteht in dem Kleinkind der Wunsch, selbst an die Stelle seiner Erzieher, zum Beispiel des Vaters, zu treten, selbst so mächtig, groß, stark usw. zu sein. Es entsteht eine Art Wunsch- oder Idealbild, dem gleich zu sein das Kind sich sehnt.

Diese beiden Seiten frühkindlicher Erfahrung stehen also in deutlicher Spannung zueinander: Verschränkt sind die aggressiv-destruktive und die verehrend-liebende Seite der Erfahrung.

Nach Freud geschieht ein weiteres: Da der Identifikationswunsch des Kindes mit der Autorität notwendig unerfüllbar bleibt, muß sich sein Triebpotential auf irgendeine andere Weise behelfen: Das Kind phantasiert, es selbst sei das ideale Vorbild. Sein Unbewußtes (wir können die Problematik dieser Begriffsbildung hier nicht näher erläutern) produziert ein »zweites Ich«, ein zweites Bild seiner selbst, welches gleichsam spricht: *Ich* bin dies Große, Mächtige, Strafende, zu Bewundernde. Das heißt – formulieren wir diese Gewissensentstehungstheorie im Rückblick auf das zu Nietzsche Ausgeführte –: Die erfahrene Grausamkeit wird verinnerlicht und zum Bestandteil des eigenen Subjekts gemacht.

Das vom Unbewußten aus angstvoller Liebe geborene Zweit-Ich bezeichnet Freud als das Über-Ich oder Ich-Ideal. Dieses machthabende Über-Ich hat nun vor der äußeren Autorität der Eltern bzw. des Vaters noch den entscheidenden Vorzug der Allwissenheit. (Man sieht hier unschwer Keime einer Religionsentstehungstheorie angelegt.) Allwissend, kann das innerlich gebildete Über-

Ich nun die geheimsten Gedanken und Gefühle des Kindes erforschen, beurteilen und bestrafen.
Durch diese allmächtige und verinnerlichte Instanz ist das Gewissen entstanden; gleichzeitig mit ihm die Gewissensangst: denn jetzt ahndet das Über-Ich jede Übertretung seiner Forderungen mit entstehenden Schuldgefühlen.
Sowohl mit seiner Theorie der Herkunft des Bösen aus der Angst vor Liebesverlust als auch mit der Theorie der Gewissensentstehung hat Freud eine – zumindest seinem Selbstverständnis als positivistischem, rein an empirischen Daten und Fakten orientiertem Naturwissenschaftler gemäß – der Idee nach nur quantitativtriebpsychologisch begründete, deterministische und depotenzierende Aufhebung der Ethik vollzogen. Die grundlegenden ethischen Kategorien werden als lediglich abgeleitete verstanden, wobei an die Stelle der menschlichen Freiheit – und das ist die entscheidende Prämisse – die quantitative Triebmechanik des *Unbewußten* tritt.

4. Kritik der Aufhebungen: Genesis und Geltung

Die in der Aufklärungstradition, bei Marx, Nietzsche und Freud konzipierten Destruktionen und Depotenzierungen der Ethik nehmen die entscheidenden Argumente späterer und gegenwärtiger Versuche und Modelle einer Aufhebung der Ethik bereits philosophisch gründlich und in ihrer Ausarbeitung vorbildlich vorweg. Das gilt z. B. für den *verhaltenspsychologischen Behaviorismus* (Skinner 1959; 1970; 1971), in dem alles »Innere« und erst recht alles vermeintlich am Menschen »Höhere« (eben Freiheit und Würde) auf äußerlich wissenschaftlich beobachtbare, empirisch feststellbare Daten reduziert und so eliminiert wird. Es gilt für den *französischen Strukturalismus*, dort vor allem für das Gesamtwerk von Michel Foucault (Foucault 1969; 1976; 1977; 1978). Dieses Werk läßt sich als umfassende, empirisch gestützte, soziohistorische Einlösung von Nietzsches Moralkritik und Machtanalyse kennzeichnen, eine Einlösung, die an den Themen des Wahnsinns, der Strafe und des Gefängnisses, der Sexualität und des Wissens sowie der Macht selbst erfolgt. Es gilt auch für die *Systemtheorie* Niklas Luhmanns, die konsequent bemüht ist, ihre Beschreibungen generalisierend nur auf die Funktion von Ethik und Moral für die Selbsterhaltung von gesellschaftlichen Systemen zu beschränken (N. Luhmann, *Paradigm lost: Über die ethische Reflexion der Moral*, Frankfurt 1989). Es gilt ebenso für die modernen Spielarten der *Evolutionstheorien* und des Neo-Darwinismus der *evolutionären Erkenntnistheorie* sowie der Humanethologie, die auf den Nobelpreisträger Konrad Lorenz (*Die Rückseite des Spiegels. Versuch einer Naturgeschichte menschlichen Erkennens*, München [5]1981) zurückgehen und insbesondere von Riedl (1980), Vollmer ([2]1980) und Wuketits (1981) weiterentwickelt wurden. In ihnen geht es um eine mit Erklärungsanspruch (Ableitungsanspruch) auftretende – neodarwinistische – Theorie natürlicher Auslese, die die modernen Ergebnisse der Genetik und der Molekularbiologie einbezieht, um den »Weg« von Großmolekülen bis zur menschlichen Erkenntnis- und Einsichtsfähigkeit und auch die Ethik als Anpassungsleistung durch Mutation und Selektion funktional zu rekonstruieren.

Schließlich gilt die Wiederaufnahme von in den klassischen Aufhebungsdiskussionen bereits aufgetretenen Argumenten und Reduktionsbehauptungen auch für die neuen Entwicklungen auf dem Gebiet der *Soziobiologie*, die insbesondere das soziale Verhalten und auch die Uneigennützigkeit, den Altruismus, unter populations-genetischen Gesichtspunkten als Funktion der Selektion unter Gruppen betrachtet. Hier ist z. B. von der »Moralität der Gene« die Rede (E. O. Wilson 1975, Part I Social Evolution, 1: The Morality of the Gene; Part III: The Social Species, 27: From Sociobiology to Sociology, Ethics S. 562 f.).

Wenn im folgenden kurz die Struktur einiger wesentlicher antireduktionistischer Argumente skizziert wird, so lassen diese sich unschwer auf die modernen Aufhebungsunternehmungen des Behaviorismus, des Strukturalismus, der Systemtheorie, der evolutionären Erkenntnistheorie und der Soziobiologie beziehen. Ich möchte vier Formen von Argumenten unterscheiden, deren Darstellung uns zu einer kritisch-dialektischen Aufhebung der bloß reduktionistischen Aufhebung der Ethik im unter 1. erörterten Hegelschen Sinne der vernünftig begriffenen Einheit von Kritik und Bewahrung verhelfen soll:

- das Argument der empirischen Ungesichertheit,
- das Selbstanwendungsargument,
- das (transzendentale bzw. begriffliche) Argument der Irreduzibilität von Geltung auf Genesis bzw. der Unableitbarkeit der Geltung aus der Genesis,

– das Argument der inkonsequenten Aufhebung und der »Krypto-Ethik« – der Verschiebung der Ethik in einen anderen Bereich auf dem Wege der nur vermeintlichen Aufhebung.

1. Das Argument der *empirischen Ungesichertheit* der depotenzierenden Analysen besagt, bezogen auf die klassischen ökonomischen, genealogischen und psychoanalytischen, aber auch die gegenwärtigen Reduktionsbehauptungen, daß ihre starken Aussagen über die materielle, physische bzw. psychophysische Herkunft und Bedingtheit der Moral und der Ethik gerade wissenschaftlich nicht haltbar sind. Die Behauptungen von Marx über den Zusammenhang von ökonomischer Basis und ideologischem Überbau beanspruchen ja positive, empirische und wissenschaftlich überprüfbare Wahrheit. Damit unterliegen sie wie alle theoretischen Ergebnisse der empirischen Sozialwissenschaften der empirischen *Revidierbarkeit* und *Falsifizierbarkeit*. Wissenschaftstheoretisch handelt es sich also um Hypothesen, die bestenfalls durch ein möglichst reiches und ergiebiges Datenmaterial gestützt sind. Im Falle der Bestimmung des Verhältnisses von Moral, Ökonomie und Klasseninteressen ist die vor allem im orthodoxen Marxismus häufig anzutreffende Monofunktionalität und Monokausalität des Erklärungsmodells von Beginn an, auch und gerade von ideologiekritischen Marxisten, als zu einfach erkannt worden. Sicher ist zum Beispiel ein komplexes Modell der Wechselwirkung zwischen der materiellen und der ideellen, religiösen, künstlerischen, ethischen und philosophischen Ebene der gesellschaftlichen Produktion und Reproduktion angemessener. Und solche Modelle können aus methodischen Gründen erst recht keinen umfassenden Determinations- und Ableitungszusammenhang stützen. Sie übernehmen sonst – im Gewande moderner Empirie und Wissenschaften – die Hypotheken und uneinlösbaren Beweislasten der traditionellen Theologie und der dogmatischen Metaphysik. Biologen und Physiker erweisen sich so oft als die schlechten Metaphysiker der Gegenwart. Das gilt auch für die Ursprungserzählungen der Gewissensgenealogie, die wir bei Nietzsche und Freud kennengelernt haben. Diese Erzählungen machen u. a. außergewöhnlich starke Aussagen über sehr lange zurückliegende Geschehnisse, die wir niemals werden überprüfen können. Sie machen – im Falle Freuds – überdies sehr starke Aussagen über die ontogenetische Ebene, über die Erfahrungen von Säuglingen und Kleinkindern.

Auch hier sind die empirischen, entwicklungspsychologischen Behauptungen über Ängste und Wunschphantasien – so suggestiv und plausibel sie auch erscheinen mögen – nicht auf eine Weise gesichert, die die überaus starken Konsequenzen, die aus ihnen zur Deutung späteren moralischen Verhaltens gezogen werden, ohne erhebliche Probleme gestatten würden (vgl. Grünbaum 1988). Eine solche empirische Ungesichertheit – schlicht aufgrund ihres Status als empirische Theorien – gilt auch für die Humanethologie, die Verhaltenspsychologie, die Evolutionstheorie und die Soziobiologie.

2. Das *Selbstanwendungsargument* fragt in seiner klassischen Rückwendung die Reduktionisten angesichts ihrer Depotenzierungen nach dem Status ihrer eigenen theoretischen Konstruktionen. Es fragt nach der Anwendung der funktionalen Sinnkriterien z. B. von Marx, Nietzsche und Freud auf die eigenen Analysen dieser Autoren. Sind die Analysen von Marx nur Ausdruck von Klasseninteressen aufgrund ökonomischer Bedingtheiten? Wie steht es dann mit ihrem eigenen wissenschaftlichen Wahrheitsanspruch? Aus welchen Ressentiments, vergessenen Grausamkeiten bzw. aus welchen Imperativen des Willens zur Macht speist sich der radikale Aufklärungswille Nietzsches? Gibt es eine psychoanalytische Erklärung der Theorie und Praxis der Psychoanalyse, die deren eigene Genese aus den Triebmechanismen des Unbewußten erklärt, ihren Sitz in dem Drei-Stockwerke-Modell von Es, Ich und Über-Ich verortet? Unterliegen die theoretischen Voraussetzungen der Aufhebung denselben Prämissen der Determiniertheit, der Einschränkung und Leugnung der Freiheit, wie sie für die moralischen und ethischen Orientierungen gelten? Man sieht bereits an diesen Fragen, wie schwer es ist, sich auf sie überhaupt eine präzisere, befriedigende Antwort vorzustellen. Wie könnte sie angesichts der komplizierten, vielschichtigen, in sich oft widersprüchlichen, in viele unterschiedliche Phasen differenzierbaren theoretischen Konstruktionen von Marx, Nietzsche und Freud überhaupt aussehen? Kurz: Einerseits stellt sich die Frage nach der Anwendung der prätendierten universalen Erklärungskraft dieser Konstruktionen auf sich selbst bzw. zumindest nach ihrer Bedeutung für ihre eigenen Wahrheitsansprüche. Das klassische Selbstanwendungsargument zielt dabei vor allem auf sich ergebende Selbstwidersprüche und Selbstrelativierungen. Andererseits ist das Modell der Ableitung, der Reduktion und Auf-

hebung viel zu einfach, um angesichts komplizierter Verhältnisse und ebenso komplizierter Konstruktionen genau und überprüfbar zu arbeiten.

Eher ergibt die Reflexion der Selbstanwendung folgendes: Die exemplarische ökonomische, genealogische bzw. psychoanalytische Aufhebung der Ethik entwirft jeweils *eine* Perspektive, *eine* Hinsicht, unter der jedenfalls die moralischen und ethischen Probleme auch, und zwar mit Erkenntnisgewinn über ihren Entstehungskontext, betrachtet werden können. Es *ist* sinnvoll, die Moral im Kontext ihrer ökonomischen, biologischen und psychologischen Bedingungen zu analysieren. Es *ist* sinnvoll, gerade im Blick auf die für viele philosophische Ansätze – etwa den Kants – charakteristische Behauptung der Autonomie der Ethik, diese Kontextualisierung mit Hilfe anerkannter Ergebnisse des aktuellen wissenschaftlichen Erkenntnisstandes vorzunehmen. Generelle Ableitungsaussagen der Art »Alle moralischen Orientierungen x sind nur Funktionen bzw. Wirkungen der empirischen (ökonomischen, biologischen, psychologischen) Bedingungen y« hingegen sind dogmatisch, unkritisch und reproduzieren Metaphysik als Szientismus. Wer alles zu durchschauen meint, sieht schließlich nichts mehr. Wer einen universalen Determinations- und Ableitungszusammenhang behauptet, muß die Freiheit seiner eigenen Konstruktion leugnen.

3. Das transzendentale bzw. begriffliche Argument der *Irreduzibilität von Geltung auf Genesis* ist von dem Philosophen und Soziologen Georg Simmel einmal in das Bild gefaßt worden, es berühre nicht die Schönheit einer Rose, wenn sie auf einem Misthaufen erblühe. Ist man dagegen von der Möglichkeit der *Reduzibilität* der Geltung auf die Genesis überzeugt, so erliegt man in moderner Terminologie einem genetischen Fehlschluß. Im Blick auf Freud hat Paul Ricoeur (1969) von einer Epigenesis gesprochen, von einer authentischen Nachgeschichte menschlicher Orientierungen: Selbst wenn wir unterstellen, die Entstehung, die Genealogie, die ›Triebgeschichte‹ des Gewissens, der Moral, Ethik und auch Religion sei von der Art der Analysen Nietzsches und Freuds, so gibt es doch ebenfalls eine überwältigend eigenständige, mehrtausendjährige Nachgeschichte des (möglicherweise) so Entstandenen. In dieser Nachgeschichte wurden die praktischen Orientierungen in die gesellschaftliche Konstruktion des kulturellen und zivilisatorischen, rechtlichen und normativ

urteilenden Bewußtseins aufgenommen und unabhängig von ihrer Entstehungsgeschichte produktiv weiterentwickelt.
Die entscheidende und systematisch weitreichendste Gruppe von Argumenten gegen eine Aufhebung der Ethik und eine Reduktion normativer Geltungsansprüche sind sogenannte transzendentale oder, sprachphilosophisch formuliert, begriffliche Argumente. Betrachten wir dazu ein einfaches Beispiel biologisch-funktionaler Aufhebung: Wenn zum Beispiel behauptet wird

»Mutterliebe ist nur ein Brutpflegeinstinkt«,

so werden zwei sprachliche Ebenen: die Ebene der Rede über das Aufzuchtverhalten von Tieren und die Rede über humane soziale Bindungen und Handlungen, Ebenen, die sichtlich unterschieden werden können, gleichgesetzt. Die eine Ebene setzt den Kontext biologischer Verhaltensforschung – die Beobachtung tierischen Verhaltens – voraus. Die andere Ebene setzt unsere Kenntnis der Rede von »Mutter« und »Liebe« in unseren alltäglich vertrauten, lebensweltlichen Kontexten voraus. Die nivellierende Gleichsetzung beider Rede-Ebenen setzt eigentlich eine dritte, umgreifende Ebene und Perspektive voraus, mit Hilfe derer wir sowohl die wissenschaftlich-biologische wie auch die lebensweltliche Ebene thematisieren und auch noch – reduktionistisch – aufeinander beziehen können. Aber während es die beiden Ebenen – je für sich und für bestimmte Zwecke sinnvoll – tatsächlich gibt, kann die dritte, vermeintlich umfassende Ebene methodisch nicht erreicht werden. Von physiologischen, physikalischen oder chemischen, aber auch von »triebgeschichtlichen« Zuständen oder Ereignissen führt kein sprachlicher Weg zu unserer gemeinsamen normativen, auf Gründe und Gegengründe gestützten Redepraxis.
Für die Traditionen der Aufhebung der Ethik gilt, daß sie die uns vertraute Ebene humanen, ethischen und moralischen Umgangs miteinander – in der Konsequenz auch Kunst und Religion – lediglich als Anhängsel, als epiphänomenale Begleiterscheinungen in Wahrheit ökonomischer, biologischer, psychologischer Tatsachen auffassen. Das vernünftige, argumentierende gemeinsame Leben ist auf diese Weise aber nicht angemessen thematisierbar. Vielmehr – und dies ist der entscheidende transzendentale, das heißt nach den Voraussetzungen, den Bedingungen der Möglichkeit unserer Orientierungspraxis fragende philosophische Gesichtspunkt

– treten diese »Tatsachen« ihrerseits nur im Rahmen von von der Vernunft selbst konstruierten Theorien partialer Reichweite auf. Die Definition unserer lebenspraktischen Sprache (z. B. der Rede von der Mutterliebe) durch wissenschaftssprachliche Mittel stellt eine fundamentale Ebenenverwechslung, einen Kategorienfehler dar. Begleitende leibliche Bedingungen unserer vernünftigen Orientierungspraxis sind keine deterministischen Ursachen dieser Praxis. (Hier setzt wieder die Verklammerung der Aufhebungs- mit der Freiheitsthematik ein.) Die begriffliche Rekonstruktion von Genesen kann weder einen universalen Ableitungs- und Erklärungsanspruch methodisch einlösen – Geschichten sind selbst Interpretationen, Auslegungen, und keine Erklärungen –, noch kann sie an die Stelle des alltäglichen Sinns dessen treten, was wir mit Worten wie »moralisch gut«, »gerechtfertigt« und »moralisch verachtenswert« im alltäglichen Leben meinen.

Die geltungstheoretische Reflexion der moralischen Unbedingtheit durch Kant rückte deshalb den in der alltäglichen Praxis mit Worten wie »gut« erhobenen Anspruch des Sollens (»Es wäre gut, wenn er einsähe, daß er im Unrecht ist.«) ins Zentrum. Kant löste in seiner praktischen Philosophie den unbedingten Anspruch der Moral mit dem kategorischen Imperativ bewußt von allen empirischen, psychologisch oder funktional faßbaren und beschreibbaren Genesen. Wenn wir eine Handlung als moralisch gut bzw. als moralisch geboten qualifizieren – zum Beispiel einem in Not Geratenen nach Möglichkeit zu helfen –, dann ist diese genuin moralische Qualifikation der Handlung von allen sonstigen Motivationen und Bedingungen außerhalb der moralischen Perspektive ganz unabhängig. Die geltungstheoretische Bedeutungsanalyse moralischer Rede zeigt, daß wir zur Erläuterung ihres Status' einen absoluten von einem relativen sprachlichen Sinn unterscheiden können. Entsprechend den Unbedingtheitsanalysen Kants hat Ludwig Wittgenstein folgende Wortgebräuche differenziert:

(1) Er ist ein guter Baseballspieler.

(2) Er ist ein guter Mensch.

Während in (1) das Prädikat »gut« in *relativem* Gebrauch ein bestimmtes Können des Spielers bezeichnet, bezeichnet es in (2) in einem *absoluten* Sinne die moralische Qualität eines Menschen in ihrer nicht-relativierbaren Ganzheit.[24] Angesichts der vorge-

24 Vgl. Th. Rentsch, *Die Konstitution der Moralität. Transzendentale*

stellten Prototypen einer Aufhebung der Ethik besagt das: *Alle ökonomischen, biologischen, genealogischen, soziologischen und systemfunktionalen Relativierungen berühren nicht den authentischen Geltungssinn der Ethik.* Hingegen besteht der Sinn genuin moralischer Urteile gerade in ihrer Unabhängigkeit von solchen Relativierungen.

Wenn diese grundsätzliche Differenz von Genesis und Geltung systematisch haltbar ist, dann könnten die vielfältigen Perspektiven der Relativierung und Depotenzierung der Ethik, anstatt zu ihrer Aufhebung zu führen, zur Schärfung des authentischen, unbedingten Sinns der moralischen Unterscheidungen und der Erkenntnis der Autonomie der Ethik dienen. Zur Schärfung des Geltungsbewußtseins kann auch die wechselseitige Relativierung der diversen Traditionen der Aufhebung beitragen: In der Radikalität ihrer Reduktionsansprüche heben sich die Aufhebungen tendenziell gegenseitig auf, so daß durch die sich überbietenden symptomatischen Deutungen auch ein Ausgleich, eine Entspannung durch überzogene Radikalisierung eintreten kann.

4. Das Argument der *inkonsequenten Aufhebung* und der *Krypto-Ethik* deutete sich bei der Darstellung des Ansatzes von Marx (und des orthodoxen Marxismus) bereits an: Seine universale Aufhebungsperspektive ist mit starken normativen Urteilen durchsetzt. Die Kritik der politischen Ökonomie soll eine kraftlose »idealistische«, nur moralische Kritik der bestehenden Herrschafts-, Ausbeutungs- und Unterdrückungsverhältnisse ersetzen. Marx verschiebt die normativen Implikationen seiner Analyse einerseits in den Positivismus einer vermeintlich streng wissenschaftlich erfaßbaren Geschichtsentwicklung, andererseits in eine Revolutionstheorie der notwendigen, zukünftigen Emanzipation der unterdrückten Klassen mit Hilfe der sehr voraussetzungsreichen Konstruktion eines Subjekts der Geschichte. Neuere Untersuchungen haben gezeigt, daß entgegen Marx' explizitem Immoralismus seine Gesellschaftskritik ohne Inanspruchnahme vor allem von impliziten Gerechtigkeitsstandpunkten nicht verständlich wäre (A. Wildt)[25] und daß er »eine aristotelische Konzeption von

Anthropologie und praktische Philosophie, Frankfurt am Main: Suhrkamp ²1999, S. 277-287.

25 Vgl. A. Wildt, »Gerechtigkeit in Marx' Kapital«, in: Angehrn/Lohmann (1986) S. 149-173 und ders., »Paradoxien in der Marxschen Mo-

Gerechtigkeit und ›gutem Leben‹ als strukturierenden Hintergrund seiner Kapitalkritik benutzt« (G. Lohmann).[26]
Die normativen Implikationen von Nietzsches Philosophie liegen einerseits in der von ihm in Anspruch genommenen Redlichkeit radikaler Aufklärung, die zu einer ideologiekritischen Befreiung von Illusionen, Täuschungen und undurchschauten Voraussetzungen führen soll. Hier – in der Genealogie der Ressentiments, in der Enthüllung un- und amoralischer Ursprünge moralischer Praxis – gehen auf dem Wege der Kritik, der Destruktion und der Polemik gegen Platonismus und Christentum sehr starke Werturteile in die Analysen Nietzsches ein. Die normativen Implikationen liegen andererseits in den spekulativ-utopischen Aspekten seiner Entwürfe. Die Destruktion der europäischen Tradition soll Raum schaffen für die hymnisch beschworene neue Lebensform einer vom selbstentfremdenden Druck der Ideale befreiten Existenz, die in ungeahnter Leichtigkeit ein souveränes Selbst- und Weltverhältnis der Heiterkeit und Gelassenheit gewinnt.
Freuds impliziter ethischer Anspruch ist evident: Ist doch die Theorie der Psychoanalyse insgesamt eingebettet in den umgreifenden Kontext einer therapeutischen, kommunikativen Heilungspraxis, mit deren Hilfe der kranke Patient wieder in eine zumindest angst- und neurosenfreiere Normalität menschlichen Zusammenlebens zurückgeführt werden soll.
Alle drei Prototypen der Aufhebung der Ethik weisen somit starke Inkonsistenzen auf, indem sie selbst erhebliche normative Voraussetzungen implizieren.
Zwar kann angesichts der skizzierten vier Formen von anti-reduktionistischen Argumenten: der empirischen Ungesichertheit, der durch Selbstanwendung auftretenden Inkonsistenzen, der Irreduzibilität der Geltung auf Genesen sowie der Inkonsequenz durch implizite Wertorientierungen der dogmatische, totale Anspruch auf eine Aufhebung der Ethik philosophisch als nicht eingelöst betrachtet werden; als kritisches Korrektiv und Medium der Reflexion der vielfältigen Begrenztheit und Relativität norma-

ralkritik und ihre Aufklärung«, in: *Logos* Bd. 4, Heft 3 (1997), S. 210-242.

26 Vgl. G. Lohmann, »Zwei Konzeptionen von Gerechtigkeit in Marx' Kapitalismuskritik«, in: Angehrn/Lohmann, a.a.O., S. 174-194.

tiver ethischer Ansprüche besitzen die klassischen Entwürfe einer Destruktion der Ethik jedoch bleibende Bedeutung.

Zitierte Literatur

Angehrn, E./G. Lohmann (Hg.): *Ethik und Marx. Moralkritik und normative Grundlagen der Marxschen Theorie*, Königstein/Ts.: Hain 1986.

Bacon, F.: *Novum Organon*, London 1620; *Neues Organon*, lateinisch-deutsch, hg. von Wolfgang Krohn, Hamburg: Meiner 1990.

Bacon, F.: *De Dignitate et Augmentis Scientiarum*, London 1623.

Chamfort, N.: *Früchte der vollendeten Zivilisation. Maximen, Gedanken, Charakterzüge*, übers. R.-R. Wuthenow, Stuttgart: Reclam 1977.

Darwin, Ch.: *Die Abstammung des Menschen*, Leipzig: Kröner 1932.

Diderot, D.: *Rêve d'Alembert; D'Alemberts Traum*, übers. Th. Lücke, Leipzig: Reclam 1963.

Foucault, M.: *Wahnsinn und Gesellschaft*, Frankfurt am Main: Suhrkamp 1969.

Foucault, M.: *Überwachen und Strafen*, Frankfurt am Main: Suhrkamp 1976.

Foucault, M.: *Der Wille zum Wissen (Sexualität und Wahrheit 1)*, Frankfurt am Main: Suhrkamp 1977.

Foucault, M.: *Mikrophysik der Macht*, Berlin: Merve 1976.

Foucault, M.: *Dispositive der Macht: Über Sexualität, Wissen und Wahrheit*, Berlin: Merve 1978.

Freud, S.: *Das Ich und das Es* (1923); in: Studienausgabe Bd. III: Psychologie des Unbewußten, hg. von A. Mitscherlich u. a., Frankfurt am Main: Fischer 1982, S. 273-330.

Freud, S.: *Das Unbehagen in der Kultur*, Frankfurt am Main: Fischer 1977.

Galiani, F.: *Briefe an Madame d'Epinay*, übers. H. Conrad. München: Kösel 1970.

Galiani, F.: Textauswahl, in: F. Schalk (Hg.), *Die französischen Moralisten*, Bd. 2, München: dtv 1973.

Grünbaum, A.: *Die Grundlagen der Psychoanalyse*, Stuttgart: Reclam 1988.

Hegel, G. W. F.: *Phänomenologie des Geistes* (1807), Suhrkamp Werkausgabe Bd. 3, Frankfurt am Main 1970.

Hobbes, Th.: *Leviathan*, London 1651; *Leviathan*, hg. von H. Klenner, Hamburg: Meiner 1996.

Lorenz, K.: *Die Rückseite des Spiegels. Versuch einer Naturgeschichte menschlichen Erkennens*, München: dtv ⁵1981.

Luhmann, N.: *Paradigm lost: Über die ethische Reflexion der Moral*, Frankfurt am Main: Suhrkamp 1989.

Machiavelli, N.: *Il Principe* (1513/1532); *Der Fürst*, übers. F. von Oppeln-Bronikowski, Frankfurt am Main: Insel 1997.
Marx, K.: *Die Frühschriften*, hg. von S. Landshut, Stuttgart: Kröner 1953.
K. Marx/F. Engels: *Deutsche Ideologie* (1844/45); MEW 3, Berlin: Dietz 1958.
K. Marx/F. Engels: *Manifest der kommunistischen Partei* (1848); MEW 4, Berlin: Dietz 1959.
Nietzsche, F.: *Jenseits von Gut und Böse. Vorspiel einer Philosophie der Zukunft*, in: F. Nietzsche: Sämtliche Werke. Kritische Studienausgabe, hg. G. Colli/M. Montinari, Bd. 5. München: dtv 1980. Im Text zitiert als: 5 (mit Seitenangabe).
Nietzsche, F.: *Zur Genealogie der Moral. Eine Streitschrift*, in: F. Nietzsche; Sämtliche Werke. Kritische Studienausgabe, hg. von G. Colli/M. Montinari, Bd. 5, München: dtv 1980. Im Text zitiert als: 5 (mit Seitenangabe).
Nietzsche, F.: *Nachgelassene Fragmente 1885-1889*, in: F. Nietzsche: Sämtliche Werke. Kritische Studienausgabe, hg. von G. Colli/M. Montinari, Bd. 13, München: dtv 1980. Im Text zitiert als: 13 (mit Seitenangabe).
Rentsch, Th.: Art. »Metaphysikkritik«, in: J. Ritter/K. Gründer (Hg.), *Historisches Wörterbuch der Philosophie* Bd. 5, Basel/Stuttgart 1980, Sp. 1280-1289.
Rentsch, Th.: *Die Konstitution der Moralität. Transzendentale Anthropologie und praktische Philosophie*, Frankfurt am Main: Suhrkamp [2]1999.
Ricoeur, P.: *Die Interpretation, Ein Versuch über Freud*, Frankfurt am Main: Suhrkamp 1969; 1974.
Riedl, R.: *Biologie der Erkenntnis. Die stammesgeschichtlichen Grundlagen der Vernunft*, Berlin/Hamburg: Parey 1980; München: dtv 1988.
Simmel, G.: *Einleitung in die Moralwissenschaft. Eine Kritik der ethischen Grundbegriffe*, 2 Bde. Frankfurt am Main: Suhrkamp 1990 und 1991 (Gesamtausgabe Bd. 3 und 4).
Skinner, B.F.: *Science and human behavior*, New York 1959; *Wissenschaft und menschliche Freiheit*, München: Kindler 1973.
Skinner, B.F.: *Futurum Zwei*, Hamburg: Rowohlt 1970.
Skinner, B.F.: *Jenseits von Freiheit und Würde*, Reinbek: Rowohlt 1973.
Vollmer, G.: *Evolutionäre Erkenntnistheorie*, Stuttgart: Hirzel [2]1980.
Wilson, E.O.: *Sociobiology. The new Synthesis*, Cambridge/London 1975; [3]1976.
Wuketits, F.M.: *Biologie und Kausalität*, Berlin/Hamburg: Parey 1981.

Ergänzende Literatur

Baumgartner, H.M.: »Die innere Unmöglichkeit einer evolutionären Erklärung der menschlichen Vernunft«, in: Spaemann 1984, S. 55-71.

Brose, K.: *Sklavenmoral. Nietzsches Sozialphilosophie*, Bonn: Bouvier 1990.

Bueb, B.: *Nietzsches Kritik der praktischen Vernunft*, Stuttgart: Klett-Cotta 1988.

Funke, M.: *Ideologiekritik und ihre Ideologie bei Nietzsche*, Stuttgart/Bad Cannstatt: Frommann-Holzboog 1974.

Gehlen, A.: *Moral und Hypermoral. Eine pluralistische Ethik*, Frankfurt am Main: Athenäum 1969.

Göppel, R.: »Sigmund Freud und die Ethik«, in: *Vierteljahresschrift für wiss. Pädagogik* 4 (1990), S. 498-516.

Habermas, J.: *Erkenntnis und Interesse*, Frankfurt am Main: Suhrkamp 1973, S. 353-364 (zu Freud).

Honneth, A.: »Dezentrierte Autonomie. Moralphilosophische Konsequenzen aus der modernen Subjektkritik«, in: C. Menke/M. Seel (Hg.), *Zur Verteidigung der Vernunft gegen ihre Liebhaber und Verächter*, Frankfurt am Main: Suhrkamp 1994, S. 149 ff.

Hunt, L.H.: *Nietzsche and the Origin of Virtue*, London/New York: Routledge 1991; ²1993.

Kain, P.J.: *Marx and Ethics*, Oxford 1988. Darin Kapitel 3: The Abolition of Morality (1845-1856).

Kambartel, F.: »Zur grammatischen Unmöglichkeit einer evolutionstheoretischen Erklärung der humanen Welt«, in: Spaemann 1984, S. 35-53.

Knapp, G.: *Der unmetaphysische Mensch. Darwin – Marx – Freud*, 1973.

Leist, A.: »Mit Marx von Gerechtigkeit zu Freiheit und zurück«, in: *Philosophische Rundschau* 32, 1985, S. 198-230.

McLean, A.: *The Elimination of Morality*, London/New York 1993.

Sandkühler, H.J./R. de la Vega (Hg.): *Marxismus und Ethik. Texte zum neukantianischen Sozialismus*. Frankfurt am Main: Suhrkamp 1974.

Schulz, W.: *Philosophie in der veränderten Welt*, Pfullingen: Neske 1972; 1984.

Spaemann, R.: »Sein und Gewordensein. Was erklärt die Evolutionstheorie?« in: Spaemann 1984, S. 73-91.

Spaemann, R./P. Koslowski/R. Löw (Hg.): *Evolutionstheorie und menschliches Selbstverständnis. Zur philosophischen Kritik eines Paradigmas moderner Wissenschaft*, Weinheim: Acta humaniora 1984.

Spaemann, R.: *Das Natürliche und das Vernünftige. Aufsätze zur Anthropologie*, München: Piper 1987.

Stegmüller, W.: »Evolutionäre Erkenntnistheorie, Realismus und Wissenschaftstheorie«, in: Spaemann 1984, S. 5-34.

Wood, A.W.: »Marx' Immoralismus«, in: Angehrn/Lohmann, *Ethik und Marx*, a.a.O., S. 19-35.
Wyss, D.: *Marx und Freud. Ihr Verhältnis zur modernen Anthropologie*, Göttingen: Vandenhoeck & Ruprecht 1969.
Wyss, D.: *Strukturen der Moral. Untersuchungen zur Anthropologie und Genealogie moralischer Verhaltensweisen*, Göttingen: Vandenhoeck & Ruprecht 1970.

3. Negativität und Ethik

Im folgenden möchte ich mit Blick auf die Thematik der Negativität den Zusammenhang einer philosophischen Anthropologie mit Grundfragen der Ethik deutlich machen.
Als ich vor einigen Jahren begann, systematisch Voraussetzungen der moralischen Praxis zu analysieren, stieß ich auf die *Problematik der ethischen Grundbegrifflichkeit.* Die Verfolgung dieser Frage brachte für mich eine Radikalisierung des Nachdenkens über Ethik mit sich, die zur Bestimmung einer Grundfrage der Philosophie führte.
Ich will diesen Weg des Nachdenkens in vier Schritten darstellen, wobei mir die Auseinandersetzung mit Hegel und Heidegger als Hintergrund dient:

1. Die Grundfrage der Philosophie
2. Der Grund der Philosophie
3. Anthropologische Analyse der zeitlichen Endlichkeit (Negativität)
4. Der praktisch-philosophische Sinn der Negativität.

1. Die Grundfrage der Philosophie

Ich bestimme eine solche Grundfrage – gegen Heidegger – nicht als die Frage nach dem Sinn von Sein, und – gegen die Analytische Philosophie – nicht als die Frage nach der Bedeutung von Bedeutung, sondern als die Frage: *Wie ist eine menschliche Welt überhaupt möglich?*
Mit dieser Formulierung ist dreierlei gemeint:

Erstens. Ist nach einer *menschlichen* Welt gefragt, so ist diese Frage bereits alltagssprachlich schon faktizitätsüberschreitend, solche Unterscheidungen wie »Sein« und »Sollen«, »Tatsachen« und »Werte«, »Fakten« und »Normen« übergreifend zu verstehen. Worte wie »Mensch« bzw. »menschlich« haben, sprachphilosophisch betrachtet, eine verzweigte Bedeutung, die sich sowohl auf die Faktizität des bloßen Menschseins als auch auf die sinnentwerfende Praxis des Menschen (auf sinnhafte Gestalten des menschlichen Lebens) bezieht. Es sind Worte, die zugleich faktenbezogen aussagen und eine wertende Sicht mitführen. Ich nenne diese Worte deshalb »dianoietische« Termini, von gr. »dianoia«, Einsicht. Wir verwenden sie in Sätzen, die gleichsam zwei Seiten haben: die eine weist in die Richtung des Faktischen, die andere in Richtung des Praktischen, Normativen, z. B.

(1) Sie hat sich wirklich als Schwester erwiesen.

(2) Das ist doch kein Leben!

(3) Wie kann eine Mutter so etwas zulassen?

Es handelt sich hier um Sätze, die wir weder als bloß empirisch noch als bloß ideal bzw. normativ betrachten können. Dianoietische Urteile sind somit zugleich Feststellungen und normative Urteile.

Damit ist sprachanalytisch von Anfang an eine dualistische und insofern undialektische Aufspaltung der einen menschlichen Welt in pure Faktizität und vermeintlich reine Normativität zurückgewiesen.

Zweitens. Ist nach einer *Welt* und ihren Voraussetzungen gefragt, so wird bestritten, daß wir die Möglichkeit haben, allein von einzelnen Fakten, Daten, Empfindungen, von isolierten Subjekten oder Objekten, von einzelnen Worten oder Sätzen auszugehen. Methodisch hat alles Einzelne, und somit auch das menschliche Subjekt mitsamt seinen Absichten und Handlungen seinen Sitz in ganzen, unteilbaren Situationen. Diese Lebenssituationen bilden die nicht weiter hintergehbare Ebene der Praxis in der Welt unserer Lebenserfahrung. Wir können diese Welt unserer Lebenserfahrung, in der wir leben und sprechen, durch keine technischen oder theoretischen Konstruktionen jemals verlassen. Wir können solche Konstruktionen nur *in* dieser Welt ausführen, und der Sinn aller Konstruktionen ist bleibend an sie zurückgebunden.

Drittens bezieht sich die Grundfrage mit der bekannten Formulierung Kants auf die Bedingungen der Möglichkeit einer menschlichen Welt. Sie bezieht sich so auf diejenigen Voraussetzungen, die für deren Verfassung notwendig sind. Insofern müssen alle philosophischen Einzelanalysen zurückgebunden werden an die Analyse der Voraussetzungen einer menschlichen Welt und damit an verständliche Lebenssituationen, in denen wir unsere Lebenserfahrungen machen.

Aufgrund der aufgewiesenen Verschränktheit von Faktizität und Sinn, Faktizität und Praxis geschieht das Philosophieren selbst in praktischer Absicht. Fragen wir daher weiter: *Was ist der Grund der Philosophie selbst?*

2. Der Grund der Philosophie

Das Philosophieren, und damit das Stellen unserer Grundfrage: *Wie ist eine menschliche Welt überhaupt möglich?*, ist ein denkendes Engagement, das einem Mangel entspringt. Das Selbst- und das Weltverständnis der Menschen, im Alltag wie in Wissenschaft, Politik und Philosophie ist vielfach abstrakt und gestört, entfremdet, verdinglicht und unaufgeklärt. Die Philosophie ist die Bemühung, diese Abstraktheit und Gestörtheit wegzuarbeiten. Sie gründet somit in der Bedürftigkeit des Menschen, in seiner Angewiesenheit auf Sinn. Diese Bedürftigkeit läßt sich grundsätzlich als Endlichkeit bestimmen. In ihr gründet das Fragen des Sokrates, der Aufschwung zu den Ideen bei Platon, die Gründung der Erkenntnis auf die Erfahrung bei Aristoteles. In ihr gründet das Fragen Kants nach den Grenzen der Vernunft. In dieser Endlichkeit hat auch Hegel den Grund der Philosophie gesehen, in der »Entzweiung« und »Zerrissenheit« der modernen Welt und indem er den »Geist« als »Schmerz« versteht.

Auch Heidegger hat in dieser Linie in seinem Hauptwerk *Sein und Zeit* die Endlichkeit der Existenz des Menschen ins Zentrum seiner Analysen gerückt, und in seinem Kant-Buch (*Kant und das Problem der Metaphysik*) charakterisiert er sie so:

»Im Verhalten zum Seienden, das der Mensch nicht selbst ist, findet er das Seiende schon vor als das, wovon er getragen wird, worauf er angewiesen ist, dessen er im Grunde bei aller Technik und Kultur nie Herr werden kann. Angewiesen auf das Seiende, das er nicht ist, ist er zugleich des Seienden, das er selbst ist, im Grunde nicht mächtig.

Mit der Existenz des Menschen geschieht ein Einbruch in das Ganze des Seienden dergestalt, daß jetzt erst das Seiende in je verschiedener Weite, nach verschiedenen Stufen der Klarheit, in verschiedenen Graden der Sicherheit ... offenbar wird. Dieser

Vorzug aber, nicht nur unter anderem Seienden auch vorhanden zu sein, sondern inmitten des Seienden an es als ein solches ausgeliefert und sich selbst als einem Seienden überantwortet zu sein, zu existieren, birgt die Not, des Seinsverständnisses zu bedürfen, in sich.«[1]
Diese Bedürftigkeit, diese Angewiesenheit »auf das Seiende, das er nicht ist«, konstituiert die Existenz des Menschen, so daß Heidegger feststellt: »Ursprünglicher als der Mensch ist die Endlichkeit des Daseins in ihm.«[2]
Die Endlichkeit, Bedürftigkeit und Angewiesenheit des Menschen ist also kein Einfall der Philosophie, sondern vielmehr deren ursprünglicher Grund. Wie aber ist diese Endlichkeit, die ich anthropologische Negativität nennen will, näherhin strukturiert?

3. Anthropologische Analyse der Endlichkeit (Negativität)

Ich folge zunächst der von Heidegger vorgelegten Analyse der menschlichen Endlichkeit. Damit verbinde ich zwei Absichten: Erstens soll die Unzulänglichkeit dieser Analyse gezeigt und kritisiert werden; zweitens soll, auf dieser Kritik gründend, die volle Struktur der Endlichkeit erfaßt und auf diese Weise der Zusammenhang von Anthropologie und Ethik sichtbar gemacht werden. Welche ethischen bzw. moralphilosophischen Implikationen verbinden sich mit der Tatsache, daß wir endliche Wesen sind?
Heidegger hat den Kern der Vernunftkritik Kants in der Herausarbeitung der Angewiesenheit der Vernunft und des Verstandes auf die Sinnlichkeit gesehen. Mit der Sinnlichkeit – im Fall der erkenntniskritischen Fragestellung Kants meint dies zunächst unsere Wahrnehmungsfähigkeit – erhält unsere Erkenntnis eine zeitliche Form. Im Zusammenhang mit der Wahrnehmungsfähigkeit spricht Kant von Apprehension, Reproduktion und Rekognition, also von der Aufnahmefähigkeit, ihrer Wiederholbarkeit und der Wiedererkennbarkeit von Gegenständen. Heidegger artikuliert diesen Sachverhalt mit seiner Rede von der Zeitlichkeit des

1 M. Heidegger, *Kant und das Problem der Metaphysik*, Frankfurt am Main: Klostermann [4]1973, S. 218.
2 Ebd., S. 219.

menschlichen Daseins. Diese ist gemäß Heidegger »ekstatisch« (ausständig) verfaßt, denn Vergangenheit, Gegenwart und Zukunft bilden keine voneinander abtrennbaren Bereiche, Räume oder gar Dinge, die isoliert und »an sich« zu vergegenständlichen sind. Vielmehr stehen uns die Zeitaspekte (die »Ekstasen«) nicht als einzelne Gegenstände der Erfahrung gegenüber, sondern: Sie sind wir selbst, anders gesagt, dieses Ineinander der Zeiterfahrung ist unser diskursives Wesen. Nicht nur ist deshalb die Wahrheit in ihrem Kern zeitlich-endlich verfaßt, sondern die Existenz des Menschen ist zur Gänze und gemäß ihrer innersten Struktur zeitlich und endlich strukturiert. Insofern ist, wie Heidegger feststellt, die Zeitlichkeit *»›subjektiver‹ als jedes mögliche Subjekt«* und gleichermaßen *»›objektiver‹ als jedes mögliche Objekt«.*[3]
Aus dieser zeitlich-endlichen Verfassung entspringt, so meine These, eine mehrfache Durchsetztheit der menschlichen Existenz mit der Negativität. Mit dem Begriff der Negativität beziehe ich mich auf von der Vernunftkritik Kants selbst nicht explizit thematisierte, der Vernunft vorausliegende Bedingungen, auf solche, die das konstitutive Vermögen der Vernunft gewissermaßen ihrerseits konstituieren. Mit Begriffen wie Endlichkeit, Angewiesenheit und Bedürftigkeit des Menschen können wir in erster Annäherung Aspekte dessen bezeichnen, um was es sich handelt. Auf welche Weise läßt sich die anthropologische Feststellung, daß das menschliche Leben von der Negativität durchsetzt ist, zeitanalytisch präzisieren? Werfen wir einen Blick auf die Aspekte der Zeitlichkeit: Vergangenheit, Gegenwart und Zukunft.

Erstens. Hinsichtlich der Vergangenheit ergibt sich die Verdecktheit bzw. eine Verdeckungstendenz in der Existenz des Menschen. Was bedeutet das? Der Mensch hat aufgrund seiner Endlichkeit eine Geschichte, die er nicht gänzlich durchschauen kann. Er kann seine Vergangenheit nur in sehr geringfügigem Maße, und dies beim besten Willen, transparent machen. Dies gilt für die individuellen Biographien, dies gilt aber auch für die menschliche Geschichte im ganzen. Heidegger spricht vom maskenhaften, larvanten Charakter des Menschen. Statt von der Larvanz könnten wir auch von der Opazität (von lat. opacus, schattig, dunkel; opacites, der Schatten), der Undurchlässigkeit des gelebten Lebens spre-

3 M. Heidegger, *Sein und Zeit*, Tübingen: Niemeyer ^{11}1967, S. 419.

chen. Die Rede von der Verdecktheit und Larvanz meint hier, daß der Mensch große Teile seiner Vergangenheit, seiner Geschichte (des Gewesenen) vergißt und vergessen muß. Dieses Vergessen ist notwendig, weil die Menschen stets hier und jetzt da sein und ihr Leben führen müssen. Würden wir nur in der Erinnerung der Vergangenheit aufgehen, so wäre dies eine pathologische Verzerrungsform der menschlichen Existenz. Könnten wir uns an alles erinnern, so würden wir wahnsinnig. Der Larvanzcharakter des Daseins besteht in der zeitlich-ekstatischen Sich-Verdecktheit, indem das faktische Leben notwendigerweise in Vergessenheit und Verdrängung seiner eigenen Geschichtlichkeit sich in seine Zukunft entwirft. Prinzipiell können die Menschen ihre Gewesenheit nicht gänzlich durchschauen und nie einholen.

Zweitens. Bezüglich der ekstatischen Gegenwärtigkeit bezeichnet Heidegger die Negativität in der Konstitution der Existenz des Menschen mit dem Begriff der Verfehlung und als Sturzcharakter. Was heißt das? In seiner frühen Terminologie der »Bewegtheitscharaktere des faktischen Lebens«[4] führt Heidegger den Sachverhalt folgendermaßen aus: »Diese so sich selbst ausbildende und dabei, ihr selbst in sich zu sich verhelfend, sich steigernde Bewegtheit des faktischen Lebens (die als solche von seiner Welt gemacht wird), bezeichnen wir als ›Sturz‹; eine Bewegung, die sich selbst bildet und doch nicht sich, sondern die Leere, in die sie sich bewegt; ihre Leere ist ihre Bewegungsmöglichkeit.«[5] Heidegger bezeichnet diese Bewegung als den Ruinanzcharakter des Daseins (lat. ruina, Sturz). Er ist »die Bewegtheit des faktischen Lebens, die das faktische Leben in ihm selbst als es selbst für sich selbst aus sich heraus und in alldem gegen sich selbst ›vollzieht‹, d. h. ›ist‹.«[6] Heidegger, der nicht immer alles tut, um sich möglichst unmißverständlich auszudrücken, will sagen: Wir müssen uns ständig um uns selbst kümmern, uns um uns »sorgen«, und indem wir dies müssen, übernehmen wir Arbeiten, Besorgungen, Aufgaben, wir setzen uns ein oder auch nicht. Beides läuft in bestimmtem Sinne

4 M. Heidegger, *Phänomenologische Interpretationen zu Aristoteles. Einführung in die phänomenologische Forschung* (Vorlesung im Winter 1921/22). Gesamtausgabe Band 61, Frankfurt am Main: Klostermann 1985. Passim.

5 A.a.O. (Anm. 4), S. 131.

6 Ebd.

auf das gleiche hinaus. Diese Bewegungen sind nämlich jedenfalls immanent, d. h. sie sind auf nichts anderes bezogen als auf das menschliche Leben selbst.[7] Da aber nicht von irgendwoher bestimmt ist, was wir jeweils tun, kann von einer *Leere* bzw. *Unbestimmtheit* die Rede sein, in die hinein sich die Lebensbewegung vollzieht. Die Stelle weist im übrigen bereits eine typische Zweideutigkeit auf, einen unaufgeklärten, blinden Fleck, der für Heideggers Denken charakteristisch ist und bleibt: Es ist nicht entschieden, ob sich das Leben selbst bewegt, oder ob die Bewegung »von seiner Welt gemacht wird«; und es bleibt zweideutig, ob die Bewegung »sich selbst bildet« oder »doch nicht sich, sondern die Leere, in die sie sich bewegt«. Es scheint, daß Heidegger genau diese Zwiespältigkeit gerade beschreiben will. Er spricht deswegen auch von der Undurchsichtigkeit des Lebens, und er prägt den Ausdruck »die Diesigkeit des Lebens« (diesig: neblig, trüb).[8] Die Nichtigkeit, die schon mit der leeren Zukünftigkeit verklammert ist, zwingt das Dasein zu ihrer Füllung bzw. Überdeckung.

Wir können hier an den Satz des Aristoteles erinnern, der besagt, daß das Vorbeischießen beim Bogenschießen einfach und leicht ist, das Treffen jedoch selten und schwer (vorbeischießen = gr. hamartano; gr. hamartia = Sünde).[9] Somit kann der Mensch Zielgestalten seines Lebens auf unendlich vielfältige Weise verfehlen, in Heideggers Terminologie: an das innerweltlich Seiende verfallen, sich verlieren und verlorengehen; und die Mühe des Daseins besteht darin, sich aus den mannigfach gegebenen Möglichkeiten des Verfallens, der Ruinanz, zu lösen, ihnen zu entgehen, sich von ihnen zu entfernen; nicht an das innerweltlich Seiende zu verfallen, sondern um das »eigentliche In-der-Welt-sein« Sorge zu tragen. Dies wäre gegen die Ruinanz die rationale Sorge um selbstbestimmte Praxis. An diese aber denkt Heidegger nicht. Der Ruinanzcharakter modifiziert sich im Leben z. B. als Verdinglichung, Vergegenständlichung, Fetischisierung, Selbstentfremdung, Gewalt und Asymmetrie, als ökonomische, politische und psychische Selbstentfremdung. Der Ruinanzcharakter läßt sich im übrigen auch sprachanalytisch reformulieren, indem von einem Verfallen

7 Th. Rentsch, *Martin Heidegger – Das Sein und der Tod. Eine kritische Einführung*, München: Piper 1989, S. 67.
8 Vgl. dazu Rentsch, a.a.O. (Anm. 7), S. 68.
9 Aristoteles, *Nikomachische Ethik*, Stuttgart: Reclam, 1106 b.

an Begriffe und von einer Fetischisierung ganzer Bereiche der Sprache auszugehen ist. Philosophische Systeme, szientistische Konstruktionen, unkontrollierbare Ansätze der Tiefenpsychologie, leerlaufende Politikerphraseologie, der propagandistische Schein offizieller Verlautbarungen in Diktaturen, die diffusen Intuitionen der Esoterik, der Wirrwarr televisionärer Beliebigkeit, sie alle sind Beispiele für den existentialen und in eins sprachlichen Ruinanzcharakter des Daseins, der stets möglich ist.

Die Durchsetztheit der menschlichen Existenz von Negativität wird nun *drittens* mit der dritten, der futurischen Zeitekstase sichtbar. Die Ekstasen der Zukünftigkeit: Was soll werden? Was soll geschehen? Was wird aus uns? Wie sollen wir uns verstehen? können, folgen wir Heidegger, in ihrer Negativität nur gefaßt werden als nun definitive Nichtigkeit, als Sein-zum-Ende, d.h. als Sterblichkeit und Tod. Jedoch ist mit dem Sein-zum-Ende nicht allein das faktische Ende, der Tod gemeint. In Wahrheit, so Heidegger, verendlichen wir uns ununterbrochen. Daraus ergibt sich eine ständig gegebene Verletzlichkeit, Hinfälligkeit, Zerbrechlichkeit, die als existentielle Fragilität bezeichnet werden kann. Als definitive Sterblichkeit und Angst vor dieser wird sie in der Alltäglichkeit verdrängt und verdeckt, um die Normalität aufrechtzuerhalten. Mit der Fragilität geht eine moralische Korruptibilität einher; die Tradition entfaltete diesen Sachverhalt als den konstitutiven Zusammenhang der Angst mit dem Bösen bzw. theologisch als den Zusammenhang von Sünde und Tod.
Meine Ausgangsbehauptung, daß die menschliche Existenz von Negativität durchsetzt sei, ließ sich in der Auseinandersetzung mit der Zeitanalyse Heideggers in drei Schritten konkretisieren: als Verdeckungstendenz, als Ruinanzcharakter bzw. Verfallen und als Fragilität. Die Überlegungen Heideggers erwecken den Anschein, als beträfe die Negativität allein einzelne Subjekte. Ich möchte hingegen zeigen, daß die als Negativität bezeichnete Struktur von ihrem Zuschnitt auf einzelne Subjekte loszulösen ist. Heideggers Analyse bleibt partial und ist daher falsch.

4. Der praktisch-philosophische Sinn der Negativität

Heidegger hat mit seinen Analysen eine Unterbestimmung der Negativität festgeschrieben. Seine restriktive Analyse setzt sich in *Sein und Zeit* fort, und entscheidende Mängel dieses Buches wie auch des nachfolgenden »Denkens« Heideggers gründen in dieser restriktiven Analyse. Es sind vor allem zwei Aspekte, die sich aus seiner Orientierung am Einzelsubjekt ergeben, und die ich kritisieren möchte:

1. ein existentialer Solipsismus, der eine am individuellen Tod orientierte Engführung der gesamten Analyse bedingt und
2. eine Unterbestimmung des Miteinanderseins, welche dazu führt, die soziale und kommunikative Form unseres Lebens zu übersehen.

Die als Negativität beschriebenen Grundmuster sind nicht allein auf einzelne Subjekte zu beziehen, sondern wurzeln im gemeinsamen Leben der Menschen, in der kommunikativen Interexistenz.

Praxis ist überhaupt nur möglich, wenn mehrere Handelnde das gleiche tun. Die Welt, in der wir leben, ist kein »Existential des Daseins«, sondern konstitutiv und allen »subjektiven« Orientierungen in ihr vorausliegend ein *Interexistential*. Das gemeinsame Leben muß ebenfalls als Interexistential begriffen werden. Je mein Leben ist es nur, insofern es bereits vorher interexistentielles Leben war, ist und sein wird. Nur interexistentiell vermag ich ein Verständnis auch meiner eigenen Lebenswirklichkeit zu gewinnen. So muß ich mich mit den Augen der anderen sehen lernen und beurteilen können, um selbst meine eigenen Handlungen zu verstehen. Die Sprache z. B. muß als Interexistential par excellence verstanden werden. Diese Auffassung ergibt sich aus einer Anwendung des so genannten Privatsprachenargumentes von Wittgenstein auf die existentiale Analytik Heideggers und die Subjektivitätsproblematik überhaupt.

Wo die Defizite einer am Einzelsubjekt orientierten Analyse der Negativität liegen, läßt sich im Rückgriff auf eine Passage deutlich machen, die sich in Hegels *Jenaer Realphilosophie* (1805/1806) findet.

In seinen Analysen zum »Subjektiven Geist« führt er unter dem

Titel »Nacht der Aufbewahrung« über ein Bild in der menschlichen Einbildung aus: »Dies Bild gehört ihm an, seinem einfachen Selbst; aber das Einfache hat keinen Unterschied, so auch hier: Es ist in ihm als Ununterschiednem. Er ist im Besitz desselben, er ist Herr darüber. Es ist in seinem Schatze aufbewahrt, in seiner Nacht. Es ist bewußtlos, d.h. ohne als Gegenstand vor die Vorstellung herausgestellt zu sein. Der Mensch ist diese Nacht, dies leere Nichts, das alles in ihrer Einfachheit enthält, ein Reichtum unendlich vieler Vorstellungen, Bilder, deren keines ihm gerade einfällt oder die nicht als gegenwärtige sind. Dies (ist) die Nacht, das Innre der Natur, das hier existiert – reines Selbst. In phantasmagorischen Vorstellungen ist es ringsum Nacht; hier schießt dann ein blutig(er) Kopf, dort ein(e) andere weiße Gestalt plötzlich hervor und verschwinden ebenso. Diese Nacht erblickt man, wenn man dem Menschen ins Auge blickt – in eine Nacht hinein, die furchtbar wird; es hängt die Nacht der Welt hier einem entgegen.«[10]

Verdecktheit als bewußtlose Nacht, Verfallen als Phantasmagorie, als Verfallen an selbstgemachte Vorstellungen, schließlich die menschliche Nichtigkeit als Weltnacht: In Hegels Subjektivitätsanalyse erscheint gerade das reine Selbst und die ununterschiedene, ganz auf sich gestellte Subjektivität als pathologische Verzerrungsform und als Potential des Wahnsinns. In diesem Sinne kann auch die Negativität, wenn sie auf das einzelne Subjekt allein bezogen wird, nur als irrationaler Bereich des menschlichen Selbst- und Weltverhältnisses in den Blick treten. Genau dieses geschah bei Heidegger in allen Phasen seines Denkens. Die mit seiner Orientierung am Einzelsubjekt verbundene Negativitätsanalyse mündete nämlich in einen praktischen Dezisionismus und einen existentiellen Positivismus der puren Faktizität, in sein NS-Engagement und später in archaisierende Remythisierungsversuche im Rückgriff auf Hesiod und Hölderlin.

Hegels Analysen hingegen lassen sich als Versuch lesen, die soziale und kommunikative Konstitution der menschlichen Welt gegen die noch monologisch-subjektzentrierten Analysen Kants und Fichtes freizulegen. Während die Negativität, verstanden als die

10 G.W.F. Hegel, *Jenaer Realphilosophie. Vorlesungsmanuskripte zur Philosophie der Natur und des Geistes von 1805-1806*, hg. J. Hoffmeister, Hamburg: Meiner 1967, S. 180f.

nichtige Reinheit des Selbst, von Hegel als Verdeckung der bloßen, puren Naturhaftigkeit des Subjektes dekouvriert wird – »Dies (ist) die Nacht, das Innre der Natur, das hier existiert – reines Selbst«[11] –, setzt er im Gegenzug in der *Jenaer Realphilosophie* die Konstitutionsbedingungen einer menschlichen Welt als kommunikative Lebensformen, als kommunikative Interexistentiale an, nämlich als *Arbeit, Sprache und Liebe.*[12] Und nur von hier aus läßt sich auf eine angemessene Weise der vermeintlich irrationale Bereich der Negativität erfassen. *Die Negativität ist Teil der sozial und kommunikativ verfaßten menschlichen Welt und damit eingearbeitet in die Konstitutionsbedingungen von Rationalität und Moralität.*
Mit dem Aufweis von Arbeit, Sprache und Liebe stößt Hegel auf die zentralen Problemfelder der klassischen Moderne.
Mit dem Hinweis auf die Arbeit klingt das von den Linkshegelianern bis hin zur Frankfurter Schule reichende Paradigma der Praxisphilosophie mit Blick auf die gesellschaftliche Praxis an; die Einsicht in die Sprachlichkeit der Konstitution antizipiert Grundannahmen der sprachanalytischen Philosophie (Frege, Wittgenstein); mit der Liebe verschafft sich das Motiv des Eingedenkens der Natur im Subjekt Geltung, welches nach Hegel vor allem Nietzsche, Freud und verschiedene Vertreter der Kritischen Theorie (Horkheimer, Marcuse, Adorno) akzentuiert haben. Auch die Todesanalysen Heideggers antizipiert Hegel; aber er bettet sie in den umfassenderen Kontext von Herrschafts-, Anerkennungs- und Kampfanalysen ein, so in der »Phänomenologie«. Mit diesen Analysen hat Hegel die leibliche Materialität und die kommunikative Form der transzendentalen Konstitution der menschlichen Praxis auf dem Hintergrund der Negativität ins Zentrum der Philosophie gerückt.
Blicken wir von dieser Perspektive aus auf Heideggers restriktive Negativitätsanalyse zurück. Wie erscheint die interne Konstitution der Negativität, wenn wir sie in der Dimension des kommunikativen Wesens des Menschen betrachten? Was geschieht, wenn wir die Charaktere der Negativität in die Reflexion der Sinnkonstitution sozialer Praxis aufnehmen? Wenn wir diese Charaktere nicht mehr länger als Eigenschaften von einzelnen Subjekten, als Existentiale, sondern als diese Subjekte allererst ermög-

11 Hegel, a.a.O. (Anm. 10), S. 180.
12 Vgl. den Aufsatz »Negativität und Vermittlung« in diesem Band.

lichende Beziehungen zwischen Menschen, als Interexistentiale, begreifen? Wenn wir das Negativitätsproblem auf die Frage nach den Sinnkonstitutionsbedingungen der Vernunft selbst beziehen?

1. Die *Larvanz* erscheint dann als die primäre interexistentielle Verdecktheit, als die wechselseitige Sich-Entzogenheit der Menschen.
2. Mit dem Begriff der *Ruinanz* kann die ständige interexistentielle Möglichkeit des Verfallens und der Verdinglichung, des Sichverfehlens und des Nichtverstehens der anderen bezeichnet werden.
3. Die *Fragilität* schließlich läßt sich als die wechselseitige interexistentielle Gefährdetheit und Verletzlichkeit explizieren.

Die Negativität konstituiert zwar eine menschliche Welt; aber auch ihre vermeintlich ganz und gar subjektiven und individuellen Modi lassen sich nur im Kontext der gemeinsamen Sprache, der gemeinsamen Praxis überhaupt thematisieren. Subjektive Negativität, wie sie im Hegel-Zitat angesprochen war, erscheint auf diese Weise von vornherein als interexistentielle Abhandenheit, Abwesenheit und Entzogenheit der Mitmenschen. Gerade auf dem Hintergrund der Negativität lassen sich nämlich spezifisch kommunikative, praktische Interexistentiale als Konstituentien einer menschlichen Welt freilegen:

1. Die interexistentielle Verdecktheit ist der defiziente Modus des interexistentiellen Verstehens; der Larvanzcharakter ist der Hintergrund möglicher kommunikativer Transparenz.
2. Der Ruinanzcharakter ist der negative Modus der kommunikativen Auflösung von Verdinglichung, Verfallenheit und Instrumentalisierung in Formen interexistentieller Autonomie.
3. Die Fragilität ist die negative Form der interexistentiellen, kommunikativen Solidarität.

Wenn wir, heißt das, die Negativitätsanalyse auf die Frage nach den vollen Konstitutionsbedingungen einer menschlichen Welt beziehen, sie nicht – wie z. B. Heidegger – einschränken, dann stoßen wir auf die praktischen Möglichkeitsbedingungen der interexistentiellen Transparenz, Autonomie und Solidarität. Sie bilden (neben anderen) die Antwort auf unsere Grundfrage: Wie ist eine menschliche Welt überhaupt möglich? Sie enthalten auch jene Sinnbedingungen und normativen Kriterien, die zur Kritik unserer Praxisformen in der Gesellschaft dienen können. Auch Transparenz, Autonomie und Solidarität stehen zwar unter den Bedingungen der Endlichkeit – sie sind also nur gebrochen möglich –, dennoch lassen sie sich als normative Folie für die Kritik unserer Praxis begreifen.

Ich möchte hier eine Nebenbemerkung zur Diskursethik machen, die vor allem K.-O. Apel und J. Habermas in unterschiedlichen Varianten entwickelt haben. Die Diskursethik läutert aus unserer alltäglichen, gestörten und gebrochenen, gleichsam von Grundrauschen untermalten Verständigungspraxis deren *ideale* Bedingungen heraus. Das Bild einer idealen Kommunikationsgemeinschaft, das die Autoren entwerfen, erscheint mir als Fehlkonstruktion aufgrund eines objektivistischen Mißverständnisses der (normativen) Voraussetzungen unserer Redepraxis. Auch die verständigungsorientierte Kommunikation ist strukturell fragil, opak, naturhaft, materiell und endlich. Die negativen Aspekte, die unserer verständigungsorientierten Kommunikation anhaften, sind nicht zufällige Störungen unserer Redepraxis, sondern sie selbst enthalten das kritische Potential, welches zur Aufklärung von Rationalität und Moralität erforderlich ist und zur Destruktion von Dogmatismus, Fanatismus und Fundamentalismus beitragen kann, – zur Einsicht, daß Dogmatismus, Fanatismus und Fundamentalismus mit ihren Ansprüchen auf Sand gebaut und daher nichtig sind. Die Konstruktion einer idealen Kommunikationsgemeinschaft, die den Prozeß der Verständigung reibungslos konzipiert, wird kriterial kraftlos. Kommunikation, die immer schon gelingt, ist keine mehr. Auch hier geht es vielmehr darum, Faktizität und Normativität – ich erinnere an meine Überlegungen zur dianoietischen Rede – in ihrer internen Verschränktheit und dialektischen Bezogenheit zu sehen und sie nicht dualistisch voneinander abzuspalten. Die negativen Momente unserer Kommunikation müssen vielmehr als deren ermöglichender Grund und Movens, als die treibende Kraft und Macht der Negativität begriffen werden. Die negativitätsfreie Diskursethik liefert keinen archimedischen Punkt des Denkens. Ohne diese Kritik an einem der wichtigsten systematischen Entwürfe der Gegenwartsphilosophie im einzelnen fortzuführen, möchte ich den Zusammenhang von

Negativität und Ethik abschließend noch näher charakterisieren.

Der Begriff der Negativität wurde als anthropologischer Grundbegriff eingeführt, Negativität erwies sich als das einzelne Leben ebenso strukturierend wie auch vor allem das gemeinsame Leben der Menschen. Im Kontext der Negativität ließen sich schließlich im dritten Schritt normativ kommunikative Interexistentiale analysieren.

Ich hatte eingangs auf den Zusammenhang von Anthropologie und Ethik verwiesen. Welche Konsequenzen ergeben sich nun mit dem anthropologischen Stellenwert des Negativitätsbegriffs für die Ethik bzw. Moralphilosophie? Bei der Rede von der Negativität in bezug auf die Ethik sind zunächst einmal zwei Aspekte zu unterscheiden: Die Analyse der anthropologischen Negativität hat erstens Konsequenzen *inhaltlicher* Art für die Ethik. Aus der Negativität folgt z.B. die Zurückweisung bestimmter Selbstmißverständnisse, die weithin verbreitet sind und die ich kurz benennen möchte. Zweitens ergeben sich aus dem fundamentalen Stellenwert der Negativität Konsequenzen *methodischer* Art, die im Zusammenhang ethischer Überlegungen zu beachten sind: Ethik ist zwar auf mancherlei Weisen möglich – dies ist völlig unbestritten –, letztlich aber nach meiner Überzeugung nur als negative Ethik.

Inhaltliche Konsequenzen, die sich aus der anthropologischen Negativität für die Ethik ergeben, lassen sich als negative Konstitutionsbedingungen menschlichen Handelns präzisieren. Diese sind:

1. Die deterministische und naturalistische Unableitbarkeit unserer freien Handlungen.

Zum Begriff der Handlung gehört: Wir können unsere Handlungen (in der öffentlich vertrauten Handlungswelt) aus nichts vor, hinter oder über ihnen noch einmal ableiten. Sonst verstehen wir uns als humane Wesen falsch.

2. Die Nichtobjektivierbarkeit der singulären Totalität unseres Lebens.

Diese singuläre Totalität unseres Lebens (die begrifflich und instrumentell uneinholbare Gestalt personalen Lebens) ist kein Gegenstand der Verdinglichung, der Abbildung oder Verfügbarmachung.

3. Die damit gleichursprüngliche wechselseitige Entzogenheit der

Personen füreinander (und auch für sich selbst). Die menschliche Interexistenz ist konstitutiv durch pragmatische Unverfügbarkeit gekennzeichnet.
Aus diesen Konstitutionsbedingungen der Unableitbarkeit, der Nichtobjektivierbarkeit und der wechselseitigen Entzogenheit ergibt sich ferner die methodische Konsequenz eines negativen ethischen Universalismus. Negativ deswegen, weil dieser Universalismus aus Gründen der Negativitätsreflexion keinerlei positive ontologische oder metaphysische Voraussetzungen mehr hat. Es ist gerade das Fehlen solcher das Wesen des Menschen festlegenden Bestimmungen, die Einsicht in die untilgbare interexistentielle Entzogenheit und Unverfügbarkeit, die diesen Universalismus jenseits der unaufhörlichen philosophischen und wissenschaftlichen Selbstvergewisserungsversuche der Subjekte in der Neuzeit ausmacht. Das biblische Bildverbot war die archaische Vorgestalt dieser Einsicht. Mit dieser Einsicht verbindet sich mithin ein postdogmatisches und posttraditionalistisches Rationalitätsverständnis, welches einerseits szientifische, essentialistische, substanzmetaphysische und remythisierende Ansätze zurückweist, andererseits aber weit zurückreicht in die Genesis der okzidentalen Rationalität.
Der Geltungssinn meiner Analysen läßt sich auch als der Schutz der Negativität beschreiben, unter dem menschliche Wesen konstitutiv stehen. Ihm gegenüber stellen alle szientifischen, aber auch im weiteren Sinne politischen Formen der Instrumentalisierung und Verdinglichung schlicht eine ethische Zumutung, eine moralische Unverschämtheit dar. So kann die Macht der Negativität, von der Hegel spricht, mit Platon als die rettende Macht des Guten begriffen werden.

4. Die Kultur der Differenz. Negative Ethik, Relativismus und die Bedingungen universalistischer Rationalität

Der folgende Beitrag betrachtet zunächst Mißverständnisse des Universalismus und entwickelt dann Argumente gegen einen ethischen und kulturellen Relativismus aus der Perspektive einer negativen Anthropologie und Ethik. Es geht mir darum, zu zeigen, wie diese anti-relativistischen Argumente unser Verständnis eines ethischen Universalismus kritisch-hermeneutisch qualifizieren können. Dazu müssen die Phänomene der singulären Totalität in der menschlichen Praxis aufgezeigt werden. Abschließend plädiere ich auf dieser Grundlage für eine Kultur der Differenz und formuliere in einem Ausblick praktische und methodische Konsequenzen für eine interkulturelle Hermeneutik, Ethik und Politik.

1. Das Standardmodell des westlichen Universalismus und Relativismus

Liegt ein ethischer Skeptizismus und Relativismus nicht auf der Hand? Ein universalistisches Wahrheits-, Vernunft- und Moralverständnis hat sich nur in der westlichen Kultur und Zivilisation ausgebildet. Durch die Kritik aller bloß traditionalistischen Voraussetzungen und aller bloß subjektiven Meinungen, durch die Zurückweisung aller autoritären Setzungen mythischer, religiöser oder sonst dogmatischer Art ergab sich in der Moderne in radikalisierender Konsequenz der europäischen Aufklärung die liberale westliche Lebensform politisch-rechtlicher Freiheit und Gleichheit. Sie ist verbunden mit einem säkularisierten Staats- und einem radikalen Demokratieverständnis. In der philosophischen Ethik wird diese säkulare Moderne z. B. durch den konsequent voraussetzungslosen Begründungs- und Motivationsrationalismus von Ernst Tugendhat repräsentiert. Weder alte noch neue Kleider können dieser praktischen Vernunft noch die Tatsache ihrer tatsächlichen Nacktheit verhüllen.[1]

1 E. Tugendhat, *Vorlesungen über Ethik*, Frankfurt am Main: Suhrkamp

Diese Sicht ist von der Unterstellung eines linearen Fortschrittsoptimismus ganz unabhängig. Denn gerade sie kann Rückschritte und Rückfälle hinter den erreichten Stand an Vernunft und Aufklärung als leider völlig normale gesellschaftlich-geschichtliche Erscheinungen analysieren. Zu solcher Analyse, auch der katastrophalen Zivilisationsbrüche des 20. Jahrhunderts, gibt es gemäß dieser Sicht keine Alternative. Diese Vernunftposition wird ferner auch durch sogenannte postmoderne, z. B. ultraliberalistische Positionen oder Formen des Neonietzscheanismus nicht ernsthaft in Frage gestellt. Denn diese Entwicklungen – vom relativierenden Historismus bis zum intellektuellen Nihilismus – sind selbst nur auf dem Hintergrund der liberalen Enttraditionalisierung überhaupt möglich. Insofern sie eine radikale Vernunftkritik konzipie-

[2]1994, S. 13 f. fragt eindringlich: »Wie kann, wie muß man sich, nachdem die religiöse Begründung entfallen ist, zur Ethik stellen? Das wird die Hauptfrage dieser Vorlesungen sein. Wenn das moralische Urteilen ein unvermeidliches Ingrediens unseres Lebens ist, müßte sich ein Dilemma ergeben, wenn moralisches Urteilen einerseits Allgemeingültigkeit impliziert und es sich andererseits als historisch und sozial relativ herausstellen sollte. Kann man moralisch urteilen, ohne an das Begründetsein seines Urteilens zu glauben? Wäre aber eine solche absolute Begründung, auf die das hinauszulaufen schiene, nicht eine Basis, die uns heute unglaubhaft erscheinen muß?« Es ist die naheliegende »große Zurechtstellung« dieser Problemlage, die ich im folgenden gemäß einiger ihrer Voraussetzungen hinterfragen will. Vgl. auch die grundsätzlichen Bemerkungen von J. Habermas, »Moralität und Sittlichkeit. Treffen Hegels Einwände gegen Kant auch auf die Diskursethik zu?«, in: W. Kuhlmann (Hg.), *Moralität und Sittlichkeit. Das Problem Hegels und die Diskursethik*, Frankfurt am Main: Suhrkamp 1986: »*Universalistisch* nennen wir eine Ethik, die behauptet, daß dieses (oder ein ähnliches) Moralprinzip nicht nur die Intuitionen einer bestimmten Kultur oder einer bestimmten Epoche ausdrückt, sondern allgemein gilt. Nur eine Begründung des Moralprinzips, die ja nicht schon durch den Hinweis auf ein Faktum der Vernunft geleistet wird, kann den Verdacht auf einen ethnozentrischen Fehlschluß entkräften. Man muß nachweisen können, daß unser Moralprinzip nicht nur die Vorurteile des erwachsenen, weißen, männlichen, bürgerlich erzogenen Mitteleuropäers von heute widerspiegelt. Auf diesen schwierigsten Teil der Ethik werde ich heute nicht eingehen...« Der »schwierigste Teil der Ethik«? In Habermas' Darstellung entsteht die Aporie nach meiner Auffassung durch die Kombination des Begründungsrationalismus in der Moralphilosophie mit einer Gleichsetzung des kulturellen mit dem moralischen Relativismus.

ren, gehören sie ebenso zur ständigen Begleitmusik technisch-wissenschaftlicher Zivilisation wie neokonservative Restaurationsversuche.

Demgegenüber erscheinen traditionalistische Kulturen z. B. tribalistischer, polytheistischer oder theozentrischer Prägung als strukturell partikulare Lebensformen. Während westliche Wissenschaftler, z. B. Ethnologen, diese Lebensformen bewußt analysieren können, sind diese selbst an ihre partialen Dogmen und Vormeinungen gebunden.

Es ergibt sich ein zunächst evidenter kultureller und normativer Relativismus. Er wird zusätzlich gespeist von den konkreten politischen Konflikten in Fragen der Menschenrechte. Der orientalische Despotismus erscheint gegenwärtig wieder so, wie er sich in der Hegelschen Sicht der Weltgeschichte bereits ausnahm. Die Diktatur religiöser Führer, Praxen wie die Frauenbeschneidung bestätigen das westliche Standardmodell eines voraufgeklärten Fundamentalismus. Es war diese grundsätzliche Lagebeurteilung, die z. B. Martha Nussbaum verständlicherweise so vehement gegen ein postmodern-dekonstruktivistisches Differenzdenken und seine amoralischen Konsequenzen protestieren ließ: Alles verstehen und alle fremden Lebensformen umwillen einer fetischisierten Differenz kritiklos akzeptieren, jegliche Kritik sofort als Usurpation verurteilen – das kann weder philosophisch noch praktisch-politisch das letzte Wort sein.[2]

Der westliche ethische Universalismus scheint somit die Relativierung aller anderen traditionellen und z. B. religiösen Lebensformen, insbesondere auch von Formen des Fundamentalismus, zu implizieren. Konsequent wird auch er selbst als eine nur partikulare westliche Sondertradition identifizierbar, für die man sich bewußt entscheiden muß. Ein so verstandener ethischer Universalismus, eine postmoderne Aufklärungskritik und ein wissenschaftlich begründbarer Kulturrelativismus scheinen sich in dieser Sicht wechselseitig zu bedingen und zu ergänzen. Inwieweit man selbst ethisch universalistisch orientiert ist, das wird eine Haltung und Lebensform neben anderen. Die praktischen Lebensformen

2 Vgl. M. C. Nussbaum, »Menschliches Tun und soziale Gerechtigkeit. Zur Verteidigung des aristotelischen Essentialismus«, in: M. Brumlik/H. Brunkhorst (Hg.), *Gemeinschaft und Gerechtigkeit*, Frankfurt am Main, Fischer 1993, S. 323-361.

sind faktisch einer letzten Kontingenz und Beliebigkeit ausgesetzt. Der Relativismus hat recht. Der Universalismus ist auch eine ›relative‹ und zu relativierende, kontingente Option neben vielen anderen, aber diejenige, die zumindest uns als die beste erscheint – und zwar aus guten Gründen.

2. Der falsch gedachte Universalismus: Relativismus vs. Kontextualisierung

Mir scheint sich in diesem Standardmodell ein Mißverständnis des ethischen Universalismus (und damit auch von vernünftigen Orientierungen überhaupt) mit einem nicht genau genug gedachten Relativismus auf undurchsichtige Weise zu vermengen.[3] Um dieses Mißverständnis auszuräumen, will ich zunächst den Sinn des ethischen Universalismus auf neue Weise präzisieren, und dann die relativistischen Vorstellungen kritisch befragen und durch zwei Kernargumente widerlegen.[4]

Wir sollten zunächst irrige Vorstellungen von universalistischen Orientierungen von vornherein ausschließen. Wir müssen uns darüber klar sein, daß solche Orientierungen nur in bestimmten konkreten Situationen wirklich handlungsrelevant sein können. Das Wissen um diese Situiertheit und damit um die kontextbezogene Partikularität der eigenen Praxis gehört mit zum Begreifen allgemein-vernünftiger Orientierungen, seien sie theoretischer oder praktischer Art. Eine situationsunabhängige Reproduzierbarkeit besteht allenfalls für bestimmte Techniken, und auch nur dann, wenn man sie isoliert betrachtet, nicht jedoch für unsere individuelle und gesellschaftliche Praxis. Die Einführung moderner Techniken in traditionelle kulturelle Kontexte bewirkt tiefgreifende Veränderungen der Kulturen. Die Einbettung in einen jeweiligen kulturellen Kontext ist für universalistische Vernunft- und Ethikkonzeptionen unverzichtbar. Hermeneutische Verstehens- und Applikationsbedingungen, Kontextsensibilität, Ange-

3 Vgl. zur Kritik am Relativismus und zur hermeneutischen Rekonstruktion des Universalismus bereits: Th. Rentsch, *Die Konstitution der Moralität. Transzendentale Anthropologie und praktische Philosophie*, Frankfurt am Main: Suhrkamp ²1999, §§ 22 ff. und § 27.

4 Vgl. zu dieser Kritik das neue Vorwort »Methode und Selbsterkenntnis«, in: Th. Rentsch, *Die Konstitution der Moralität*, a.a.O. (Anm. 3).

messenheitsreflexionen, emotionale Rationalität (»Einfühlung«), die Schulung einer beweglichen Urteilskraft gehören mit zu den Konstitutionsbedingungen von Sittlichkeit und praktischer Vernunft – denken wir z. B. an den Umgang mit Kindern, sehr alten Menschen, oder mit Menschen aus uns fremden Kulturen und unbekannten religiösen Traditionen. Kurz: Der Umgang mit Differenzen, mit Asymmetrie und Alterität gehört mit zu den unabweisbaren internen Bedingungen jedes Universalismus. Demgegenüber wäre es falsch, anzunehmen, wir könnten angesichts dieser *Wirklichkeitsverwiesenheit* der Vernunft zunächst eine *reine Form* der universalistischen Moral ohne Reibung mit der Lebenspraxis, mit der faktischen, materiellen, kontingenten und endlichen Verfaßtheit unserer Lebenssituationen in ihrer ganzen Negativität herauspräparieren, um ein solches abstraktes Modell *dann* mit der Wirklichkeit zu konfrontieren. Eine idealsprachliche Vorstellung vom Universalismus zehrt bestenfalls vom uns alltäglich bekannten Sinn, den die Rede von Zwanglosigkeit, Anerkennung und Achtung der Mitmenschen *nur inmitten* fragiler, alteritärer und asymmetrischer Verhältnisse besitzt. Gerade der Geltungssinn der moralisch-praktischen Rede lebt somit von den konkreten Erfahrungen z. B. des Zwangs und der Mißachtung. *Der Universalismus benötigt daher keinen objektivistisch vorgestellten und so mißverstandenen, idealistischen Normativismus zu seiner Abstützung.* Es genügt der Hinweis auf die Depravationen unserer Praxis.

Eine ebenso irreführende Vorstellung vom ethischen Universalismus wie die Reinheitsfiktion ist die seiner Demonstrabilität, die insbesondere in Formen eines Begründungsrationalismus verbreitet ist. Nachdem zufolge des Standardmodells von Aufklärung und Moderne alle traditionellen »Gründe« für Sittlichkeit und Moral bei strenger Überprüfung fortgefallen sind, nachdem die isoliert gedachten Subjekte auf sich selbst und ihr nacktes Interessenleben zurückgeworfen wurden und alle praktische Autoritätswahrheit zerfallen ist, gilt es nun, nach Meinung vieler, eine *rein rationale Begründung* des Universalismus zu leisten. Das ist die anti-hermeneutische Konstruktion einer Cartesischen Grundsituation für die praktische Philosophie. *Diese Konstruktion geht davon aus, das Ziel der Ethik bestehe darin, einen Einzelnen davon zu überzeugen, aus Interesse an sich selbst moralisch zu werden.* Zwei Irrtümer verbinden sich in dieser Tabula-rasa-Fiktion. Erstens der

Irrtum, man könne Moralität »von außen« begründen, ableiten, »beweisen«, und solche Demonstrationen könnten im Regelfalle ein »Moralischwerden« von Personen mehr oder weniger verläßlich nach sich ziehen. Und zweitens, es gebe überhaupt eine Tabula-rasa-Situation, gleichsam als praktisches Analogon der Vorstellung von einem White-paper-Bewußtsein im klassischen Empirismus und Rationalismus. Diese moralische Null-Situation gibt es nicht, und wir können auch in der Moralphilosophie nicht so tun, als gebe es sie. Denn die Worte, mit denen wir das Verständnis der Moral artikulieren, haben nur in einem kulturellen Kontext einen verständlichen Gebrauch. Ferner sind Argumente und Erläuterungen, also Gründe, keine Ursachen. Wir können im Zweifelsfall niemanden »zur Moral bringen«, besitzen dafür keine handhabbaren Techniken.

An dieser Vorstellung ist auch falsch, daß die »Beweisenden« sich als im Besitz der Moral oder der Vernunft befindlich denken, die es nur noch an den Mann bzw. die Frau zu bringen gälte. Moralische Praxis lebt von praktischen Einsichten, die niemand stellvertretend für andere haben kann. »Man kann die Menschen nicht zum Guten führen; man kann sie nur irgendwohin führen.«[5] Eine Sinnexplikation existentiell-einsichtsbezogener Sprachpraxis läßt sich nicht als beweisartige Ableitung einer allein möglichen Form der Moralität verstehen. Wenn wir humane Lebensformen qualifizieren, Solidarität, Achtung und Anerkennung auszeichnen, wenn wir den Zusammenhang von Ausbeutung, Verbrechen und Leid aufweisen, dann praktizieren wir keine Deduktionen in der Moralphilosophie. Nur aus rationalistischer Sicht folgen aus dieser Tatsache skeptische Konsequenzen. Denn unsere Basis für die Moral ist viel breiter und konkreter. Sie besteht in der gesamten moralischen Praxis im Rahmen einer Kultur der Vernunft, ihrer Geschichte und ihrer Institutionen.[6]

Entscheidend ist: Was erwarten wir philosophisch von einem ethischen Universalismus und von einem damit notwendig verbundenen universalen Vernunftverständnis in Absetzung von ei-

5 L. Wittgenstein, *Vermischte Bemerkungen*, Frankfurt am Main: Suhrkamp 1977, S. 15.

6 Vgl. F. Kambartel, »Vernunft – Kriterium oder Kultur? Zur Definierbarkeit des Vernünftigen«, in: ders., *Philosophie der humanen Welt*, Frankfurt am Main: Suhrkamp 1989, S. 27-43.

nem den ethischen Geltungssinn im Kern depotenzierenden Relativismus? *Daß* grammatischer Geltungssinn und *daß* somit auch praktische Einsichten in kulturelle und geschichtliche Kontexte eingebettet sind, das bedeutet keine »Relativierung« oder gar Aushöhlung dieses Sinnes –, sondern nur dessen – stets erforderliche – *Kontextualisierung*. Sie gilt ganz selbstverständlich entsprechend nicht etwa nur für religiösen, sondern genauso für mathematischen und naturwissenschaftlichen Geltungssinn. Viel muß z. B. geschehen sein und getan werden, bis man zur Differential- und Integralrechnung kommt – kulturell und geschichtlich, aber auch seitens jedes einzelnen Schülers, der in diese Praxis eingeführt wird. Ohne diese komplexe gewordene Praxis gibt es diese Art von Mathematik schlicht nicht. Und anders als jeweils »an Ort und Stelle« können wir überhaupt nichts lernen und begreifen. Daß nicht allen und nicht immer dieser mathematische Geltungssinn bekannt war, unterwirft diesen Sinn keineswegs einem aushöhlenden Relativismus. Die ›universale‹ Geltung der Differential- und Integralrechnung wurde einmal von Newton, Leibniz und Bernoulli entworfen und somit *handelnd hervorgebracht* wie alles Menschenwerk – eingeschlossen die Moral, und dies unter weitreichenden kulturellen und wissenschaftlichen Bedingungen. Kultureller Sinn ist ein filigranes und fragiles Gebilde, erst recht im Bereich der Moralität. Geltungssinn, insbesondere im praktischen Bereich, läßt sich auch nicht synchron und statisch begreifen, ist nicht einem objektivistischen Normativismus zu entnehmen. Er unterliegt lebendigen, zeitlich-geschichtlich sich wandelnden Interpretations-, Umdeutungs- und auch Radikalisierungsprozessen. So, wie wir neue Sprachspiele entwerfen können, stehen uns die alten nicht wie starre Strukturen gegenüber. Wir leben in beweglichen Ordnungen.[7]

Die Opposition transzendentaler Argumente einerseits, lediglich »historisch und kulturell gebundener Selbstverständnisse« andererseits verkennt, daß auch alle transzendentalen Konstitutionsanalysen und Deduktionen, auch im theoretischen Bereich, kulturell und geschichtlich vermittelt und situiert sind.[8] Insofern

7 Vgl. den Beitrag »Praktische Gewißheit jenseits von Dogmatismus und Relativismus« in diesem Band.

8 Von einer solchen schematischen, undialektischen Opposition scheinen auszugehen H. Krämer, »Rezension von: Thomas Rentsch, Die Kon-

dürfen wir nicht die Vorstellung eines scheinhaft objektivistischen Normativismus und Präskriptivismus hegen, die Vorstellung, ein eigentlich transzendentaler Begründungsanspruch wäre ahistorisch, zeit- und ortlos, nicht auf kulturelle Traditionen und Praxen bezogen, sondern könnte in keimfreier Reinheit über aller sonstigen Wirklichkeit schweben. Bereits Begriffe wie »Wirklichkeit«, »Gegenstand« und erst recht »Subjekt« – z. B. verstanden als »sprach- und handlungsfähiger erwachsener Mensch« – lassen sich nur unter Rekurs auf Präsuppositionen lebensweltlicher Erfahrung und Kommunikation inmitten einer vertrauten Kultur in ihrer Konstitution erfassen. Durch *nichts* als durch die methodische Sinnexplikation einsichtsbezogener Sprachpraxis und ihrer Grammatik – die wir nicht dem Wörterbuch entnehmen können –, durch *nichts* als durch die Erläuterung der mit dieser Sprachpraxis verwobenen Lebensformen begründen sich vernünftige Ansprüche, auch solche des Universalismus – und es kommt hinzu: Explikation und Erläuterung des Vernünftigen, des Guten und des Gerechten sind *nur* in einer sprachlichen Repräsentation und Interpretation möglich, die durch spezifische Kulturtraditionen vermittelt ist.

Ohne die Vernunftgeschichte der europäischen Kultur läßt sich der Universalismus nicht verstehen und sein Sinn nicht explizieren. Weder ein metaphysischer Dogmatismus noch ein apriorischer Rationalismus können so gedacht werden, daß aus ihnen axiomatisch-deduktiv der Universalismus als allein mögliche Moralform notwendig folgte. Aber er ergibt sich auch nicht durch induktiv generalisierende Verfahren, z. B. im Sinne empirischer ethnologischer Feldforschung oder im Sinne einer Meinungsforschung unter den Mitgliedern einer Gesellschaft. Ohne sinnkritische, kulturell und geschichtlich situierte Erläuterungspraxis im Sinne kommunikativer Selbstreflexivität gibt es auch keine universale Vernunftorientierung.

stitution der Moralität. Transzendentale Anthropologie und praktische Philosophie«, in: *Allg. Zt. f. Philosophie* 17 (1992), S. 84-87 sowie D. Thomä, »Die gute Verfassung des menschlichen Lebens«, in: *Philos. Rundschau* 39 (4) (1992), S. 309-318.

3. Zwei Argumente gegen den Relativismus

Entscheidend ist, wer in welcher Situation einen ethischen, normativen, moralischen Relativismus konstatiert bzw. vertritt und was eine solche Feststellung oder Haltung ihrerseits bedeutet. Bedeutet sie, daß Menschen zu unserer Zeit und auch in der gesamten Geschichte jeweils von recht bis sehr unterschiedlichen normativen Überzeugungen geprägt waren und sind, so kann es darüber keinen ernsthaften Dissens geben. Daß diese ethischen Orientierungen außerdem erheblich von religiösen, ökonomischen, sozialen und kulturellen Faktoren beeinflußt sind, sozialpsychologisch durch individuelle Genesen, Milieus und Habitusformen, ist nicht fraglich. Die Frage ist aber, was dies *praktisch* bedeutet.

Wir können uns zur Beantwortung dieser Frage nicht die letztlich aporetische Position eines philosophierenden Touristen der normativen Welt zulegen, der aus der Beobachterperspektive teilnahmslos einen Relativismus verschiedener Lebensformen konstatiert. Bereits die Rückfrage nach dem Status seiner Beschreibungen und nach deren normativen Implikationen könnte dieser Tourist nicht beantworten. Im Gegenzug gilt methodologisch, daß wir weder fremdes noch unser eigenes Leben »von außen« oder von einer übergeordneten (Gott-ähnlichen) Warte aus beurteilen können. Wir nehmen unseren Interessenkontext, uns selbst, überallhin mit. Die naturwissenschaftliche Gegenstandskonstitutionspraxis ist hier nicht etwa ein Gegenbeispielbereich »bloßer« theoretischer Beobachtung. Vielmehr sind die komplexen Interessenlagen, die z. B. zu den partikularen Praxen der Genforschung, zu Teilchenbeschleunigungsanlagen und zum Hubble-Teleskop führen, normativ höchst voraussetzungsreich.

Es spricht für einen hermeneutischen, kulturell situierten Universalismus, der seine Verstehensbedingungen mitreflektiert, daß bereits die sinnvolle *Feststellung* lebensformbezogener kultureller Differenzen bestimmte basale und auch nichttriviale Gemeinsamkeiten wechselseitig voraussetzt, die ich »existentialen Kontext« nenne.[9] Bereits, wenn ich Wesen, die ich beobachte, als *Menschen*

9 Th. Rentsch, *Heidegger und Wittgenstein. Existential- und Sprachanalysen zu den Grundlagen philosophischer Anthropologie,* Stuttgart: Klett-Cotta 1985, S. 160 f.

bezeichne und so beschreibe, ist mit diesem Schritt ein sehr weitreichender Zug in meinem Sprachspiel geschehen. Im analytischen Diskussionskontext spielt das *principle of charity* z. B. in der Fassung Davidsons eine vergleichbare Rolle.[10] Zu fragen ist daher, ob ein *Verstehen* fremder Lebensformen vor- und außerethisch überhaupt denkbar ist: ohne minimale Formen von Teilnahme, Rücksichtnahme, Selbstreflexion, Innehalten und Behutsamkeit, von Toleranz.

Ich möchte im folgenden zwei Argumente gegen relativistische Vorstellungen im Bereich der Moral entwickeln. Mit vielen vertritt Hans Krämer gegen mich die Auffassung, wir seien als Philosophen » (...) gehalten, redlicherweise die Idee des Universalismus und vollends die uns vertraute eurozentrische Form des Universalismus als Epochen- (...) Moral zu relativieren.«[11]

Bei dieser Formulierung klingt das natürlich stets naheliegende »Standardmodell« an. Nicht gegen die, wie ich glaube, unlösbaren Methodenprobleme eines theoretischen, sondern gegen falsche (zu einfache) Vorstellungen eines praktisch vertretenen Relativismus möchte ich ein *Selbstanwendungsargument* und dann, zweitens, ein *Radikalisierungsargument* zum Einsatz bringen.

Das Selbstanwendungsargument

Der ethische Relativismus begeht einen grundlegenden Fehler, wenn er die Bedeutung des Geltungssinnes unserer einsichtsbezogenen moralischen Urteile z. B. über Menschenwürde und interpersonale Achtung selbst für fraglos verfügbar und analytisch durchsichtig hält. Eine solche unerschütterliche Selbstgewißheit hinsichtlich des Geltungssinnes der eurozentrischen praktischen Vernunfttradition kann angesichts der konstitutiven Alterität menschlicher Lebensformen und tiefgreifender kultureller Differenzen nicht unproblematisch in Anspruch genommen werden. Praktische Einsichten gehören uns nicht wie ein Besitz – weder in Gestalt unserer besten moralphilosophischen Traditionen noch nach einer rationalen Rekonstruktion mit den Bordmitteln eines

10 Vgl. D. Davidson, *Wahrheit und Interpretation*, Frankfurt am Main: Suhrkamp 1990.

11 Krämer, a.a.O. (Anm. 8), S. 85.

transzendentalen Letztbegründungsprogramms. Bereits ein kurzer Rückblick in die Geschichte des christlichen Abendlandes und der europäisch-amerikanischen Zivilisation zeigt, welche Ungeheuerlichkeiten mit gutem Gewissen und im guten Glauben an den Fortschritt im Bewußtsein der Freiheit und Moral angerichtet wurden: Sklaverei, Kolonisation, westlicher Imperialismus und Sowjetimperialismus.

Die Sprache der Moral hat einen Lebensformbezug. Wir sind auf ein ethisches Selbstverständnis angewiesen, können uns nicht davon dispensieren. Denn wir müssen – unvertretbar durch andere – jeweils selbst moralisch urteilen. Das können wir nur in der Gegenwart und nur gemeinsam mit Anderen. Auch ich muß mir selbst – in der jeweiligen Situation – mit Blick auf die Zukunft ein Urteil bilden. Welches Urteil es ist, das kann ich vorab nicht antizipieren, und keine vorab objektivistisch oder formal festgelegte praktische Sprach- oder Handlungsregel nimmt mir dies ab. So sehe ich z. B. Kurzformeln wie dem Kategorischen Imperativ oder der Tugendhatschen Formel »Instrumentalisiere niemanden!« nicht an, was sie in den komplexen Handlungssituationen des Lebens jeweils bedeuten, insbesondere dann nicht, wenn ich aus verschiedenen strategischen, pragmatischen Gründen Mitmenschen instrumentalisieren muß, oder, wenn ich nicht entscheiden kann, ob eine Handlung ein Fall von »Instrumentalisierung« ist. Die bekannten Formeln und Regeln der Universalisierung stehen nicht am Anfang unserer moralischen Praxis und begründen diese, sondern sie stehen am Ende eines langen Erfahrungsprozesses mit moralischen Orientierungsbemühungen, ihrem Scheitern, ihren Grenzen, ihren Schwierigkeiten. Die Kurzformeln funktionieren daher wie Merkposten zur Erinnerung an unsere komplexen praktischen Erfahrungen und Einsichten und liefern keineswegs »Begründungen«. Es gibt keinen allen Moralauffassungen einheitlichen Bezug auf ein kurz formulierbares Moralprinzip, das eine universale oder gar harmonische Handlungs-, Diskurs- oder Kulturgemeinschaft artikulieren würde oder zur Folge haben könnte oder auch nur als ein die jeweilige Kulturgemeinschaft einendes zielsetzendes Prinzip unterstellt werden kann.

Ein über seine Situiertheit aufgeklärter Universalismus muß daher auch die strukturelle Ungesichertheit und Offenheit der Ebene moralischer Einsichten in seine kritische Selbstreflexion aufneh-

men. Gerade diese Ungesichertheit und Offenheit der Einsichtsebene liefert wichtige Argumente gegen einen Dogmatismus wie auch gegen einen Subjektivismus des Normativen.
Welche praktische Bedeutung der Rede von der Achtung der Anderen z. B. in der Interaktion mit fremden Kulturen und Lebensformen konkret jeweils zukommt, das können wir keinem abgeschlossenen, fertigen eurozentrischen Diskurs entnehmen. Ein solches Diskursergebnis steht nirgendwo bereit. Im Gegenteil: Möglicherweise wenden sich unsere praktischen Einsichten über Menschenwürde und Freiheit und ihr offenes, innovatorisches Potential bei genauerem Hinsehen und bei hinlänglicher kritischer Selbstreflexion gegen liebgewordene westliche, mitteleuropäische Überzeugungen und etablierte Moralverständnisse selbst. Es wäre ein verhängnisvoller Fehler praktisch-philosophischer Reflexion, würde man die für die Erläuterung der universalistischen Moral wesentlichen praktischen Einsichten für sich oder auch für eine geographisch lokalisierbare Weltgegend als eine Art Privatbesitz reklamieren. Der praktisch vertretene kulturelle Relativismus grenzt das kulturell Andere als das völlig Andere und Fremde aus und versteht es nicht, weil er im Grunde die eigene Kultur selbst nicht versteht.
Demgegenüber besteht die negative praktische Grund-Einsicht eines kritisch-hermeneutischen Universalismus, der ihm den Vorzug vor Gewalt und Dogmatismus gibt, darin, daß niemand den Besitz praktischer Wahrheit für sich reklamieren kann.
Dezisionistisch argumentierende Gegner des normativen Universalismus haben immer wieder darauf hingewiesen, daß sehr bald pragmatische Bedingungen das Ende vernünftiger Beratung von außen erzwingen, daß dann ohnehin gehandelt werden müsse. Das hier entwickelte Selbstanwendungsargument hat mit dieser vordergründigen und äußerlichen Sicht auf Vernunftansprüche nichts zu tun. Das Argument kritisiert relativistische Vorstellungen gerade auf dem Wege des Ernstnehmens der ethischen Geltungsansprüche und ihrer internen, begrifflichen Konstitution: Was »Achtung«, »Solidarität« und »Autonomie« in konkreten Bezugssituationen jeweils bedeuten, das steht nicht objektivistisch, dogmatisch und kanonisch fest. Wir werden niemals technisch über praktische, einsichtsbezogene Bedeutungen verfügen. Und diese negative Einsicht gewinnen wir gerade dann, wenn wir den praktischen Geltungssinn ernst nehmen, ihn nicht für einfach vorge-

geben halten. Einsichtsbezogene Universalität ist erst recht nicht als empirische Verallgemeinerbarkeit zu interpretieren. Die Ethik unterliegt nicht den Kategorien der Quantifizierbarkeit.

Recht verstanden muß der praktische Sinn moralkonstitutiver Geltungen sich immer auch *gegen unsere eigenen Vorurteile*, z. B. die der westlichen Tradition, richten können. Ein hermeneutischer Universalismus wird in seinen praktischen Konsequenzen daran beurteilbar, ob er kulturelle Alterität und Differenz freizusetzen und sinnvoll zu bewältigen in der Lage ist. Er funktioniert nicht primär präskriptiv, sondern als Krisenbewältigungsreflexion. Insbesondere muß sein praktischer Geltungssinn sich ideologiekritisch gegen die eigenen Überzeugungen einsetzen lassen: Ist es doch keineswegs ausgemacht, ob das vielfach formal und prozedural sich erschöpfende westliche Recht- und Moralverständnis nicht faktisch oftmals wie ein zweifelhafter Legitimationsmythos funktionierte, unter dessen Abschirmung sich brutale Repressions- und Ausbeutungsprozesse in der übrigen Welt vollziehen konnten – nicht unähnlich der Bedeutung des Christentums und seiner liturgischen und sakramentalen Prozeduralität für die Kolonialisierung der Erde. Anders gesagt: *Der Universalismus ist so wenig relativierbar, daß sein Geltungssinn auch auf die kulturellen und geschichtlichen Traditionen kritisch zurückwirkt, denen seine vorläufige, nicht abgeschlossene begriffliche Reflexion entstammt.* Der Relativismus ist nicht kritisch genug; er weiß zuviel. Sowohl als Theorie der Lebensformen als auch als praktische Einstellung entspringt er einer hybriden Selbstüberschätzung der eigenen Erkenntnis- und Einsichtsmöglichkeiten. Das Selbstanwendungsargument besagt daher: Ein flächendeckendes Urteil über den ethischen Universalismus im Sinne seines relativistischen Verhältnisses zu anderen Sinntraditionen steht bei genauer Betrachtung nicht zur Verfügung. Wir sind seines Geltungssinnes nicht auf diese Weise gewiß, gerade wenn wir Selbsterkenntnis und praktische Vernunft nicht trennen.[12]

12 In seiner Kritik an Rorty hat F. Kambartel einen ähnlichen Gedanken prägnant formuliert: »Diejenigen, die ihr eigenes und das gesellschaftliche Leben bereits in einer aufgeklärten Perspektive begreifen, können (...) ihre Praxis und deren argumentative Vorbereitung nicht als Anwendung eines *abgeschlossenen* aufgeklärten Wissens verstehen, welches dem außenstehenden »Unwissenden« lediglich geeignet zu *vermitteln* wäre. Entsprechend ist auch die verständigungsorientierte Aus-

Der Anspruch eines moralischen Relativismus läßt sich auch mit einem weiteren Argument bestreiten. In Abwandlung eines Gedankens von Quine lautet seine Ausgangsthese: Alterität und Differenz, die sehr verständlicherweise den Anlaß für relativistische Positionen geben, bestehen nicht erst zwischen einander fremden Kulturen und Zivilisationen, sondern sie beginnen bereits zu Hause.[13] *Das Problem des Verstehens alteritären Lebens beginnt schon im vertrauten Nahbereich sozialer Interaktion, ja sogar schon hinsichtlich des eigenen Lebens und eines geklärten Selbstverständnisses.* Man würde die Tragweite dieser interexistentiellen Differenz z. B. in Familien, zwischen nahen Partnern und langjährigen Vertrauten auf oberflächliche Weise verkennen, wenn man moralisch durchschlagende, gravierende Alterität erst bei fremden Kulturen beginnen ließe.

Denken wir nur an unseren uns vermeintlich vertrauten, individuellen Nahbereich. Kannte man (vielleicht) seine Großeltern noch gut, sprach und lebte etliche Jahre mit ihnen, so wird doch die intergenerationelle Differenz im Welt- und Selbstverständnis auch in der eigenen Kultur nicht geringer. Sie wird gesteigert durch das Tempo des sozialen und kulturellen Wandels in den letzten 150 Jahren, durch die beispiellose Dynamik der technischen Innovationsschübe und die Prozesse der sozialen Differenzierung und Individualisierung. Entscheidend aber ist der strukturelle Befund der Entfernung und des Abstands: Was haben die jetzt Alten in ihrer Jugend wahrgenommen? Welche Rolle spielte das, was ihnen gewiß und selbstverständlich war, in ihrem Leben? Schon in die Generation der Urgroßeltern reicht das Familiengedächtnis normalerweise nicht oder kaum, vielleicht mit zwei Anekdoten zurück. Die Lebensformen und Denkweisen z. B. des Wilhelminis-

einandersetzung zwischen den Kulturen nicht eine gewissermaßen nachträgliche Aufgabe »aufgeklärter« Gesellschaften. Sie ist Teil der in die Aufklärung eingearbeiteten Aufklärung der Aufklärung« (F. Kambartel, »Universalität, richtig verstanden. Bemerkungen zu Rortys verwirrendem Umgang mit Wahrheits- und Geltungsansprüchen«, in: *Deutsche Zt. f. Philosophie*, Berlin 44 (1996) 2, S. 249-254, dort S. 254). Auch die Kritik Putnams an Rorty zielt in eine ähnliche Richtung.

13 Vgl. W. V. O. Quine, *Ontologische Relativität und andere Schriften*, Stuttgart: Reclam 1975.

mus und des Militarismus erscheinen uns heute fremd, das verbreitete Duellwesen bizarr wie westafrikanische Zauberrituale. In der synchronen Perspektive des Lebens in westlichen Metropolen sehen wir kirchlich-fromme Gemeindemitglieder neben Punks und lifestyle-orientierten Bankangestellten, eine Vielzahl sektiererischer Bewegungen, stark individualistisch orientierte Singles neben Großfamilien, Esoteriker und Satanisten neben der akademischen Intelligenz, Habermas neben Scientology. Die Lebenswirklichkeiten dieser Milieus weisen gravierende Fremdheiten auf, auch, wenn sie im selben U-Bahn-Wagen fahren. Wir müssen daher bereits deskriptiv-phänomenologisch von einer unsere eigene Gesellschaft tiefgreifend prägenden *interpersonalen Alterität und Ferne, Fremdheit und Asymmetrie* ausgehen, und zwar bei *großer räumlicher Nähe* der skizzierten Milieus und Habitusformen.

Noch weiter können wir den »Relativismus« deskriptiv radikalisieren, wenn wir an die eigene Lebensgeschichte denken. Wer war ich z. B. als zwölfjähriger Schüler – in meinem Fall im Jahre 1966? Was geschah in diesem Jahr, was habe ich – wie – wahrgenommen? Ich weiß davon sehr wenig. Aus Erzählungen, Fotografien, alten Schulheften und Zeugnissen kann ich nach und nach spärliche Fetzen eines kohärenten Bildes gewinnen, die im Mißverhältnis zur Komplexität und Fülle eines Lebensjahres stehen. Sehe ich noch weiter zurück in meinem Leben, in seine Anfänge in den fünfziger Jahren, so wird die sehr spärliche bewußte Erinnerung durch einige Schwarzweißaufnahmen überlagert, durch rudimentäre, oft nur sehr unsichere Kenntnisse über Vorfälle und Begebenheiten, von denen ich nicht weiß, ob sie eigener Erinnerung oder den Erzählungen der Eltern und Großeltern entstammen. Ich weiß nicht mehr, wie ich die Welt damals wahrnahm, wie es war, »ich« zu sein. Vielmehr wird die Erinnerung geprägt bzw. verdeckt von gängigen Standardbildern der fünziger und frühen sechziger Jahre (die Mode, die Autos, Ludwig Erhard, die typischen Schlager, ein allgemeines »Klima«) – durch äußerliche und oberflächliche Phänomene.

Die Erkenntnis des Konkreten und Individuellen ist also auch mikrostrukturell von Alterität und Differenz geprägt. Phasen meiner Biographie liegen mir nicht minder fern als fremde kulturelle Kontexte, wenn auch auf andere Weise. Zur *interpersonalen* tritt die *intrapersonale* hermeneutische Differenz. Wo wollen wir angesichts dieser Befunde den eigentlichen, makrostrukturellen Relativismus der Moral und der Lebensformen eigentlich beginnen lassen?

Die *Gebrochenheit und Partialität unserer Verständnisse* der eigenen Kultur und Lebensform wird durch zusätzliche Faktoren noch gesteigert: durch die ökonomischen, politischen, sexuellen und generationellen Differenzen zwischen Besitzenden und Lohnabhängigen, Führungseliten und Durchschnittsbürgern, Frauen und Männern, Jungen und Alten, Kranken und Gesunden. Sie wird gesteigert durch erhebliche Wissensdifferenzen. Noch definitiver als durch diese Bedingungen, angesichts derer zumindest eine gewisse Möglichkeit besteht, sich in die Anderen hineinzuversetzen bzw. mit ihnen zu kommunizieren, wird die prinzipielle wechselseitige Entzogenheit und Verdecktheit interpersonalen Lebens durch Geburt und Tod vorgezeichnet. Die Toten können sich, ebenso wie die noch nicht Geborenen, gegen unsere Deutungen ihrer Absichten nicht mehr oder noch nicht wehren. Sie können nichts mehr sagen: Die entscheidenden dialogischen Möglichkeiten der Rückfrage und der Stellungnahme, der Korrektur und der kommunikativen Klärung und Präzisierung sind ein für allemal verschlossen. Auch »ich selbst« als zwölfjähriger Schüler kann nichts mehr sagen, so wenig wie frühere (oder spätere) Generationen. Die meisten der Betroffenen sind meistens abwesend. Die verbreitetste Form der menschlichen Existenz ist nicht das Dasein, sondern das Wegsein bzw. das Nichtsein, Abwesenheit und Inexistenz. Wir können festhalten: Konstitutive Alterität beginnt bereits sehr bald, hier und jetzt. Unser Verstehen ist perspektivisch, selektiv, fragil und unterliegt Verdeckungstendenzen, die es meist in relevanten Fällen erst mühevoll wegzuarbeiten gilt. Ferne, Unbekanntheit und Verborgenheit, kurz interexistentielle Differenz und Fremdheit sind gerade bei großer Nähe zwischen Menschen in die psychische Struktur der Individuen und auch in die zeitliche Distanz zur eigenen Lebensgeschichte tief eingearbeitet. Diese Differenzen prägen auch im moralrelevanten Sinne die Konstitution unserer gesellschaftlichen Lebenspraxis hier und jetzt. So zeigt sich bei näherer Betrachtung, daß z. B. ethnologisch-kulturelle und religiöse Differenzen im Verstehen und Handeln nur eine auf den ersten Blick leicht erkennbare Variante der Differenzen darstellen, die menschliche Lebensverhältnisse (und ihr angemessenes Verständnis) ohnehin durchgängig prägen. Auch das Leiden am Nicht-Verstehen ist nicht nur ein interkulturelles Makro-Phänomen. Haben wir es nicht zu Hause kennengelernt, dann werden wir es auch in geographischer Ferne nicht begreifen. Zugespitzt lautet das Radikalisierungsargument gegen einen moralischen Relativismus: Was der Relativismus meint (aber falsch ausdrückt), ist so wahr, daß man moralphilosophisch durch ihn kürzen kann.

4. Der Grund der Differenz: Singuläre Totalität in der Endlichkeit

Sowohl das Selbstanwendungsargument als auch das Radikalisierungsargument zeigen, daß hinter dem theoretischen wie praktischen Relativismus zu einfache Vorstellungen von unseren praktischen Lebenssituationen stehen. In diesen Situationen sind Ferne, Fremdheit und wechselseitige Entzogenheit, Modi der Verdecktheit, Abwesenheit und Unverfügbarkeit durchgängig prägend und konstitutiv. Ein Humanismus der Alterität und eine moralische und sittliche Kultur der Differenz – mit Adorno: des Nicht-Identischen – muß daher bereits im Nahbereich beginnen, weil sie sonst nie beginnt. Der ethische Universalismus ist nur dann kein relativistisch depotenzierbares ideologisches Konstrukt, wenn er sich als ein Universalismus der Differenzen begreift, der selbst nur kontextualisiert, in einer konkreten kulturellen Praxis möglich ist. Und er ist nur dann kein bloßes idealistisches Konstrukt eines normativistischen Präskriptivismus – des bloßen Sollens im bloß Idealen –, wenn er sich und seine Kategorien der kritischen Selbstreflexion aussetzt. Diese Kategorien unterliegen der innovativen Interpretation ihres Verständnisses, und die praktische Selbsterkenntnis sich moralisch verstehender Personen ist nicht abschließbar.

Es sind also gerade *sinnkriteriale Gesichtspunkte* eines genaueren Verständnisses des ethischen Universalismus, die nach einem Differenzbewußtsein verlangen lassen. Dieses Bewußtsein soll dazu dienen, der interexistentiellen Negativität, Verdecktheit und Unverfügbarkeit praktisch gerecht zu werden. Ich möchte im folgenden einige Elemente dieses Differenzbewußtseins im Kontext des Universalismus aufzeigen und dann fragen, welche *lebenspraktische Form* die normativen Implikationen dieses Bewußtseins gewinnen können.

Wesentliches Element eines Verstehens des Fremden und Anderen ist das Bewußtsein seiner Einmaligkeit und irreduziblen Ganzheit, seiner singulären Totalität.[14] Ein universalistisches Bewußtsein kultureller Differenzen auf allen Ebenen der Interaktion lebt von der Einsicht, daß bereits jeder menschliche Existenzvollzug eine zeitlich-endliche Bewegung der Individuation, des Selbstentwurfs und der Selbstwerdung ist. Im Medium dieses zeitlichen Sich-Verendlichen-Müssens vollzieht sich die menschliche Individuation. Die jeweilige Individuiertheit dieser Praxis ist nicht objektivistisch verfügbar, sondern bleibt in ihrer Ganzheit entzogen und unverfügbar. Die für Menschen stets bestehende Notwendigkeit, sich eine sich verendlichende, konkrete Gestalt ihrer selbst zu geben, läßt sich als faktisches anthropologisches Fundament der humanen und kulturellen Differenzphänomene begreifen.

Anders gesagt: Wir bewegen uns auch mit unseren allgemeinen, alltäglichen, theoretischen und ethischen Urteilen und Begriffen in einer Welt konkreter, singulärer Totalitäten, die letztlich begrifflich irreduzibel und »unsagbar« (ineffabile) sind – aber nicht im Sinne eines »Dings an sich«. Die uns »nächste« singuläre Totalität sind wir jeweils selbst. Das Leben zwingt uns, ihm eine *bestimmte Gestalt und Interpretation* zu geben, eine individuelle und kulturelle Konfiguration unserer selbst. Die umfassende Tätigkeit der Gestaltgebung kann als je individuierte menschliche Kultur bezeichnet werden. Von Beginn an, faktisch und unaufhebbar, individuell und sozial, sind wir diskrete, leiblich verfaßte Wesen mit dem Zug der Einmaligkeit, einer zunächst faktisch konstatierbaren Unaustauschbarkeit und Unverwechselbarkeit. Die Menschen sind in ihrem Leben immer an der Gestaltung der einmaligen Ganzheit, die sie faktisch schon sind, praktisch tätig: Ihr Leben ist die Gestaltgebung und Gestaltwerdung singulärer Totalität – ob sie wollen oder nicht. Die Gestaltwerdung kulturellen Lebens vollzieht sich dabei in der Form einer Dialektik von Singularität und Totalität, indem einerseits die konkreten Sinnentwürfe in den einzelnen Lebenssituationen Bewegungen auch des ganzen Lebens sind und ihren Sinn mit Bezug auf diese Totalität gewinnen oder verlieren, und indem andererseits dieser Rahmen der Totalität immer durch die einzelnen, singulären Sinnentwürfe in den lo-

14 Vgl. zu den folgenden Analysen: Th. Rentsch, *Die Konstitution der Moralität*, a.a.O. (Anm. 3), § 9 f.

kalen Situationen qualifiziert wird. Erst durch diese Dialektik der singulären Totalität bildet sich die uneinholbare Weltgestalt einmaligen menschlichen Lebens als konkrete kulturelle Lebensform aus. Die Gleichursprünglichkeit von Singularität und Totalität besagt, daß die Ganzheit kulturellen Lebens nie außerhalb von singulären Situationen erfaßbar ist, und wiederum, daß diese singulären Situationen sich näher und letztlich nur in der Perspektive der Totalität begreifen lassen.

Die individuellen Ganzheiten (Gestalten) kulturellen menschlichen Lebens bilden sich gemäß der Dialektik von Einmaligkeit und Ganzheit in den Wandlungen des Lebens. Dieser weitere anthropologische Grund des Differenzbewußtseins besagt, daß wir uns als dieselben im wesentlichen während und nach entscheidenden, nachdrücklich erfahrenen Veränderungen unseres Lebens erfahren. Insbesondere, weil wir von wichtigen Wandlungen unserer selbst – der singulären Totalität unseres Lebens – wissen, und indem wir uns wiederum zu ihnen verhalten, erhält die Gestalt des Lebens ihre Unverkennbarkeit. Die individuellen Veränderungen sind gleichzeitig ein Weltwandel. Ein Blick auf die faktische condition humaine und ihre natürliche Gliederung in Kindheit und Jugend, Reife und Erwachsensein, Alter und Tod macht dies bereits deutlich: Die singuläre Totalität wird – individuell und soziokulturell – in den Weisen des Sichtwandels des sinnerfahrenden Lebens erfahrbar.

Anthropologisch zeigt sich mithin der ermöglichende Grund des kulturgründenden Differenzbewußtseins nicht nur darin, daß sich menschliches Leben in seiner einmaligen Ganzheit als praktischer Sinnentwurf mit spezifischen Erfüllungsrichtungen, also handelnd verendlicht und individuiert, sondern auch darin, daß Menschen Wesen sind, die zu grundlegendem Wandel der Sicht und damit zu praktischen Einsichten fähig sind. Diese grundsätzlich dialektisch-hermeneutische Verfaßtheit der condition humaine scheint mir das lebensweltliche Fundament höherstufiger Formen interpersonalen Verstehens zu sein, z. B. auch der Kultur- und Geisteswissenschaften, wenn wir sie auf die individuellen Ganzheiten des Lebens beziehen.

Der anthropologische Grund des universalen Bewußtseins komplexer kultureller Differenz: die Entfaltung der menschlichen Welt und Praxis in geschichtlichen, singulären Ganzheiten, ist gleichzeitig Grund der näheren Bestimmung ihrer praktischen Relevanz.

Denn die Erkenntnis des Individuellen und der Komplexität der Differenzen, in denen es sich auseinanderlegt, führt auf den Grund der Dignität einer sittlichen Welt. Das Begreifen der internen Komplexität des Individuellen kann als ein wesentlicher Aspekt ethisch relevanter hermeneutischer Aufklärung angesehen werden.

Sie läßt sich als die interne Tiefe und Unausschöpfbarkeit der Subjektivität, die unauslotbare Komplexität der endlichen Individualität begreifen. Für Hegel war sie das säkularisierte Paradigma der Transzendenz in der Immanenz. Hegel sah mit Jean Paul den griechischen Kosmos in die Innerlichkeit der menschlichen Selbsterfahrung zusammengebrochen; er glaubte, daß der wahre Sinn der christlichen Theologie die Entdeckung dieses unendlichen Wertes des Individuums sei.

Es scheint mir möglich, den praktisch-anthropologischen Sinn singulärer Totalität authentisch und universalistisch in seinen genuin ethischen Dimensionen zu bestimmen. Es lassen sich Modi der Unaustauschbarkeit, der Asymmetrie, der Alterität und der Negativität differenzieren. Sie alle lassen sich nur auf dem Hintergrund konstitutiver Gemeinsamkeit (Intersubjektivität, Interexistentialität) erschöpfend verstehen.

Die singuläre Totalität der einzelnen Individuen ist zunächst die Voraussetzung ethischer Authentie selbst. Wir sehen sie in der Unvertretbarkeit durch andere in den wesentlichen Vollzügen unserer Praxis.

Diese Unvertretbarkeit oder existentielle Unaustauschbarkeit ist die Voraussetzung dessen, was wir alltagssprachlich als den Ernst des Lebens bezeichnen. Auch die Reden von der Schwere und der Last, der Unbeschwertheit und Leichtigkeit des Lebens sind mit dieser Unvertretbarkeit (und mit der Zerbrechlichkeit und Gefährdetheit des Lebens, der existentiellen Fragilität) verbunden. Die singuläre Totalität menschlichen Lebens konstituiert diese Grundmöglichkeiten, und sie zeigen sich zeitlich in der Endgültigkeit und Unwiederbringlichkeit aller geschichtlich gelebten Sinnentwürfe. Moralisch konstitutiv ist die singuläre Totalität für Verantwortung und Schuld. Sie werden möglich, wenn ein einmaliges Leben nicht vertretbar und unaustauschbar es selbst sein und seine Sinnentwürfe praktizieren muß, und wenn dieses Leben als ganzes der Grund, der Urheber dieser Entwürfe ist. Nur so kann ein Mensch zur Rechenschaft gezogen werden. Die Praxis einer menschlichen Welt ist ohne die durch die einmalige Ganzheit des Lebens konstituierten Grundzüge der Verantwortung und der Schuld, wie immer sie sich geschichtlich ausprägen, unmöglich.

Voraussetzung ethischer Authentie ist zweitens die Unvertretbarkeit für andere; Individuen stellen mit ihren jeweiligen Besonderheiten und Differenzen, Fähigkeiten und Defiziten spezifische Erfüllungs- und Versagungsperspektiven für die anderen dar. Unvertretbarkeit für andere besteht jeweils in differenzierter Form während der Lebenszeiten, die sich gemäß den identitätskonstitutiven existentiellen Wandlungen ebenfalls modifizieren. Jeweils handelt es sich um Erfüllungs- und Versagungsperspektiven, bei denen es auf mich *als* Kind, *als* Sohn, *als* Tochter, *als* Vater, *als* Freund, *als* Lehrer, *als* Kranker oder Gesunder, *als* Erfahrener oder Unerfahrener, *als* Fremder und Vertrauter ankommt, auf etwas, das nur ich tun bzw. nicht tun kann. Wir stoßen hier auf die generationelle Asymmetrie und auf die Vielzahl der Modi, die sich der Differenziertheit der Unvertretbarkeit für andere verdanken.

Die singuläre Totalität des Lebens eröffnet drittens in praktischer Perspektive den Horizont der erfüllten Ganzheit des Lebens. In der menschlichen Kultur geht es im Kern um Entwürfe erfüllter, in sich komplexer Ganzheit. Diese sind lebensweltlich-alltäglich (Achtung und Würde, Anerkennung, Freundschaft und Liebe), sozial und politisch (Selbstbestimmung und Solidarität), ethisch, ästhetisch und religiös ausdifferenziert.

Die endlichen Individuationen sind durch unvermeidliche Asymmetrien und Alteritäten geprägt. Die sexuelle, generationelle, soziale, politische und wissensmäßige Ausdifferenzierung menschlicher Praxis erzeugt jeweils Konkretionen individueller Ganzheiten. Sie treten zusammen zur konstitutiven Alterität und Negativität in der Praxis, d. h. zur Ferne und Fremdheit der Menschen und der Völker, der Geschlechter, Generationen und Klassen, der geschichtlichen Zeiten und Kulturen.

Menschliches Leben muß jeweils faktisch in Raum und Zeit beginnen und kann nur so sich selbst bewußt und kultiviert werden. Das Individuationsprinzip gilt nicht nur für die einzelnen Individuen, sondern ebenso für Ethnien und ihre kulturelle Lebenswelt. Auch sie müssen sich im Vollzug ihrer Entfaltung verendlichen. Die diachrone Alterität zeigt sich im Blick auf frühere Lebensformen und Epochen, die synchrone zeigt sich im räumlichen nebeneinander ungleichzeitiger Kulturen. Die Ethnien *müssen* charakteristische Eigenstile und konkrete Sittlichkeiten ausbilden. Ihre Ferne, Fremdheit und Entzogenheit prägt – als interkulturelle Alterität – lediglich bei ganz oberflächlicher Betrachtung nur die Verhältnisse zwischen den Völkern und Kulturen in Raum und Zeit. Sie prägt vielmehr alle menschliche Gemeinsamkeit, ja das Selbstverhältnis jedes Menschen bereits intern.

Wir kommen dem Phänomen der singulären Totalität nur dann näher, wenn wir diese inter- und intrapersonelle Negativität anthropologisch als die wechselseitige Entzogenheit und Uneinholbarkeit der Individuen begreifen. Die dialektisch-hermeneutische Verfaßtheit der sich verendlichenden Praxis zeigt sich in dieser Negativität. Sie zeigt sich darin, daß Individuen nicht objektivierbar und in ihrem Wesen nicht instrumentalisierbar sind. Diese Nichtobjektivierbarkeit singulärer Totalität auf allen Ebenen zeigt sich z. B. auch in der Dialektik von Nähe und Ferne bei personalen Beziehungen: Je näher wir anderen Individuen im Verstehen und Leben kommen, je mehr wir von ihnen begreifen, je intensiver wir in die Komplexität ihrer internen Motivationen, Empfindungen und Interessen eindringen, desto autonomer und eigenständiger können sie uns erscheinen, desto entzogener sind sie vorschnellen Urteilen und Wertungen, desto inkommensurabler vordergründiger Vereinnahmung durch unsere Begriffe und Deutungen.

Die reziproke Entzogenheit und interne Tiefe und Ferne der Individuen – Hegels innere Unendlichkeit der Individuen als deren unendlicher Wert – ist ein wesentlicher Aspekt dessen, was wir Würde nennen. Sie ermöglicht und eröffnet überhaupt erst – in der Theorie wie in der Praxis – interpersonelle Transparenz und eine Ethik der Differenz, die Erkenntnis der uneinholbaren Dignität des Individuellen.

5. Für eine Kultur der Differenz

Eine Kultur der Differenz muß näherhin als universalistisches Differenzbewußtsein von der internen Autonomie und Dignität individueller Ganzheiten bestimmt werden, als Bewußtsein der singulären Totalität des menschlichen und kulturellen Lebens in den Formen der unwiederholbaren Einmaligkeit der individuellen Existenz, der Unvertretbarkeit und Unaustauschbarkeit, der endlichen Endgültigkeit und Unwiederbringlichkeit, der konstitutiven Asymmetrie, Alterität und Negativität und der erfüllten Ganzheit.

Mit Blick auf die normativen Implikationen dieses Differenzbewußtseins lassen sich praktische kommunikative Lebensformen benennen, in denen es sich konkretisiert: ein universalistisches Ethos. Dieses Ethos kann als Vertrautmachen des Fremden, als Näherbringen des Fernen, als schonendes, schützendes Erfassen der Komplexität des Anderen bestimmt werden: *als Versuch der Selbsterkenntnis durch hermeneutische Sensibilisierung für interexistentielle Differenz*, für interexistentielle Asymmetrie, Alterität und Negativität – bereits im mikrosozialen Nahbereich.

Die konstitutive anthropologische Tatsache der Differenz, die nicht wegzubringende Tatsache der endlich-zeitlichen, wechselseitigen Entzogenheit der Individuen und individuellen Ganzheiten macht die Reflexion auf die methodischen Voraussetzungen der Achtung vor der Würde des Fremden, des Fernen und des Anderen unumgänglich, im Unterschied zur eigenen Kultur, aber auch kulturintern. Es geht in einer universalistischen Kultur der Differenz darum, die *ethischen* Möglichkeitsbedingungen des Verstehens und der deutenden Interaktion mit dem Fremden (xenos), ein Bewußtsein der *xenologischen Differenz* auszuarbeiten. Das Differenzbewußtsein muß sich, wenn es seine normativen Implikationen ernst nimmt, zu einem hermeneutischen Universalismus ausweiten, in dem die kulturelle Dignität des Fernen, Fremden und Anderen verstehenskonstitutiv ist. Dieser Universalismus muß methodisch reflektieren, daß die interne Komplexität der Individuen, der Lebensformen, der Lebensalter und der Kulturen unter dem Schutz der Negativität steht, er muß beachten, daß eine gewaltsame Vereinnahmung und repressive Deskription von Individualität *nach den jeweils nur eigenen Kriterien* mitsamt ihren praktischen und politischen Konsequenzen möglichst vermieden werden muß. Die Forderung nach hermeneutischer Sensibilisierung für zeitliche und räumliche kulturelle Differenz und unableitbare Individualität richtet sich gegen eine wissenschaftlich-technische Zivilisation, die zwar eine universalistische Ethik der Form ausbildete, deren faktische Praxis aber – mit dieser Form unvermittelt – auf beispiellose Weise eine weltgeschichtliche und planetarische Kolonisation aller ihr fremden Lebenswelten exekutierte und das Antlitz des Fremden und Anderen nur zu oft kulturterroristisch entstellte und auslöschte. Aber das Ethos der

Differenz ergibt sich bereits unabhängig von den faktischen Entwicklungen aus der moralkonstitutiven Aufgabe des Verstehens. Normativ besagt die Bestimmung dieses Ethos: Die Moralität muß vor der Individualität bestehen, vor der internen Komplexität der Personen wie der Kulturen – sonst wird sie repressiv. Genuin human sind kommunikative Selbstzwecke, die sich in nicht-instrumentalisierbarem Verstehen und Handeln erfüllen.

Entscheidend ist, daß die ethisch relevante hermeneutische Sensibilisierung sich eine *lebenspraktische* und eine *methodische* Form zu geben vermag. Diese Form entspricht in ihrer Zeitlichkeit der reflexiven Verlangsamung des zur Individuation immer schon notwendigen Verendlichungsprozesses. Wenn wir singuläre Totalitäten individueller, sprachlicher, kultureller Gestalt verstehen wollen, so ist dazu – im Alltag wie in den Wissenschaften – eine Verzögerung und Kontextualisierung erforderlich. Die Differenz zum individuell-totalen Gegenstand – sei es eine Person oder eine kulturelle Lebensäußerung – ist einerseits faktisch gegeben; sie muß andererseits praktisch selbst gestaltet und bewußt reflektiert werden. Dazu ist ein Innehalten, Verzögern und Kontextualisieren erforderlich. Aus dem der ekstatischen Verendlichung der Individuationsprozesse gegenläufigen methodischen Innehalten ergeben sich sehr konkret benennbare Tugenden, d. h. kommunikative Lebensformen und Einstellungen, die mit dem skizzierten Ethos verbunden sind, z. B. Verlangsamung, Mündlichkeit, Freundlichkeit, Besonnenheit, Sorgfalt, Behutsamkeit und Genauigkeit, Nachdenklichkeit und Geduld, Wohlinformiertheit und Bildung.

Um die Endlichkeit der sprachlichen und kulturellen Individuationen begreifend einzuholen, bedarf es zunächst einer Verlangsamung der Wahrnehmung, d. h. es bedarf des Einräumens von Zeit, die wir mit ihnen verbringen. Es bedarf ferner der Mündlichkeit und Wohlberatenheit des wirklichen Gesprächs, um Perspektiven der Deutung in ihrer Komplexität geltend zu machen.

Die Freundlichkeit meint keine kritiklose Einstellung, sondern das der Differenzen bewußte Entgegenkommen und das Sich-Einlassen auf Individualität. Es gibt, v. a. in den Kultur- und Geisteswissenschaften, bekannte Formen wissenschaftlicher Rationalität, der Forschung und Untersuchung, der Sammlung und des Studiums (philia, akribeia, epimeleia), die dieses Ethos ausbilden und kultivieren. Es erschöpft sich nicht im kontemplativ-antiquarischen Sinne eines Zusammenhangs von Theorie und Glück. Es impliziert die anamnetische Rettung geschichtlicher Individualität ebenso wie den Entwurf von Formen der Solidarität und der kommunikativen Transparenz im gemeinsamen Verstehen und der dadurch ermöglichten Kooperation im Kontext einer Praxis der Lebensverbesserung. Die interexistentielle Ferne, Verdecktheit und wechselseitige Entzogenheit der Individuen und Kulturen bleibt freilich bestehen; interexistentielle Differenz und Negativität sind nicht tilgbar, sie können nur im Hegelschen Sinne aufgehoben, in produktive neue Formen transformiert werden. Die Freude am Verstehen des Fernen, Fremden und Anderen ist bedroht durch das immer mögliche Scheitern des Verstehens; die Lust und die Neugier auf gelingende Kommunikation sind nur möglich im Wissen um den Schmerz des Verfehlens der Anderen; die Spannung von Gesprächssituationen lebt gerade von den vielen bekannten und den sehr vielen verdeckt bleibenden Facetten der interexistentiellen und interkulturellen Differenz; das Glück des gemeinsamen Entdeckens neuer Sinndimensionen im Verstehen wird von der Furcht vor Formen der Destruktion begleitet. Dieser Kontext praktischer Negativität muß dem selbstbewußten und selbstbestimmten Leben in einer Kultur der Differenz stets gegenwärtig sein. Nur so kann sie auch eine produktive Streit- und Konfliktkultur werden – diesseits von abstraktem Universalismus wie Relativismus und frei von harmonistischen Illusionen.

5. Unmöglichkeit und Selbsttranszendenz der Gerechtigkeit

Meine These ist, daß sich Gerechtigkeit nicht denken läßt, wenn sie nicht bereits gleichzeitig auf einen weiteren, sowohl hermeneutischen als auch moralischen Kontext hin überschritten wird.
Im folgenden möchte ich daher zunächst auf bestimmte grundlegende Schwierigkeiten beim Denken von Gerechtigkeit hinweisen. Es ergibt sich die Frage, wie Gerechtigkeit auf unterschiedliche Weise verunmöglicht wird. Aus den Formen der Unmöglichkeit begründe ich die Notwendigkeit, in Reflexion und Praxis die Gerechtigkeit zu überschreiten, zu transzendieren, zu kontextualisieren und zu relativieren.
Vorausgeschickt sei, daß ich Gerechtigkeit nicht als eine Eigenschaft einzelner Subjekte, sondern als eine soziale und kommunikative Form gemeinsamen Lebens, als intersubjektive Beziehung, als Relation, verstehe, im Sinne des Tätigkeitswortes »jemandem gerecht werden (durch/mit etwas)« bzw. – im negativen Fall – »jemandem (einer Gruppe) Unrecht tun«.

1. Vier Formen der Unmöglichkeit der Gerechtigkeit

Was besagt die Rede von der Unmöglichkeit der Gerechtigkeit? Ich möchte zu ihrer Erläuterung vier grundlegende Formen solcher Unmöglichkeit unterscheiden:
1. die Unmöglichkeit der Gerechtigkeit als Idee
2. die faktische Unmöglichkeit der Gerechtigkeit
3. die Unmöglichkeit der Gerechtigkeit im individuellen Nahbereich
4. die Unmöglichkeit der Gerechtigkeit im interkulturellen Fernbereich.

Erläutern wir diese Formen der Unmöglichkeit.

1. Gerechtigkeit wird unmöglich, wenn wir sie von einem idealen, unparteilichen Standpunkt der Universalität aus denken und so konstruieren und dann versuchen, diesen Standpunkt auf die kon-

krete, situative Beurteilung von Personen, sozialen Gruppen und ihren Handlungen anzuwenden. Wir wissen von einer solchen Perspektive der Unparteilichkeit, Unbetroffenheit, Neutralität und Allgemeinheit nicht, wie wir sie jeweils angesichts konkreter Fälle in konkreten Situationen einnehmen sollen. Die Universalisierungsgrundsätze und Verallgemeinerungsimperative, die – von Kant bis Apel, Habermas und Rawls – zu formulieren versucht worden sind, bleiben daher formal und leer. Sie fordern einen abstrakten, von allen besonderen Bestimmungen getilgten Nicht-Standpunkt, die leere und universale Form der Nicht-Betroffenheit. Sowohl angesichts konkreter inter-individueller Praxis als auch angesichts des sozialen und politischen Makrobereichs heißt, sich auf den Standpunkt *aller* bzw. der *Menschheit* zu stellen, sich auf gar keinen Standpunkt stellen. Das bedeutet: Die Verallgemeinerungsformeln und Universalisierungsgrundsätze, die *an alle* gerichtet sind, indizieren hier – wie auch der klassische Kategorische Imperativ – nicht mehr als das *Problem* einer gerechten Beurteilung; sie nehmen die leere Stelle ein, die durch eine konkrete Beurteilung auszufüllen ist.

Das gilt auch für die seit Platon und Aristoteles klassische alteuropäische Grundformel der Gerechtigkeit, *suum cuique* – Jedem das Seine. Dieses Rechtsprinzip ist gänzlich unbestimmt: *Weder* ist durch es das jeweils »Seine«, das dem Betroffenen rechtmäßig Zustehende, irgend benannt oder könnte benannt werden, *noch* ist eine Instanz angegeben, die jedem das jeweils Seine zumißt.

Ein weiteres Indiz für die von mir gemeinte Unmöglichkeit der Gerechtigkeit als Idee ist deren *Abdrängung in die Quantifizierung*. Seit Aristoteles und Thomas von Aquin ist es üblich, zur Erläuterung der Idee der Gerechtigkeit formale, näherhin mathematische Vorstellungen zu benutzen. Die ausgleichende Gerechtigkeit (iustitia commutativa) wird so über das Prinzip der formalen Gleichheit als arithmetisches Verhältnis interpretiert, die austeilende Gerechtigkeit (iustitia distributiva) entsprechend über die Gleichheit als geometrisch analoge Proportion. Die kommunikative, soziale, materiale und qualitative Aufgabe der Stiftung interexistentiell gerechter Verhältnisse zwischen individuellen Personen wird in den Bereich der Meßbarkeit und des Rechnens verschoben. Man muß sich klarmachen, was dies bedeutet: Inhaltlich qualifizierte Gerechtigkeit wird ja auf diese Weise bereits in den Verhältnissen *vorausgesetzt*, zwischen denen *dann* eine arithme-

tisch oder geometrisch errechenbare Gleichheit herstellbar scheint. Auch die Definition des Aristoteles: »Es ist Gerechtigkeit eine Tugend, durch die jeglicher das Seinige erhält und wie es das Gesetz angibt, Ungerechtigkeit dagegen ist es, wodurch einer fremdes Gut erhält und nicht nach dem Gesetz« (Rhet. 1, 9, 1366 b 9ff.) ist semantisch leer (»jeglicher das Seinige«) bzw. verweist lediglich legalistisch auf faktisch geltende Gesetze. Man sieht hier bereits in der antiken Reflexion eine ursprüngliche negative Dialektik von idealer Überbestimmung und quantifizierend-formaler bzw. legalistischer Unterbestimmung der Gerechtigkeit angelegt. Gerechtigkeit erscheint so zum einen als ungreifbare Idee, angesichts derer man auf faktische Gesetze verweist, und dann wird sie zur bloßen *Richtigkeit* bzw. *Billigkeit*; zum anderen erscheint sie als bloß formales Verhältnis, das *mathematisierbar* und *quantifizierbar*, rechnend beherrschbar vorgestellt wird. Das heißt: Entweder wissen wir nicht, wie wir die als bloße Idee überbestimmte Gerechtigkeit in konkreten Verhältnissen anwenden (verstehen) können – wie wir jeweils das Verhältnis von Bedeutung und Gebrauch präzisieren können –, oder wir quantifizieren oder legalisieren Gerechtigkeit durch ihre Unterbestimmung als formale Gleichheit oder Gesetzlichkeit.
Den Hintergrund dieser Dialektik von Idealität, Universalität, Formalität, entqualifizierter Gleichheit und Faktizität bildet die leitende Rahmenvorstellung einer vermeintlichen Reinheit egalitärer Verhältnisse, einer Vorstellung, die sich einer fiktiven, tendenziell illusionären Dekontextualisierung im Denken gerechter Verhältnisse verdankt. Die Reinheitsvorstellung zwingt uns zur Konstruktion einer fiktiven Perspektive *aller* (aller betroffenen Personen), die zur Perspektive von *niemandem* oder zur Perspektive entqualifizierter Gleichheit wird. Die Fokussierung der Gegenwartsdiskussion auf die Gerechtigkeit, isoliert von anderen Gesichtspunkten, führt deshalb auch in eine Sackgasse, da die Perspektive der Gerechtigkeit gerade als universaler Idee leer und somit im erörterten Sinne partial und verzerrend bleibt.

2. Die – ebenso triviale wie fundamentale – faktische Unmöglichkeit der Gerechtigkeit besteht in der untilgbaren Unterdrückungs-, Gewalt- und Schuldgeschichte der Menschheit. Vergangene Ungerechtigkeit an den jetzt Toten kann nicht »wiedergutgemacht«, sondern nur als solche erinnert werden. Anamnetische Solidarität

mit ihren Opfern ist die einzig mögliche moralisch gerechtfertigte Verhaltensweise ihr gegenüber. Die unabänderlich gewordene und ständig weiter unabänderlich werdende ungerechte Vergangenheit »lastet wie ein Alp auf den Lebenden« (Marx) und qualifiziert, auch und gerade in ihrem Verdrängt- und Vergessenwerden, fortwirkend die Gegenwart mit ihren Asymmetrien und Differenzen. Die Undurchschautheit und Unaufgeklärtheit dieses Schuld- und Unrechtszusammenhangs steigert gegenwärtiges Unrecht und dessen Unabänderlichkeit.

3. Die Unmöglichkeit der Gerechtigkeit im individuellen Nahbereich wird in den konkreten, individuierten Beurteilungssituationen sichtbar, in denen wir uns angesichts komplexer situativer Bedingungen fragen: Sehe und beurteile ich eine Person angemessen? Verstehe ich ihre Bedürfnisse und Interessen, Motive und Intentionen, ihre Geschichte und ihre Situation? Auch wenn wir nicht in der Perspektive einer Idee der Gerechtigkeit auf die konkreten Gegebenheiten blicken, und dann fragen, ob sie dieser Idee entsprechen, sehen und erfahren wir auf vielfältige Weise eklatante und subtilere Formen von Ungerechtigkeit in der Lebenspraxis. Erfahrbar wird, daß wir den konkreten Personen, Gruppen und Situationen nur allzuoft urteilend und handelnd nicht gerecht werden und vor allem aus vielen: technischen, pragmatischen, individuellen Gründen nicht gerecht werden können. Der *tiefere Grund* dieser Unmöglichkeit ist meines Erachtens gleichzeitig die Erklärung für die Entstehung der unter 1. erläuterten negativen Dialektik von Idealität und Quantifizierung bzw. Formalität und Legalismus. Er scheint mir letztlich in der internen Komplexität menschlicher Identität und Individualität zu liegen, und, damit verbunden, in der Knappheit unserer Zeit zum Urteilen und der Begrenztheit unserer Urteile. Hier berührt sich die Frage nach der Gerechtigkeit ganz eng mit der Frage nach der *Wahrheit*: Wir können, dies ist die grundsätzliche negativ-kritische Einsicht, uns und die Mitmenschen nicht gänzlich verstehen und nicht bis auf den Grund ihrer individuellen Existenz und ihrer sozialen Lebensform durchschauen – und es ist gut, wenn uns diese negative Einsicht bei unserem Urteilen leitet. Der Blick auf die Praxis zeigt die überaus große Schwierigkeit gerechter Urteile angesichts individueller, physischer, psychischer, sexueller, generationeller, ethnischer, intellektueller, sozialer, ideeller, religiöser und lebens-

formbezogener *Differenzen*. Die Komplexität und Differenziertheit der Praxis hat Züge struktureller Asymmetrie und Opazität, und die Bemühung um Gerechtigkeit zeigt bereits in »einfachen« Fällen, z. B. der Beurteilung eines Verbrechens, ihre ganze Gebrochenheit und Fehlbarkeit: in der Endlichkeit der Beurteilungsmöglichkeiten, in der ständigen Möglichkeit des Irrtums, in der Begrenztheit des Verstehens – kurz: in der *Negativität* der individuellen interpersonalen und sozialen Beziehungen, in der internen Tiefe, Ferne und gegenseitigen Entzogenheit der Individuen und ihrer Lebensformen. Bei der Beurteilung persönlicher Schuld angesichts von Verbrechen wird die nicht wegzubringende Negativität in die klassische Frage gefaßt: Wer kennt des Menschen Herz?, oder, bereits rhetorisch: Wer kennt schon des Menschen Herz. Das heißt, wie entwirren wir im nachhinein die oft kaum noch durchsichtigen Gemengelagen, aus denen sich das unrechte und ungerechte individuelle und gemeinsame Handeln ergibt? Der nur vermeintlich seltene Grenzfall der Tragik gehört zu dieser negativen Seite der Gerechtigkeit. Es war diese negativ-kritische Einsicht im Gewand theologischer Dogmatik, wenn behauptet wurde, nur Gott – und also vor allem kein Mensch – kenne das Herz des Menschen.
Gerade die komplizierteren Probleme des gerechten Urteilens angesichts individueller Verhältnisse zeigen, daß hier weder die Verteilungsgerechtigkeit, noch der allgemeine Ratschlag: Jedem das Seine, noch Verallgemeinerungsoperationen und Universalisierungsfiktionen, mit denen wir uns bemühen, den unbetroffenen »Standpunkt aller« einzunehmen, weiterhelfen. Sie helfen nicht weiter, weil sie entweder am Paradigma materieller Güter entwikkelt sind – und dann reichen sie nur so weit, wie kommunikative Verhältnisse reifiziert und quantifiziert werden können, oder, weil sie am Paradigma formalisierter, entqualifizierter Gleichheit orientiert sind – und dann reichen sie nur so weit, wie kommunikative Verhältnisse mit Begriffen formalisierter Egalität erfaßbar und interpretierbar sind. Für eine weitergehende, *hermeneutische* Reflexion der Gerechtigkeit müssen die Vorstellungen von ihr auf den kommunikativen individuellen und geschichtlichen, sozialen und politischen Kontext bezogen werden.

4. Die unaufhebbare Negativität der interindividuellen Differenzen im Nahbereich der sozialen Interaktion reproduziert und

steigert sich im Makrobereich der interkulturellen Differenzen. Die Tiefe, Ferne und wechselseitige Entzogenheit und Unauslotbarkeit individuellen Lebens ließ Goethe den Satz formulieren: *Individuum est ineffabile.* Er gilt gesteigert für ferne und fremde Kulturen. Es ist hier vor allem die Inkommensurabilität der internen Rationalität von *Lebensformen* für jede externe Beurteilungspraxis, die das Gerechtwerden erschwert und verhindert. Faktisch – und diese Tatsache verbindet die interkulturelle Ungerechtigkeit mit der unter 2. erläuterten – war es die westliche technische und kapitalistische Zivilisation, die im Wege des jahrhundertelangen Kolonialismus, Rassismus und Imperialismus die Erde nach ihrem Bild gewaltsam veränderte und dabei menschliche Kulturen, Lebensformen und Völker auslöschte. Man kann die universalistische, formalistische und quantifizierte Gerechtigkeitsvorstellung, insbesondere, wenn man sie im Kontext mit realer technischer und ökonomischer Macht sowie politischer und militärischer Gewalt betrachtet, angesichts dieser Zerstörung und Ausbeutung von Lebensformen als den sie ideologisch begleitenden Legitimationsmythos – den Mythos der entqualifizierten Gleichheit, des Rechtes der quantitativen Übermacht und der Wertlosigkeit traditionell bestimmten substantiellen Lebens – ansehen. Die faktische Kolonialisierung der Welt durch die europäischen Wissenschaften und Techniken im Verbund mit der Machtpolitik führte zur Vernichtung des Fernen, Fremden und Anderen, zur »Quantifizierung der lebensweltlichen Füllequalitäten« (Husserl) vor allem außereuropäischer (aber auch alteuropäischer) Kultur.

Die Unmöglichkeit der Gerechtigkeit im interkulturellen Fernbereich möchte ich noch an einem Beispiel präzisieren, das alle vier angesprochenen Ebenen: die ideelle, die faktische, die individuelle und die interkulturelle in sich vereinigt. Es handelt sich um *Sati*, den indischen Brauch der Witwenselbstverbrennung.[1] Sati wurde zwar 1829 durch die englischen Kolonialherren verboten. Aber es gibt seitdem immer wieder Bewegungen, die für die Wiedererlaubnis demonstrieren bzw. Sati praktizieren. Die interne existentielle und moralische Rationalität (Authentie) dieses aus europäischer Sicht horriblen Aktes wäre so beschrcibbar: Die Frau hat ihre Personalität und Menschenwürde so tief von ihrer ehelichen Bin-

1 Vgl. dazu auch den Aufsatz »Religiöse Vernunft: Kritik und Rekonstruktion« in diesem Band.

dung her verstanden und gelebt, die unverfügbare Präsenz des Anderen war so sehr verbunden mit ihrer eigenen Identität, daß der Tod ihres Partners ihr Leben sinnlos macht und faktisch ihre Identität zerbricht. Der rituelle Akt des Sati ist daher derjenige religiöse Akt, in dem sich ihre Personalität wieder herstellt und in dem sich ihr Leben erfüllt. Entsprechend stellt die administrative Verhinderung der rituellen Selbstverbrennung (sie ist nicht als »Selbstmord« zu verstehen) die gewaltsame Verweigerung dieser Erfüllung dar. An einem solchen Beispiel wird deutlich, daß im Falle der Kollision tief verwurzelter kultureller Lebensformen die entstehenden ungerechten Beurteilungen und Praxisformen weder durch eine Idee noch durch Formen des Universalismus, der Formalisierung oder Quantifizierung überwunden werden können.

II. Die hermeneutische und moralische Selbsttranszendenz der Gerechtigkeit

Angesichts der vierfach erläuterten ideellen, faktischen, individuellen und interkulturellen Unmöglichkeit, zu befriedigenden Formen der Gerechtigkeit im Sinne eines kommunikativen Gerecht-Werdens zu gelangen, ergibt sich nach meiner Auffassung die Notwendigkeit einer *Selbstüberschreitung* bzw. Selbstüberwindung der Gerechtigkeitsvorstellung, die ich als ihre *hermeneutische* bzw. *moralische Selbsttranszendenz* bezeichne.
Hinsichtlich untilgbaren Unrechts, ständig möglicher Verfehlung, der Vorläufigkeit allen Urteilens und der Gebrochenheit allen Rechts muß zunächst eine Sensibilisierung und Selbstrelativierung aller derjenigen erfolgen, die die *Macht zu urteilen* besitzen. Angesichts der materiellen Bedingtheit, der Endlichkeit, der Fragilität und kulturellen Kontingenz unserer situativen, kontextualisierten Urteilspraxis muß ein radikales hermeneutisches *Differenz- und Fehlbarkeitsbewußtsein* ausgebildet werden, ein selbstkritisches Bewußtsein der Fragilität der Gerechtigkeit auf allen Ebenen. Der transoperationale Überschuß im Begriff der Gerechtigkeit besteht in dem durch negativ-kritische Einsicht geschärften Bewußtsein des Unrechts, das in Irrtum, Fehlbarkeit und untilgbarer Differenz angelegt ist, und zwar so angelegt, daß formale und quantifizierende Modelle es nicht erreichen.

Die moralische Selbsttranszendenz angesichts der Negativität der Gerechtigkeit läßt sich juristisch mit dem klassischen Grundsatz: *In dubio pro reo* – im Zweifel für den Angeklagten – erläutern, theologisch mit den Begriffen der Gnade und der Vergebung. Aber gerade säkularisiert und philosophisch muß das radikale hermeneutische Differenzbewußtsein durch seine selbstkritische Stoßrichtung die Solidarität mit dem möglicherweise ungerecht Beurteilten, muß Mitleid, Verzeihen und Vergeben einschließen.

Um in der Konkretion der Praxis über die unverfügbare Idee und die leeren Formen hinauszugelangen, muß dem transoperationalen Überschuß der Gerechtigkeit im Denken *und* Handeln entsprochen werden. Gerechtigkeit wird erst praktikabel, wenn sie durch politische, soziale, moralische und individuelle Gesichtspunkte *kontextualisiert* wird. Sie wird praktikabel in der Bemühung um die Beseitigung des Unrechts im selbstkritischen Wissen um Irrtum, Fehlbarkeit, Schuld und untilgbare Differenz. In dieser Bemühung wird das egalitäre emanzipatorische Moment der Universalität nicht nur nicht preisgegeben, sondern allererst selbst sinnvoll verortbar, entsprechend dem Satz von Adorno, Gleichheit dürfe nicht Nivellierung und Unterschiedslosigkeit bedeuten, sondern die Chance, ohne Angst verschieden sein zu können. Gerechtigkeit ist keine Eigenschaft von Subjekten, Prinzipien oder Formeln, sondern ein dynamischer sozialer und geschichtlicher Prozeß kommunikativen gemeinsamen Lebens. Selbsttranszendenz der Gerechtigkeit kann dann heißen, in kommunikativen Modi des Zuhörens, Schenkens und Vergebens dem Fremden und Anderen gerecht zu werden.

6. Die Konstitution der Konstitution
Rechtsphilosophische Bemerkungen zur Legitimation des Grundgesetzes

> Es ist so schwer, den Anfang zu finden.
> Oder besser: Es ist schwer, am Anfang
> anzufangen. Und nicht versuchen,
> weiter zurückzugehen. (...)
> Ich will sagen: Wir verwenden Urteile
> als Prinzip(ien) des Urteilens.
>
> *Wittgenstein*

Kann man das Grundgesetz legitimieren?

Als Luther gefragt wurde, was Gott vor der Schöpfung getan habe, antwortete er, Gott sei an die Elbe gegangen und habe Ruten gepflückt, um diejenigen damit zu prügeln, die solche Fragen stellen.

Im Rahmen der Kopernikanischen Wende in Kants *Kritik der reinen Vernunft* schreibt das schöpferische, in diesem Sinne konstitutiv fungierende, transzendentale Subjekt der – vor dieser Tätigkeit des Subjekts noch ungeordneten, chaotischen, an sich unerkennbaren – Wirklichkeit die Gesetze vor. Der Grund dieser Fähigkeit zur spontanen Synthesis, zur Schematisierung und zur Setzung von Bedingungen der Möglichkeit der Erscheinungen ist nicht mehr weiter ableitbar, erklärbar, begründbar. Wo immer Kants Konstitutionstheorie im Bereich des Grundes dieser Fähigkeit zur Konstitution noch theoretische Aussagen zu machen versucht – über das Ding an sich, das Noumenon, die Welt vor der Konstitution, da können sie allenfalls negativ sein: Faktizität und Apriorität, Genesis und Geltung, *quaestio facti* und *quaestio iuris* sind dualistisch und dichotomisch geschieden.

Die Kantsche Transzendentalphilosophie der Konstitution ist juristisch geprägt. Vor dem Gerichtshof der Vernunft sollen Urteile gefällt werden, ein Gerichtsverfahren und Deduktionen finden statt. Auffällig ist nur, daß Richter und Angeklagter gerade nicht dualistisch und dichotomisch geschieden, sondern ein und dieselbe Person sind, wie Dorfrichter Adam in Kleists »Zerbrochnem

Krug«. Kleist gestaltete konsequent die Aporien menschlicher Selbstlegitimation und Selbstbegründung. So führt die Vernunft gegen sich selbst einen Prozeß, nach den von ihr selbst entworfenen Gesetzen, um sich selbst zu be- bzw. verurteilen.
Auch Münchhausen besitzt die Fähigkeit zur Selbstkonstitution: Er kann sich am eigenen Zopf aus dem Sumpf ziehen, weil dieses Können Teil seiner eigenen Lügengeschichte ist. Vom Witz solcher Paradoxien der Selbstkonstitution zeugt auch folgender Abschnitt aus Hegels *Rechtsphilosophie*:
»Eine andere Frage bietet sich leicht dar: wer die Verfassung machen soll. Diese Frage scheint deutlich, zeigt sich aber bei näherer Betrachtung sogleich sinnlos. Denn sie setzt voraus, daß keine Verfassung vorhanden, somit ein bloßer atomistischer Haufen von Individuen beisammen sei. Wie ein Haufen, ob durch sich oder andere, durch Güte, Gedanken oder Gewalt, zu einer Verfassung kommen würde, müßte ihm überlassen bleiben, denn mit einem Haufen hat es der Begriff nicht zu tun. – Setzt aber jene Frage schon eine vorhandene Verfassung voraus, so bedeutet das Machen nur eine Veränderung, und die Voraussetzung einer Verfassung enthält es unmittelbar selbst, daß die Veränderung nur auf verfassungsmäßigem Wege geschehen könne. – Überhaupt aber ist es schlechthin wesentlich, daß die Verfassung, obgleich in der Zeit hervorgegangen, nicht als ein Gemachtes angesehen werde; denn sie ist vielmehr das schlechthin an und für sich Seiende, das darum als das Göttliche und Beharrende und als über der Sphäre dessen, was gemacht wird, zu betrachten ist.«[1]
Der Befund ist strukturell dem theologischen und dem transzendentalphilosophischen ähnlich:

1. Was ›vorher‹ war, zu fragen, ist im Sinne eines Fragens nach den Sinnkriterien der Konstitution – »*sinnlos*«.
2. Was ›nachher‹ ist, geschieht *gemäß* den Kriterien der Verfassung.
3. Das heißt: Die Konstitution ist im Geltungssinne ›*unableitbar*‹. Entweder ist man ›außerhalb‹ des konstituierten Sinnes – dann gibt es keinen Sinn; oder man befindet sich ›innerhalb‹ des konstituierten Sinns – und dann gibt es Begründungen nur noch nach dessen Kriterien.

1 G. W. F. Hegel, *Grundlinien der Philosophie des Rechts oder Naturrecht und Staatswissenschaft im Grundrisse*, § 273 (letzter Absatz).

I.

Diese skizzierten Analogien von Schöpfungstheologie, Transzendentalphilosophie und rechtlichem Konstitutionalismus bilden für mich den Ausgangspunkt für einige kritische Bemerkungen zu bekannten Typen der Verfassungslegitimation bzw. spezifischer: der Legitimation des Grundgesetzes der Bundesrepublik Deutschland. Ich möchte mit diesen Überlegungen auf einige strukturelle, methodische Probleme solcher Legitimationsversuche hinweisen.[2]

Die Schwierigkeiten, die ich meine, und die ich kurz anhand von Legitimationstypen exemplarisch aufzeigen will, beruhen allesamt auf einer spezifischen Problematik, wie sie in den eingangs genannten Beispielen bereits sichtbar wird: Wir haben es jeweils mit der *Totalität einer Praxis* konstituierten und geltenden Sinnes zu tun, mit der *Totalität der Sinnbedingungen einer Praxis* – theologisch, philosophisch, juristisch –, von der nicht klar ist, was es heißen kann, sie ihrerseits noch einmal zu begründen, zu fundieren, zu legitimieren, da sie selbst die Legitimationsinstanz darstellt. Die nochmalige Begründung eines umfassenden Begründungsrahmens, der die Kriterien für Urteile formuliert, stößt auf erhebliche Schwierigkeiten. ›Gilt‹ die Verfassung aufgrund des Volkswillens oder kraft Übereinstimmung mit vorpositiven Instanzen? Welche Rechtfertigungsmodelle für den modernen Rechtsstaat und seine Prinzipien, z. B. für das Grundgesetz, lassen sich, der Art nach, überhaupt sinnvoll denken?

Es drohen Gefahren bei solchen Legitimationsversuchen, die man unter den Titel einer *negativen Dialektik von Faktizität und Normativität* stellen kann. Eine solche Gefahr sehe ich darin, daß die ›Legitimation‹ genannten Bemühungen den Geltungssinn eines Textes wie den des Grundgesetzes durch ihre sprachlichen Rekon-

2 Ich danke Winfried Brugger und den Teilnehmern der Tagung zur »Legitimation des Grundgesetzes«, die am 2.-4. 12. 1994 und am 13.-15. 1. 1995 im ZiF in Bielefeld stattfand. Die Diskussion der Referate und Beiträge u. a. von Robert Alexy, Winfried Brugger, Werner Becker, Heiner Bielefeldt, Ernst-Wolfgang Böckenförde, Eric Hilgendorf, Peter Koller, Ernst-Joachim Lampe, Hermann Klenner, Reinhard Mehring, Wolfgang Schild, Gerhard Sprenger, Gerd Roellecke, Thomas Würtenberger und Reinhold Zippelius hat mir wesentliche Anregungen gegeben. Vgl. Anm. 17 der Einführung dieses Bandes.

struktionsangebote unterlaufen und somit depotenzieren. Diese Gefahr wird klassisch bereits von den sogenannten ›schwarzen‹ Autoren des Bürgertums – Machiavelli, Bacon, Hobbes – repräsentiert. In seinem Text über *Die Einsamkeit Machiavellis* hat Louis Althusser die Eigenart dieses Denkens so geschildert: »Anstatt uns zu erzählen, der Staat sei ein Kind des Rechts und der Natur, spricht er darüber, wie ein Staat entstehen muß, um bestehen bleiben zu können – und um stark genug zu sein, um zum Staat einer Nation zu werden. Er spricht nicht die Sprache des Rechts, er spricht die Sprache der zur Staatsbildung unabdingbar notwendigen bewaffneten Macht; er spricht die Sprache der in den Anfängen des Staates notwendigen Gewalt, die Sprache einer Politik ohne Religion ..., die Sprache einer Politik, die zwar moralisch sein, aber auch die Fähigkeit besitzen muß, es nicht zu sein, einer Politik, die zwar den Haß zurückweisen, aber doch zugleich Furcht einflößen muß ...«[3]
Es handelt sich um klassische kategoriale Unterbestimmungen in den Begründungen von Gesellschaftsverfassungsordnungen, die unterdessen so üblich geworden sind, daß man sich weithin an sie gewöhnt hat. Sie prägen die sprachlichen Zurechtstellungen, die das Recht als normative Grundlage unseres Gemeinwesens z. B. im kategorialen Rahmen der *Systemtheorie* und des soziologischen *Funktionalismus* erfährt. Nun denke ich, daß es eine Vielzahl gelungener Beschreibungen des Funktionierens unseres Rechtssystems gibt, und damit auch von dessen Zentrum, dem Grundgesetz. Durch eine Außen- bzw. Beobachterperspektive läßt sich dieses Funktionieren vielleicht soweit distanzieren, daß es bei hinreichender Entfernung wie das Funktionieren eines großen Organismus (eines »Leviathan« oder eines »Behemoth«) oder eines technischen Apparats, einer Maschine, erscheint. Gesellschaftliche Konflikte zwischen Menschen und ihren Bedürfnissen und Interessen lassen sich dann als technische »Steuerungsprobleme« eines solchen Apparats auffassen. Die Maschinenvorstellung gestattet es scheinbar auch, normative Beurteilungsprobleme gesellschaftlicher und rechtlicher Ziele und Zwecke auf der Ebene eines auf *Sozialtechnologie* reduzierten administrativen Politikverständnisses auszublenden. Indessen: Weder das Grundgesetz, noch

3 L. Althusser, *Die Einsamkeit Machiavellis*, Schriften Bd. 2, Berlin: Argument 1987, S. 24.

Staat und Gesellschaft der Bundesrepublik Deutschland sollten und können, so meine ich, funktional als Maschinen (oder gar als große Tiere) begriffen werden. Ein sprachliches Scharnier, das zu solchen bildlichen Hilfskonstruktionen und Denkmodellen dient, ist die äußerst vage Rede von der ›Komplexität‹. Aber jeder Mensch ist bereits ›komplex‹, und wir können zwar Teile seines Organismus naturwissenschaftlich beschreiben, einen Menschen in seiner Ganzheit – als autonome Person in der Totalität seiner Praxis – aber nicht als komplexe Maschine oder als sich selbst steuernden ›Apparat‹ begreifen. Die Gesellschaft, der Staat und das Recht sind ein Handlungszusammenhang von Menschen, die bedürftig, aber auch sprach- und vernunftbegabt sind. Sich Gesellschaften oder ihre ›Teilsysteme‹ als Maschinen oder als große Tiere vorzustellen, hat allerdings eine große mythische und dichterisch-literarische Tradition, die von der Bibel bis zu postromantischen Avantgarden reicht. Aber sinn- und geltungsbezogenes Nachdenken sollte über Anschauungen hinauskommen. Auch das Gewand vermeintlich fortschrittlicher Theoriebildung mit terminologischen Neubildungen wie der ›*Autopoiesis selbstreferentieller Systeme*‹ (früher hätte man ›Leben‹ gesagt) gibt für die wichtigste, die *humane* Funktion gesellschaftlicher Einrichtungen nichts her. Komplexe menschliche Einrichtungen wie die des Rechts und des Staates sollten nicht aufgrund ihrer inneren Vielgestaltigkeit mit ausschließlich oder vorwiegend subhumanen oder nichtmenschlichen Kategorien beschrieben oder betrachtet werden, insbesondere dann nicht, wenn Standort und Perspektive des Beobachters der Maschine zudem noch unter einem ›Schleier des Nichtwissens‹ liegen, wie die Systemtheorie nur allzu bereitwillig einräumt. Solche Zugangsweisen sind von den Kategorienfehlern des mechanischen Materialismus des 18. Jahrhunderts, von Holbach, Helvetius und De la Mettrie, nur mehr graduell entfernt. Das gilt auch für Formen des Neodarwinismus der Soziobiologie. Kurz: Mißlungene Bilder, auch wenn sie teilweise szientifisch gestützt werden, dienen nicht dem Verständnis menschlicher Praxis.

Die Legitimation des Grundgesetzes kann auch in der *Form* der von ihm gesetzten *Verfahren* selbst gesehen werden. Diese sind rational, weil egalitär und argumentativ und ermöglichen deshalb Legalität. Volkssouveränität, Gewaltenteilung, allgemeines, unmittelbares, freies, gleiches und geheimes Wahlrecht, die Bindung der Gesetzgebung an die Verfassung, die parlamentarische Opposition, die Ablösbarkeit der Regierung, die Verantwortlichkeit der Regierung gegenüber der Volksvertretung, die Unabhängigkeit der Gerichte, der Ausschluß jeder Gewalt- und Willkürherrschaft, Föderalismus und Subsidiarität, kurz: die *Spielregeln der Demokratie*, mitsamt der Spielregel für die Änderung des Grundgesetzes in Artikel 79 sind jedoch als *formale Prozeduren* allein nicht angemessen verstehbar. Das Interesse an ihnen wurzelt tiefer als das an geregelten Verhältnissen, nämlich in konkret benennbaren *Grundgehalten der Aufklärung*: Autonomie, Solidarität und Gerechtigkeit, aus deren Perspektive die Menschen- und Bürgerrechte und der demokratische Rechtsstaat erst sinnvoll verstehbar werden. Formale Prozeduren haben ihr Leben jeweils nur zwischen *konkreten Personen*, die sich über *inhaltliche* Fragen verständigen müssen. Formale und prozedurale Gesichtspunkte erschöpfen nicht das umfassende Verständnis einer vernünftigen Praxis kulturell diversifizierter Lebensformen; sie bilden nur das Gerüst für den Umgang mit partikularen materialen Dissensen, die unter endlichen, fragilen, asymmetrischen, materialen und kontingenten Bedingungen bewältigt werden müssen. Ein solches prozedurales Gerüst, das Erwartbarkeit sichert und Handlungszusammenhänge stabilisiert, benötigen wir für all unsere im weitesten Sinne rationale, verstandesmäßige Weltorientierung. Wir benötigen, um es knapp zu formulieren, stets auch Kochrezepte für unser Handeln. Die Praktizierung der Verfahren selbst gründet aber stets in praktischen Selbstverständnissen von Personen und deren Interpretationen, die nie dispensierbar sind. Bereits eine bloße Erläuterung des Sinns des Grundgesetzes – keine Legitimation – müßte also den Formalismus überschreiten, ohne seine Wichtigkeit als ein Teilkriterium umfassender Vernünftigkeit zu verkennen.

Hinsichtlich des Grundgesetzes ergibt sich ein weiterer wichtiger Gesichtspunkt: Es zeichnet sich (anders als z. B. die Weimarer Verfassung) gerade durch die *Verschränkung von Verfassung und Verwaltung*, der Grund- und Menschenrechte mit der juristischen und bürokratischen Einzelpraxis aus, eine Verschränkung, die – mitsamt dem Petitionsgrundrecht von Artikel 17 GG – Tag für Tag eine Konfrontation und Penetration der in ihren Mängeln erfahrenen gesellschaftlichen Wirklichkeit mit dem Bewußtsein von Rechtsstaatlichkeit gestattet. Es wäre unklug, gerade diese

Verschränkung, die zur politisch gelebten demokratischen Rechtsstaatlichkeit ermuntert, wieder legitimationstheoretisch auseinanderzureißen, indem bloße Prozeduren neben idealistische Illusionen (s.u.) gestellt werden.
So, wie sich das Grundgesetz – und vergleichbare Verfassungen – nicht funktional-soziologisch oder formal-prozedural legitimieren lassen, so auch nicht *juristisch* und *legalistisch* im Sinne des Rechtspositivismus, d. h. durch Rekurs auf die bloße Faktizität des Gesetzestextes oder die durch diesen gesetzten Institutionen. Ein solcher Rekurs wäre unverhohlen zirkulär und hätte nicht den Status einer qualifizierten Beurteilung faktischer Texte und faktischer Urteilspraxen, die stets möglich bleiben muß. Eine solche positivistische »Begründung« wäre kaum mehr von der bloßen Bejahung der Staatsgewalt an sich zu unterscheiden, und damit beliebig.
Wenn wir den Rekurs auf die Faktizität zeitlich erweitern, dann stoßen wir auf die *historischen* Legitimationsversuche. Auch sie sind keine Begründungen, weder, wenn wir die Rekonstruktion der Verfassungsgeschichte, noch, wenn wir die klassische Rechtsphilosophie, z. B. Kernanalysen von Kant und Hegel, heranziehen. Wenn wir z. B. die Rechtsgeschichte als Fortschrittsgeschichte auf das vorläufig begrüßenswerte Ziel des Grundgesetzes hin rekonstruieren und so verstehen, so müssen wir dafür eigene Argumente beibringen. Wenn wir rechtsphilosophische Texte Kants und Hegels heranziehen, so müssen wir diese erstens in ihrer Zeitbedingtheit historisierend verstehen, und dann zweitens gesondert dafür argumentieren, warum die traditionellen Aussagen eine normative Begründung, Rechtfertigung und Legitimation der gegenwärtigen Verfassung darstellen.
Pointiert kritisierte Norbert Hoerster im Blick auf Kant zu Recht einen »im Bildungsbürgertum unseres Landes seit je verbreiteten Hang, sich einzelne Lehrstücke seiner Philosophie nach Bedarf herauszusuchen, sie wie göttliche Offenbarungen kritiklos nachzubeten und schließlich zur Legitimationsbasis von höchst subjektiven, in Wahrheit weltanschaulich vermittelten Glaubensüberzeugungen und Wertungen zu machen«.[4]

4 N. Hoerster, »Rechtsideologie und das Interesse am eigenen Tod«, in: *Zeitschrift für Rechtspolitik* (1988), S. 185; vgl. dazu: E. Hilgendorf, »Rechtsphilosophie im vereinigten Deutschland. Einige Anmerkungen

Eine weitere verbreitete Variante rechtsphilosophischen Begründungsdenkens, der Faktizität, dem Historismus und Positivismus zunächst fern, sind die *Vertragstheorien*. Es handelt sich hier, ob bei Hobbes oder Rousseau, Rawls oder Höffe, um Gedankenexperimente und Modellkonstruktionen von Ur- und Anfangszuständen, deren Simulationsbedingungen (ganz abgesehen von ihrem Verhältnis zur Wirklichkeit) keineswegs klar sind. Aufgrund dieser Unklarheit sterben solche Modelle oft den Tod der tausend Qualifikationen, weil die Schilderungen ihrer Rahmen- und Randbedingungen ohne Reibung mit der Realität in der Luft hängen. Ähnlich beliebig wie der Rekurs auf die bloße Faktizität der Staatsgewalt ist der Rekurs auf idealtypische Urzustände. In die Schilderung dieser Anfangszustände gehen auf mehr oder weniger versteckte bis suggestive Weise Prämissen ein, die ihrerseits nicht haltbar sind.

Unhaltbar ist z. B. die Annahme einer universalen Wolfsnatur des Menschen, unhaltbar ist aber auch der Ausschluß von sehr risikofreudigen Spielern, Hasardeuren im Urzustand durch Rawls. Eine oft gesehene und entscheidende unhaltbare Annahme der bekannten Vertragstheorien, die ihren kriterienlosen Fiktionalismus zusätzlich belastet, ist der Ausgangspunkt bei isolierten, atomistisch gedachten Einzelnen (das Urmodell des Besitzbürgers mit parzelliertem Grundbesitz schimmert hier immer durch), die sich dann vertraglich verbinden, statt sich gegenseitig zu berauben und umzubringen. Die Primitivität dieser Schilderung stellt eine schlichte Unterbestimmung der *condition humaine* dar – auch wenn man eine noch so pessimistische Anthropologie vertritt. Um die schlichte Einsicht zu gewinnen, daß eine rechtliche Ordnung besser ist als Mord und Totschlag, benötigen wir keine aufwendigen Theoriekonstruktionen, die zudem noch an Unstimmigkeiten leiden und, wenn auch verdeckt unter Fiktionen, das zunächst primäre Interesse am Wohl von Privateigentümern und deren freiem Zugriff auf Marktchancen verraten.

Auch die fiktionalen Vertragstheorien sind zudem genetisch-funktionale Erklärungstheorien, die ich für unzulänglich, weil für depotenzierend hinsichtlich des explizit zu machenden *normativen Geltungssinnes* des Grundgesetzes halte. Diesen normativen Gel-

zu neueren Arbeiten«, in: *Philos. Rundschau* 40 (1993), S. 1-33, dort S. 3 f.

tungssinn gilt es – gegenüber Faktizität und Fiktion, Geschichte und Funktion, Prozedur und Autopoiesis – zu erfassen.

Es ist nun eine verfängliche Reaktion auf die ›depotenzierenden‹ Legitimationstheorien, im Gegenzug idealistische Überbestimmungen zu praktizieren, die bestimmte Teile des Grundgesetzes oder das Ganze als ein *Ideal* der Verfassungswirklichkeit verstehen. Gerade in Deutschland hat ein Verfassungsidealismus eine lange Tradition, der aus mangelnder *Citoyenität*[5] alles irgend politisch Wünschbare in perfektionistischer Gründlichkeit in die Verfassung aufzunehmen trachtet. Nicht fern liegt die Diagnose, daß auf diese Weise ein Volk von eilfertigen Grundgesetzbekennern (in der DDR entsprechend: von ›Antifaschisten‹) unter dem Schock der deutschen und von Deutschen angerichteten Katastrophen ein politisches Über-Ich entwirft, das als Surrogat vernünftiger Identität durch Volkssouveränität fungiert, als Ersatz einer politischen Souveränität, die nie revolutionär erkämpft wurde, und deren demokratische Bewußtmachung auch beim Beitritt des Beitrittsgebietes zur Bundesrepublik Deutschland gemäß § 23 GG erneut verabsäumt wurde.[6] Der deutsche Staatsidealismus des 19. Jahrhunderts hatte den Dualismus von monarchischer Feudalordnung

5 Ich folge mit diesem Begriff den Analysen von W. Schmid in seinem Essay: *Was geht uns Deutschland an?* Frankfurt am Main: Suhrkamp 1993, in denen er einen nationalen Identitätsfetischismus als naturalistischen Fehlschluß großen Stils diagnostiziert (S. 124 ff.) und für eine »*parrhesiastische Gesellschaft*« plädiert, die auf Freizügigkeit und Freimütigkeit gegründet ist (S. 142), und in denen er eine »Kultur der Citoyenität« ohne »Hysterie der Identität«, aber auch ohne »Hysterie der Differenz« v. a. auch als Frage des alltäglichen *modus vivendi*, des alltäglichen Umgangs miteinander entwirft (171 ff.).

6 Vgl. die kritischen Analysen von C. Koch, »Unform Deutschland. Ein Resümee«, in: *Merkur* 12 (1994), S. 1077-1087 und M. Henningsen, »Der deutsche Sonderweg – am Ende?«, in: *Merkur* (5) 1995, S. 379-389. Henningsen schreibt: »Die ethische Erziehung des Menschen hatte in Deutschland allen Kontakt zu jener Vision von Politik verloren, in der seit der klassischen Antike die Partizipation mündiger und urteilender Bürger am Entscheidungsprozeß als selbstverständliches Fundament einer guten Gesellschaft begriffen wurde« (S. 381). Er weist insbesondere darauf hin, daß die »verfassungsmäßigen Rahmenbedingungen für die Garantie einer öffentlichen Sphäre, in der sich eine deutsche Zivilgesellschaft konstituieren konnte, (...) vom Widerstand nicht erörtert (wurden).« Selbst der Widerstand gegen das NS-Regime »stellte keine

und Bürokratie einerseits und entpolitisierter, privatistischer Gesellschaft andererseits – die Struktur der konstitutionellen Monarchie – idealistisch verklärt, er war die Verherrlichung der Schlafmütze, die zur historischen Pathogenese des Zivilisationsbruchs ab 1933 gehört. In der Nachkriegsgeschichte der Bundesrepublik Deutschland ist eine starke Verrechtlichung des politischen Prozesses zu beobachten: Das Bundesverfassungsgericht entscheidet sogar bei vitalen Grundfragen (§ 218) anstelle der demokratisch legitimierten Mehrheit, und es erfolgt mit der pointierten Formulierung Helmut Ridders nicht selten die »Verklärung des Todes demokratischer Politik durch die juristische Weltanschauung«,[7] indem die Verfassungsrichter durchaus problematisch auf eine »objektive Wertordnung« mit unmittelbarer Evidenz rekurrieren, auf eine Ordnung, die es nicht gibt. Diese Art von Staatsidealismus unterliegt der Ideologiekritik und schwächt, recht verstanden, ein vernünftiges Verständnis des normativen Geltungssinnes des Grundgesetzes.

Bevor ich zu einigen eigenen Vorschlägen komme, möchte ich auf die zu Beginn apostrophierte negative Dialektik der Legitimationsversuche des Grundgesetzes zurückkommen. Diese negative Dialektik[8] besteht in der prekären Ambivalenz, die sich prototypisch zwischen Machiavelli und Hobbes einerseits, Kant andererseits feststellen läßt, und die sich auch in der Gegenwart – zwischen

geistige Überwindung des Obrigkeitsstaates und des Bürgers als Untertan dar« (S. 384.).

7 H. Ridder, »Probleme des Grundgesetzes und der Grundgesetzinterpretation«, in: *Politische Vierteljahresschrift* 20 (1979), S. 179. Vgl. zu diesem Problemkomplex des Staatsidealismus, der Entpolitisierung und eines »hypertrophen Verfassungsdenkens« die verfassungspolitologische Untersuchung von H. Vorländer, *Verfassung und Konsens. Der Streit um die Verfassung in der Grundlagen- und Grundgesetz-Diskussion der Bundesrepublik Deutschland. Untersuchungen zu Konsensfunktion und Konsenschance der Verfassung in der pluralistischen und sozialstaatlichen Demokratie*, Berlin 1981; ders., »Grundgesetzverständnis und Verfassungspolitik in der Bundesrepublik Deutschland«, in: *Aus Politik und Zeitgeschichte*, 14. 4. 1989, S. 13-24.

8 Vgl. zur historischen Genese dieser negativen Dialektik im Blick auf die systematischen Probleme der Gerechtigkeit: Th. Rentsch, »Die Unmöglichkeit der Gerechtigkeit«, in: Ch. Demmerling / Th. Rentsch (Hrsg.), *Die Gegenwart der Gerechtigkeit. Diskurse zwischen Recht, praktischer Philosophie und Politik*, Berlin 1995. Auch in diesem Band.

Funktionalismus und Utilitarismus einerseits, dem Idealismus rationaler Orientierungsbedingungen andererseits – findet. Kurz gesagt: Es kann nicht beides zugleich wahr sein: eine depotenzierende Deutung, und eine idealisierende. In der Spannung zwischen diesen Modi der Legitimation zeigt sich eine antinomische Struktur, die im übrigen nicht nur zwischen Hobbes und Kant waltet, sondern die den systematischen Grundansatz Kants auch intern prägt. Die unvermittelte Spannung von Authentizität und Funktionalität erweist sich als systembildend sowohl für seine theoretische als auch für seine praktische Philosophie, für die Rechts- ebenso wie für die Religionsphilosophie. Der Fiktionalismus ist dann diejenige Konstruktion, an der die besagte antinomische Struktur flagrant und auf Dauer identifizierbar wird. In Kants religionsphilosophischer Postulatenlehre gipfelt die besagte Antinomik zwischen empirisch ›entzauberter‹ Faktizität und materiell haltloser Idealisierung – zwischen Hume und Wolff. Aber weder ist das genealogische Hervorgehen des Rechts aus der Zähmung chaotischer Gewaltverhältnisse für es sinnkonstitutiv, noch gilt z. B. für rechtliche oder religiöse Praxis eine fiktionale Rekonstruktion – als ob wir in einer solchen Praxis so handelten, *als wären* wir humane Personen, oder *als gebe* es einen Gott, *als wären* wir frei, *als gebe* es Gnade und Versöhnung. Hier wird sichtbar, daß die Modi der Legitimation, der Kritik und der Rekonstruktion sich wechselseitig negieren, um dann eine scheinhafte Ebene der Sinnstiftung übrig zu lassen, angesichts derer eine dann im Nietzscheschen Sinne wahrhaft nihilistische Entschleierungsattitüde nicht lange auf sich warten läßt.

Aber auch in prominente Entwürfe der Gegenwart scheint mir die apostrophierte negative Dialektik unwillkürlich eingearbeitet zu sein. So begründet Otfried Höffe die politische Herrschaft aus der Konfliktgefahr, wobei wiederum atomistische Einzelne den wirklichkeitsfernen Ausgangspunkt einer Naturzustandsfiktion – z. B. an großen Verbänden und Machtmonopolen vorbei – bilden. Die Rationalität der Gerechtigkeit auf der Basis des wechselseitigen Freiheitsverzichts wird nutzenkalkulatorisch als vorteilhaft bestimmt. Dies wäre die Unterbestimmung: Der Weg zur Gerechtigkeit führt nicht über Einsichten, sondern hat sein Maß am eigenen Vorteil und nicht an moralischen Gesichtspunkten. Dadurch wird auf der Rekonstruktionsebene von Gerechtigkeit methodisch die Inkompatibilität von interessenkalkulatorischer

Zweckrationalität und der Dignität von Grund- und Menschenrechten auf undurchsichtige Weise verschleiert.[9]

Genau diese negative Dialektik in der Theoriebildung kennzeichnet auch die Spannungen zwischen transzendentalpragmatischem Letztbegründungsargument Apelscher Provenienz einerseits im Verhältnis zu empirischer Interessenabschätzung in der Theorie der juristischen Argumentation von Robert Alexy andererseits. Er will »Hobbessche Ideen mit solchen der Diskurstheorie« verbinden:

»Der erste Teil dieser Verbindung besteht aus dem bekannten Argument, welches sagt, daß das Nutzenniveau aller Beteiligten erhöht werden kann, wenn das im Wege eines Bürgerkriegs erreichbare natürliche Gleichgewicht durch einen Vertrag ersetzt wird. Ein solcher Vertrag legt u. a. gegenseitige Rechte fest, deren Wahrung durch eine Rechtsschutzinstanz, den Staat, erzwungen wird. Das ist der Hobbessche Teil des Argumentes. Der diskurstheoretische Teil (...) des Argumentes besteht darin, daß wegen des Interesses einer hinreichenden Zahl von Personen an Richtigkeit ein Vertrag, der als gerechtfertigt, also als diskursiv rechtfertigungsfähig angesehen wird, stabiler und deshalb auch für die günstiger ist, die ausschließlich an ihrem Nutzen interessiert sind.«[10] Ich folge der Kritik Eric Hilgendorfs, wenn er schreibt: »Es ist offenkundig, daß in dieser Konzeption von einer ›Letztbegründung‹ keine Rede mehr sein kann. Es handelt sich vielmehr um einen utilitaristischen Begründungsansatz, also gerade den geistesgeschichtlichen Gegenpol zu a priori-Begründungen, wie sie Kant und in seiner Nachfolge Apel und Kuhlmann angestrebt haben.« [11]

9 H. Kleger schreibt in seiner Rezension »Staat der Gerechtigkeit? zu O. Höffes ›Politische Gerechtigkeit‹«, in: H. Holzhey/J.-P. Leyvraz (Red.), *Philosophie und Weisheit/ La philosophie et la sagesse* (= Studia philosophica 47), Bern/Stuttgart 1988, S. 235: »Man kann sich (...) nicht Hobbes' Welt annähern und gleichzeitig kantisch daherkommen. Oder man kann es doch: dann geht es in diesem Gerechtigkeitsdiskurs buchstäblich um die Neuvermessung des Leviathan, und Justitia hat den Leviathan nicht verdrängt, sondern lediglich erläutert.«

10 R. Alexy, Theorie der juristischen Argumentation. Die Theorie des rationalen Diskurses als Theorie der juristischen Begründung, Frankfurt am Main: Suhrkamp ²1991, S. 425.

11 E. Hilgendorf [Anm.4], S. 9.

Aus der internen Inkonsistenz und wechselseitigen Depotenzierung zwischen transzendentaler Idealisierung, Fiktionalismus, formalem Prozeduralismus einerseits, sozialtechnologischem Funktionalismus und »Leviathan« andererseits ergibt sich an der methodischen Basis die sinnkriteriale Forderung, die Rechtsverhältnisse auf ihre humane Funktion, und das heißt: auf lebensweltlich kommensurablen Sinn zurückzubeziehen.

II.

Das Grundgesetz verweist auf transjuridische und rechtstranszendente Voraussetzungen, die ich anfangs bereits mit dem Titel der Totalität der Praxis bezeichnet habe. Diese Totalität der gesellschaftlichen und damit auch politischen und juristischen Praxis wird im Grundgesetz hinsichtlich ihres wesentlichen rechtlichen Verständnisses und damit hinsichtlich ihres normativen Geltungssinnes sprachlich beschrieben. Diese Perspektive muß daher in eine philosophische Reflexion des Geltungssinnes eingehen. »Begründungen« dürfen, so sahen wir, insbesondere nicht diesen Geltungssinn depotenzieren – z. B. fiktional, funktional, formal, historisch, autopoietisch oder legalistisch. Es darf nicht so sein – und dafür ist Philosophie als kritische Hermeneutik ein Advokat –, daß der Common sense der Lebens- und Urteilspraxis an Rationalität die Rekonstruktionen überbietet, oder, anders formuliert, daß die Legitimationen den Geltungssinn wider Willen sogar parasitär aushöhlen. Geschichtlichkeit, Formalität, Idealität, Funktionalität, Positivität, Utilität – sie alle sind immer auch Aspekte vernünftiger Lebensorientierungen, und somit auch Aspekte einer Verfassung. Gegenüber diesen Vorschlägen scheint mir der Gesichtspunkt des Lebensbezuges, des sittlichen Ernstes und mithin einer sowohl intersubjektiven als auch existentiellen (authentischen) Dimension bei der Begründung, und das heißt für mich zunächst: der hermeneutischen, schlichter noch, der sprachlichen Sinnexplikation des Grundgesetzes unverzichtbar zu sein. Alle formal-prozeduralen Techniken und Regeln haben nicht nur eine technische Funktion – z. B. die Reduktion von Komplexität – sondern sie haben einen explizit angebbaren *lebensformbezogenen Sinn*, z. B. hinsichtlich des gemeinsam zu überlegenden Wählens einer Wahl. Mit Aristoteles können wir hier von den ›Tugenden‹ der Klugheit (phronesis) und der Wohlberatenheit (eubulia) sprechen.[12] Vernünftige Wahlmöglichkeiten haben nur Menschen, die sich selbständig orientieren können – Maschinen und Tiere z. B. haben sie nicht. Auf diesen lebensformbezogenen und im übrigen ganz alltäglichen Sinn muß der Text des Grundgesetzes beziehbar bleiben wie alles Recht. (Das bedeutet nicht, daß lebensformbezogener Sinn etwa deutungsentzogen ist – im Gegenteil gehören die Deutungsoffenheit, Interpretationsbedürftigkeit, Vagheit und Ungenauigkeit sinnkonstitutiv zu ihm.) Auch Traditionen der Vergangenheit, die allenthalben in den Begründungen anklingen, müssen in ihrem Sinn hier und heute erläutert werden.

Die Anbindung der Sinnerläuterung des Grundgesetzes an eine kritische Hermeneutik der humanen Welt – das ist die Totalität der menschlichen Praxis – unterläuft die Vorstellung von einer ›Konstitution der Konstitution‹. Diese gibt es nicht, und wir erzeugen sie auch nicht durch theoretische Konstruktionen. Vielmehr erzeugen wir, von einer solchen Vorstellung geleitet, nur einen mehr oder weniger kruden, mehr oder weniger subtilen *Schein*. Vom späten Wittgenstein können wir lernen, daß es keine Metasprache, keine transzendentale Sprache gibt, sondern nur die alles umfassende universale Umgangssprache des menschlichen Lebens, die Sprache unserer Lebenspraxis. In ihr verwenden wir Worte wie »Mensch«, »menschliche Würde«, »Frieden«, »Gerechtigkeit«, »menschliche Gemeinschaft«, »Freiheit«, »Verletzung«, »Schutz«, »Fürsorge«, »Pflicht«, »Gewissen« – Worte, die an zentraler Stelle der Verfassung gebraucht werden. Wie verstehen wir *diese* Worte?

Nach meiner Analyse handelt es sich weder um faktenbezogen verstehbare, empirische Prädikate, noch auch um bloß normativwertende Ausdrücke, sondern vielmehr um *einsichtsbezogene* Prädikate, die wir zur Beurteilung unserer gesamten Praxis, also zur Beurteilung der Totalität eben derjenigen Praxis verwenden, deren Verfassung das Grundgesetz ist und zu sein beansprucht.[13] An der Basis all unserer Praxis finden wir authentische, gelingende und

12 Zur Interpretation der Aristotelischen ›Tugenden‹ als kommunikativer Lebensformen: Th. Rentsch, *Die Konstitution der Moralität* Frankfurt am Main: Suhrkamp ²1999, S. 288 ff.

13 Vgl. Rentsch, *Die Konstitution der Moralität*, [Anm. 12], S. 195 ff., S. 233 ff. Ich bezeichne solche Prädikate als dianoietisch (von gr. dianoia, Einsicht).

mißlingende Lebensformen, die sich als Entwürfe humanen Sinns verstehen lassen, und von denen uns Modi der Erfüllung und Versagung alltäglich bekannt sind. Zu diesen Lebensformen, die wir als kommunikativ begreifen müssen, gehören diejenigen einer menschlichen Gemeinschaft, der menschlichen Würde, der Gerechtigkeit, von denen das Grundgesetz spricht. Sie werden umgangssprachlich durch eine Vielzahl von Unterscheidungen charakterisiert, die alle in einer sittlichen Praxis gelernt und verwendet, zu- und aberkannt werden. Insofern sind sie nicht theorieabhängig und nicht theoriegestützt, insbesondere sind sie nicht durch Philosophie oder Jurisprudenz – oder gar durch einzelne Autoren und deren Erläuterungen – allererst eingeführt, begründet oder definiert worden. Es ist vielmehr umgekehrt: mit solchen einsichtsbezogenen praktischen Unterscheidungen artikulieren wir seit sehr langer Zeit im Kontext der europäischen Kultur menschliche Selbstverständnisse im umfassenden, praktischen Sinne, und zwar in konkreten Kontexten. D. h.: diese komplexe Unterscheidungspraxis mit den Grundunterscheidungen des Humanen, der Würde, der Freiheit, der Gerechtigkeit, der »Entfaltung« der »Persönlichkeit«, sie gehört selbst zur institutionellen Verfassung (zur ›Grammatik‹) unserer Lebensform.

Zwei strukturelle Eigenschaften dieser einsichtsbezogenen Lebensformprädikate möchte ich kurz hervorheben, weil sie mir für eine Erläuterung des Sinnes des Grundgesetzes besonders wichtig erscheinen.

Zum einen sind solche praktischen Grundunterscheidungen bereits alltagssprachlich schon faktizitäts- (und erst recht funktions-) überschreitend zu verstehen, andererseits reden sie nicht über ein ›Ideal‹. Sie transzendieren Kategorien wie »Sein« und »Sollen«, »Faktizität« und »Normativität«. Worte wie z. B. »Mensch«, »menschliche Gemeinschaft«, »Würde«, »Gerechtigkeit« folgen, sprachphilosophisch betrachtet, einer verzweigten Semantik, die sich sowohl auf die Faktizität des Menschseins als auch auf die sinnentwerfende Praxis der Menschen, auf sinnhafte Gestalten des menschlichen Lebens bezieht. Wir verwenden sie in Sätzen, die faktenbezogen aussagen *und zugleich* eine wertende Sicht mitführen, z. B.:

(1) Sie hat sich wirklich als *Schwester* erwiesen.
(2) Das ist doch kein *Leben*!

(3) Wie kann eine *Mutter* so etwas zulassen?
(4) Das sind doch auch *Menschen*!
(5) Sieh ihn doch einmal als *Mensch*!
(6) Er scheint seine letzte *Würde* noch nicht eingebüßt zu haben.
(7) Die *Würde des Menschen* ist unantastbar.
(8) Laß' mir auch meine *Freiheit*!
(9) Die *Freiheit der Person* ist unverletzlich.

Die mit den einsichts- und lebensformbezogenen Prädikaten »Schwester«, »Leben«, »Mutter«, »Mensch«, »Würde« und »Freiheit« formulierten Sätze können wir weder als bloß empirisch noch als bloß ideal betrachten. Einsichtsbezogene Urteile sind beides zugleich, reden aber insbesondere nicht über »Ideale«: Menschliches Leben, humane Würde und Freiheit sind weder Ideale noch Fiktionen, sondern sie haben bekannte und konkrete Gestalt. Vor allem sind negativ Formen ihrer Verfehlung, Verletzung und Zerstörung alltäglich und allüberall bekannt. Eine »menschliche Gemeinschaft« (Grundgesetz Art. 1, 2) ist deswegen keine ›ideale‹ Gemeinschaft.
Der zweite systematisch relevante Aspekt ist die in den alltäglichen Gebrauch der einsichtsbezogenen Lebensformprädikate eingearbeitete Reziprozität und Intersubjektivität. Im Falle von »Mensch« und »Würde« impliziert die Sprachverwendung, näherhin betrachtet, eine *praktische Universalität*: Wir können den normativ relevanten Geltungssinn der Rede von der Würde des Menschen nicht auf bestimmte Gruppen, Rassen, Klassen usw. einschränken. D. h. ferner: solche einsichtsbezogenen Prädikate bezeichnen nicht etwa *Eigenschaften von einzelnen atomistisch gedachten Subjekten*, die *dann* in eine humane Praxis mit Anderen eintreten, sondern sie bezeichnen bereits von vornherein kommunikative und reziproke Formen des gemeinsamen Lebens, *Verhältnisse zwischen Personen*, in deren Medium sich einzelne Individuen erst im praktischen Sinne zu sich selbst im ernsthaften autonomen Sinne entwickeln können.
Der kommunikative und reziproke Sinn der einsichtsbezogenen praktischen Grundbegriffe läßt sich nicht partikular einschränken: Verweigere ich anderen Menschen die Würde – ihre praktische Anerkennung als Mit-Menschen –, so *muß ich wollen*, selbst kein Mensch zu sein und keine Würde zu haben. Dieser Geltungssinn läßt sich durch keine depotenzierende, unterbestimmende Rekon-

struktion ernsthaft einholen. An der Basis unserer Orientierungen finden wir den harten Kern gelingender und mißlingender kommunikativer Lebensformen der Achtung und Würde, der Autonomie und Solidarität. Wir können uns einsichtig nur verstehen als Wesen, die im Medium dieser reziproken Lebensformen allererst auf verletzliche Weise zu sich selbst werden, ihre Lebensentwürfe im Blick auf kommunikative Erfüllungsgestalten der Achtung und Anerkennung praktizieren, am Gelingen dieser Lebensformen ihre konkrete Gesellschaft, die jeweilige Politik und Rechtsprechung messen und beurteilen. Von diesen konkreten interexistentiellen Verhältnissen müssen wir ausgehen, um die lebensweltliche, hermeneutische Basis sinnvollen Handelns und seines Geltungssinnes zu rekonstruieren, nicht von Systemen, Strukturen und rein funktionalen Zusammenhängen.
Erhard Denninger führt im Anschluß an Adalbert Podlech in diesem Sinne aus, daß gerade die »begriffliche Entfaltung des Menschenwürde-Satzes« und ähnlicher *»Fundamentalaussagen«* zu Formen justitiabler Konkretisierung führt. Die Wahrnehmung der Menschenwürde setze voraus »(1) die Freiheit von Existenzangst, (2) die Wahrung der Gleichheit, (3) die Sicherung der Identität und Integrität eines Menschen, zu der auch die ›Freiheit der Stiftung von Sinn‹ und das Verbot der ›Brechung‹ der Identität einer Person gehören, (4) die (rechtsstaatliche) Begrenzung und Bemessung staatlicher Gewaltanwendung und (5) die Achtung der körperlichen Kontingenz des Menschen einschließlich des Verbotes von Folter und Körperstrafen, ferner des Rechtes auf ein würdiges Sterben«. Die begriffliche Entfaltung der konstitutionellen Rede von der Würde beschreibt also »ein Problemprogramm, das nicht nur eine Fülle von einfachgesetzlichen Regelungen ausgelöst hat und weiter hervorbringen wird, sondern das auch als Leitfaden für die verfassungsrechtliche Ausprägung, teils in subjektiven Rechten, teils in objektiv-rechtlichen Staatszielbestimmungen und Gesetzgebungsaufträgen, dienen kann.« In diesem Sinne erweist sich Menschenwürde gerade auch »als Recht auf politische Mitgestaltung« (P. Häberle).[14]

14 E. Denninger, »Sicherheit/Vielfalt/Solidarität: Ethisierung der Verfassung?«, in: U. K. Preuß (Hg.), *Zum Begriff der Verfassung. Die Ordnung des Politischen*, Frankfurt am Main: Fischer 1994, S. 95-129, dort S. 122.

Meine Argumentation berührt sich auf den ersten Blick mit Überlegungen, die Jürgen Habermas in *Faktizität und Geltung* kritisch gegen systemtheoretische Rechtsrekonstruktionen entwickelt hat. Nähe und Distanz zu diesen Überlegungen können meine Position abschließend noch einmal konturieren. Er stellt hier klar heraus, daß ohne den Rekurs auf lebensweltliche Vernunft theoretische Rekonstruktionen unmöglich sind, daß auch komplexe Gesellschaften an der Basis ihrer Orientierungen an die Grammatik lebensweltlichen Sinnes zurückgebunden bleiben. Insbesondere gegen die »kognitivistisch-managerielle Engführung der neokorporatistischen Steuerungsdiskurse«, also gegen die Expertokratie wendet er ein: »Parastaatliche Verhandlungssysteme ohne effektive Anbindung an den parlamentarischen Komplex und die Öffentlichkeit rufen Legitimationsprobleme hervor und sind, wegen ihrer Spezialisierung auf Fragen der funktionalen Koordinierung, dem anfallenden Problemdruck auch kognitiv nicht gewachsen.«[15] Diesen ›Systempaternalismus‹ spiegelt die Systemtheorie. Jedoch: »Semantisch geschlossene Systeme können nicht veranlaßt werden, aus eigener Kraft die gemeinsame Sprache zu erfinden, die für die Wahrnehmung und Artikulation gesamtgesellschaftlicher Relevanzen und Maßstäbe nötig ist. Dafür steht unterhalb der Differenzierungsschwelle der Spezialkodes eine gesellschaftsweit zirkulierende Umgangssprache zur Verfügung, die in den peripheren Netzwerken der politischen Öffentlichkeit und im parlamentarischen Komplex für die Behandlung gesamtgesellschaftlicher Probleme ohnehin beansprucht wird. Schon aus diesem Grunde können Politik und Recht nicht als autopoietisch geschlossene Systeme begriffen werden. Das rechtsstaatlich verfaßte politische System ist intern in Bereiche administrativer und kommunikativer Macht differenziert und bleibt zur Lebenswelt hin geöffnet. Denn die institutionalisierte Meinungs- und Willensbildung ist auf Zufuhren aus den informellen Kommunikationszusammenhängen der Öffentlichkeit, des Assoziationswesens und der Privatsphäre angewiesen. Mit anderen Worten, das politische Handlungssystem ist in lebensweltliche Kontexte eingebettet.«[16] Der »Bezug zur Totalität

15 J. Habermas, *Faktizität und Geltung. Beiträge zur Diskurstheorie des Rechts und des demokratischen Rechtsstaats*, Frankfurt am Main: Suhrkamp 1992, S. 427.
16 Ebd.

der Lebenswelt«[17] darf »nicht im Grau in Grau systemtheoretischer Beschreibungen verschwinden«[18], sondern bleibt unverzichtbar. Vor allem ist die Öffentlichkeit »auf die *Allgemeinverständlichkeit* der kommunikativen Alltagssprache eingestellt.«[19]

So weit, so gut. *Wie* Habermas allerdings die lebensweltlichen »Ressourcen des *immer schon Vertrauten*« als einen »Horizont gemeinsamer unproblematischer Überzeugungen«[20] näherhin charakterisiert, dies verfehlt nach meiner Auffassung gerade die methodische, hermeneutische und sinnkritische Bedeutung der Lebenswelt: »In unserem Zusammenhang interessiert mich am lebensweltlichen Hintergrundwissen jener eigentümliche Charakter des Vorprädikativen und des Vorkategorialen, der schon Husserl an diesem ›vergessenen‹ Sinnesfundament der alltäglichen Praxis und Welterfahrung aufgefallen ist. Während des kommunikativen Handelns umgreift uns die Lebenswelt im Modus einer unvermittelten Gewißheit, aus der heraus wir distanzlos leben und sprechen. Diese alles durchdringende, zugleich latente und unmerkliche Präsenz des Hintergrundes kommunikativen Handelns läßt sich als eine intensivierte und gleichwohl defiziente Form des Wissens und Könnens beschreiben. Einerseits machen wir von diesem Wissen unwillkürlich Gebrauch, ohne reflexiv zu wissen, *daß* wir es überhaupt besitzen. Was dem Hintergrundwissen derart zur absoluten Gewißheit verhilft und ihm subjektiv geradezu die Qualität eines gesteigerten Wissens verleiht, ist objektiv betrachtet jene Eigenschaft, die es eines konstitutiven Zuges von Wissen gerade beraubt: wir machen von dieser Art Wissen Gebrauch, ohne das Bewußtsein zu haben, daß es falsch sein könnte. Sofern alles Wissen fallibel ist und als solches gewußt wird, stellt das Hintergrundwissen überhaupt kein Wissen im strikten Sinne dar. Ihm fehlt der interne Bezug zur Möglichkeit des Problematischwerdens, weil es erst im Augenblick des Ausgesprochenwerdens mit kritisierbaren Geltungsansprüchen in Berührung kommt, aber in diesem Augenblick der Thematisierung nicht länger als lebensweltlicher Hintergrund fungiert, sondern in seiner Modalität als Hintergrundwissen zerfällt. Das Hintergrundwissen kann nicht

17 Habermas, [Anm. 15], S. 429.
18 Habermas, [Anm. 15], S. 428; vgl. S. 436.
19 Habermas, [Anm. 15], S. 436.
20 Habermas, [Anm. 15], S. 38.

als solches falsifiziert werden; es zersetzt sich, sobald es, indem es thematisch wird, in den Strudel von Problematisierungsmöglichkeiten hineingerät.«[21]

Habermas denkt das lebensweltliche »Wissen« im strikten, noch in der Absetzung von ihr bewußtseinsphilosophischen Weise Husserls als vorsprachlich, unthematisch und in diesem Sinne als das Andere bewußter Vernunft, gar nicht mehr als Wissen. Er müßte es in letzter Konsequenz sogar als solipsistisch konzipieren – denn alle Problematisierung setzt ja Kommunikation und Interaktion voraus. Dieses Lebensweltkonzept ist dem hier vorgestellten (u. a. an Wittgenstein orientierten) konträr. Sind es doch *gerade* die kommunikativen, interexistentiellen Lebensformen im Kontext einer gemeinsamen Praxis, die die Lebenswelt bilden. In sie ist der Gebrauch der einsichtsbezogenen Grundprädikate wahrhaft praktisch und konkret eingebettet, von denen die rechtlichen Setzungen auch des Grundgesetzes ihren Ausgang nehmen müssen. Es ist prekär, die Lebenswelt im negativ-kritischen Verständnis und sehr zu Recht gegen scheinhafte Theoriekonstrukte einzusetzen, sie aber explizit im Bereich des Intuitiven und einer eher idyllisch anmutenden problemfreien Zone anzusiedeln.[22]

Die kommunikativen Lebensformen der Lebenswelt und ihre paradigmatische Kenntnis sind in gewisser Hinsicht nicht hintergehbar. Aber dies nicht deshalb, weil sie eine Basis unproblematischer Orientierung oder starrer Faktizität bildeten, sondern deshalb, weil ein kritisches Potential der Variabilität ihrer Beurteilung, ein Spielraum der Strittigkeit ihrer Gewichtung, ein Vorverständnis ihres komplexen Voraussetzungsreichtums, der Modi ihres Scheiterns, ihrer Brüchigkeit, Materialität, Endlichkeit, Kontingenz und Opazität in diese Kenntnis von Anfang an eingearbeitet ist. Was später zur stilisierten Praxis der juristischen Urteilsbildung führt, hat sein bleibendes normatives Fundament hier, in einem Bereich, der prinzipiell jedermann zugänglich und im Ansatz durch Lebenserfahrung und Common sense bekannt ist. Und wir kommen aus konstitutionstheoretischen Gründen bei näherer

21 Habermas, [Anm. 15], S. 38 f.

22 Ich habe diese Kritik am Defizit einer expliziten Hermeneutik der Lebenswelt und seine reduktionistischen Konsequenzen für die Diskursethik von Habermas ausgeführt in: Th. Rentsch, *Die Konstitution der Moralität* [Anm. 12], S. 42 ff.

Betrachtung nicht umhin, Rückgriffe auf solche materialen, konkreten, vertrauten und praktizierten Formen kommunikativer Praxis gelungenen und immer fragilen Lebens auszuführen, um den Geltungssinn grundgesetzlicher und überhaupt rechtlicher Orientierungen zu explizieren.[23]

Fassen wir zusammen. Das soeben zu einigen Legitimationsvarianten kritisch Ausgeführte besagt: Alle Versuche, das *hermeneutische Grundfaktum* der Totalität der lebensweltlichen Praxis zu hintergehen, sind systematisch verfehlt. Sie bleiben bestenfalls partial, oder sie werden zirkulär und inkonsistent, wenn einmal der mitunter imposante Schein des Funktionalismus und des Formalismus als solcher durchschaut ist. Dies besagt aber gerade *nicht*, daß es ein *fundamentum inconcussum* – so etwas wie die »Konstitution der Konstitution« – gibt. Gerade die Einsicht zu gewinnen ist notwendig, daß solch ein aller Beurteilung entzogenes Fundament eine Schimäre ist, daß wir vielmehr selbst als Bürger (Citoyens) es sind, die an der Deutung und am Geltendmachen der Grundrechte aktiv beteiligt sind, weil wir Menschen in einer menschlichen Welt sein wollen.

Insofern führt uns die Frage nach der Konstitution der Konstitution und ihr Abweis im Rekurs auf die lebensweltliche Praxis zurück auf die Volkssouveränität: Die beste Legitimation des Grundgesetzes wäre seine Ersetzung durch eine wirkliche Verfassung nach einer langen und in die Tiefe gehenden Staatszieldiskussion mit hoher aktivbürgerlicher Beteiligung.[24]

23 Dies scheint mir der klare Sinn der Formulierung von R. von Weizsäker zu sein: »Ja, aber wer ist der Staat? Er ist doch keine vorgesetzte Behörde. Der Staat – das sind letzten Endes wir Bürger selber. Die Verfassung lebt von Voraussetzungen, die sie nicht selber schafft.« (R. von Weizsäcker, in: *Der Spiegel* 4/1995, S. 24). Der letzte Satz geht auf E. W. Böckenförde zurück und wurde von ihm immer wieder eindringlich erläutert.

24 E. G. Mahrenholz hat in seinem Vortrag »Die Verfassung und das Volk« (in: *Veröffentlichungen der Carl Friedrich von Siemens Stiftung*. Hrsg. von Heinz Gumin und Heinrich Meier, München 1992) darauf hingewiesen, daß für den Parlamentarischen Rat die Perspektive einer Beschlußfassung des deutschen Volkes über eine genuine Verfassung leitend war. Der prinzipiell provisorische Status des Grundgesetzes gilt gemäß der Neufassung von Artikel 146 unverändert weiter. D. h. »Für das deutsche Volk steht die Verfassung und damit die Betätigung der verfassungsgebenden Gewalt noch aus« (Mahrenholz, S. 41) – der Weg

einer Gesamtrevision ist weiterhin offen. Die Tendenz zu einem »Eigenwert der Herrschenden«, zu einer systempaternalistischen Usurpation des Grundgesetzes durch eine hierarchisch denkende politische Klasse zeigt ein fragwürdiges Verfassungsverständnis. Mahrenholz weist angesichts des Einigungsvertrages insbesondere darauf hin, daß dessen Artikel 5 eine öffentliche Debatte nicht gefördert hat: »Eine solche Haltung der vertragschließenden Regierungen ist im Blick auf die neuen Bundesländer erstaunlich. Deren Bevölkerung hat im Gegensatz zur Bevölkerung der westdeutschen Bundesländer keine Gelegenheit gehabt, die Vernunft der einzelnen Bestimmungen des Grundgesetzes zu erproben. Sie hat nach 40 Jahren Trennung von der westdeutschen Bevölkerung, der kommunistischen Herrschaft unterworfen und damit nach einer in die schwächere Position gegenüber Westdeutschland führenden Entwicklung, vielleicht auch spezifische Anliegen. Artikel 5 des Einigungsvertrages ignoriert diesen an Gewicht kaum zu übertreffenden Tatbestand völlig. Er ist das Beispiel einer Vormundsmentalität, die weiß, was für die Mündel (die ehem. ›Brüder und Schwestern‹) gut ist. Daß die Verfassungsdiskussion in den neuen Ländern selbst rege ist, zeigen deren Verfassungsentwürfe« (Mahrenholz, S. 49).

Eine breite Verfassungsdebatte könnte die vielfältigen, durchaus kontroversen »Erfahrungen der Bürger mit dem Grundgesetz« nutzen (Mahrenholz, S. 50). Sie könnte Thematiken wie z. B. den Minderheitenschutz oder das Problem der öffentlichen Verschuldung der Diskussion in allen Medien öffnen.

Sie könnte auch vielfach thematisierte Konstruktionsmängel einer klärenden politischen Debatte unterziehen, auf die Roman Herzog in seinem Artikel »Grundgesetz«, in: *Evangelisches Staatslexikon*, Stuttgart: Kreuz-Verlag [3]1987, Bd. 1, Sp. 1204-1212, exemplarisch hinweist: 1. »Unebenheiten« im bundesstaatlichen Aufbau (Bund-Länder-Verhältnis) (Sp. 1207); 2. die Vorschriften über die obersten Bundesorgane, die »im Geist des 19. Jahrhunderts wurzeln« und »der bestehenden egalitären Massengesellschaft und ihren Anforderungen (...) keine Rechnung tragen« (Sp. 1208), auch nicht der Bedeutung der Parteien und Verbände; 3. die Stellung des Bundesvolkes, die Tatsache, daß das Grundgesetz praktisch »keine plebiszitäre Komponente« enthält (Sp. 1208).

7. Altern als Werden zu sich selbst. Philosophische Anthropologie und Ethik der späten Lebenszeit

Zusammenfassung

Der Beitrag soll im Blick auf das Phänomen des Alterns das lebensphilosophische Defizit moderner Ethiken ausgleichen. Nach einem kurzen geschichtlichen Überblick über die philosophische Anthropologie werden zunächst konstitutive Züge der menschlichen Situation aufgewiesen: menschliche Handlungsmöglichkeiten als praktische Sinnentwürfe mit ihren Erfüllungsgestalten; das kommunikative Wesen des Menschen; die Einmaligkeit und Ganzheit des menschlichen Lebens und seine Leiblichkeit; die Unvertretbarkeit und Unaustauschbarkeit durch die Mitmenschen; die Endlichkeit und Negativität des Lebens. – Vor diesem Hintergrund wird dann das Altern als Werden zu sich selbst und als Radikalisierung der menschlichen Grundsituation bestimmt.

A. Einleitung

Die moderne *philosophische Anthropologie* ist als systematische Disziplin ein Kind der ersten Hälfte unseres Jahrhunderts. Sie tritt in dieser Form nach dem Schwinden allgemein verbindlicher ontologischer, metaphysischer, religiöser und theologischer Orientierungen auf. In der Antike ist das Thema »Mensch« eingebunden in vorgegebene natürliche und politische Ordnungsvorstellungen. Das gilt zum Beispiel auch für den Gesichtspunkt der Lebensalter: Der Mensch strebt einem natürlichen Lebenshöhepunkt (griechisch: akme) entgegen; die Zeit davor (Jugend) und danach (Alter) ist kaum von Bedeutung. Im christlichen Mittelalter ist die Reflexion auf den Menschen ganz in die übergreifende Konzeption einer göttlichen Schöpfungs- und Heilsordnung einbezogen. So befassen sich zwar weite Teile der *Summa Theologiae* des Thomas von Aquin mit den menschlichen Situationsverständnissen und Handlungsmöglichkeiten, jedoch wie selbstverständlich mit dem Rückbezug auf einen letztlich fraglos bleibenden theologischen Gesamtrahmen.

Deswegen überrascht es nicht, daß erste Anzeichen einer Autonomisierung philosophisch-anthropologischer Bemühungen schon in der Renaissance zu finden sind, in einer Epoche des Schwindens vorgegebener Kosmos- und Ordnungskonzeptionen. Eine eigenständige Reflexion auf den Menschen, seine Würde und seine spezifischen Eigenschaften löst sich hier aus dem Verband der Schulphilosophie, so im *Anthropologium de hominis dignitate, natura et proprietatibus* des Martin Hundt (1501; zitiert nach Landmann, 1982). Zu dieser Zeit schwindet die metaphysisch-theologische Verbindlichkeit einer Wesensbestimmung des Menschen; und andererseits stehen die mathematischen und experimentierenden Naturwissenschaften noch nicht bereit, um ihrerseits eine solche Bestimmung zu versuchen. Ein typischer frühanthropologischer Entwurf der Renaissance ist die berühmte Rede über die Würde des Menschen – *Oratio de dignitate hominis* – des jungen italienischen Philosophen Giovanni Pico della Mirandola aus dem Jahre 1486. In dieser Rede trifft er anthropologische Feststellungen, die viele Ergebnisse der Moderne vorwegnehmen:

- Für den Menschen war – im Gegensatz zu den anderen Wesen – bei der Schöpfung kein Archetyp, kein Urbild mehr im göttlichen Geist vorrätig.
- Es war kein spezifischer Ort in der Welt für ihn da, alles war »schon besetzt« *(iam plena omnia)*.
- Der Mensch wird deshalb als ein Lebewesen ohne unterscheidende Züge und positive Eigenschaften entworfen.
- Er muß sich aus diesen konstitutionellen Gründen erst selbst ein Wesen schaffen. Die Existenz geht der Essenz voraus (nicht erst bei Sartre).

In Reformation und Gegenreformation sowie in der barocken Schulmetaphysik nimmt sich die christliche Theologie wieder des Themas »Mensch« an. Literarische Seiten- und Unterströmungen der offiziellen Philosophie, insbesondere die Skepsis (Montaigne, Charron) und die Moralistik (La Rochefoucault, Chamfort), reflektieren weiterhin auf die menschliche Lebenserfahrung in der Alltagswelt, auf die Lage des Menschen, seine *Situation* beziehungsweise *Grundsituation*, die der Skeptiker Pierre Charron 1601 in seinem Werk *De la sagesse* als erster Autor der Neuzeit »condition humaine«, lateinisch *conditio humana* nennt (Charron, 1968/1601).

Während die Schulmetaphysik keine Emanzipation der philosophischen Anthropologie zuließ, sieht man bei Kant deutliche Schritte in eine solche Richtung. Der englische Empirismus (Locke, Hume), der französische Materialismus (Holbach, Helvetius, De la Mettrie) und das Denken Rousseaus wirkten hier vorbereitend. So lehrt Kant, man könne die drei Grundfragen der Philosophie:

- Was kann ich wissen?
- Was soll ich tun?
- Was darf ich hoffen?,

also die theoretische, die praktische und die religionsphilosophische Grundfrage in der anthropologischen Frage

- Was ist der Mensch?

zusammenfassen (Kant, 1800). In seinen nachgelassenen Aufzeichnungen *Opus posthumum* finden sich programmatisch bleibende Entwürfe zu einer von ihm so genannten *anthropologia transcendentalis*, das heißt zu einer philosophischen Anthropologie, die auf dem fundamentalen und kritischen Niveau seiner sonstigen Hauptwerke angesiedelt werden sollte (Kant, 1936). In seiner eigenen ausgearbeiteten *Anthropologie in pragmatischer Absicht* (1798) behandelt Kant Lebensphänomene und Grundbefindlichkeiten, die später ins Zentrum der philosophischen Anthropologie des 20. Jahrhunderts rücken: Das Unbewußte, den Traum, Stimmungen wie Melancholie, Depression, Langeweile, Furcht und Angst, Wehmut und Sehnsucht, das Spiel, Lachen und Weinen, die menschliche Sexualität. Er sieht hier, daß eine genuine philosophische Anthropologie weder durch eine Metaphysik noch durch eine theologische Theorie, noch durch die mathematischen Naturwissenschaften geliefert werden kann. Sie alle handeln nicht von den konkreten Alltags- und Lebenserfahrungen des Menschen – auch nicht vom Altern als einem komplexen Lebensphänomen aus solchen Erfahrungen.

Vorläufer der modernen philosophischen Anthropologie im 19. Jahrhundert sind die anti-metaphysischen Autoren Kierkegaard, Marx, Nietzsche und zu Beginn des 20. Jahrhunderts Freud. Es ist für sie charakteristisch, daß sie die konkrete Praxis und Erfahrung des Lebens ins Zentrum stellen, wie Furcht, Angst, Liebe und Tod, die Arbeit, die Herkunft des Menschen aus der Natur, seine Triebhaftigkeit, seine Sexualität, die verborgenen Seiten seines Seelenlebens. Man kann auch noch Darwin zu diesen anthropologischen Autoren des 19. Jahrhunderts zählen. Es bildet sich eine grundsätzliche Vorstellung vom Menschen heraus, die bereits Johann Gottfried Herder mit seiner Bestimmung des »Mängelwesens« Mensch vorweggenommen hatte.

Die Hauptwerke der philosophischen Anthropologie der ersten Hälfte des 20. Jahrhunderts von Helmuth Plessner, *Die Stufen des Organischen und der Mensch* (1928), Max Scheler, *Die Stellung des Menschen im Kosmos* (1928), und Arnold Gehlen, *Der Mensch. Seine Natur und seine Stellung in der Welt* (1974/1940), thematisieren diese organische Mittellosigkeit (das Fehlen besonderer Angriffs-, Schutz- oder Fluchtorgane, die Unspezialisiertheit der Sinne, das Fehlen eines Haarkleides und einer natürlichen Anpassung an die Witterung, dauerhafte Foetalzustände, die lange Hilflosigkeit der Kleinkindphase, die späte Geschlechtsreife). Diese Mittellosigkeit scheint durch Weltoffenheit, Sprache, Kultur und Institutionenbildung des Menschen ausgeglichen (»kompensiert«) zu werden.

Im folgenden soll das menschliche Altern in den Blick philosophisch-anthropologischer Analysen treten. Diese Analysen verstehen sich erstens so, daß sie ein *vernünftiges Verständnis derjenigen Begriffe* erarbeiten sollen, mit denen wir uns die Grundsituation des Menschen angesichts des Alterns vergegenwärtigen können, und zweitens so, daß mit ihnen ein *sinnvolles praktisches Selbstverständnis* angesichts der späten Lebenszeit artikulierbar wird. Philosophische Anthropologie und Ethik sollen auf diese Weise verbunden werden.

Es gilt die Thematik des menschlichen Alterns für die Philosophie zurückzugewinnen. Neuzeit und Aufklärung richteten ihre normativen Ansprüche an *alle Vernunftwesen.* Ihre universalistische Ethik mußte aus Prinzip und zu Recht von bestimmten *materialen* Bedingungen und Bedingtheiten des menschlichen Lebens – etwa bestimmten Lebensaltern – absehen. So wendet sich der eben unbedingte, der Kategorische Imperativ Kants nicht an Ältere oder Jüngere, sondern formal an alle freien, potentiell moralischen Wesen und an die Form ihrer Willensbildung.

Die alte, die antike Ethik der Glücksorientierung fragte demgegenüber mit Sokrates und Aristoteles: Wie ist ein gelingendes Leben (gr.: eu zen) für den Menschen möglich? Sie richtet keinen Kategorischen Imperativ, kein universales Sollen, an alle Menschen, sondern fragt nach dem Glücken des Lebens jedes einzelnen, nach der *Eudämonie.* Die eudämonistische Ethik muß daher auf die jeweilige Lebenssituation des Menschen Rücksicht nehmen, dem sie raten will. Die Ethik des guten Lebens muß darüber hinaus auf die grundsätzliche Situation des Menschen, die *conditio humana,* blicken, um lebenstragende Einsichten über die Möglichkeiten des Glücks zu gewinnen. Daher entwickelt sich in der Tradition des antiken Eudämonismus eine *Ethik der Lebensalter.* Und die materiale, teleologisch-eudämonistische Ausrichtung dieser Ethik verklammert sie von vornherein ganz eng mit einer *Philosophischen Anthropologie.*

Durch die Untersuchung des Phänomens des menschlichen Alterns kann auch das lebensphilosophische Defizit der modernen Ethik überwunden werden. Die Thematik erfordert es, in eine Philosophische Anthropologie in praktischer Absicht eingebettet zu werden. Aufgrund der nötigen systematischen Behandlung werden Motive der antiken Ethik und der Tradition der Lebensweisheit – übrigens auch theologische Motive – anklingen, jedoch nicht aus philosophiehistorischem Interesse. Vielmehr soll der praktisch-anthropologische Kern der lebensphilosophisch-eudämonistischen Ethik in einem ersten Schritt durch die Freilegung der *Konstitution der menschlichen Grundsituation* wieder erreicht werden. Weiterhin können die gewonnenen anthropologischen Grundzüge hinsichtlich des *faktischen* Prozesses des Alterns als eines »Werdens zu sich selbst« betrachtet werden, womit sich die These von einer *Radikalisierung der menschlichen Grundsituation* verbindet. Schließlich soll diese Radikalisierung unter dem Stichwort »*Endgültigwerden*« in praktischer Perspektive auf ihre Bedeutung für die Ethik untersucht werden.

B. Die Konstitution der menschlichen Grundsituation

Das menschliche Leben weist konstitutive Grundzüge auf, die wir nicht ändern können und die daher auch praktisch von großer Bedeutung sind. Diese Züge sind somit unhintergehbare Formen des menschlichen Lebens, die alle möglichen Lebenssituationen prägen: zum Beispiel die Situationalität selbst, die Zeitlichkeit, die Räumlichkeit und die Leiblichkeit des Lebens. Wenden wir uns denjenigen konstitutiven Formen des Lebens zu, die für eine Klärung des Phänomens des menschlichen Alterns entscheidend sind.

1. Praktische Sinnentwürfe

Alles menschliche Handeln geschieht in einem situationalen Sinnhorizont. Vergegenwärtigen wir uns einige menschliche Lebenssituationen:

- ein gemeinsamer Einkauf von Lebensmitteln;
- die Suche nach einem verlegten Gegenstand;
- eine Streitsituation;
- das Trösten eines Trauernden;
- sich erkundigen nach dem Weg.

Solche Situationen sind überhaupt nur in der Gemeinsamkeit des menschlichen Zusammenlebens verstehbar, weil im Regelfall jeweils der praktische Sinnentwurf allgemein einsichtig ist, der in ihnen verfolgt wird. Seit Aristoteles wird in der Analyse des menschlichen Handelns hervorgehoben, daß die Sinnentwürfe *Ketten* bilden: Ich suche nach meiner Brille, um sie zu finden und um sie dann wieder zu verwenden. Ich erkundige mich nach dem Weg, um weiterzukommen, um zu einer Person zu gelangen, mit der ich sprechen will. Alle Ketten haben ein Ende. Die praktischen Sinnentwürfe sind auf jeweilige *Erfüllungsgestalten* ausgerichtet: das Einkaufen der Lebensmittel auf das Essen und die Erhaltung des Lebens; die Suche auf das Finden des Gegenstandes; das Streiten auf Versöhnung; das Trösten auf die Beruhigung des Trauernden. Die Sinnentwürfe eines Menschen oder einer gemeinsamen Lebenspraxis stehen nicht beziehungslos und isoliert für sich da. Es lassen sich lokalere von totaleren, wichtigere von unwichtigeren Entwürfen unterscheiden. Einzelne, lokale Sinnentwürfe stehen in einem größeren Kontext der Lebenserhaltung, und dieser wird umgriffen von ganzen Lebensplänen und Lebensaufgaben, von leitenden Hoffnungen und Rahmenzielen.
Die praktischen Sinnentwürfe im menschlichen Leben stiften allererst den Sinn für instrumentelle, technische Entwürfe. Das heißt: Wenn wir nicht wissen, welchen praktischen Sinn wir mit einem instrumentellen Handeln verbinden, dann wird auch dieses Handeln sinnlos. Ich finde mich mit einer Schere in der Hand vor, mir

fällt aber nicht mehr ein, was ich mit ihr wollte, welchen Zeitungsartikel ich ausschneiden wollte. Wenn die sinnkonstitutive Praxis wegfällt, dann werden die Techniken ihrerseits als *Techniken* sinnlos. An dieser Stelle werden bereits die *Nicht-Instrumentalität* und die *Nicht-Partialität* der genuinen Sinngestalten des Lebens deutlich. Wesentliche praktische Sinnentwürfe *sind* bereits Erfüllungsgestalten des menschlichen Lebens:

- Die Erfüllung basaler Bedürfnisse durch Essen und Trinken läßt sich nicht lediglich als Mittel zum Zweck der Lebenserhaltung verstehen.
- Genuin moralische Sinnentwürfe sind selbst ihr Sinn, ebenso kommunikative Sinnentwürfe (Freundschaft und Liebe); sie entziehen sich funktionalen und instrumentellen Sichtweisen.
- Ästhetische Sinngestalten (z. B. musikalische Kompositionen oder Gemälde) sind selbst sinnvoll und nicht lediglich »um etwas anderen willen« da. Sie entziehen sich – ihrer Idee nach – instrumentellen und quantitativen Kategorien.
- Religiöse Sinnentwürfe (Gebet, Feier) tragen ihren Sinn in sich selbst.

Entscheidend für die eine menschliche Welt konstituierenden praktischen Sinnentwürfe ist die *Untrennbarkeit* von Entwurf und Erfüllung. In den jeweiligen komplexen Lebenssituationen besteht in der Regel keine Unklarheit über die möglichen Erfüllungsgestalten. In den konkreten Orientierungssituationen ist vielmehr ein praktisches Vorverständnis der gelungenen (und auch der mißlungenen) Formen menschlicher Praxis geläufig. Diese Tatsache des praktischen Vorverständnisses zeigt: Ohne die jeweilige Erfüllungsgestalt lassen sich die Sinnentwürfe unseres Lebens nicht verstehen. Und das gilt nicht nur für einen distanzierten Betrachter des menschlichen Tuns und Treibens: Es gilt ebenso für jeden Menschen *im Bezug auf sich selbst.* Die Störungen solcher praktischer Gewißheit werden selbst als defizitär erfahren: »Ich habe zu nichts Lust«, »Alles ödet mich an«, »Ich weiß nicht, was ich tun soll«, dieses Leiden an mangelnden Sinnentwürfen bekundet bereits das Verlangen nach Beendigung dieses Zustands. *Daß der Mensch selbst als Sinnentwurf existiert und das praktische Vorwissen möglicher Erfüllungsgestalten für ihn orientierungskonstitutiv ist, das ist auch die Voraussetzung von Entfremdung und Entbehrung.*

Die Erfüllungsgestalten sind zentrales Konstituens unserer praktischen Sinnentwürfe. Die praktisch-anthropologische Tradition hatte diesen Grundzug menschlichen Lebens in dem Satz formuliert: *Alle Menschen streben nach dem Glück.* Alle Menschen wollen glücklich sein. In seinen Analysen zum guten Leben spricht Aristoteles in der *Nikomachischen Ethik* vom *höchsten Gut*, das alle Menschen erreichen wollen. Die christliche Theologie hat das eine höchste Gute im Anschluß an die antike Ethik der Eudämonie dann mit *Gott* identifiziert. In diesem Sinne ist der Satz des Augustinus aus den *Confessiones* zu verstehen: »Unruhig ist unser Herz, bis es ruhet in Dir (in Gott, Anm. d. Verf.)« (*Confessiones*, S. 24).

Wir dürfen uns aber die Bezogenheit unserer Sinnentwürfe aufeinander und untereinander *nicht* hierarchisch abgestuft vorstellen. In einer solchen Vorstellung vom Guten hätten wir zunächst lokale, einzelne Handlungen, dann träten größere Sinnhorizonte in den Blick, schließlich, »am Ende« der Hierarchie, an der »Spitze« der Pyramide von Zwecken *ein* Endziel: *das gute* oder *das glückliche Leben* genannt. Warum ist diese traditionelle Vorstellung vom guten Leben zu kritisieren?

Der erste Grund der Kritik ist die *Dignität* der vermeintlich unteren, inferioren, in Wirklichkeit elementaren und fundamentalen Entwürfe und Erfüllungen, zum Beispiel die sinnlich-leiblichen wie Essen, Trinken, Schlafen, aber auch Hören und Sehen. Sie haben neben ihren tragenden Funktionen für weitere, komplexere Sinnentwürfe einen selbstzweckhaften, selbstgenügsamen Kern. Die Funktionalisierung aller Praxis auf *ein* Endziel hin vergleichgültigt die vielen sinnvollen Formen gelingenden Lebens. Der zweite Grund schließt hier an: es ist die *Komplexität* des Guten. Eine materiale Ziel-Hierarchisierung auf *ein* höchstes Gut hin bringt leicht eine gefährliche Instrumentalisierung mit sich. Aristoteles schloß aus dem Satz »Alle Handlungsketten haben ein Ende« irrtümlich auf die Behauptung »Es gibt genau ein Ende und Ziel aller Ketten, ein höchstes Gut«. *Diese* Konsequenz ist nicht stichhaltig. Wir können die Grundidee der praktischen Anthropologie der Antike: die konstitutive Erfüllungsorientiertheit des Menschen, der selbst als praktischer Sinnentwurf sein Leben führt, festhalten und gleichzeitig von einer Komplexität möglicher Erfüllungen, von der Komplexität des guten Lebens ausgehen. Dies wird auch für das menschliche Altern in praktischer Perspektive wichtig: Es gilt zu fragen, welches die *altersspezifischen* Erfüllungsgestalten des Lebens sind. Entwicklungspsychologen sprechen in diesem Zusammenhang von Entwicklungsaufgaben.

2. Das kommunikative Wesen des Menschen

Die praktischen Sinnentwürfe führen von selbst zu einem zweiten Konstituens der menschlichen Grundsituation, sind es doch ganz wesentlich *kommunikative* Erfüllungsgestalten im gemeinsamen Leben, die wir mit unseren Sinnentwürfen anstreben. Betrachten wir wieder uns allen vertraute Lebenssituationen:

- jemandem zuhören;
- jemandem helfen;
- sich untereinander beraten;
- an jemanden denken;
- auf jemanden warten;
- für jemanden arbeiten;
- einander lieben/hassen/gleichgültig sein.

Das, was wir jeweils tun und wie wir uns zu uns selbst verhalten können, das ist durch solche kommunikativen Weisen des Miteinanderseins geprägt und wird durch sie ermöglicht. Wir *werden Menschen* inmitten eines gemeinsamen Lebens mit den anderen. In diesem Sinne hatte die antike praktische Philosophie den Menschen als *sprachliches* (zoon logon echon) und *politisches*, in der Stadt lebendes (zoon politikon) Wesen bestimmt. Wir werden zu uns selbst im Medium kommunikativer Praxis. Das ist auch für den Prozeß des Alterns, der nicht nur ein biologischer, sondern ebenso ein sozialer, politischer und kultureller Prozeß ist, festzuhalten. Wir dürfen praktisch-anthropologisch bei der Analyse der menschlichen Grundsituation nicht von isolierten Einzelsubjekten ausgehen, die *dann* auch zu gemeinsamen Formen des Lebens zusammenfinden. Vielmehr kommt der kommunikativen Realität des gemeinsamen Lebens der Vorrang vor jeder monologischen, auf einzelne Subjekte zentrierten Perspektive zu. Gerade für die Analyse solcher Phänomene wie Einsamkeit ist dies wichtig. Es sind stets primär *Relationen zwischen Personen* – kommunikative Formen des Lebens –, die allererst die Selbstverhältnisse der Personen ermöglichen. *Menschliche Praxis ist überhaupt nur möglich, wenn mehrere Handelnde das gleiche tun.*

Die antike Ethik der Eudämonie hatte diese kommunikative Perspektive von vornherein. So sind die wesentlichen sogenannten *Tugenden* in der *Nikomachischen Ethik* des Aristoteles kommu-

nikative Lebensformen: Wahrhaftigkeit, Gerechtigkeit, Freundschaft. Erst in der neuzeitlichen Subjekt- und Bewußtseinsphilosophie, beginnend mit Descartes, wird das isolierte Erkenntnissubjekt zum Urmodell der menschlichen Grundsituation. Bis zu Kant bestimmt es auch die Praktische Philosophie. Es war der jüngere Hegel in Jena, der gegen ein solches monologisches Verständnis der Konstitution unserer Welt wieder dezidiert ein kommunikatives Modell setzte: In den gemeinschaftlichen Praxisformen der *Arbeit*, der *Sprache* und der *Liebe* habe sich die Menschheit aus der Natur befreit und zur Kultur entwickelt. Wir müssen dies festhalten: Die Welt des Menschen kann primär nicht im Rekurs auf die Eigenschaften isolierter Subjekte angemessen beschrieben werden, sondern ihre konstitutiven Züge sind bereits jeweils den einzelnen Subjekten vorausliegende kommunikative Beziehungen zwischen Menschen. Das kommunikative Wesen des Menschen zeigt sich evident in der durchgängigen *Angewiesenheit auf die Mitmenschen* in Theorie und Praxis. Es zeigt sich in *pädagogischen* Formen des gemeinsamen Lebens (lehren und lernen), in Formen des *politischen* Lebens (Macht, Herrschaft und Kompromiß), in *ökonomischen* Formen (z. B. tauschen und handeln), in *sexuellen* und *erotischen* Formen des Lebens, in *ästhetischen* Formen (bauen und wohnen), in den kongregativen Formen der *Religion.* Diese *interexistentielle* Grundform unserer Weltorientierung tritt aber auch in verdeckter Gestalt auf: bei der Bestimmung dessen, was »Wirklichkeit« ist, bei der Beschreibung eines Gegenstandes. Niemand kann bloß für sich allein eine solche Bestimmung sicher leisten. Bereits für das Wirklichkeitsverständnis des *Common sense* in der alltäglichen Welt ist unbestritten, daß private Einfälle, Phantasien und Intuitionen der gemeinsamen Prüfung bedürfen, um standhalten zu können.
Entscheidend ist, daß das Werden der Menschen zu sich selbst über die *kommunikativen* Erfüllungsgestalten praktischer Sinnentwürfe im gemeinsamen Leben ermöglicht wird. Für die Kindheit, die Jugend, die Erziehung und Ausbildung ist dies klar; zu fragen ist, in welchem Sinne es auch für die Phase des Altwerdens zutrifft. Das kommunikative Wesen des Menschen weist schließlich auf die *soziale, kulturelle* und *geschichtliche Verfassung* der menschlichen Grundsituation. Diese fundamentalen Gegebenheiten relativieren in gewisser Hinsicht die Bedeutung des Alternsprozesses des einzelnen für die Gestalt seines Lebens; eine solche Gestalt kann

jedenfalls nicht außerhalb des gemeinsamen Lebens gewonnen werden.

3. Einmalige Ganzheit und Leiblichkeit

Bei aller Akzentuierung des kommunikativen Wesens des Menschen gehört das existentielle *Alleinsein* konstitutiv zur menschlichen Grundsituation. Die Spannung beider bildet einen wesentlichen Zug der Dialektik der menschlichen Situation. Mehr noch: Erst auf dem Grund der Gemeinsamkeit kann sich so etwas wie Einsamkeit, Subjektivität und das Bewußtsein von Individualität entwickeln. Das Leben des einzelnen geht im kommunikativen Wesen des Menschen nicht auf. Vielmehr ist jedes Leben eine *singuläre Totalität*, eine *einmalige Ganzheit*, die konkret an der begrenzten leiblichen Gestalt in Erscheinung tritt. Bereits Platon benannte den menschlichen Leib als Individuationsprinzip. Die sich entwickelnde einmalige Ganzheit des Lebens darf nicht als etwas Substantielles *neben, hinter* oder *über* den alltäglichen Lebensvollzügen gedacht werden. Vielmehr zeigt sie sich allein *in* den situativen praktischen Sinnentwürfen des täglichen Lebens.

Das Leben zwingt uns, ihm eine bestimmte *Gestalt* zu geben, eine *existentielle Konfiguration* unserer selbst. Diese müssen wir – in Jugend und Alter – Tag für Tag tätig hervorbringen. Die umfassende Tätigkeit der Gestaltung kann als das *Führen des Lebens* bezeichnet werden. Vom Anfang unseres Lebens an sind wir diskrete, leiblich verfaßte Wesen mit dem Zug der Einmaligkeit, einer zunächst faktisch konstatierbaren Unaustauschbarkeit und Unverwechselbarkeit. *Wir sind in unserem Leben immer an der Gestaltung der einmaligen Ganzheit, die wir faktisch schon sind, praktisch tätig: Unser Leben ist die Gestaltwerdung der singulären Totalität selbst.* Wir müssen unsere ganze jeweilige (einmalige) Situation sowohl sein als auch gestalten.

Die einmalige Ganzheit jedes Lebens ist stets unabgeschlossen und auch im Leben nie abschließend zu gestalten. Wir werden nie identisch mit den Erfüllungsgestalten, deren Sinnentwurf unser Leben ist. Erst mit dem Tod wird das Leben eine endgültige Gestalt. Wie läßt sich die Bezogenheit von Einmaligkeit und Ganzheit aufeinander näher explizieren? Die Gestaltwerdung eines Lebens muß sich in der Form einer existentiellen Dialektik vollziehen, indem einerseits die konkreten Sinnentwürfe in den einzelnen Situationen auch Bewegungen des ganzen Lebens sind und mithin ihren Sinn auch mit Bezug auf diese Ganzheit gewinnen oder verlieren, und indem andererseits dieser Rahmen der Ganzheit immer durch die *einzelnen* Sinnentwürfe in den lokalen Situationen qualifiziert wird. Erst durch diese Dialektik von Einmaligkeit und Ganzheit bildet sich die begrifflich uneinholbare Weltgestalt eines einmaligen menschlichen Lebens als *konkrete Lebensform* aus. Die Ganzheit des Lebens ist nie außerhalb von singulären Situationen erfahrbar; und die singulären Situationen lassen sich näher oder, im Ernstfall, »letztlich« nur in der Perspektive der Ganzheit begreifen. Die volle Schärfe erhält diese Feststellung in der Perspektive einer moralisch begriffenen einmaligen Lebensganzheit: Wir können hier von der *ethischen Zeit* der Verantwortung und der Schuld als der absoluten Zeit eines endlichen menschlichen Lebens sprechen.

Wie konstituiert sich das Werden zu sich selbst in der Zeit? Wie konstituiert sich die einmalige Ganzheit? Wie bildet sich, mit der geläufigen Formulierung, personale Identität heraus? Die Antwort ist wichtig für die Frage nach dem Wesen des Alterns. *Als* dieselben erfahren wir uns im wesentlichen während und nach entscheidenden, nachdrücklich erfahrenen *Veränderungen* unseres Lebens. Vor allem deswegen, weil wir tiefgreifende Wandlungen unserer selbst erleben und uns wiederum zu diesen Wandlungen verhalten müssen, erhält die Gestalt unseres Lebens ihre Unverkennbarkeit. Ein Blick auf die natürliche Gliederung unserer Grundsituation in Kindheit und Jugend, Reife und Erwachsensein, Alter und Tod macht dies bereits deutlich. Diese Wandlungen des sinn- und leiderfahrenden Lebens sind verwoben mit grundlegenden Wandlungen der Sichtweise der Welt. Wir können festhalten: *Die einmalige Ganzheit des Lebens bildet sich gemäß der existentiellen Dialektik von konkreter Einzelsituation und einzelnem Sinnentwurf einerseits, der Perspektive der Totalität unserer Existenz andererseits in den Wandlungen des Lebens aus.* Dabei spielt nicht die Vorwegnahme des eigenen Todes die zentrale Rolle – diesen Aspekt hat Heidegger in *Sein und Zeit* überakzentuiert –, sondern wesentlich sind die Weisen des *Sichtwandels* des sinnerfahrenden *Lebens*: Praktisch-anthropologisch von großer Tragweite ist daher die Tatsache, daß die Menschen nicht nur konstitutiv als Sinnentwürfe ihrer selbst zu verstehen sind, sondern darüber hinaus *als Wesen, die zu grundlegendem Wandel der Sicht fähig sind.* Sie müssen auch dazu fähig sein, denn die Probleme und Aufgaben, vor denen ein 10jähriger steht, sind in der Regel sehr verschieden von denen, die ein 40jähriger oder eine 80jährige zu bewältigen haben. Die Ausrichtung an Erfüllungsgestalten der Praxis bleibt aber bestehen.

Die einmalige Ganzheit des Lebens zeigt sich in der *Unvertretbarkeit durch andere.* »Nur ich kann tun, was ich tun kann.« – »Kein anderer kann mir meine Sinnentwürfe abnehmen.« – »Der andere ist, was ich nicht sein kann.« – Diese pragmatisch-tautologischen Sätze gelten für jeden Menschen. Wir haben es mit einer reziproken, symmetrischen Unvertretbarkeit zu tun. Die Lebenserfahrung zeigt, daß ich kein anderer sein kann. Die Unvertretbarkeit wird praktisch zur *Unaustauschbarkeit.* Wir können in diesem Zug unseres Lebens den Grund für dessen »Ernst« sehen. Die geläufige Rede vom *Ernst* des Lebens verweist auf die Unumgänglichkeit, das eigene Leben führen zu müssen. Auch die alltäglich bekannten Wendungen von der *Schwere* und der *Last* des Lebens sind mit dieser Unumgänglichkeit (und mit der Zerbrechlichkeit und Gefährdung des menschlichen Lebens) verbunden. Ihnen kommt für die Phase des Alterns besondere Bedeutung zu.

Die einmalige Ganzheit zeigt sich aber auch in der *Unvertretbarkeit für andere:* Ich bin in meiner existentiellen Eigenart, in der Singularität meines Lebens und gemäß meiner genuinen Fähigkeiten eine praktische Erfüllungsperspektive für die anderen. Wir wachsen in bestimmte natürliche Gestalten des Lebens – Tochter oder Sohn, Mutter oder Vater, Schwester oder Bruder, Großeltern – hinein, unsere Sinnentwürfe führen zu Gestaltungsaufgaben im gemeinsamen Leben, zu unserer beruflichen Arbeit. Wie stark die praktisch-anthropologische Reflexion auf die gesellschaftlich-geschichtliche Situation bezogen werden muß, zeigt an dieser Stelle ein Blick auf die Thematik der Auflösung der traditionellen Familienstrukturen, ebenso ein Blick auf die hochtechnisierten Organisationsformen der gesellschaftlichen Arbeit. Die Entfremdung der Generationen voneinander, eine Ausdifferenzierung hermetischer Partialkulturen für Alte und Junge, die Ersetzbarkeit menschlicher Arbeit durch Maschinen – diese Beispiele zeigen, daß die analysierten Konstituentien der menschlichen Grundsituation angesichts faktischer gesellschaftlicher Entwicklungen *normative Implikationen* besitzen und daß eine philosophische Anthropologie in praktischer Absicht von sozialen und politischen

Fragen nicht zu trennen ist. Das wird auch sichtbar, wenn wir an die interne Komplexität und Abstufung der einmaligen Ganzheit im Verlauf der einzelnen Lebensphasen denken: Unvertretbarkeit für andere besteht jeweils in differenzierter Form während den Lebenszeiten und ihren identitätskonstitutiven Wandlungen. Jeweils handelt es sich um Erfüllungs- und Versagungsperspektiven, bei denen es auf mich *als* Kind, *als* Tochter, *als* Lehrer, *als* Großvater, *als* Kranker oder Gesunder, *als* Erfahrener oder Unerfahrener ankommt, auf etwas, was nur ich tun oder sein kann. Ein Isolationismus der Generationen, zum Beispiel mit gesellschaftlicher Kinderfeindlichkeit und Altenreservaten, läßt sich als *kommunikative Verarmung* derjenigen Erfüllungsgestalten des Lebens analysieren, die sich der differenzierten Unvertretbarkeit für Andere verdanken können. Demgegenüber ist praktisch-anthropologisch nach den Voraussetzungen und Chancen erfüllter Ganzheit des Lebens zu fragen, ebenso nach den möglichen Erfüllungsgestalten von Individualität im gemeinsamen Leben.

Die einmalige Ganzheit des Lebens nimmt in der *Leiblichkeit* des Menschen konkrete Gestalt an. Aber wir koinzidieren im normalen Leben nicht mit den Grenzen unserer Haut, sondern wir *erstrecken* uns situativ, handelnd und sprechend, planend und überlegend, weit »in die Welt« hinaus. Diese Erstreckung hat eine zukünftige Ausrichtung und ist durch unsere praktischen Sinnentwürfe fundiert. Der Leib ist im Normalfall der Gesundheit auch keine Art äußerlicher Hülle, in der wir »stecken«. Er ist nicht als das »Außen« eines »Innen« begreifbar. Wir sitzen nicht wie »innere«, versteckte Steuermänner in einer Leibmaschine. Wir stehen auch nicht noch einmal – als luftige Geistwesen – »hinter« unserem Leib. Eine ontologische, dualistische Aufspaltung von räumlicher Körperlichkeit und unausgedehnter Geistigkeit ist philosophisch-anthropologisch verfehlt. Gerade der menschliche Leib ist die »Mitte« unserer Grundsituation, die *Mitte der Lebenswelt*, in der deren natürliche Basis und deren kommunikatives Wesen sich wechselseitig ermöglichen und durchdringen. Zu fragen ist allerdings, was die vielen charakteristischen Veränderungen der konkreten Leiblichkeit im Prozeß des Alterns bedeuten, welche Verschiebungen sie in den »normalen« Verhältnissen bewirken, inwiefern pathologische Verzerrungsformen der leiblich fundierten einmaligen Ganzheit des Lebens zu diesem Leben notwendig dazugehören.

4. Endlichkeit und Negativität

Die Endlichkeit des Menschen ist eine *intensive*, durch und durch jede Lebensbewegung prägende Endlichkeit; sie wäre viel zu oberflächlich und äußerlich konzipiert, wenn wir sie lediglich in den zeitlichen Ereignissen des Geborenwerdens und des Sterbens ansetzen würden. Bei einer Analyse des Alterns ist der Blick auf die intensive Endlichkeit wichtiger als der ständige Blick auf den Tod, der eben nicht mehr zum Leben gehört, weil sich im Alter die Zeitlichkeit des menschlichen Lebens radikalisiert. Die Endlichkeit betrifft nicht nur die *zeitliche* Begrenztheit als Konstituens der menschlichen Grundsituation, sondern alle Begrenztheiten des Menschen. Diese Gesamtheit der existentiellen Grenzen kann daher terminologisch *Negativität* genannt werden. »Negativität« soll keine abwertende Bedeutung mitführen. Wir können an dieser Stelle auch von *Begrenztheit* sprechen. Diese Negativität oder Begrenztheit läßt sich zunächst so präzisieren, daß

- unsere praktischen Sinnentwürfe letztlich *unableitbar* (spontan) sind;
- wir die einmalige Ganzheit unseres Lebens *nicht* begrifflich oder pragmatisch *objektivieren* können und
- die Menschen sich wechselseitig pragmatisch *entzogen* sind.

Positiv ist in diesen negativen Grundzügen angelegt, was die große Tradition der Praktischen Philosophie als Freiheit und Autonomie, Menschenwürde und universales Sittengesetz bezeichnet hat. Diesen fundamentalen ethischen Sinn der Endlichkeit müssen wir angesichts des Alterns als Werden zu sich selbst erneut aufgreifen.

Die Endlichkeit zeigt sich in der Unwiederbringlichkeit des gemeinsamen und einsamen Lebens, in der Unumkehrbarkeit der sterblichen Lebensbewegung, in der Unvermeidlichkeit der zukünftigen Situationen, in der Unabänderlichkeit des Geschehens, in der Unvordenklichkeit der Anfänge des sinnhaften und bewußten Lebens und in der Unvorhersehbarkeit seines Endens. Die soeben genannten Züge der menschlichen Grundsituation spielen im Prozeß des Werdens zu sich selbst im Altern eine wichtige Rolle. Die Vorsilbe »Un-« indiziert jeweils pragmatische *Handlungsunmöglichkeiten*, etwas, das wir aufgrund der Konstitution unseres endlichen Lebens *nicht können*.

Deutlicher noch wird die interne Durchsetztheit des menschlichen Lebens mit pragmatischen Handlungsunmöglichkeiten durch

Grundzüge des Selbstverhältnisses, die wir als die *Verdecktheit* der eigenen Vergangenheit, die ständig mögliche *Selbstverfehlung* und schließlich als permanente *Verletzlichkeit*, *Hinfälligkeit* und *Zerbrechlichkeit* bezeichnen. Die Verdecktheit der Vergangenheit besagt anthropologisch, daß wir uns selbst in unserer Lebensgeschichte nicht gänzlich verständlich sind und sein können. Der Mensch kann aufgrund seiner Endlichkeit seine Geschichte nicht durchschauen, seine Vergangenheit nur in geringfügigem Maße transparent machen. Dies gilt für individuelle Biographien, aber auch für internationale Groß-Geschichten. Die Menschen können ihre Vergangenheit nicht pragmatisch in ihre Verfügungsgewalt bringen. Das Vergessen des Gewesenen ist sogar notwendig: Könnten wir uns an alles erinnern, so würden wir wahnsinnig werden. Und wir müssen ja hier und jetzt tätig unser gegenwärtiges Leben führen und gestalten. Hingen wir gänzlich dem Gewesenen an und nach, so würden wir lebensunfähig werden. Die Verdecktheit des Lebens vor sich selbst im Vergessen und Verdrängen der eigenen Geschichte ist notwendig. Sie ist aber gefährlich, wenn in diese Verdecktheit eine Selbstentfremdung, eine Flucht vor sich selbst eingearbeitet ist, die hinterrücks ständig zu schaffen macht und eine Ehrlichkeit im Selbstverhältnis hartnäckig verhindert. Philosophisch-anthropologisch verbinden sich hier Fragen der Psychopathologie mit denen der Moralphilosophie. Die Theologie diskutiert die aufgewiesene Negativität im Zusammenhang mit den Grundbegriffen Schuld und Vergebung, Sünde und Gnade.

Damit verbindet sich der Aspekt der Negativität, den wir als ständig mögliche *Selbstverfehlung* bezeichnet haben. Ständig müssen wir um unserer selbst und unserer Erhaltung willen praktische Sinnentwürfe in die offene, leere Zukünftigkeit hinein vollziehen. Dieses tätige Hervorbringen unseres Lebens (auch in den Zuständen der Passivität, in Schlaf und Traum) endet erst mit dem Tod. Diese nötige Aktivität ist dem Irrtum und der Fehlbarkeit ausgesetzt. Aristoteles sagt einmal, daß das Vorbeischießen (beim Bogenschießen) einfach und leicht sei, das Treffen jedoch selten und schwer. Somit kann der Mensch die Zielgestalten seiner Existenz auf unendlich mannigfaltige Weise verfehlen, sich verlieren, an unwesentliche Dinge verfallen und verlorengehen. Die Mühe des menschlichen Daseins, der Ernst der Existenz des Menschen besteht darin, sich aus den mannigfach gegebenen

Möglichkeiten des Sich-Verfehlens herauszuarbeiten und dauerhaft zu befreien.
Den Aspekt der Verletzlichkeit können wir terminologisch auch als *Fragilität* des Menschen fassen. Diese ständige Gefährdetheit durch Unfälle, Krankheiten und durch Übergriffe der Mitmenschen, die Phänomene der Furcht, der Angst und des Wahns, schließlich die unumstößliche und dennoch unfaßbare Gewißheit von Sterben und Tod zeigen den Menschen als ein extrem bedrohtes Wesen von Anfang an, seiner Vernichtung sowohl ausgesetzt als auch – schlimmer noch – darum wissend. Die Umdrohtheit und Hinfälligkeit läßt sich auch wiederum nicht individualistisch und subjektivistisch verengen und auf das Geschick der einzelnen einschränken: Diese Hinfälligkeit bestimmt die gesamte Natur und die gesamte Geschichte, alle Völker, Nationen, Kulturen und Zivilisationsformen, alle wissenschaftlichen, politischen und religiösen Organisationsformen. Das Studium des Untergangs von Groß- und Weltreichen vermag dies eindrücklich zu vermitteln, vor allem dann, wenn der eigentliche Grund beziehungsweise das Geflecht von Gründen und Ursachen für den Untergang – entsprechend der aufgewiesenen geschichtlichen Verdeckungstendenz – im dunkeln bleibt.
Wir dürfen im Rahmen einer philosophischen Anthropologie des Alterns in praktischer Absicht die Modi der Fragilität, der Hinfälligkeit, Gefährdung und Vergänglichkeit durch die Natur, durch andere und durch uns selbst nicht wiederum isoliert von der gemeinsamen Praxis und unseren Selbstverständnissen thematisieren. Es liegt, gerade angesichts des Alterns, nahe, eine pessimistische Anthropologie des Elends des menschlichen Daseins zu entwickeln. Sie ist tatsächlich eines der Hauptmotive der europäischen Dichtung und Theologie, aber auch fernöstlicher Religionen. Philosophisch-anthropologisch wird die sündentheologisch bereits *in extenso* reflektierte konstitutive Gebrochenheit des Menschen paradigmatisch in den Beschreibungen der *condition humaine,* die Blaise Pascal gegeben hat: Die charakteristischen, von ihm analysierten Daseinsweisen sind Langeweile, Eitelkeit, Nichtigkeit, Irrtum, Zweifel, Verlorenheit, die Zwiespältigkeit zwischen Nichts und Unendlichkeit, Ohnmacht, Vergänglichkeit und Tod. Die Analysen lassen sich unter dem Gesichtspunkt der konstitutiven Fragilität des Menschen bestätigen, weil sie zu Recht die *Unaufhebbarkeit* dieser Grundzüge herausstellen. Es muß

festgestellt werden: Die Modi der Fragilität, wie auch die anderen Modi der Endlichkeit und Negativität, sie sind im Kern nicht etwa defiziente und tilgbare Mißgestalten des Lebens. Sie gehören so konstitutiv zu diesem Leben dazu, daß eine von ihnen gänzlich freie und untangierte »Normalität« nicht einmal denkbar ist.
Philosophische Anthropologie und Ethik lassen sich nicht trennen. Angesichts der Fragilität, der Leidbedrohtheit und Schuldgefährdetheit muß gefragt werden: Wie sind diese Formen des Lebens in die Konstitution einer menschlichen Welt einbezogen? Sie werden allererst erfahrbar in der Perspektive unserer Sinnentwürfe und ihrer Erfüllungsgestalten. Die praktischen Sinnentwürfe bilden den Hintergrund, auf dem erst die Gestalten der Hinfälligkeit und Zerbrechlichkeit erscheinen können. *Die menschliche Fragilität wird erst in der Perspektive von Sinnentwürfen erfahren,* auf dem Hintergrund *positiver* Modi menschlicher Existenz.

C. Werden zu sich selbst: Altern als Radikalisierung der menschlichen Grundsituation

Die bisher analysierten Konstituentien der menschlichen Grundsituation: die praktischen Sinnentwürfe mit ihren Erfüllungsgestalten, das kommunikative Wesen des Menschen, die leiblich fundierte Ganzheit des Lebens, die Endlichkeit, Negativität und Fragilität – diese Konstituentien gelten anthropologisch *universal* für alle Lebensphasen und Lebenssituationen. Sie gelten selbstverständlich auch für die Phase des Alterns und das höhere Alter. Die Grundzüge bieten darüber hinaus die Möglichkeit, auf dem Weg der Analyse ihrer spezifischen *Modifikation* im höheren Alter eine philosophische Wesensbestimmung dieser Lebenszeit zu unternehmen. Dabei muß der Blick auf das *Typische* gerichtet sein: Also weder auf katastrophische Krankheitsbilder, die ein eigenes Thema einer philosophisch-anthropologischen Pathologie sind, noch auf scheinhaft forcierte Jugendlichkeit bis ins Alter, die eher Gegenstand ideologiekritischer Überlegungen ist. Wie sieht der Alterungsprozeß, zunächst betrachtet frei von besonderen Extremen, aus?
Die Wesensbestimmung des menschlichen Alterns läßt sich so

formulieren: *Der Prozeß des menschlichen Alterns ist die Radikalisierung der menschlichen Grundsituation.* Dementsprechend läßt sich die späte Lebenszeit, das höhere und hohe Alter, als die *radikalisierte menschliche Grundsituation* bestimmen. Und dies gilt mit Rücksicht auf alle wesentlichen Aspekte des Lebens, die wir bereits aufgewiesen haben. Als solche Radikalisierung läßt sich der Prozeß des Altwerdens philosophisch-anthropologisch auch als *das aufdringliche Zutagetreten der humanen Sinnkonstitution* begreifen. Von seiten der Philosophie ist der physischen und psychischen Realität dieses Prozesses, seiner Materialität, lange Zeit keine besondere Aufmerksamkeit gewidmet worden. Für die lebensweltliche Realität des Menschseins war weder in der Metaphysik – einer Wissenschaft über zeitlose Geistwesen – noch in den Naturwissenschaften – sie handeln von physischen Körpern – ein Platz. Für diese Realität war aber auch in der neuzeitlichen Vernunftethik kein Raum. Es sind daher bis in die Gegenwart lebensphilosophische und essayistische Annäherungen versucht worden, die durchaus in einer Linie mit den biblischen Weisheitstraditionen, der antiken Ethik der Eudämonie, dem lebensorientierten Skeptizismus Montaignes und der französischen Moralisten sowie dem anthropologischen Pessimismus Schopenhauers stehen. Herausragende zeitgenössische Arbeiten sind *Über das Altern. Revolte und Resignation* von Jean Améry (1968) und *Das Alter* von Simone de Beauvoir (1970). Diese Arbeiten ergänzen sich mit ihrem reichen Erfahrungsmaterial, weil Améry dezidiert individual-anthropologisch seinen eigenen Sichtwandel während des Alterns literarisch zu analysieren versucht, und weil de Beauvoir ebenso dezidiert einen sozial-anthropologischen Zugriff mit Blick auf die alternden unteren Klassen der Gesellschaft wählt.
Die Radikalisierung der menschlichen Grundsituation sowie das aufdringliche Zutagetreten der humanen Sinnkonstitution als Wesensbestimmung des Alterns und des Alt-Seins lassen sich zunächst gemäß folgenden Aspekten des Gesamtprozesses untergliedern: gemäß dem *physischen* Altern, dem *psychischen* Altern, dem *sozialen* und *kulturellen* Altern. Angesichts der einmaligen Ganzheit der menschlichen Existenz (bei noch so hoher interner Komplexität) verbietet sich aber eine vereinzelte Betrachtungsweise dieser Aspekte. Auch die von uns aufgewiesenen Konstituentien der menschlichen Grundsituation sind im strengen Sinne *gleichursprünglich*, liegen gemeinsam als Grundzüge am mensch-

lichen Leben vor, durchdringen und qualifizieren sich wechselseitig. Wir können sie in der Analyse nur künstlich und zum Zweck der Übersicht separieren. Das gilt auch von den Aspekten des komplexen Alterungsprozesses. Sie radikalisieren und intensivieren sich wechselseitig. Und dies auf eine Weise, die unsere Überschrift »Werden zu sich selbst« als eine harmonistische und teleologische Unterstellung erscheinen läßt. Denn die Erfahrungsberichte der Alternden zeugen vom »tragischen Ungemach des Alterns« (Améry, 1968, S. 12) und von einem Prozeß der *Selbstentfremdung*, in dem der Lastcharakter der Existenz sich steigert. Die philosophische Anthropologie muß diese Spannung von Selbstwerdung und Selbstentfremdung, von Erfüllung und Negativität reflektieren.

Mit Blick auf das körperliche Altern erscheint die radikalisierte Grundsituation in der Gestalt von *Störungen* leiblicher Funktionen aller Art. Störungen sind seit jeher erkenntnis-konstitutiv. Etwas fällt erst eigentlich auf, wenn es nicht mehr da ist beziehungsweise seinen Dienst versagt. Der normale jüngere Mensch gebraucht seine Gelenke und seine Sinne wie selbstverständlich, der Leib »gehorcht« problemlos. Im Prozeß des Alterns treten typischerweise Störungen ein, die in ihrer Lästigkeit *aufdringlich* sind, in ihrer *Nähe* unabweisbar. Ein alltagssprachlicher Ausdruck – zum Beispiel »die Pumpe will nicht mehr« – bezeugt die entfremdete eigene Leiblichkeit. Wie eine willensbegabte, fremdartige Apparatur erscheinen Herz und Kreislauf als eigenmächtige Instanz, die sich gegen ihren rechtmäßigen Inhaber wendet. Oder das Phänomen des »Entsetzens vor dem eigenen Spiegelbild« bei besonders gut aussehenden, nun alternden Männern und Frauen: »Das soll ich sein?!« Auch hier erleben wir ein Sich-fremd-Werden, ein Zurückschrecken, eine Unstimmigkeit angesichts seiner selbst. Solche Beispiele deuten auf eine *Gebrochenheit des Selbstwerdungsprozesses* im Altern. Der physische Alterungsprozeß schließt aber keineswegs seine Integration in ein reflektiertes Selbstverständnis aus.

Schließlich mag das Alter seinen unbezweifelbaren Sieg davongetragen haben, die Beteuerungen »Auch ich war einmal jung« den Jungen als schwer glaubhaft erscheinen, ein resignatives Akzeptieren der vollendeten Tatsachen sich einstellen. Dennoch geht der Prozeß der Störungen und Zerstörungen weiter, und der »Mangelzustand des biologischen Mängelwesens Mensch wird im Alter immer größer«, wie Paul Baltes (1989, S. 59) im Anschluß an die Anthropologie Arnold Gehlens formuliert. Wenn wir nur die Glücksfälle und die Unglücksfälle beiseite lassen, so sehen wir einen typologischen Beeinträchtigungs- und Zerfallsprozeß, der unaufhaltsam und irreversibel ist wie die Zeit selbst.

Oscar Wilde, der in seinem *Bildnis des Dorian Gray* die Thematik des Altwerdens subtil behandelt hat, schreibt: »Die Tragödie des Alters beruht nicht darin, daß man alt ist, sondern daß man jung ist« (Wilde, 1924, S. 285). Man bringt eine in jüngeren Jahren ausgebildete personale Identität mit ins Alter, eine Identität, mit der man vertraut ist und die man sich selbst in seinen Sinnentwürfen geschaffen hat. Diese bejahte Identität tritt in Spannung zu der beginnenden physischen Fragilität, die gegen die autonom herausgebildete Gestalt der eigenen Existenz gerichtet scheint. Und doch gehört der physische Alterungsprozeß zur innersten eigenen Natur des Menschen. Die Radikalisierung der Physis kann mit Améry (1968) als *Körperwerdung* und *Materialisierung* charakterisiert werden, insofern, als ihre Aufdringlichkeit als Belastung und Beschwernis die Aufmerksamkeit zunehmend auf sich lenkt. Die körperliche Befindlichkeit drängt sich auf, am unabweisbarsten in chronischen Schmerzen, am schlimmsten in der gänzlichen Schmerzwerdung, die alle anderen Orientierungen tilgt, wenn wir einmal die Möglichkeit eines radikalen Stoizismus beiseite lassen. Die dialektische Spannung im Selbstverständnis, die durch die Radikalisierung der Leiblichkeit mit der Körperwerdung eintritt, läßt Améry formulieren:

»Ich bin Ich im Altern *durch* meinen Körper und *gegen* ihn: ich war Ich, als ich jung war, *ohne* meinen Leib und *mit* ihm. Das Altern ist der Moment des dialektischen Umschlags: die Quantität meines sich gegen die Vernichtung hin bewegenden Körpers wird zur neuen Qualität eines transformierten Ich« (Améry, 1968, S. 56).

Wie auch immer der physische Alterungsprozeß im einzelnen verläuft, wir können festhalten, daß es sich um eine gravierende *Radikalisierung der leiblich verfaßten Grundsituation* des Menschen handelt, die in diesem Prozeß in der oft schmerzhaften und beschwerlichen Körperwerdung aufdringlich zutage tritt; die einmalige Ganzheit der leiblichen Existenz wird schmerzhaft bewußt.

Dieses Bewußtsein führt uns zum Aspekt des psychischen Alterns. Er ist mit der endlichen Zeitlichkeit des Lebens und mit Modifikationen der praktischen Sinnentwürfe und Erfüllungsgestalten verbunden. Die Zeit des gelebten Lebens und mithin der Erinnerung wird immer mehr, die noch zu lebende zukünftige Zeit immer weniger. Die Möglichkeit, daß ein wehmütiges »einst« die gegenwärtige Erfahrung färbt, wird immer mehr gesteigert. Im Alltag fallen Äußerungen wie »Ein alter Mensch lebt nur noch in der Vergangenheit«. So, wie wir angesichts der Physis von einer Körperwerdung sprechen, können wir mit Bezug auf die Erfahrung des Bewußtseins von einer *Zeitwerdung* sprechen. Die intensive Verzeitlichung ist objektiv durch das Ausrinnen der Lebenszeit und durch das Anwachsen des gelebten Lebens gegeben. Gleichermaßen modifiziert sich der intentionale Charakter der praktischen Sinnentwürfe und ihrer Erfüllungsgestalten. Während in früheren Lebensphasen Hoffnungen, Erwartungen und Anforderungen eine gespannte Ausrichtung auf *mehr neuen Sinn in der Zukunft* motivieren, reduziert sich diese Ausrichtung im Alter. Diesen Aspekt hat bereits Schopenhauer in seinen *Aphorismen zur Lebensweisheit* unter dem Gesichtspunkt der Befreiung von Illusionen pointiert herausgearbeitet:

»Vom Standpunkt der Jugend aus gesehn, ist das Leben eine unendlich lange Zukunft; vom Standpunkt des Alters aus, eine sehr kurze Vergangenheit; so daß es Anfangs sich uns darstellt wie die Dinge, wann wir das Objektivglas des Opernkuckers ans Auge legen, zuletzt aber wie wann das Okular. Man muß alt geworden seyn, also lange gelebt haben, um zu erkennen, wie kurz das Leben ist« (Schopenhauer, 1974/1851, S. 243).

Schopenhauer akzentuiert die Tendenz, daß im Alter »des Unbedeutenden« immer mehr wird, da schon alle Vorgänge und Ereignisse bekannt seien. »So läuft denn die Zeit immer spurloser ab« (S. 244), »die Dinge eilen vorüber, ohne Eindruck zu machen«, »der Intellekt« wird »so abgeschliffen, daß immer mehr Alles wirkungslos darüber hingleitet; wodurch dann die Tage immer unbedeutender und dadurch kürzer werden: die Stunden des Knaben sind länger, als die Tage des Alten. Demnach hat die Zeit unseres Lebens eine beschleunigte Bewegung, wie die einer herabrollenden Kugel; und wie auf einer sich drehenden Scheibe jeder Punkt um so schneller läuft, als er weiter vom Centro abliegt; so verfließt Jedem, nach Maßgabe seiner Entfernung vom Lebensanfange, die Zeit schneller und immer schneller« (Schopenhauer, 1974/1851, S. 248 f.).

Gesteigert wird der Eindruck der rasch verrinnenden Zeit aber nicht nur durch die von Schopenhauer in typisch pessimistischem Gestus akzentuierte Abstumpfung, sondern auch durch das sich radikalisierende Bewußtsein der Kostbarkeit der weniger werdenden verbleibenden Zeit. Im übrigen darf nicht verkannt werden, daß der ganze beschriebene Prozeß im Alter ebenso die reflexive Gestalt der *Lebenszufriedenheit* anzunehmen vermag.
Die Radikalisierung des Zeitbewußtseins im Verlauf des Alterns kann mehr oder weniger stark ausgeprägt sein. Sie hat ihren Gegenhalt in der *Normalität* und *Kontinuität* des alltäglichen Lebens, solange es wie üblich fortgesetzt werden kann. Thomae (1989) weist in seinem Aufsatz »Veränderungen der Zeitperspektive im höheren Alter« verbreitete Auffassungen von einer »krisenhaften« Veränderung der Zeitperspektive im Alter zurück. Es zeige sich, daß »Jugendliche und ältere Personen (Durchschnittsalter 71 Jahre) sich nicht in ihrem Zeiterleben voneinander unterscheiden. Den Jugendlichen war ihre Zeit genauso wertvoll wie den Älteren, und sie schien ihnen auch genauso rasch zu vergehen wie den Älteren« (Thomae, 1989, S. 60).
Mir scheinen die aufgebotenen empirischen Befunde jedoch die These von der *objektiven* Radikalisierung der menschlichen Situation im Alter nicht zu widerlegen. Eher belegen sie
- die Universalität und Kontinuität der menschlichen Grundsituation, die keineswegs erst im Alter als krisenhaft und schwer zu bewältigen erfahren wird;
- die Bewältigungsstrategien des bewußten Lebens im Alter.

Gemäß der Bonner Gerontologischen Längsschnittstudie rangiert zum Beispiel das »Beschäftigtsein mit Gedanken an die *Endlichkeit des Daseins*« in einer Gruppe von befragten Testpersonen erst auf dem elften Themenrangplatz von insgesamt fünfzehn Themen. Auch die starke Vergangenheitsorientiertheit läßt sich empirisch zumindest relativieren. Die Auseinandersetzung mit der Endlichkeit ist stark von der Sorge um Äußerlichkeiten (Begräbnis) sowie durch eine »forcierte matter-of-fact-mindedness« (Thomae, 1989, S. 64) – das Akzeptieren der Faktizität des Sterbenmüssens – geprägt. Solche und ähnliche empirische Studien geben, philosophisch betrachtet, die *Meinungen* von bestimmten Menschengruppen im Kontext künstlich hergestellter Befragungssituationen wieder. Sie können daher nicht das eigene Nachdenken und die Bemühung um praktische *Einsichten* angesichts von Alter und

Endlichkeit ersetzen, die philosophisch und ethisch geboten sind.
Wir dürfen die Aspekte des Alterungsprozesses nicht voneinander isolieren: Das physische und das psychische Altern gehören zusammen, und sie sind eingebettet in das *soziale und kulturelle* Altern. Es wäre eine verhängnisvolle Subjektivierung und Individualisierung, wollte man die einsame, private Zeiterfahrung des Einzellebens und seiner Endlichkeit losgelöst von den kommunikativen Formen des Lebens und separat von den gesellschaftlich-geschichtlichen Gesamtentwicklungen begreifen. Die Gebrochenheit im Werden zu sich selbst und die radikalisierte Zeiterfahrung können sich im Verlust von Partnern und Angehörigen, nahen Freunden und Verwandten »seiner Generation« verstärken. Dieses Altern ist aufgrund des *kommunikativen Wesens des Menschen* unbestritten einer der gravierendsten Aspekte, das Akzeptieren des Verlustes des Partners eine der am schwersten zu vollbringenden existentiellen Leistungen des Menschen. Sehr Alte beklagen, daß sie sich mit niemandem mehr so recht unterhalten können, weil die Kontexte und Sprachkonventionen, die Horizonte gemeinsamer Erfahrung und Bekanntschaft zerfallen sind. Insofern erscheint das Werden zu sich selbst als *Vereinzelung* und geht mit einem *Fremdwerden* in der Welt einher.
Das soziale und kulturelle Fremdwerden kann durch die generationelle Asymmetrie sowie durch die gesellschaftlichen Innovationsschübe in den westlichen hochtechnologisierten Ländern die Tendenz zum *Nicht-Verstehen der eigenen Lebenswelt* begünstigen. Die eigene Ich-Identität und das eigene Normensystem nebst den für sie konstitutiven Erfahrungen sind in einem sozialen und kulturellen Feld herausgebildet worden, das so nicht mehr besteht. Es ist zur erinnerten Zeit geworden. Das Tempo des gesellschaftlichen Wandels und der geschichtlichen Veränderungen hat sich in den letzten 100 Jahren so gesteigert, daß die Entfremdung und Verständnislosigkeit älterer Generationen nicht überraschen kann. Wenn es auch muntere Anpassung und schwungvolles Aufgreifen modischer Trends bei den »jungen Alten« gibt, wenn auch eine nicht verkümmernde Neugier auf die interessanten Entwicklungen in Gesellschaft und Kultur bei manchen zu beobachten ist, auch solche Haltungen kommen an Grenzen, selbst dann, wenn sie ursprünglich glaubwürdig waren.
Betrachten wir die physischen, die psychischen, die kommuni-

kativ-sozialen und die kulturellen Aspekte des Alterns, die wir aufgewiesen haben *in toto* und in ihrer wechselseitigen Interdependenz, so läßt sich die These von der *Radikalisierung* der menschlichen Grundsituation bei allen Modifikationen und Relativierungen voll aufrechterhalten. Die leiblichen, zeitlichen, interpersonalen und geschichtlich-kulturellen *Konstituentien* humanen Lebens treten, gerade durch ihr Gestörtwerden, aufdringlich zutage. Mit ihnen melden sich *Grenzen des Lebens*, so daß vom voranschreitenden Alter auch als von einer sich erstreckenden *Grenzsituation* der menschlichen Existenz im Sinne von Karl Jaspers die Rede sein kann. Das Leben ist – faktisch – das Werden des Menschen zu sich selbst. Dieses Werden ist von Negativitäten durchsetzt und von Fragilitäten geprägt. Es erscheint den Alt-Werdenden nicht nur als harmonisch verlaufender teleologischer Prozeß, sondern auch als Belastung, Einschränkung und Mühsal. Dabei darf zweierlei nicht zu einer verzerrten Überakzentuierung der Negativität allein hinsichtlich des Alters führen:

- das Vergessen der *Kontinuität* und *Universalität* der menschlichen Grundsituation. Probleme, Krisen und Konflikte kennzeichnen alle Lebensphasen, zumal die in der Welt noch nicht sichere Jugendzeit. Durch die viel größere Lebenserfahrung besteht im Alter die Chance zur Gelassenheit;
- das Vergessen der *Dominanz* gesellschaftlich-geschichtlicher Prozesse gegenüber dem Einzelleben. Weltkriege, Inflationen, Diktaturen als Fehlentwicklungen im Großen beeinflussen die Menschen gravierend und zum Teil auch unabhängig von ihrem jeweiligen Lebensalter.

Das Werden zu sich selbst im Alter steht weiterhin, wie das bisherige Leben, unter dem Primat der praktischen Sinnentwürfe mit ihren konstitutiven Erfüllungsgestalten. Den Aspekten der Negativität und Fragilität steht »ein hohes Maß an Zufriedenheit älterer Menschen mit ihrer allgemeinen Lebenssituation« (Thomae, 1989, S. 60) gegenüber, die wir *auch* unter dem Stichwort der Radikalisierung der Grundsituation fassen können. Hier zeigt sie sich als vertiefte Einsicht in die begrenzten Möglichkeiten des Menschen, als ein Element von *Altersweisheit.* An der durchgängigen Erfüllungs- und Glücksorientiertheit im Alter besteht kein Zweifel; sie ist ein *humanum* schlechthin. Angesichts der Phänomene der Selbstentfremdung können wir das auf Erfüllung angelegte Werden zu sich selbst im Alter mithin als ein *konstitutiv riskantes, gefährdetes und gebrochenes Werden zu sich selbst* bestimmen. Auch so bestätigt sich die These von der Radikalisierung der menschlichen Grundsituation: Denn der Mensch ist, praktisch-anthropologisch betrachtet, von Anfang an ein konstitutiv fragil auf Erfüllung angelegtes Wesen, konstitutiv gefährdet auf endgültige Erfüllungsgestalten seiner selbst und des gemeinsamen Lebens angelegt. In dieser Perspektive erscheint die *ethische* Dimension einer philosophischen Anthropologie des Alterns.

D. Endgültigwerden: Ethische Konsequenzen

Das Altern läßt sich als existentieller Individuationsprozeß, als das Gestaltwerden der singulären Totalität eines menschlichen Daseins verstehen. Welche ethischen Konsequenzen können wir angesichts des durch Negativität und Fragilität gefährdeten Selbstwerdungsprozesses, wie wir ihn bisher analysiert haben, formulieren?

Zweifellos bietet die späte Lebenszeit in mehrfacher Hinsicht Chancen für die Entwicklung moralischer, praktischer Einsichten, die in früheren Lebensphasen weniger leicht zu gewinnen sind. Endlichkeit, Negativität und Fragilität des Lebens sind deutlich erkennbar. Die Angewiesenheit des Menschen auf kommunikative Solidarität ist vielfach, auch durch Verluste, erfahren worden. Die Erfahrung der Flüchtigkeit manchen Glücks vermag eine Kraft zur Desillusionierung und Täuschungslosigkeit wachzurufen. All dies sind Komponenten, die nicht altersspezifisch sein müssen. Und kein Altwerden garantiert für die Ausbildung der gerühmten Altersweisheit. Dennoch können wir eine ethische Perspektive entwerfen, die sich *individualethisch* und *sozialethisch* ausdifferenzieren läßt.

Der Aspekt der Endgültigkeit des gebrochenen Selbstwerdungsprozesses im Alter vermag theologische Grundgedanken reformulierbar zu machen, wenngleich die Erosion religiöser Sinnmythen in der säkularisierten modernen Welt die religiöse Kultur erschüttert hat. Das Endgültigwerden besagt, daß ein Leben im Altern seine endgültige Gestalt gewinnt und *seine ganze Zeit wird:* die ganze Zeit seines Lebens. Diese ganze Zeit der singulären Totalität der menschlichen Existenz ist deshalb die *ethische Zeit* zu nennen, weil sie die Zeit ist, in der Schuld und Verantwortung, Autonomie und kommunikative Solidarität, Selbstverfehlung und moralisches Scheitern wirklich geworden sind. Endgültigkeit bewußt zu begreifen heißt, daß die Kürze des Lebens und seine Überschaubarkeit einsichtig werden, daß nun die Chance besteht, das menschlich Wichtige vom vielen Unwichtigen zu unterscheiden. Es besagt, Negativität auch als *lebenssinnkonstitutiv* zu verstehen: Das Leben bringt den Tod mit sich, die Freiheit das Böse, und die Formen kommunikativer Selbstpreisgabe und Solidarität schließen die Möglichkeit ihrer Verletzung und ihres Scheiterns ein. Die Chance zu solchen Einsichten ist keine Garantie, und ohne eigenes Zutun und Wollen, sich dem Endgültigwerden der eigenen Person zu stellen, kann auch das Alter verspielt und vertan werden wie alle Lebenszeiten. Das Alter wurde theologisch als *Gnade* gefaßt; das Endgültigwerden der Person wurde das *ewige Leben* genannt. Die philosophische Anthropologie kann nicht unmittelbar an die positive theologische Redeweise anknüpfen. Viel wäre von deren Sinn schon bewahrt, wenn im Alter die Einsicht in die Verschränktheit von Endlichkeit und Sinn, von Negativität und Erfüllung mit der Idee der untilgbaren Würde der menschlichen Person zusammenfände.

Eine Ethik des Alters darf ihre normativen Vorstellungen aber auf keinen Fall auf die Alten und sehr Alten allein beziehen. Erstens gibt es im strengen Sinne keine solchen Bindestrich-Ethiken, sondern nur *eine* universalistische Ethik, deren *Anwendung* auf verschiedene Bereiche des Lebens keine »neuen« Ethiken gebiert. Zweitens richtet sich die ethische Problematik des hohen Alters auch an die Jungen und Jüngeren, deren Mitmenschen und Mitbürger die Alten sind. Der Kategorische Imperativ Kants verlangt von unserem Handeln, daß dessen Form jederzeit zugleich das Prinzip einer allgemeinen Gesetzgebung sein können muß. Die gesamte Problematik der Radikalisierung der menschlichen Grundsituation und des fragilen, von Negativität durchsetzten Werdens zu sich selbst bezieht sich so auf die Frage nach der Gerechtigkeit und der kommunikativen Solidarität zwischen den Generationen. Die Jungen sind die potentiell Alten. Sie sollten den jetzt Alten nur das zufügen, was sie selbst einmal von Jüngeren erfahren wollen. Auf diese Weise zeichnet sich eine gesellschaftliche Aufgabe ab: eine *Kultur humanen Alterns* zu entwickeln, in der für die Alten kommunikative und existentielle Erfüllungsgestalten ihrer späten Lebenszeit im gemeinsamen Leben mit den anderen Generationen chancenreich ermöglicht und institutionalisiert werden. In einer solchen Kultur, die sicher noch unterentwickelt ist, müßte gerade angesichts der alle Menschen betreffenden Trauer über die Vergänglichkeit für Alte die Möglichkeit bestehen, der Bestimmung des Menschen zu Autonomie und Solidarität zu folgen und so in Würde endgültig zu sich selbst zu werden.

Literaturverzeichnis

Améry, J. (1968), *Über das Altern. Revolte und Resignation*, Stuttgart: Klett-Cotta.

Aristoteles (1972), *Nikomachische Ethik*, Hamburg: Meiner.

Augustinus (1907), *Bekenntnisse*. (Übers. und hrsg. von G. v. Hertling, 2. Aufl.), Freiburg: Herder.

Baltes, P. B. (1989), »Das Doppelgesicht des Alterns«. In: Max-Planck-Gesellschaft (Hrsg.), *Max-Planck-Gesellschaft Jahrbuch 1989* (S. 41-60), Göttingen: Vandenhoeck & Ruprecht.

Beauvoir, S. de (1970), *Das Alter*, Reinbek: Rowohlt.

Charron, P. (1968), *De la sagesse*, Genève: Slatkine (Erstausgabe 1601).

Gehlen, A. (1974), *Der Mensch. Seine Natur und seine Stellung in der Welt*, Frankfurt am Main: Athenäum (Erstausgabe 1940).

Giovanni Pico della Mirandola (1990), *Über die Würde des Menschen (Oratio de dignitate hominis)* (Übers. von N. Baumgarten, hrsg. von A. Buck), Hamburg: Meiner (Erstausgabe 1486).

Heidegger, M. (1979), *Sein und Zeit*, Tübingen: Niemeyer (Erstausgabe 1927).

Kant, I. (1798), *Anthropologie in pragmatischer Hinsicht*, Königsberg: Nicolovius.

Kant, I. (1800), *Logik, ein Handbuch zu Vorlesungen*, Königsberg: Nicolovius.

Kant, I. (1936), *Kants Opus posthumum* (hrsg. v. A. Buchenau), Berlin: de Gruyter.

Landmann, M. (1982), *Philosophische Anthropologie. Menschliche Selbstdarstellung in Geschichte und Gegenwart* (5. Aufl.), Berlin: de Gruyter.

Pascal, B. (1947), *Gedanken*, Wiesbaden: Dieterich.

Plessner, H. (1928), *Die Stufen des Organischen und der Mensch. Einführung in die philosophische Anthropologie*, Berlin: de Gruyter.

Scheler, M. (1928), *Die Stellung des Menschen im Kosmos*, Darmstadt: Reichl.

Schopenhauer, A. (1974), *Aphorismen zur Lebensweisheit*, Stuttgart: Kröner (Erstausgabe 1851).

Thomae, H. (1989), »Veränderungen der Zeitperspektive im höheren Alter«, *Zeitschrift für Gerontologie* 22, 56-66.
Thomas von Aquin (1981), *Die deutsche Thomas-Ausgabe der Summa Theologica* (2. Aufl., Bd. 1-12), Graz: Styria Verlag.
Wilde, O. (1924), *Das Bildnis des Dorian Gray*, Berlin: Knaur.

8. Religiöse Vernunft: Kritik und Rekonstruktion. Systematische Religionsphilosophie als kritische Hermeneutik

Als in Holland einmal die Preise für Gewürze etwas flau wurden, da ließen die Kaufleute ein paar Ladungen im Meer versenken, damit der Preis wieder hochgeschraubt würde.
Ist es Ähnliches, was wir in der Welt des Geistes benötigen?

Kierkegaard

Vorbemerkung

In welcher Situation befindet sich die Religionsphilosophie heute? Sie hat sich in den letzten drei Jahrzehnten im Kontext der philosophischen Richtungen vielschichtig entfaltet.[1] Weder besteht ein

1 Vgl. zur Diskussionssituation der Gegenwart mit Blick auf das Problem religiöser Vernunft: F. Ferré, *Basic Modern Philosophy of Religion*, New York 1967, London 1968; D. Z. Phillips, *Faith and Philosophical Enquiry*, London 1970; I. U. Dalferth (Hg.), *Sprachlogik des Glaubens. Texte analytischer Religionsphilosophie und Theologie zur religiösen Sprache*, München: Kaiser 1974; S. Hook (Hg.), *Religious Experience and Truth. A Symposium*, New York ³1974; D. Z. Phillips, *Religion Without Explanation*, Oxford 1976; A. Grabner-Haider, *Vernunft und Religion. Ansätze einer analytischen Religionsphilosophie*, Graz 1978; H. Schrödter, *Analytische Religionsphilosophie. Hauptstandpunkte und Grundprobleme*, Freiburg/München: Alber 1979; H. G. Hubbeling, *Einführung in die Religionsphilosophie*, Göttingen: Vandenhoeck & Ruprecht 1981; S. M. Cahn/D. Shatz (Hg.), *Contemporary Philosophy of Religion*, New York /Oxford: Oxford University Press 1982; R. Schaeffler, *Religionsphilosophie*, Freiburg/München: Alber 1983; ²1997; R. Audi/W. J. Wainwright (Hg.), *Rationality, Religious Belief, and Moral Commitment. New Essays in the Philosophy of Religion*, Ithaca N.Y. /London 1986; W. Oelmüller (Hg.), *Wahrheitsansprüche der Religionen heute*, Paderborn/Wien/Zürich: Schöningh 1986; W. Horosz/T. Clement (Hg.),

Nachholbedarf an Religionskritik, noch besteht ein Interesse an vordergründiger Apologetik. Längst ist die »Funktion« von Zivilreligion bekannt. Kritikbedürftig sind allerdings die Sekten und ein mit ihrem verstärkten Aufkommen ursächlich verbundener religiöser Analphabetismus. Fanatismus ist für sich bereits irrational. Der Fundamentalismus ist ein modernes Phänomen politischer Instrumentalisierung von religiösen Sinntraditionen.
Vor diesem Hintergrund scheint mir die entscheidende Frage und die eigentliche systematische Herausforderung die nach der philosophischen Beurteilung des genuinen Wahrheits- und Geltungsanspruches im Kernbereich der Religion zu sein. Die folgenden Ausführungen sollen zu dieser Frage einige grundsätzliche Klärungen beitragen.
Zwei Gesichtspunkte seien in diesem Zusammenhang hervorge-

Religion and Human Purpose. A Cross Disciplinary Approach, Dordrecht 1987; R. Swinburne, *Faith and Reason*, Oxford: Clarendon Press 1981, 1987; K. Wuchterl, *Philosophie und Religion. Zur Aktualität der Religionsphilosophie*, Bern/Stuttgart: Haupt 1987; A. Halder/K. Kienzler/J. Möller (Hg.), *Religionsphilosophie heute. Chancen und Bedeutung in Philosophie und Theologie,* Düsseldorf 1988; D. Z. Phillips, *Faith after Foundationalism,* London/New York: Boulder 1988; J. C. Staten, *Conscience and the Reality of God. An Essay on the Experiental Foundations of Religious Knowledge*, Berlin/New York/Amsterdam 1988; F. Godlove Jr., *Religion, Interpretation, and Diversity of Belief*, Cambridge 1989; P. Clayton, *Explanation from Physics to Theology. An Essay in Rationality and Religion*, New Haven Conn./London 1989; dt. *Rationalität und Religion. Erklärung in Naturwissenschaft und Religion*, Paderborn: Schöningh 1992; K. Nielsen, *God, Scepticism and Modernity*, Ottawa Ont./London/Paris: University of Ottawa Press 1989; K. Wuchterl, *Analyse und Kritik der religiösen Vernunft. Grundzüge einer paradigmenbezogenen Religionsphilosophie*, Bern/Stuttgart 1989; M. Peterson u. a., *Reason and Religious Belief. An Introduction to the Philosophy of Religion*, New York/Oxford: Oxford University Press 1991; A. Grabner-Haider, *Kritische Religionsphilosophie. Europäische und außereuropäische Kulturen*, Graz/Wien/Köln 1993. Vgl. Th. Rentsch, Artikel »Religion«, »Religionskritik«, (gemeinsam mit O. Schwemmer) »Religionsphilosophie«, in: J. Mittelstraß (Hg.), *Enzyklopädie Philosophie und Wissenschaftstheorie* Bd. III, Stuttgart: Metzler 1995 (dort umfassende Literaturhinweise); vgl. ferner: Th. Rentsch, »Thesen zur Kritik der religiösen Vernunft«, in: W. Oelmüller (Hg.), *Wiederkehr von Religion? Perspektiven, Argumente, Fragen*, Paderborn/Wien/Zürich 1984, S. 93-109, 212-218.

hoben. Zum einen scheint es mir nicht sinnvoll, das durchschnittliche aufgeklärt-atheistische bzw. areligiöse Selbstverständnis von Teilen der Bevölkerung westlicher Metropolen am Ende des 20. Jahrhunderts als Ziel und Ende der Weltgeschichte zu betrachten. Angesichts der großen Weltreligionen ist deren kulturelle und existentielle Präsenz, Prägnanz und Kontinuität in allen Weltteilen das eigentlich zu begreifende Phänomen.

Ein zweiter Aspekt ist aus philosophischer Sicht am Ende des 20. Jahrhunderts zu akzentuieren. Es ist keineswegs so, daß die Entwicklung der wirklich bedeutenden Philosophie dieses Jahrhunderts – zu ihr zähle ich die Werke Heideggers und Wittgensteins – der Linie eines Abschieds von Religion, Theologie, der Frage nach Gott und einem letzten Sinn angesichts von Leiden und Schuld, Vergänglichkeit und Tod folgte. Vielmehr speisen sich ihre Werke gerade in ihrer Radikalität und in ihren Tiefendimensionen aus religiösen und theologischen Energiequellen. »Nur noch ein Gott kann uns retten« – das war die nicht leichthin gesagte Kernaussage des letzten Interviews, das Heidegger gab.[2] Wittgenstein schrieb: »Ich möchte sagen, ›dieses Buch sei zur Ehre Gottes geschrieben‹, aber das wäre heute eine Schurkerei, d. h., es würde nicht richtig verstanden werden.« Er sagte: »I am not a religious man but I cannot help seeing every problem from a religious point of view.«[3]

Ohne die Tradition der negativen Theologie ist auch die klassische kritische Theorie Adornos und Horkheimers nicht denkbar, ebensowenig die Hermeneutik Gadamers ohne ihre theologischen Vorgestalten. Die religiösen und theologischen Wurzeln des Denkens zweier anderer Autoren der Gegenwart, von Emanuel Lévinas und Jacques Derrida, sowohl in der rabbinischen Exegese wie in der negativen Theologie, sind für die Radikalität ihrer Ethik bzw. ihrer Sinnkritik mit verantwortlich. Für Heidegger und Wittgenstein ist es weiter kennzeichnend, daß ihre kritische Reflexion der Grundlagen unseres gesamten europäischen Denkens sie in die Nähe zu

2 Das Interview stammt vom 23. September 1966. Veröffentlicht in: Der Spiegel (31. Mai 1976), S. 193-219.

3 L. Wittgenstein, Vorwort zu: *Philosophische Bemerkungen*, Hg. R. Rhees, Frankfurt am Main: Suhrkamp 1981, S. 7. M. O'C. Drury, »Some notes on conversations with Wittgenstein«, in: R. Rhees (Hg.), *Ludwig Wittgenstein: Personal recollections*, Oxford 1981, S. 102.

außereuropäischen, z. B. taoistischen bzw. buddhistischen religiösen Sichtweisen brachte.

Die weltweite universale Präsenz der Religionen in der Praxis der Kulturen der Völker, wie auch im Bewußtsein der wichtigsten philosophischen Entwürfe des 20. Jahrhunderts stellt für die systematische Religionsphilosophie die Aufgabe der Klärung des Kerngehaltes des Wahrheits- und Geltungsanspruches von Religion.

Die Philosophie hat die kritische Aufgabe, die Phänomene der menschlichen Lebenspraxis angemessen zu beschreiben, zu analysieren, ihren genuinen Sinn hermeneutisch zu explizieren und so die in ihnen geschichtlich gewordene Vernunft aufzuweisen. Diese Aufgabe besteht einerseits in der Abwehr z. B. szientistischer *Reduktionen* (Unterbestimmungen, ›Depotenzierungen‹) von lebensweltlichem Sinn; andererseits in der Abwehr metaphysischer *Verdoppelungen* der menschlichen Lebenssituation. Auch diese Verdoppelungen (Scheinbildungen) treten häufig in einem szientifischen Gewand auf. Philosophie als kritische Hermeneutik kann schließlich nicht in der Beschreibung faktischer Praxis aufgehen, denn diese ist selbst von Täuschungen durchsetzt. Es geht daher darum, den als sinnvoll begreifbaren, vernünftigen Kern lebensweltlicher Praxis freizulegen und geschichtlich gewordene Vernunft aus allfälligen Verstellungen zu befreien. Das gilt auch für das Phänomen Religion. Eine kritische Religionsphilosophie hat daher insbesondere die Aufgabe, bestimmte Mißverständnisse bzw. partiale Verständnisse von Religion auszuschließen. Diese falschen Verständnisse können sowohl auf der Ebene religiöser Praxis als auch auf der Ebene einer theoretischen Deutung dieser Praxis auftreten: im ersten Fall in ›atheistischen‹ wie ›frommen‹ Selbstverständnissen, im zweiten Fall sowohl im Rahmen theologischer Theorien wie auch im Rahmen von Religionskritiken.

Um die Struktur religiöser Vernunft aufzuzeigen, möchte ich im ersten Teil meines Aufsatzes zunächst negativ-kritisch und paradigmatisch erläutern, wie Religion und religiöse Praxis im Wesen *nicht* verstanden werden können und sollen. Im zweiten Teil werde ich dann vor diesem Hintergrund positive Bestimmungen von Religion und religiöser Rationalität vorstellen.

I.
Wie Religion nicht zu verstehen ist

Die negativ-kritische Bestimmung von Religion erfolgt durch Thesen zu ihrer Hermeneutik, die durch Beispiele aus bewußt heterogenen Kontexten erläutert werden.
Wie lassen sich religiöse Orientierungen im wesentlichen nicht verstehen und analysieren?

1. Religiöse Orientierungen lassen sich nicht als theoretische Orientierungen verstehen. Religiöse Sätze – z. B. »Christus ist auferstanden« – sind keine theoretischen Sätze. Religionsphilosophie muß metaphysikkritisch sein. Der lebensbezogene und lebensformbezogene Wahrheitsanspruch von Religionen kann nicht von bestimmten Behauptungen über die Welt z. B. in einem naturwissenschaftlichen Sinne, etwa von einem bestimmten physikalischen oder ontologischen Kosmosmodell, abhängen. Ebenso ist ihr Wahrheitsanspruch nicht von historisch zu ermittelnden Fakten allein abhängig.
Lebensbezogene, existentielle Wahrheit und naturwissenschaftliche (bzw. historische) Wahrheit sind zweierlei. Im ›Fall Galilei‹ hielten Vertreter der Kirche an der soteriologischen Relevanz einer vorkopernikanischen Kosmologie fest. Im Rahmen eines transzendenten Objektivismus und einer vorkritischen Metaphysik finden auch religiöse Grundunterscheidungen eine transzendente, kosmologische ›Lokalisierung‹. Mit der Eliminierung der vorkopernikanischen Weltvorstellung und mit der Kritik an einer transzendenten Metaphysik konnte der neuzeitliche Atheismus zunächst in einer naiven Religionskritik auch die mit diesen Weltvorstellungen zwar verbundenen, jedoch eigentlich von ihnen unabhängigen, soteriologisch und existentiell bleibend wahren religiösen Einsichten für falsch und illusionär erklären. Die Kritik am transzendenten Objektivismus, an einer supranaturalen Vorhandenheitsontologie ist im Recht und irreversibel.[4] Unbeschadet

4 Ob allerdings Metaphysik vor Kant generell und zumal im Mittelalter diesen kritikbedürftigen Status besitzt, das kann bezweifelt werden, steht jedoch hier nicht zur Debatte. Nach meinem Urteil ist die Metaphysik, die Kant kritisierte, nicht mehr diejenige z. B. eines Augustinus, eines Meister Eckhart oder eines Duns Scotus. Moses Maimonides und

dieser Kritik aber gilt: Die religiösen Fundamentalunterscheidungen von Gott und Welt, Himmel und Hölle, ›diesem‹ und ewigem Leben lassen sich nicht objektivistisch und reifizierend auf verschiedene kosmologisch verortbare ›Räume‹ projizieren, etwa: Raum I, diese Welt, Raum II, das Jenseits. Die neuzeitliche Kritik dieser Weltanstückungslehren hat das Gute, den eigentlichen Sinn und Status religiöser Sätze allererst wieder frei von vorhandenheitsontologischen (bzw. ›vorhandenheitssemantischen‹) Mißverständnissen fassen zu können. Sie folgt dabei im Kern den theologischen und religiösen Intentionen selbst. Das heißt, gerade wenn wir diese Intentionen freilegen wollen, dürfen wir ihren genuinen, emphatischen Wahrheitsanspruch nicht so verstehen, als gründe er in nicht-existentiellen, nicht-lebensformbezogenen, objektiv und neutral getroffenen Tatsachenfeststellungen, sei gewissermaßen von ihnen abhängig.

Es wird deutlich: Religiöse Orientierungen und Sätze sind als theoretische mißverstanden. Ihr praktischer Sitz im Leben und ihre ursprüngliche Verwendung im Kontext von Lebensformen muß gegen objektivistische ›Übersetzungen‹ und Verständnisse geltend gemacht werden. Diese Kritik betrifft weniger die Tatsache, daß z. B. vorkopernikanische Lebensformen ihre religiösen Überzeugungen oft nur verbunden mit Bildern vom ›Aufbau der Welt‹ zu artikulieren vermochten. Dies nämlich kann sehr sinnvoll und vernünftig verstehbar sein, vor allem, wenn wir an das hochentwickelte, ökologische Bewußtsein vormoderner Kulturen und ihre heute progressiv zu nennende Sensibilität für ihre Abhängigkeit von natürlichen Kreisläufen denken. Die Kritik richtet sich jedoch gegen eine szientistische Metaphysik in Glaubenssachen. Neuzeitliche Metaphysikkritik hat deren kognitiven Gehalt bestritten. Sie hat es damit zugleich nahegelegt, den religiösen Sätzen einen ›emotiven‹ Status zuzuweisen; sie seien Gefühlsbekundungen (vgl. 3.). Es schließen sich die Bedürfnistheorien der Neuzeit an, und je gemäß dem, was man will, kann man nun die religiösen Bedürfnisprojektionen funktional legitimieren (vgl. 5.) oder als bloße Fiktionen depotenzieren (vgl. 4.).

Spinoza verfassen ihre Metaphysiken direkt als Ethiken. Vgl. dazu: Th. Rentsch, »Miszelle. Metaphysik des Welthorizonts«, in: W. Oelmüller (Hg.), *Metaphysik heute?*, Paderborn/Wien/Zürich: Schöningh 1987, S. 89f., 150f., 179, 220f.

Jedoch die Opposition von ›kognitiv‹ und ›emotiv‹ ist eine Scheinopposition, die erst entsteht, wenn diese Sätze überhaupt als fundamentale Annahmen über das, was naturwissenschaftlich bzw. auf der Ebene schlichter Tatsachen der Fall ist, aufgefaßt werden. Aber z.B. der Satz ›Christus ist auferstanden‹ ist weder eine schlichte Tatsachenmitteilung wie ›Herr Müller ist gestern gestorben‹, noch ein Satz szientifischer Metaphysik. Er ist auch keine Gefühls- oder Bedürfnisbekundung. In solchen Sätzen, wie z.B. Bekenntnissen, artikulieren sich vielmehr auf das ganze Leben bezogene Orientierungen, Haltungen und Einstellungen. Ihnen kann nicht der Status theoretischer Information zuerkannt werden, noch auch erfahren wir darin etwas über etwaige begleitende Emotionen des Sprechers. Religiöse Wahrheitsansprüche müßten deshalb gerade in ihrer spezifischen Differenz zu transzendenten Illusionen gedacht werden, und szientifische, metaphysische Onto-Theologie und neuzeitlicher Atheismus, der dann die Sätze der Religion allenfalls noch in das Reservat eines subjektiven Irrationalismus verweist, sind in gewisser Hinsicht ähnlich bis zur Entsprechung. Dementsprechend ist auch der Versuch der Wiedergewinnung einer genuinen religiösen Perspektive durch (falsifizierbare) Ergebnisse der modernen Physik, in der Quantenmechanik oder Kosmologie, illusionär. Ein solcher Versuch ist ein grundlegender Kategorienfehler.

Ein klassisches Beispiel ist die Frage nach der Lokalisierung der Hölle. Der spanische Barockscholastiker Suárez war sich sicher: »*Veritas certa est infernum esse sub terra.*«[5] Bereits etwa 1200 Jahre vor ihm hatte Johannes Chrysostomus auf diese Frage entgegnet: »*Ne quaeramus, ubi sit, sed quomodo eam fugiamus.*«[6] Nach aufgeklärtem Verständnis – und genau dies artikuliert sich bei Johannes Chrysostomus – dienen die Reden von Hölle und Verdammnis zur Vergegenwärtigung der Grundsituation menschlicher Existenz und ihrem letzten, unbedingten Ernst: Unser Leben ist bis zum Tod von der realen Möglichkeit ewigen, definitiven (moralischen) Scheiterns bedroht, von endgültiger Verschuldung. Ähnlich hat Wittgenstein die Rede vom Jüngsten Gericht zu Recht als Ausdruck einer ethisch unbedingt ernsthaften Lebensform verstanden. Gerade so wird die *absolut*, d.h. ohne Einschränkung

5 F. Suárez, De ang. 1.8, c. 16, n. 17.
6 Johannes Chrysostomus, In Rom. hom. 31, n. 5 (Migne PG 60, S. 674).

nötige Abweisung jeglicher (theologisch gesprochen: apokatastatischen) Verharmlosung und Vergleichgültigung unserer Lebensverständnisse unabhängig von transzendenten oder kosmologischen Abstützungen. Betrachten wir jedoch z. B. die klassischen Höllendarstellungen und Gemälde vom Endgericht von einem vernünftigen kritisch-hermeneutischen Standpunkt aus, dann können wir diese Darstellungen verstehen. Die Hölle kann in der Tat, wenn überhaupt, dann nicht entsetzlich genug dargestellt werden. Sie ist die Wirklichkeit der Tiefe der möglichen Verfehlung des Menschen und als solche vor allem eine soziale, interexistentielle Realität.

Ein weiteres Beispiel für den hier gemeinten Sachverhalt ist die Auskunft, die Luther (wie ähnlich bereits lange vor ihm Augustinus) denjenigen gab, die wissen wollten, was denn Gott vor der Schöpfung getan habe: Er sei an die Elbe gegangen, Ruten zu pflücken, um diejenigen zu prügeln, die solche Fragen stellten.

2. Religiöse Orientierungen gründen nicht auf Vermutungen, religiöse Sätze sind keine Hypothesen.

Die hier kritisierte Meinung stellt nur einen Unterfall des theoretischen Mißverständnisses dar. So hat man etwa szientistisch-verifikationistische Deutungen religiöser Sätze gegeben und (gelegentlich im Verbund mit wiederum kosmologischen Spekulationen) von der ›Nichterwiesenheit des Gegenteils‹ (z. B. eines eschatologischen Satzes) auf die ›zu erhoffende‹ künftige ›Verifikation‹ solcher religiösen ›Annahmen‹ geschlossen. Religiöse Sätze sind jedoch auch als *schwache* Annahmen über Tatsachen, die der Fall sein könnten bzw. deren prognostische Kraft derzeit noch in Frage steht, mißverstanden. Das heißt nicht, daß es in religiösen Kontexten nicht so etwas wie Verifikationen im Sinne von Beglaubigung und Bestätigung gibt. Kerygmatische Heilszusagen verbinden sich mit dem Ruf zur Umkehr und zum Glauben und mit dem Versprechen des ewigen Lebens: »Ich bin es, der Auferstehung und Leben bringt. Wer mir vertraut, wird leben, auch wenn er stirbt, und wer lebt und sich auf mich verläßt, wird niemals sterben. Glaubst du das?« (Joh 11, 25).

All dies hat jedoch mit ›Hypothesen‹, mit nachträglicher ›Verifikation‹ im szientifischen Sinne nichts zu tun. Denn angesichts solcher verkündigenden, zusagenden Rede steht der sie Hörende sich selbst nicht beobachtend gegenüber, um sich als Teil einer Versuchsanordnung zu betrachen. Ein ›eschatologischer Verifikationismus‹[7] ist daher ein verdinglichtes Zerrbild authentischer Glaubensorientierungen. Der religiöse Glaube ist fundamental verschieden von einem Vermuten, etwas könne – vielleicht – der Fall sein. Auch eine augenzwinkernde Variante des Agnostizismus (›Schaden kann es ja nicht‹) bzw. ein skeptischer Szientismus (›Möglicherweise ist Gott ja die Liebe‹, ›Hat nun Gott die Welt erschaffen oder nicht?‹) sind evidente kategoriale Irrtümer. Bereits die Tradition unterschied die *certitudo* des Glaubens als personale Gewißheit von der *securitas*, der Sicherheit im Bezug auf instrumentell garantierbare Verhältnisse und Prognosewissen. Glaubende und Nichtglaubende leben in derselben Welt, und Glaubende laufen nicht mit quasiszientifischen Zusatzhypothesen durchs Leben.

Konfuzius wurde von Dsi Gung gefragt: »Haben die Toten Bewußtsein, oder haben sie kein Bewußtsein?« Der Meister sprach: »Wollte ich sagen, die Toten haben Bewußtsein, so wäre zu fürchten, daß ehrfürchtige Söhne und gehorsame Enkel die Lebenden zu kurz kommen ließen, um der Bestattung und der Toten willen. Wollte ich sagen, die Toten haben kein Bewußtsein, so wäre zu fürchten, daß ungeratene Söhne ihre Eltern unbestattet liegenließen. Dein Wunsch zu wissen, ob die Toten Bewußtsein haben oder nicht, ist zunächst keine dringende Sache. Später wirst du es von selber wissen.«[8] Wir können hinzusetzen: *Hypotheses non fingo.*

Religiösen Überzeugungen einen hypothetischen Status zuzuerkennen verfehlt zudem, daß und wie die religiösen Sätze in sinnkonstitutiven *Handlungskontexten* ihren Sitz und verständlichen Ort haben. Das gilt für die Grabpflege und das Totengedenken wie z. B. auch im Bereich der Sakramentaltheologie. Luther schreibt bezüglich des Altarsakraments: »Was nützt denn solch Essen und Trinken? Das zeigen uns diese Worte: Für euch gegeben und

7 Er wurde in neueren Diskussionen z. B. von J. Hick vertreten:. J. Hick, »Theology and Verification«, *Today* 17 (1960), S. 12-31 (dt. »Theologie und Verifikation«, in: I. U. Dalferth [Anm. 1] S. 146-166; ders., *Philosophy of Religion*, Englewood Cliffs N.J. ³1988; ders., *God and the Universe of Faith. Essays in the Philosophy of Religion*, London/Basingstoke ³1988.

8 Konfuzius, *Schulgespräche (Gia Yü)*, Aus dem Chinesischen übertragen und hg. von R. Wilhelm, Düsseldorf: Diederichs 1961, S. 44.

vergossen zur Vergebung der Sünden: nämlich daß uns im Sakrament Vergebung der Sünden, Leben und Seligkeit durch solche Worte gegeben wird; denn wo Vergebung der Sünden ist, da *ist* auch Leben und Seligkeit. Wie kann leiblich Essen und Trinken solche große Dinge tun? Essen und Trinken tuts freilich nicht, sondern die Worte, so da stehen: Für euch gegeben und vergossen zur Vergebung der Sünden. ... Und wer denselben Worten glaubt, der *hat*, was sie sagen und wie sie lauten, nämlich Vergebung der Sünden.«[9]

Auch die konstitutiven sprachlichen und sakramentalen Handlungen wären als Hypothesen ersichtlich mißdeutet. Im übrigen erklärt Luther in der ersten seiner 95 Thesen das ganze Leben des Christen zum Bußsakrament. Diese sakramentale *Daseinshaltung* kann nicht als Theorie oder zu verifizierende Hypothese aufgefaßt werden. Das einzige prominente religionsphilosophische Gegenbeispiel, das für eine hypothetische Deutung der Religion spricht, ist die Pascalsche Wette. Sie allerdings argumentiert auf subtile Weise und auf zweiter Stufe mit der Größe des existentiellen Gewichts (der Absolutheit) der Glaubensentscheidung und nicht mit einem definitiv hypothetischen Status des Glaubens.

3. Religiöse Orientierungen gründen nicht letztlich in Gefühlen und Emotionen.

Religiöse Sätze sind keine lediglich emotiven, Gefühle bekundenden Sätze. Religionsphilosophie muß psychologismuskritisch sein. Der lebensbezogene Wahrheitsanspruch von Religionen kann nicht von subjektiven Gefühlen und Einstellungen abhängig sein.

Religiöser Subjektivismus, Psychologismus und Anthropozentrismus stellen keine vollgültigen Formen der adäquaten Rekonstruktion von Religionen dar und werden so kritisch ausgeschlossen, obwohl die religiöse Praxis mit Gefühlen und Leidenschaften verbunden ist. Religion wird häufig als Projektion subjektiver Befindlichkeiten, als Produkt entfremdeter Zwecksetzungen oder – psychoanalytisch – als Oberflächenerscheinung einer Triebgeschichte des Bewußtseins gedeutet. Der religionskritische Psychologismus und Anthropozentrismus (z. B. Feuerbachs) sieht im

9 Dr. Martin Luthers *Kleiner Katechismus*, hg. von H. Korinth, Hamburg: Korinth 1982, 5. Hauptstück.

religiösen Reden und Handeln die Errichtung einer illusionären Welt. Auf der Ebene religiöser Praxis selbst kann der Subjektivismus z. B. die Gestalten des Mystizismus und eines extremen Pietismus annehmen. In solchen religiösen Selbstverständnissen wird, oft gestützt durch fundamentalistische Vorstellungen von einer Verbalinspiration, ein esoterisches Erfahren und Wissen konstitutiv, das jeglicher Kritik und Reflexion entzogen scheint. Im Sektenwesen gelten bestimmte elitäre Sondererfahrungen als *conditio sine qua non* authentischer Religiosität. Nun haben psychologische, auch psychoanalytische und sonstige entfremdungstheoretische Deutungen durchaus ein begrenztes Recht, wo sie sich nicht auf Religionen *in toto*, sondern auf bestimmte ihrer Entstehungsbedingungen und Perversionsformen beziehen. Die hier nötige Kritik kommt der bereits in den Religionen angelegten Kritik an Instrumentalismus, Funktionalismus und ›Götzendienst‹ nur entgegen. Eine generell psychologisierende Religionsauffassung verfehlt jedoch deren Wesen im Kern: Denn authentische religiöse Selbstverständnisse können nicht von esoterischen, elitären oder besonders merkwürdigen Erfahrungen und Gefühlen abhängig sein, da sie eine existentielle und interexistentielle Einstellung zu *allen möglichen* Erfahrungen *im* Leben darstellen. Ihre Bezogenheit auf die singuläre Totalität des ganzen Lebens mit unbedingten, v. a. praktischen Orientierungen macht ein transpsychologisches Verständnis religiöser Praxisformen erforderlich. Eine angemessene Beschreibung religiöser Selbstverständnisse und Lebensformen transzendiert psychologische Reduktionen. Mit dieser antipsychologistischen These wird gerade nicht der wesentliche Aspekt existentieller Betroffenheit im Bereich religiöser Praxis bestritten. Es wird aber bestritten, daß religiöse Lebens- und Praxisformen ihren Geltungssinn aus den sie begleitenden Gefühlen beziehen. Das gilt im übrigen auch für wesentlich therapeutische Religionsverständnisse: Heilsame Wirkungen gehen dauerhaft nur von wahrhaft glaubwürdigen Orientierungen aus.
»Ich habe das Gefühl, daß Christus auferstanden ist«; »Ich habe den Eindruck, daß Gott die Welt erschaffen hat«; »Ich spüre, daß Jesus von der Jungfrau Maria geboren wurde« – solche Sätze kommen nicht als sinnvoll in Betracht. Und die religiösen Traditionen haben selbst im Wissen um die hier drohenden kategorialen Fehler Psychologismuskritik geübt. Es ist ein für eine kritische Religionsphilosophie bevorzugtes Verfahren, die von ihr ange-

strebten Klärungen aus den religiösen Traditionen selbst zu entnehmen. Sie stellt sich damit nicht selbst in eine dieser Traditionen.

Luther sagt: »Die da den Geist rühmen und suchen sonderliche Offenbarung und Träume, die sind ungläubig und Verächter Gottes; denn sie lassen sich an Gottes Wort nicht begnügen, wollen damit nicht zufrieden seyn. In geistlichen Sachen suche noch begehre ich keine Offenbarung noch Träume. Ich hab ein klar Wort, dabey allein bleib ich. Wie auch S. Paulus vermahnet und lehret, daß wir uns dran sollen halten und hängen, wenn gleich auch ein Engel vom Himmel anders lehrete.«[10]

Islamische Theologen der sufischen Tradition lehren:

> »Sprich zu uns nicht von Visionen und Mirakeln,
> Denn solche Dinge haben wir lange hinter uns.
> Wir erkannten sie alle als Illusionen und Träume,
> Und tapfer (unentwegt) gingen wir an ihnen vorbei.«[11]

Der Subjektivismus und Psychologismus wurde in vielen Traditionen religiöser Vernunft als die Kehrseite des Dogmatismus und Fundamentalismus erkannt und abgelehnt. Der islamische Philosoph Al-Ghasali warf der Orthodoxie im 12. Jahrhundert vor, sie habe den Gläubigen durch ihr Auslegungsprivileg »den Koran gestohlen«. Immer wieder wurde den religiösen Offenbarungsquellen ein sowohl privaten Intuitionen als auch elitärem Herrschaftswissen überlegener Anspruch gerade auf kommunikative Rationalität zuerkannt. Dieser Anspruch darf allerdings nicht mit der bequemen Zugänglichkeit, Vermittelbarkeit und Erlangbarkeit religiöser Einsichten verwechselt werden. Die extreme Seltenheit religionsgründenden Geschehens in der Geschichte und die Komplexität der hermeneutischen Situation – angesichts der Vielzahl der Mißverständnisse – weist in die andere Richtung.

4. Religiöse Orientierungen sind keine Postulate oder Fiktionen. Religiöse Rede hat nicht den Status fiktionaler Rede. Religionsphilosophien des Als-ob sind abzuweisen.

10 WA V, 6211.

11 J. Nurbakhsh, *In the tavern of ruin. Seven Essays on Sufism*, New York 1978, S. 96 (Übersetzung von mir, Th. R.).

Existentielle, das Leben orientierende Gewißheiten sind nicht auf Fiktionen gestützt, und sie artikulieren sich nicht gemäß der Grammatik fiktionaler Rede. Bei den spezifisch religiösen Reden von ›Schöpfung‹, ›Endgericht‹ und ›Erlösung‹, ›tao‹ oder ›Dharma‹, ›Karma‹ und ›Nirwana‹ z. B. handelt es sich nicht um »praktische, lebensdienliche Illusionen«, wie dies im Kontext eines von Nietzsche und dem Positivismus beeinflußten Neukantianismus bereits von Vaihinger behauptet wurde. Schon Kants religionsphilosophische Rede von ›Postulaten‹ scheint mir hier irreführend zu sein: Die wesentlichen für religiöse Einstellungen konstitutiven Züge der menschlichen Situation – z. B. die Endlichkeit und die Angewiesenheit auf Sinn – bedürfen ersichtlich keiner Postulierung. Die Evidenz dieser Lebenstatsachen ist durch kein Postulat überbietbar. Und die von Kant im engeren Sinne als religionsphilosophische Postulate bezeichneten Sätze haben ihren Sitz und Kontext in kommunikativen menschlichen Lebensformen, ohne daß eigens ein isolierbarer Akt des ›Postulierens‹ erfolgen müßte. Auf groteske Weise falsch jedenfalls scheinen mir folgende Formulierungen zu sein:

»Ich lebe als Christ so, als gäbe es Gott, Gnade und Vergebung.«
»Christen leben so, als ob Christus auferstanden sei.«
»Muslime tun so, als ob Mohammed der Prophet sei.«
»Ich lebe als Buddhist so, als ob es eine Befreiung aus Weltbefangenheit gäbe.«

Insbesondere bei den sakramentalen Akten im engeren Sinne und bei den konstitutiven religiösen Sprechakten macht es keinen Sinn, von Fiktionen zu reden. Bei der Diskussion fiktionaler Verständnisse von Glaubenshaltungen stellen sich im übrigen oft tieferliegende Dissense bezüglich des Wirklichkeitsverständnisses heraus: Orientiert sich z. B. eine Person an dem lebensorientierenden Paradigma des ›Jüngsten Gerichts‹, so sind alle nachfolgenden Verbildlichungen, etwa Malereien oder Schilderungen von diesem Ereignis, sekundär in bezug auf die von dieser Person eingenommene *Lebensform.* Sie *stützen* diese nicht, sondern *drücken sie aus.* Hätte man nun ein Wirklichkeitsverständnis, in dem ›wirklich‹ nur genannt werden dürfte, was sichtbar ist, könnte man das ›unsichtbare‹ Endgericht als eine ›bloße Fiktion‹ abweisen. Wer jedoch mag – angesichts aller humanen Verhältnisse des Vertrauens, des

Glaubens und der Hoffnung – im Ernst einen derart beschränkten Wirklichkeitsbegriff verwenden wollen?

5. Religion ist nicht primär auf ihre (z. B. sozialen) Funktionen reduzierbar.
Religiöse Sprache und Praxis folgt nicht der Logik von Erklärungen, und religiöses Leben ist, funktional interpretiert, unterbestimmt. Religionsphilosophie muß funktionalismuskritisch sein. Religiöse Sinnorientierung bewegt sich nicht auf der Ebene instrumenteller Rationalität.
Warum stellt die verbreitete funktionale Interpretation eine weitere Fehldeutung bzw. partiale Deutung von Religion dar? Die Frage, wozu etwas gut ist, ist sinnvoll und wichtig, und selbstverständlich ist Religion als sinnvolles menschliches Handeln zu etwas gut. Die Bedeutung religiöser Praxis für die übrigen Aspekte menschlichen Lebens ist religionssoziologischer Untersuchung wert. Jedoch erreichen funktionale Deutungen nicht die authentische Ebene religiöser Selbstverständnisse. Zwar koinzidieren deren funktionale Rekonstruktionen gegebenenfalls mit den faktischen Konsequenzen dieser Selbstverständnisse im Handeln; die Geltungs- und Sinnebene jedoch, von der her und durch die allein solch religiöses Handeln allererst möglich wird, tritt so nicht in den Blick. Religionsphilosophie darf aber die Ebene religiöser Authentie nicht – wie z. B. soziologische Forschung – abblenden, denn sie ist phänomenologisch auf die ›Sachen selbst‹ und die Rettung der Phänomene verpflichtet und würde andernfalls hermeneutisch unredlich. Die ›Funktion der Religion‹ ist ein Partialaspekt des Phänomens, und ihre Untersuchung muß sich dessen stets bewußt sein. Die mythenhermeneutisch, ethnologisch, primitivologisch aufgetretenen Formen der Reduktion religiöser Praxis auf deren (vermeintliche) Funktion haben immer wieder auch zu krassen Fehldeutungen geführt.
Ein Beispiel ist die *ätiologische* Deutung religiöser Mythen und Handlungen. Diese Deutung verbindet sich mit szientistischen Kategorienfehlern, und daraus ergibt sich ein – wiederum falsches – magisch-kausales und funktionales (instrumentelles) Verständnis religiöser Handlungen. So konnten die Riten der südamerikanischen Völker vor Sonnenaufgang als instrumentelle Versuche der magischen Herbeiführung des Tages interpretiert werden. (Ähnliche Fälle sind der Regentanz und z. B. die apotropäischen Be-

schwörungen.) Die »Primitiven« freuen sich schließlich, wenn sie den Sonnenaufgang durch ihre Gebete, Gesänge und Zeremonien wieder einmal »erwirkt« haben. Ein paralleler Fall: Ein Fremder beobachtet unsere Neujahrsbräuche. Er wundert sich über das merkwürdige Gebaren hierzulande und sagt sich: Diese Menschen veranstalten alljährlich große Riten, gießen Blei, führen sonderbare Tänze auf, damit das neue Jahr kommt. Sie setzen den Himmel unter gewaltigem Lärmen in bunte Flammen. Dann freuen sie sich, daß das neue Jahr auch tatsächlich gekommen ist. Kurz: Eine rituelle Freudenfeier hat mit magischem Instrumentalismus nichts zu tun, und die Sonnenhymnen zum Lobpreis ihres lebensspendenden Lichtes enthalten keineswegs notwendig ›primitive‹ Hypothesen über funktionale Zusammenhänge zwischen Gebeten und dem Wiederaufgehen der Sonne. Die Schilderung des großen Sonnenfestes der Inka, die wir von Garcilaso de la Vega ›el Inca‹ (seine Mutter war Inka-Prinzessin) besitzen, macht dies eindrücklich evident: Dieses höchste Fest, an dem unter Führung des königlichen Priesters ein rituelles Mahl bereitet und eingenommen wurde, ›glich‹ – so Garcilaso – »mehr einem Bankett, das die Sonne ihren Kindern gab«.[12] Auch das Studium der ägyptischen Sonnenhymnen vermag uns bald zu belehren, daß es sich hier nicht um ›primitive Naturwissenschaften‹ handelt, sondern um rituelle Feiern und Dankesabstattungen, um Feiern des Unerklärlichen und Unableitbaren, des menschlichem Handeln unverfügbaren Sinns: *Daß* die Sonne mit all ihren Wohltaten *ist*. Ätiologische und funktionale Deutungen unterliegen selbst primitiven Kategorienfehlern. Das zeigt auch folgendes Beispiel. »Bei den Sioux wird der Verstorbene mit Speise und Trank versehen, als ob er noch lebte. Ein Amerikaner, offenbar ein Mann auf der Höhe der zeitgenössischen Bildung, fragte einmal einen Sioux, den er bei solch frommem Tun beobachtete: ›Bildest du dir ein, daß der Tote heraufkommt und dein Essen verzehrt?‹... (Antwort des Sioux:) ›Ebenso wie du dir einbildest, daß dein Toter an den Blumen riecht, die du auf sein Grab pflanzt!‹«[13] Die Grabbeigaben haben nicht die *Funktion*, den Toten zu ernähren, sondern sind *Ausdruck* des Gedenkens. (Möglicherweise sind bestimmte in der Althistorik verbreitete Interpretatio-

12 Vgl. H. Halbfas, *Das Welthaus*, Stuttgart 1983, S. 214.

13 W. Müller, *Glauben und Denken der Sioux. Zur Gestalt archaischer Weltbilder*, Berlin 1970, S. 318.

nen z. B. der altägyptischen Bestattungsrituale und Grabarchitektur nicht frei von grundlegenden Kategorienfehlern.)
Wiederum muß klar sein: Instrumentelle Verständnisse religiöser Praxis treten keineswegs nur in den Mißdeutungen auf theoretischer Ebene auf, sondern ebenso in jener Praxis selbst. Es wäre absurd, zu unterstellen, daß für irgendein Praxisfeld des Menschen der Grundsatz des ›Irrens, solange er lebt‹ nicht gälte. (Das macht es im übrigen auch immer wieder so ärgerlich, wenn generelle religionskritische Verdikte unter Rekurs auf faktische Fehlentwicklungen, bestimmte verzerrte Formen von Religion begründet werden. Wer so argumentiert, müßte nicht nur auch die Mathematik und die Politik, sondern sofort sich selbst bzw. den Menschen abschaffen.) Instrumentelle Religiosität ist nicht selten, z. B. ein funktionales Gebetsverständnis, das nicht das Beten selbst als meditative Praxis *sui generis* begreift, sondern das Gebet als quasitechnischen Akt – magisch – mißversteht. (In der Form kindlicher Naivität kommt selbst diesem Tun eine intangible humane Dignität zu.) Aber daß z. B. viele Versprechen gebrochen werden in dieser Welt, dies kann unmöglich Anlaß sein, die Institution ›Versprechen‹ abzuschaffen. Die Doppelseitigkeit von Authentie und defizientem, nämlich instrumentellem Modus beherrscht alle religiösen Praxisformen, Kulte, Riten, Sakramente, Sprachhandlungen. Authentischer humaner Sinn religiöser Dignität steht sogar ganz besonders in der Gefahr des Verfallens an instrumentelle Verständnisse. Aber dies ist eben in den Religionen prinzipiell selbst bewußt, und ein Kampf gegen instrumentelle Verständnisse ist selbst wesentlicher Zug authentischer Religiosität, welcher Ausprägung auch immer.
Im islamischen Bereich heißt es:

»O Lord!
If I worship you from fear of hell, cast me into hell.
If I worship you from desire for paradise, deny me paradise.«[14]

Kernanliegen von Religion ist es im Gegenzug zu instrumentellen Welt- und Selbstverständnissen gerade immer wieder, Sensibilität

14 Rabia, zit. nach I. Shah, *The Way of the Sufi*, Harmondsworth/New York 1982, S. 239.

für das Unerklärliche (das Wunder) allen existierenden Sinns wachzurufen.
Hassan von Basra erzählt:

> »I saw a child carrying a light.
> I asked him where he had brought it from.
> He put it out, and said:
> ›Now you tell me where it is gone.‹«[15]

Die kategoriale Ebene unverfügbaren und ungeschuldeten Sinns, wie sie z. B. in den Theologoumena der Schöpfung, der Vergebung und der Gnade im christlichen Bereich auf das Ganze des menschlichen Weltverhältnisses bezogen wird, ist aller instrumentellen Rekonstruktion inkommensurabel.

6. Religionen sind auch nicht als bloße Produkte menschlicher Bedürfnisse, Ängste und Illusionen entfremdungstheoretisch zu interpretieren (vgl. dazu bereits Nr. 3). Die religiöse Sprache und Praxis ist nicht lediglich Symptom von Todesangst, Schuldkomplexen, illusionären Wunschbildungen und Projektionen einer Triebgeschichte des Unbewußten (Freud). Sie ist nicht allein als Reflex ökonomischer Verhältnisse (Marx) verstehbar, ihre Genealogie (Nietzsche) nicht aus einer Inversion von Haß und Grausamkeit seitens ressentimentgeleiteter ›Zukurzgekommener‹ allein erklärbar.
Die radikal entfremdungstheoretischen Deutungen bezeugen, wo sie zutreffen, daß es Religionen auch mit den letzten und tiefsten menschlichen Ängsten und Kümmernissen – letztlich mit der Todesangst – zu tun haben. Damit bezeugen sie – gleichsam wider Willen – ihre Dignität. Sie erreichen aber kaum – und deswegen können sie hier kurz behandelt werden – die Sinnebene religiöser Vernunft. Das transzendentale bzw. begriffliche Argument der *Irreduzibilität von Geltung auf Genesis* ist von dem Philosophen und Soziologen Georg Simmel einmal in das Bild gefaßt worden, es berühre nicht die Schönheit einer Rose, wenn sie auf einem Misthaufen erblüht. Ist man dagegen von der Möglichkeit der Reduzibilität der Geltung auf die Genesis überzeugt, so erliegt man in moderner Terminologie einem genetischen Fehlschluß. Im Blick

15 Hassan von Basra, zit. nach I. Shah, a.a.O. [Anm. 14], S. 247.

auf Freud hat Paul Ricoeur (1969) von einer Epigenesis gesprochen, von einer authentischen Nachgeschichte menschlicher Orientierungen: Selbst wenn wir unterstellen, die Entstehung, die Genealogie, die ›Triebgeschichte‹ des Gewissens, der Moral, Ethik und auch Religion seien von der Art der Analysen Nietzsches und Freuds, so gibt es doch ebenfalls eine überwältigend eigenständige, mehrtausendjährige Nachgeschichte des (möglicherweise) so Entstandenen. In dieser Nachgeschichte wurden die praktischen Orientierungen in die gesellschaftliche Konstruktion des kulturellen und zivilisatorischen, rechtlichen und normativ urteilenden Bewußtseins aufgenommen und unabhängig von ihrer Entstehungsgeschichte produktiv weiterentwickelt. Für die Entfremdungstheorien verweise ich deshalb auf die exemplarische, hermeneutisch-kritische Darstellung von P. Ricoeur insgesamt und seine Konzeption der Epigenesis, die er am Paradigma der Psychoanalyse durchgeführt hat, die aber auf marxistische, nietzscheanische und foucaultistische Deutungen sehr wohl ausdehnbar ist.[16]

7. Religionsphilosophie muß relativismuskritisch sein. Die lebensbezogene Orientierungswahrheit von Religionen kann nicht von ihrer kontingenten gesellschaftlichen und geschichtlichen Entstehung und Ausprägung abhängig sein. Die Wahrhaftigkeitsbedingungen religiösen Handelns sind universal einsichtig und verstehbar zu machen und nicht in alleiniger Abhängigkeit von den Lebensformen beurteilbar, in denen solches Handeln stattfindet. In Ethnologie, Soziologie und in den philosophischen Traditionen des Historismus und Relativismus ist seit langem ein ›Subjektivismus‹ im großen Stil (nämlich bezogen auf ganze Kulturen) anzutreffen. Es kann hier so aussehen, als sei Religion im wesentlichen Produkt und Teil von geschichtlichen Gesellschaftssystemen, für die es keine externen und universellen Beurteilungsmaßstäbe gibt. Intern stellen Lebensformen in dieser Konzeption dann ein hermetisches System von Sprach- und Handlungsregeln dar.[17] Dieser

16 P. Ricoeur, *Die Interpretation. Ein Versuch über Freud*, Frankfurt am Main: Suhrkamp 1969; vgl. zur Struktur und Kritik der Entfremdungstheorien von Marx, Nietzsche und Freud auch das Kapitel »Aufhebung der Ethik« in diesem Band.

17 Vgl. zu einer solchen modernen Form des Fideismus kritisch: K.

hermetische Holismus sieht insofern richtig, wenn er die Authentie und Irreduzibilität religiöser Phänomene akzentuieren will. Verbindet sich damit aber die Behauptung einer totalen hermeneutischen Differenz, so ist diese Position unhaltbar, denn sie will ein Phänomen verstanden haben, welches sie – gemäß eigenen Voraussetzungen – gar nicht verstehen kann. Richtig ist zwar, daß eine Religion nicht mit sprachlichen Mitteln aus einem anderen kategorialen Bereich beschrieben werden darf, z. B. nicht mit Sprachmitteln aus dem Bereich der Technik oder der Ästhetik. (Wobei es natürlich ästhetische Aspekte von Religion in Fülle gibt.) Der skeptische Relativismus jedoch und die Behauptung totaler hermeneutischer Differenzen muß im Kontext kritischer Religionsphilosophie zurückgewiesen werden: In den religiösen Lebensformen geht es um bestimmte existentielle, lebenssinnbezogene Fragen, die angesichts unseres Verhältnisses zu unseren grundlegenden Lebensverständnissen und Lebensproblemen auftreten. Ein Beispiel für eine solche Frage ist die nach der angemessenen Einstellung des Menschen zu seiner ihm unverfügbar vorgegebenen Endlichkeit. Solche Züge unseres Lebens wie die Endlichkeit bilden einen Verstehensrahmen auch für uns fern stehende, fremde und lange vergangene Lebensformen. Die Antworten, die Einstellungen nämlich zu solchen Grundzügen der jeweiligen Lebenswelt prägen sich zwar kulturkovariant aus, insbesondere gemäß den sprachlichen und sonstigen Ausdrucksmöglichkeiten von Kulturen. Gleichwohl bleiben sie prinzipiell beurteilbar: Beurteilbar daraufhin, ob sie im Kontext einer konkreten Praxis nachvollziehbaren Lebenssinn vermitteln. Die Ausdrucksformen für religiöse Wahrheit, für lebenstragende Einsichten in die menschliche Situation wandeln sich vielgestaltig ab. Ihr Wahrheitsanspruch und ihr Geltungssinn sind jedoch nicht aus Gründen ihrer soziokulturellen Kontextbezogenheit relativistisch und beliebig wie subjektive Meinungen. Ein Indiz dafür ist die bereits erwähnte äußerste Seltenheit religionsgründenden Geschehens in der Weltgeschichte und die damit verbundene und von der Religionsphilosophie zu verstehende Dauerhaftigkeit und Universalität religiöser Sprach- und Lebensformen. So konnte das Christentum in Afrika und Indien erfolgreich sein, und die westliche

Nielsen, »Wittgensteinian Fideism«, in: ders. (Hg.), *Contemporary Critiques of Religion*, London 1971, S. 237-254.

Christenheit muß es sich angesichts der Kraft des jungen Christentums in Süd und Ost gelegentlich gefallen lassen, ihrerseits zum Missionsgebiet erklärt zu werden. Die hier zutage tretende und offenbar keinem Relativismus ausgesetzte Dauerorientierung und kulturenübergreifende Universalität ist das zu begreifende Phänomen. Die Unabhängigkeit lebenstragender Einsichten von ihren kontingenten Entstehungsbedingungen wird auch deutlich, wenn tiefe Übereinstimmungen etwa christlicher Traditionen mit östlichen Lehren sichtbar und ökumenisch diskutabel werden. Schließlich gibt es den Fall, daß mündig und erwachsen gewordene Personen sich bewußt für ihren kontingent erworbenen Geburtsglauben entscheiden. Auch solch eine freie Entscheidung ist irreduzibel auf die soziokulturelle Genese der vernünftigen Person. *Daß* religiöse Orientierungen durch und durch geschichtlich geworden sind, bedeutet nämlich eben nicht, daß sie dem genannten Relativismus und Hermetismus unterstehen.
Es ist im Gegenzug im Anschluß an Wittgenstein und Peter Winch, Thomas S. Kuhn und Paul Feyerabend vielmehr mittlerweile unumstritten, daß das einst statisch-ungeschichtlich und vorbildlich gedachte Rationalitätsparadigma der ›exakten‹ mathematischen Naturwissenschaften ebenfalls nur in konkreten soziokulturellen Lebensformen seine begrenzte Wirklichkeit hat.
Die Abwertung bestimmter Formen von Religion als Magie und primitive Form von Naturwissenschaft deutet oft eher auf die hermeneutische Sinnblindheit der Theoretiker denn auf die ›Dummheit‹ der Opfer ihrer Interpretationen hin. Ich möchte nun im Kontext der Relativismuskritik noch an einem krassen Beispiel aus dem Hinduismus erläutern, daß ein allzu schneller Verweis religiöser Riten in die Ecke eines relativistisch gedachten soziokulturellen Ursachenzusammenhanges zur Erklärung ihres Ursprungs zum Verständnis ihrer Wahrhaftigkeit nichts beiträgt. Die Wahrhaftigkeitsbedingungen von Religion sind nicht arbiträr, obwohl sie nur unter Rekurs auf den jeweiligen Lebensformkontext beurteilbar sind. Es handelt sich um Sati, den indischen Brauch der Witwenselbstverbrennung nach dem Urbild der Sati, der Frau des Gottes Schiwa.[18] Sati wurde zwar 1829 durch die englischen Kolonialherren verboten. Aber gegenwärtig gibt es eine indische

18 Zu den religionswissenschaftlichen, ethnologischen und soziologischen Befunden über Sati vgl.: J. Fisch, »Jenseitsglaube, Ungleichheit

Frauenbewegung, die für die Wiedererlaubnis demonstriert bzw. Sati praktiziert. Nun ist der Fall der existentiellen Authentie dieses aus europäischer Sicht horriblen Ritus unter Annahme der folgenden (angedeuteten) Bedingungen denkbar: Die Frau hat ihre Personalität und Menschenwürde so tief von ihrer ehelichen Bindung her verstanden und gelebt, und die unverfügbare Präsenz des Anderen war so sehr verbunden mit ihrer eigenen Identität, daß der Tod ihres Partners ihr Leben sinnlos macht und faktisch ihre Identität zerbricht. Der rituelle Akt des Sati ist daher derjenige religiöse Akt, in dem sich ihre Personalität wieder herstellt und in dem sich ihr Leben erfüllt. (Religionsethnologisch wäre auf die Bedeutung der Göttin Kali (Durga), religionssoziologisch auf die Entwicklung des Brauchs im Rahmen der Kriegerkaste einzugehen.) Entsprechend stellt die administrative und gewaltsame Verhinderung der rituellen Selbstverbrennung (es handelt sich im konstruierten Falle nicht um einen ›Selbstmord‹!) die Verweigerung dieser Erfüllung dar. Und in der Tat schildern Berichte die schreckliche psychische Not, in die einige solcher Frauen nach dieser gewaltsamen Verhinderung ihrer Nachfolge in den Tod geraten. Das heißt: Prinzipiell ist die Authentie und Wahrhaftigkeit dieses Aktes denkbar und somit *ablösbar* von empirischen (kulturellen, sozialen, ökonomischen) weiteren Bedingungen und Verhältnissen in Indien. Überflüssig, an dieser Stelle die Kritikbedürftigkeit dieser Verhältnisse aus anderen als religionsphilosophischen Gründen eigens zu betonen. Die konkrete religionssoziologische Analyse des Sati, in die vor allem auch die soziale Perspektive der postmortalen Heiligung der Witwe und die damit verbundene Gründung eines Lokalheiligtums eingehen muß, ist hier nicht beansprucht. Jedoch eignet dem rituellen Opfer eine Erhabenheit, die uns für das spezifisch Religiöse sensibilisieren kann und die auch Wittgenstein deutlich sah, wenn er in seiner Frazer-Kritik gerade dasjenige als ›majestätisch‹ identifizierte, was Frazer an der rituellen Tötung von Priesterkönigen bei den südamerikanischen Indianern als das Schreckliche meinte ablehnen zu müssen.[19]

und Tod. Zu einigen Aspekten der Totenfolge«, in: *Saeculum* Bd. 44 (1993), S. 265-299.

19 Vgl. L. Wittgenstein, *Bemerkungen über Frazers Golden Bough*, hg. R. Rhees, Retford 1979. Bereits in Rechts- und Gerechtigkeitskontexten stellen Praxen wie Sati ein Grundproblem dar. Vgl. dazu das Kapitel

8. Religion ist nicht Moral, religiöse Sätze sind keine ethischen Sätze und Religionsphilosophie geht nicht auf in praktischer Philosophie.
Selbstverständlich sind die religiösen Sprach- und Praxisformen in besonderem Maße mit unseren ethischen, normativen Orientierungen verwoben. Der *Kern* der religiösen Sprachspiele und Rituale jedoch ist nichtethischer Art, und nicht etwa Ideale, Imperative, Postulate, Maximen, Forderungen, Vorschriften oder Sollenssätze sind, philosophisch-grammatisch betrachtet, deren Konstituentien. Konstitutiva dieser Sprachspiele sind hingegen z. B. *Berichte* über die Entstehung der Welt bzw. ihre Schöpfung, *Bekenntnisse*, *Verheißungen* und indikativische Heils*zusagen*, also allemal wesentlich das ›Sein‹ der Welt und des Lebens qualifizierende und nicht lediglich deren ›Sollen‹ fordernde Redeweisen.
Die nordamerikanischen Omaha berichten über die Schöpfung: »Am Anfang waren alle Dinge im Geist von Wakonda. Alle Wesen, auch die Menschen, waren Geister. Sie bewegten sich im Raum zwischen der Erde und den Himmeln. Sie suchten einen Ort, wo sie in eine leibliche Existenz gelangen konnten. Sie stiegen auf zur Sonne, aber die Sonne war als Heimstatt nicht gut. Dann stiegen sie herab zur Erde. Sie fanden sie mit Wasser bedeckt. Sie schwebten durch die Luft nach Norden, nach Osten, nach Süden und Westen, aber sie fanden kein trockenes Land. Sie wurden sehr traurig. Plötzlich erhob sich inmitten der Wasser ein großer Felsen. Er brach in Flammen aus und die Wasser schwebten als Wolken in die Luft. Trockenes Land erschien, das Gras und die Bäume wuchsen. Die Scharen der Geister stiegen herab und wurden Fleisch und Blut. Sie nährten sich von den Samen der Gräser und von den Früchten der Bäume. Und das Land erzitterte von ihrem Jubel und ihrem Dank an Wakonda, den Schöpfer aller Dinge.«[20] – Die Geister haben auf ihrer kosmischen Irrfahrt und Wohnungssuche die Ungastlichkeit des übrigen Universums und auch einer mit Wasser bedeckten Erde erfahren müssen. Nun sind sie einbezogen in die nährende und regenerative Kraft natürlicher Lebensgrund-

»Unmöglichkeit und Selbsttranszendenz der Gerechtigkeit« in diesem Band.

20 Zit. nach D. M. Rasmussen, *Symbol and Interpretation*, Den Haag 1974, S. 59 (Übersetzung von mir, Th. R.).

lagen. Ihr Verhältnis zu ihrer Lebenssituation im Ganzen ist die des Dankes als der angemessenen Haltung angesichts der Schöpfung, angesichts der wunderbaren Faktizität der Lebensvoraussetzungen. Religion bezeugt sich als Verhältnis zum unverfügbaren und ungeschuldeten *Daß* der Welt.
Ähnlich verhält es sich, stellen wir ethische und genuin religiöse Kategorien unmittelbar gegenüber. *Daß* wir frei sind, das ist selbst (unerklärliche) Bedingung der Möglichkeit und der Notwendigkeit der Ethik und Voraussetzung unseres – guten oder bösen – Handelns. Dieses Faktum der Freiheit vergegenwärtigen Mythen z. B. im Zusammenhang mit ursprünglichem Gesetzesbruch und Paradiesesverlust. Angesichts der unverfügbaren Irreversibilität unserer existentiellen Zeitlichkeit und der Unabänderlichkeit der Vergangenheit können wir uns zu vergangener Schuld nicht mehr pragmatisch-ethisch verhalten, allenfalls in den defizienten Modi der Verdrängung oder des Nachtrauerns, in denen sich ein im Grunde unvernünftiges Verfügenwollen über das Unverfügbare zeigt. Die hier, an den Grenzen und am Grund der ethischen Möglichkeiten ihren Sitz habenden spezifisch religiösen Kategorien sind z. B. Vergebung, Versöhnung, Sühne, Buße, Reue und Erbarmen. Hier zeigt sich die tiefe Verwobenheit des Ethischen mit dem Religiösen, andererseits auch deren grundsätzliche Differenz. Es ist daher auch eine unheilvolle Kategorienverwechslung, die Fundamentalunterscheidungen religiöser Vernunft unmittelbar in politische und gesellschaftstheoretische Kontexte hinüberzuziehen. Religion hat es im Kern nicht mit Mitteln zu Zwecken und auch nicht mit ethischen Zwecksetzungen auf eine Weise zu tun, die ein *moralisierendes* Verständnis sinnvoll erscheinen ließe. Sie hat es hingegen z. B. mit den Situationen des definitiven Scheiterns auch unseres besten Willens und unserer besten privaten und politischen Anstrengungen zu tun, mit dem auch, was ›nicht wieder gutzumachen ist‹, und ebenso mit dem intangiblen Bereich humaner Würde.

11.
Zur Rekonstruktion religiöser Vernunft

Mit den kritischen Bemerkungen zur Hermeneutik der Religion haben wir diese zunächst negativ eingegrenzt. Sie ist – immer in der Perspektive kritisch-normativer Rekonstruktion – kein theoretisches, wissenschaftliches bzw. metaphysisches Weltverhältnis. Sie gründet nicht in Vermutungen und Hypothesen. Sie gründet nicht in einer freischwebenden Subjektivität und auf deren Gefühlen und Emotionen. Ihre Grundunterscheidungen und Geltungsansprüche lassen sich im Kern nicht als Postulate oder Fiktionen verstehen. Religiöse Welt- und Lebensverständnisse übersteigen mit ihren Perspektiven funktionale und instrumentelle Deutungen ebenso, wie ausschließlich entfremdungstheoretische, symptomatologische Destruktionen. Religionsphilosophie sollte die immanente, interne Rationalität komplexer religiöser Lebensformen zu verstehen suchen, ohne einen abstrakten Kulturrelativismus, einen Hermetismus vermeintlich gegeneinander abgeschotteter Deutungssysteme zu vertreten. Religion geht schließlich nicht auf in Ethik und Moral.

Die von uns bewußt aus ganz heterogenen Kontexten gewählten Beispiele deuteten aber mit ihren immanenten Sinn- und Geltungsansprüchen bereits in die Richtung angemessener Verständnisse, die wir im Ansatz exemplifizieren konnten und die uns abschließend zum Aufweis von Grundzügen spezifisch religiöser Vernunft verhelfen sollen. Denn: Welche Welt- und Selbstverständnisse bekundeten sich in den Beispielen tatsächlich? Resümieren wir wesentliche Aspekte.

Die Reden von Himmel und Hölle, diesem und Ewigem Leben, Erlösung, Endgericht und Auferstehung artikulieren kein wissenschaftliches Wissen, sondern ein primär *praktisches Welt- und Selbstverständnis unbedingten Ernstes* angesichts der Endlichkeit (des Todes) und angesichts moralischer Ansprüche. (Dieser Ernst schließt heitere Gelassenheit allerdings nicht aus. Das Leichte kommt vom Schweren.) Deswegen geht es nicht darum, die Hölle zu lokalisieren (zu »wissen«, wo sie ist), sondern sie existentiell zu meiden. Da wir die lebenssinnbezogenen Orientierungen nicht wie schlichte Informationen über neutrale Tatsachen zur Kenntnis nehmen können, sind die Sprachformen der Verkündigung, der emphatischen Zusage, des Bekenntnisses zu einer solchen Lebens-

orientierung für sie angemessen. In solchen spezifischen Sprachformen artikulieren sich genuin praktische *religiöse Einsichten.* In spezifisch religiösen Welt- und Selbstverhältnissen, die sich als *praktische, kommunikative Lebensformen* ausprägen, geht es nicht um das, was wir pragmatisch beherrschen, technisch können und theoretisch wissen, sondern um die *praktische Anerkennung der unverfügbaren Sinnbedingungen unserer Existenz.* Eine solche Daseinshaltung bzw. Lebensform der praktischen Anerkennung der Totalität der unserem Handeln vorausliegenden Sinnbedingungen unserer Existenz artikuliert sich z. B. im Verständnis der Welt als Schöpfung, im Bewußtsein ungeschuldeten Sinns der natürlichen Lebensgrundlagen einer menschlichen Welt. Der Schöpfungsmythos der Omaha überbietet als genuiner Sinnmythos wissenschaftliche Kosmogonien. Zu fragen, was vor der Schöpfung war, ist theoretisch unbeantwortbar und praktisch sinnlos (Luther). Das heißt: genuine Religiosität ist *a primis fundamentis* schon metaphysikkritisch. Von Duns Scotus stammt der religionsphilosophisch zentrale Grundsatz: »*Fides non est habitus speculativus (...) sed practica.*«[21]
Praktische religiöse Lebensformen lassen sich nicht subjektivistisch und psychologistisch verstehen. Sie gründen *in realer kommunikativer Praxis* und *in konkreten religiösen Sprachhandlungszusammenhängen.* So ist z. B. ein ›abstraktes‹ und in diesem Sinne theoretisches »Bewußtsein von Gott« gar nicht aufweisbar und auffindbar, und wer es, losgelöst von Lebensformen, sucht, wird scheitern. Das authentische Verständnis einer Haltung der Dankbarkeit angesichts der Sonne, der Ernte, der Geburt eines Menschen, wie es sich im gemeinsamen Feiern artikuliert, bezieht alle an der kommunikativen Praxis Beteiligten *interexistentiell* ein. Entsprechendes gilt für die Praxis der Pietät angesichts des Gedenkens der Toten: Auch diese kommunikative, interexistentielle Praxis geschieht angesichts der unverfügbaren Sinnbedingungen humanen Lebens, zu denen auch Endlichkeit, Sterblichkeit und Tod gehören. Wir brauchen dazu nicht zu wissen, ob die Toten Bewußtsein haben. Und auch die sakramentale Praxis der Eucharistie, der anamnetischen Vergegenwärtigung ungeschuldeter Liebe, läßt sich weder subjektivistisch noch technisch verstehen. Rituelle und sakramentale religiöse Praxis artikuliert *ein Bewußt-*

21 Johannes Duns Scotus, Op. Oxon. Prol. q. 4, a. 41.

sein der sozialen, kommunikativen und interexistentiellen, d. h. der *spezifisch praktischen und gleichermaßen unverfügbaren Sinnbedingungen humanen Lebens*. Sie ist die Kultur des kommunikativen, interexistentiellen und praktischen Bezugs auf die ungeschuldeten Sinnbedingungen unserer Existenz.

Bereits die religionsimmanente Abwehr reduktionistischer, partialer, defizitärer oder kategorial falscher Deutungen verweist auf die Grundzüge genuin religiöser Vernunft. Diese Grundzüge stehen, recht verstanden, weder mit einem wissenschaftlich aufgeklärten Weltverständnis noch mit philosophischer Aufklärung in Streit und Konkurrenz. Authentische religiöse Einsichten, Einstellungen und Praxisformen nehmen Bezug auf die letzten Bedingungen und Grenzen menschlichen Lebens. Sie beziehen sich nicht auf Einzelerfahrungen *im* Leben allein, sondern auf Erfahrungen *mit* dem »unermeßlichen Wunder« (F. Kambartel)[22] unseres Lebens als einmaliger Ganzheit, als singulärer Totalität.

Dieses Ganze, diese Totalität steht nicht pragmatisch, sprachlich oder in der einzelnen Erfahrung zur Verfügung: gleichwohl bleibt alles menschliche Leben, im Scheitern und im Gelingen, auf diesen pragmatisch nicht verfügbaren Horizont allen Sinns zurückbezogen. *Das Bewußtwerden dieser Zurückbezogenheit auf unverfügbare Sinnbedingungen ist das Spezifikum genuin religiöser Vernunft*. Die tradierten religiösen Reden und Handlungen, die klassischen theologischen Systemgedanken sowie die Religionen und Weisheitslehren nichteuropäischen Ursprungs lassen sich im Kontext einer Hermeneutik des Verständnisses des Lebens im Ganzen aufnehmen und ernst nehmen. Sie nehmen Bezug auf den existentiellen Horizont des In-der-Welt-Seins (Heidegger), auf die Grenzen unseres Lebens und unserer Sprache, auf unsere endliche Lebenssituation als ein »begrenztes Ganzes« (Wittgenstein). Diese einmalige Ganzheit ist weder subjektiv noch objektiv vorstellbar, weder wissenschaftlich noch metaphysisch zu vergegenständlichen, weder als privater ›Innenraum‹ noch als äußerer Behälterraum zu verdinglichen. Das Ganze unseres Lebens (und der Welt) entzieht sich jeder Vergegenständlichung – auch und gerade nach Aufklärung und Moderne, mehr denn je. Das ist der Grund für die

22 Vgl. F. Kambartel, »Bemerkungen zu Verständnis und Wahrheit religiöser Rede und Praxis«, in: ders., *Philosophie der humanen Welt*, Frankfurt am Main 1989, S. 101.

eigentümlichen religiösen und theologischen Sprachprobleme: Die Vermittlung existenztragender Einsichten angesichts der singulären Totalität unseres Lebens darf nicht auf der Stufe eines prädikativen Redens über »innerweltlich Seiendes« (Heidegger) bzw. über Tatsachen, die in der Welt bzw. im Leben »der Fall« sind (Wittgenstein), erfolgen. Wir sahen: Es entsteht oft der Schein, als handle religiöse Rede z. B. von ›Himmel‹, ›Hölle‹, ›Jenseits‹, ›Gericht‹ und ›Ewigem Leben‹ als von realistisch vorgestellten Über- oder Hinterwelten. Der vernünftige Sinn solcher Rede zeigt sich in der Lebenspraxis, beziehen wir sie auf den letzten Ernst bewußten menschlichen Handelns. Die einmalige, endliche Ganzheit jeden menschlichen Lebens ist irreduzibel auf technisch herstellbare Verhältnisse und instrumentell erreichbare Formen von Wissen. Die singuläre Totalität unserer individuellen, einzigartigen Existenz impliziert unsere Unvertretbarkeit durch Andere. Die Unwiederbringlichkeit und Irreversibilität der Vergangenheit, der schwindende Augenblick und die Offenheit und Unbestimmtheit der Zukunft ermöglichen Verantwortung und Schuld, aber auch die Perspektive einer ethisch qualifizierten erfüllten Ganzheit des Lebens. Diese *Verschränktheit von Endlichkeit, Unbedingtheit und Sinn* bewußt zu machen und kulturell in Modi gelebter kommunikativer Praxis, z. B. meditativ und kongregativ, bewußtzuhalten, ist eine spezifische Leistung religiöser Vernunft.

Daß wir in der Welt sind, daß wir und die Mitmenschen auf einzigartige Weise endlich, natürlich und leiblich individuiert sind, daß wir handeln und Sinn erfahren und verfehlen können – diese Ebene der Totalität der unverfügbaren Sinnbedingungen unseres Lebens ist die spezifische Ebene religiösen Bewußtseins. Religion ließe sich so bestimmen als *Aufklärung über sinnkonstitutive Unverfügbarkeit*: Denn es sind, folgen wir religiösen Sinntraditionen, gerade die dem menschlichen Handeln auf Dauer entzogenen Lebensbedingungen, seien sie natürlich, existentiell oder sozial, deren bewußtes Innewerden eine Dimension untilgbaren Sinnes eröffnen kann. So hat Religion mehr mit der Befreiung von Selbsttäuschungen und Illusionen zu tun, als mit Entfremdung.

Das religiöse Bewußtsein der Totalität der unverfügbaren Sinnbedingungen einer menschlichen Welt im Ganzen scheint mir auf Dauer nur um den Preis einer Enthumanisierung menschlicher Praxis marginalisierbar zu sein. Wesentliche Aspekte einer menschlichen Welt, die ihren unbedingten Sinn artikulieren, ihn

einsichtig machen und in kommunikative Lebensformen integrieren, blieben unbegriffen oder bewußtlos.
Demgegenüber nimmt religiöses Reden und Handeln bewußt Bezug auf die unverfügbaren Sinnbedingungen unseres Lebens: auf die einzigartige Einheit von Welt und Leben, auf die ungeschuldete Präsenz der Mitmenschen, auf die Würde des Endlichen bei aller Hinfälligkeit. Die religiöse Praxis bekundet durch einsichtsbezogene Rede, durch meditative und kongregative Handlungen und mit Hilfe von existentiell zu verstehenden Paradigmen, Bildern und Modellen eine *Lebensorientierung der Einsicht in sinnkonstitutive Unverfügbarkeit.*
Weil dies die Grundstruktur religiöser Vernunft ist, wurde auch die Möglichkeit des Aufgehens der Religion in einem vernünftig verstandenen Leben praktischer Frömmigkeit immer vertreten: in der Praxis Jesu, von Buddha, im Taoismus, im Zen-Buddhismus, im Sufismus, aber auch z. B. im christlichen Mönchtum, bei Meister Eckhart, Luther und Kierkegaard. Es war jedoch immer bewußt, daß ein solches Aufgehen einen Grenzfall darstellt, daß für die meisten Menschen eine kirchliche bzw. meditative Sonderpraxis der Erinnerung an das Wesentliche unverzichtbar bleibt.
Ein Leben aus der Einsicht in die ungeschuldete Gegebenheit der Welt, des Lebens und der menschlichen Gemeinsamkeit ist offen für die Erfahrung des Geschenkcharakters menschlicher Freiheit und humanen Sinns. Es ist nicht irrational, sondern eine Einsicht noch in die ungarantierbaren Voraussetzungen konventioneller Rationalität, zu begreifen, daß der humane Sinn unseres Welt- und Selbstverständnisses in kommunikativen, interexistentiellen Lebensformen besteht, die uns auf Dauer pragmatisch entzogen und von uns nicht technisch herstellbar sind; auch authentische Interpersonalität in Gespräch, Partnerschaft und Liebe lebt von immer verletzlicher transsubjektiver Unverfügbarkeit. Nur weil der Andere mir mit seiner Personalität pragmatisch entzogen ist, können wir uns in den humanen Formen des Zuhörens, des Vertrauens, des Schenkens, des Vergebens und des Opfers begegnen. Kommunikative Lebensformen wie die des Glaubens, der Liebe und der Hoffnung haben hier ihren Sitz. Inmitten der endlichen Lebensbewegung, der unwiederbringlichen Vergangenheit, der Einzigartigkeit des Augenblicks und der ständigen Entzogenheit der Zukunft sind diese Lebensformen konstitutiv für eine menschliche Praxis der Offenheit für genuine Sinnerfahrungen.

Die religiösen Praxisformen entsprechen in der Vielzahl ihrer geschichtlich konkreten Ausprägungen den sinnkonstitutiven Unverfügbarkeitsaspekten des menschlichen Lebens. Diesen Aspekten gegenüber ist stets auch ein irrationales Verständnis und Verhalten möglich und wirklich: z. B. als Hochmut, Verzweiflung, Gleichgültigkeit und Langeweile, Lüge, Gewalt, Zerstörung und Mord. *Ex negativo* erschließt auch die Struktur dieser Haltungen die spezifische Ebene religiöser Vernunft. Auch die Modi des Scheiterns und der tiefgreifenden Verfehlung sind Erschließungsphänomene authentischen Lebens, weil sie formal auf der Ebene des existentiellen Totalitätsbezugs stehen.

Religiöse Vernunft kann nach dem Gesagten zu einer Erweiterung des üblichen alltäglichen wie philosophischen Vernunftverständnisses führen. Das Bewußtsein der Verschränktheit von Endlichkeit, Unbedingtheit und Sinn führt ihre Entwürfe über diskursive und pragmatisch beherrschbare Formen hinaus. Seitens eines restriktiven Rationalitätsverständnisses können diese Entwürfe als »überschwänglich« im Kantschen Sinne erscheinen: sie überstiegen dann auf haltlose und unhaltbare Weise die Grenzen menschlicher Lebenswelt und Praxis. Aber die Totalität der Sinnbedingungen unserer Welt, des gemeinsamen Lebens und unserer eigenen Existenz ist so wirklich wie uns auf Dauer entzogen. Eher scheint es, daß wissenschaftliche und technische Rationalität sowie Verfallsformen des Alltagslebens in der Gefahr inhumaner Verfehlungen stehen. Indem wir endlich, bedingt und frei existieren, leben wir von nicht machbarem natürlichem, sozialem und existentiellem Sinn; areligiös, ohne ihn zu bemerken, religiös im Bewußtsein seiner ungeschuldeten Gegenwart. Die Religionen artikulieren das Bewußtsein dieser Gegenwart. Sie erschließt sich in der Stille, im Innehalten, in Sehen und Hören, in Scheu und Langsamkeit, Behutsamkeit und Nachdenklichkeit, in Mündlichkeit und Schriftlichkeit, im vertrauten Gespräch, in den liturgischen und sakramentalen Formen. Die diskursive Vernunft öffnet sich hier einer Tiefendimension, die sie nicht zerstört, sondern, recht verstanden, intensiviert. Man könnte diese Dimension als *ekstatische Vernunft* bezeichnen: als eine Vernunft, die empfänglich ist für die zeitliche Endlichkeit und Fragilität allen Lebens, für die Ferne und Fremdheit der Anderen als Voraussetzung jeder Nähe, für die uneinholbare Tiefe jedes Individuums und für die Fülle des ethisch qualifizierten Augenblicks der Einsicht und des Verstehens.

Diese ekstatische Tiefendimension eignet religiöser Vernunft in ihren viele Jahrhunderte überdauernden Formen, wenn sie sie in kommunikativer und meditativer Praxis kultiviert, bewußt macht und bewußt hält, ihre ethischen Konsequenzen verdeutlicht, ihre Inkommensurabilität gestaltet und sie damit dennoch lebbar macht. Sie hält damit, recht verstanden, ein Bewußtsein von Unendlichkeit und Ewigkeit inmitten der Zeit fest, das seinerseits erst zu radikaler Kritik am Verfehlen humanen Sinns und an den vielen mißlingenden Formen menschlichen, gesellschaftlichen und auch religiösen Lebens befähigt, von denen wir täglich umgeben sind.

Zweiter Teil
Hegel, Adorno, Wittgenstein – zur Geschichte negativen Denkens

1. Negativität und Vermittlung
Hegels Anthropo-Theo-Logik

Im folgenden sollen bestimmte Motive Hegels aus der *Wissenschaft der Logik* (WdL), der *Enzyklopädie* von 1830 (E) und aus den *Vorlesungen zur Philosophie der Religion* (VR) auf leitende philosophisch-anthropologische Voraussetzungen befragt werden. Diese Voraussetzungen expliziert Hegel nicht selbst eigens in einer systematischen Disziplin mit dem Titel »Philosophische Anthropologie«, weil es eine solche Disziplin zu seiner Zeit noch nicht gibt. Sie hat sich erst im 20. Jahrhundert ausgebildet. Faktisch sind aber in allen Philosophien, wenn auch latent, anthropologische Grundüberzeugungen leitend: Ob Platon oder Augustinus, ob Thomas von Aquin oder Descartes, ob Kant oder Hegel – sie alle mußten aufgrund der Bedingungen oder Bedingtheiten der philosophischen Reflexion einen hermeneutischen Vorgriff auf das Wesen des Menschen vollziehen. Kant war dies bewußt, wenn er alle Grundfragen der Philosophie in der einen »Was ist der Mensch?« zusammenfaßte; und wenn er »die Selbsterkenntnis des Verstandes und der Vernunft« als »*Anthropologia transcendentalis*« bezeichnete.[1]

Im Wege einer philosophisch-anthropologischen Reflexion wird auf Kernmotive Hegelschen Denkens (mit Titeln wie »Vermittlung«, »Unendlichkeit«, »das Absolute«, »Gott«, »Trinität«) eingegangen. Diese Reflexion soll systematische Behauptungen Hegels über den Menschen herausstellen, die bei ihm häufig zu finden und im Rahmen einer heute zu verantwortenden, rationalen philosophischen Anthropologie diskutabel, im besten Falle aufgreifbar sind.

Bekanntlich tut Hegel nicht immer alles, um sich seinen Lesern möglichst verständlich zu machen. Er läßt oft in einem Maße Raum für hermeneutische Beliebigkeiten, die sich bei vergleichbaren Autoren wie Kant nur schwerlich finden. Hegel spricht nahezu eine reine *Sinnsprache*, keine Referenzsprache. Semantische Rettungsringe im Meer dieser wogenden Sinnsprache sind

1 I. Kant, *Reflexionen zur Anthropologie (Handschriftlicher Nachlaß)*, Akad.-Ausg. Bd. 15, Nr. 903.

seine philosophiehistorischen Bezüge auf Aristoteles, auf Kant, auf Zeitgenossen. Potenziert wird die Sperrigkeit durch das Hegel umstandslos erschwingliche Pathos, den thetischen Duktus der Emphase. So wird die Philosophie ein einziger Gottesdienst genannt, und an einer berühmt-berüchtigten Stelle in der Einleitung zur WdL kann Hegel schreiben:

»*Dieses Reich ist die Wahrheit, wie sie ohne Hülle an und für sich selbst ist.* Man kann sich deswegen ausdrücken, daß dieser Inhalt die *Darstellung Gottes* ist, *wie er in seinem ewigen Wesen vor der Erschaffung der Natur und eines endlichen Geistes ist.*« (5, 44)[2]

Dieses Reich – das ist Hegels Logik. Es drängt sich immer von neuem die Frage auf, ob die Wiederbelebung vorkritischer Ontologie und Metaphysik, schließlich die emphatische Retheologisierung *in toto* nicht rational ausgewiesener Rückgriff, sondern wesentlich uneinlösbarer Rückfall (hinter Kant) sind. Ich meine nicht. Die anthropologischen Überlegungen zu Hegel sollen diese Frage ein Stück weit klären helfen.

Für die Hegelsche Sinnsprache gilt im philosophischen Diskurs die Forderung der Übersetzbarkeit. Sätze von Hegel-Interpreten wie »Hegels Denken ist insgesamt trinitarisch« oder »Hegel bezieht die Unterscheidung von Sein und Wesen auf das Absolute« oder auch »Der abstrakte Gott ist die reine Einheit der Totalität bei völliger Unexplizierbarkeit der Bestimmtheiten« – diese Sätze erfordern selbst eine eigenständige begriffliche Interpretation. Das gilt insbesondere, weil Hegel Vernunftphilosoph par excellence zu sein beansprucht und den Begriff ins Zentrum seines Denkens rückt.

Auf diesem Hintergrund soll nun eine systematische Annäherung an Anthropologoumena im Denken Hegels erfolgen. Ich gehe zunächst auf seinen Gedanken der Vermittlung und auf Schichten in seinem Werk (vornehmlich der WdL) ein. Hegels philosophische Anthropologie (ob explizit oder implizit) wird dann unter den Gesichtspunkten transzendentaler Lebensformen, des Hegelschen Unendlichkeitsbegriffs, im Blick auf den Zusammenhang von Sünde und Konstitution des Selbstbewußtseins, auf den Zu-

2 Hegel wird mit Ausnahme der *Jenaer Realphilosophie* zitiert nach der von E. Moldenhauer und K. M. Michel besorgten Theorie-Werkausgabe, 20 Bde., Frankfurt am Main: Suhrkamp 1986. Die Zahlen in Klammern beziehen sich auf Bandzahl und Seite.

sammenhang von Sprache, Freiheit und »Negativität« und schließlich hinsichtlich der trinitarischen Konstitution des Geistes thematisiert.

1. Der Grundgedanke der Vermittlung und die Schichten in Hegels Philosophie

Einer der Grundgedanken Hegels trägt den Titel »Vermittlung«. Anhand der Weisen, wie er jeweils »Vermittlung« denkt, lassen sich in WdL, E und VR zunächst intern eine Reihe von Schichten des Textes freilegen und voneinander abheben. Wir können auch von den verschiedenen Zungen sprechen, welcher Hegel sich zu bedienen versteht. Der Charakter der Schichten ist durch rekurrente Prädikate und leitende Grundgedanken gekennzeichnet und so auch identifizierbar, wenn kein Eigenname (z. B. Platon, Jesus, Kant) die historische Filiation explizit stiftet. Die Schichten werden hier *künstlich separiert*, d. h. in der Realität der Hegelschen Texte sind sie häufig verwoben, ineinandergeschoben, oft in einem Satz. Betrachten wir rekurrente Schichten.

Schicht I:
Ontologie-Schicht. In ihr wird Vermittlung *ontologisch* als Aufhebung von »Sein« und »Nichts« im »Werden« konzipiert. Diese Schicht kann man auch Parmenides- oder Heraklit-Schicht nennen. Natürlich ist diese Schicht viel reicher und umfaßt auch den Bezug auf die vorkritische Ontologie der Schulmetaphysik sowie auf Leibniz, um nur einige weitere ihrer »Sedimentierungen« zu nennen. Aber markant für die WdL ist doch die Bezugnahme auf Parmenides und Heraklit.

Schicht II:
Dialektik-Schicht. In ihr wird Vermittlung *dialektisch* hinsichtlich der Form unserer (alltäglichen, wissenschaftlichen *und* philosophischen) sprachlichen Darstellungen der jeweiligen Wirklichkeit (des jeweils Gemeinten) gedacht: als Setzung, deren Bestreitung (Negation; Infragestellung; Widersprechen) und der »Aufhebung« beider auf einer »höheren Stufe«. Die Vermittlung wird somit in der Form sokratisch-platonischer Dialogizität konzipiert, und Hegel wird nicht müde, diese große Traditionsgeschichte seines

Denkens zu betonen. Da er jedoch explizit keine Dialoge inszeniert (wie z. B. Platon oder Cusanus) und auch keine Soliloquien mit einer früheren Gestalt seines Bewußtseins (wie der Wittgenstein der *Philosophischen Untersuchungen*), muß er diese Polyphonie des rationalen Diskurses stilistisch mit *einer* Stimme hervorzubringen suchen. Daher das Verumständigende und oft Ambivalente seines Stils als eine Art Ersatz für die rollenverteilt inszenierte Dialogizität.

Schicht III:
Sündenfall- oder Hamartiologie-Schicht. Diese Schicht denkt Vermittlung *hamartiologisch*, indem der Sündenfall, das *peccatum originale*, als Voraussetzung für die Freiheit endlichen menschlichen Selbstbewußtseins erscheint (s. u. genauer).

Schicht IV:
Christologie-Schicht. In ihr wird Vermittlung trinitätstheologisch und christologisch als Menschwerdung Gottes, Verzeitlichung des Ewigen, Fleischwerdung des Logos, als Ensarkosis, Synkatabasis, Kondeszendenz vorgestellt. Wir können auch von der Kenosis-Schicht sprechen. Die Bedeutung dieser Schicht ist für Hegel schwer zu überschätzen und übertrifft noch – in eins mit der Hamartiologie – die Bedeutung der voll ausgebildeten Trinitätstheologie. Diese Schicht ist daher für unsere philosophisch-anthropologische Zugriffsweise von großer Wichtigkeit. Es verbinden sich in ihr auch – auf eine zunächst sehr kühne Weise – Sprachphilosophie und Logik (»Logos«), Anthropologie und Trinitäts-Theologie (»Menschwerdung Gottes«).

Schicht V:
Geist- bzw. Bewußtseinsphilosophie-Schicht. In dieser Schicht der Hegelschen Sprache wird Vermittlung wiederum *trinitätstheologisch* und *bewußtseinsphilosophisch* als konstitutive Struktur des lebendigen Geistes und seiner Bewegungsform gedacht: als Bei-sich-sein, Entäußerung/Entfremdung und Rückkehr zu sich selbst; philosophiehistorisch als »exitus« und »reditus«, als »excessus« und »regressus«, als »mone«, »prodromos« und »epistrophe«, also neuplatonisch-proklisch. Aber auch *reflexionslogisch* und in der vertikalen Gesamtgliederung der WdL begegnen wir, dies kann nicht überraschen, dieser Schichtung: als Abfolge von

»Sein«, »erscheinendem Wesen« und »Begriff«, und wieder anders gefaßt in den transzendental-konstitutionstheoretischen Unterscheidungen »an-sich«, »für-sich« und »an-und-für-sich«.

Schicht VI:
Empirismus-Schicht. In ihr wird Vermittlung *empiristisch* als Angewiesenheit auf die Sinnlichkeit, als Erfahrungsangewiesenheit des Bewußtseins, als Phänomenalität von Erfahrung bzw. als Erscheinung-sein von etwas konzipiert. So lautet schon der Untertitel der *Phänomenologie des Geistes: Wissenschaft der Erfahrung des Bewußtseins.* Man sieht zwar an dieser Schicht, daß sie keinesfalls isoliert von anderen, in diesem Fall v. a. nicht isoliert von der Kant-Schicht VII für Hegel bestimmend wird. Aber dennoch läßt sich vieles von den systematischen Neuerungen und genuinen Leistungen Hegels besser begreifen, wenn wir seine Radikalisierung der philosophischen Grundeinsicht in die Angewiesenheit des Menschen auf die Sinnlichkeit erfassen. Dieses große Erbe der Aufklärung zeigt sich im Gesamtkonzept der Verzeitlichung und Vergeschichtlichung des »Geistes« bei Hegel. Es zeigt sich an seinem Gedanken, daß die synchrone Transzendentalphilosophie Kants selbst noch – diachron – konstituiert ist, so daß, wenn auch unschön, metakritisch von einer Konstituiertheit der Konstitution die Rede sein muß. Es zeigt sich in den mannigfachen wirklichkeitshungrigen, realitätsbesessenen Texten Hegels. Es zeigt sich in dem eindrucksvoll von P. Stekeler-Weithofer aufgewiesenen Phänomenalismus, Konstruktivismus, Intuitionismus und Finitismus in Logik und Philosophie der Mathematik Hegels.[3] Die »Angewiesenheit auf die Sinnlichkeit« ist aber auch ein zentraler Gesichtspunkt der Erniedrigungschristologie – gerade für den Lutheraner Hegel. Auch diese Schicht ist daher philosophisch-anthropologisch von großem Interesse.

Schicht VII:
Transzendentalphilosophie-Schicht. Diese Kant-Schicht konzipiert Vermittlung *transzendental* als *Synthesis a priori.* So schreibt Hegel in der WdL: »Der Begriff, den *Kant* in *den synthetischen Urteilen a priori* aufgestellt hat, – der Begriff von *Unterschiedenem,* das

3 Vgl. P. Stekeler-Weithofer, *Hegels Analytische Philosophie. Die Wissenschaft der Logik als kritische Theorie der Bedeutung,* Paderborn 1992.

ebenso *untrennbar* ist, einem *Identischen*, das an ihm selbst *ungetrennt Unterschied* ist, gehört zu dem Großen und Unsterblichen seiner Philosophie.« (5, 240) Der Gedanke der Konstruktivität des menschlichen Geistes, der Grundgedanke des Erzeugungsidealismus, daß der Mensch nur das einsehen kann, was er selbst frei hervorgebracht, tätig zustande gebracht hat, auch dieser Gedanke der transzendentalen Konstitution ist für die philosophisch-anthropologische Interpretation Hegelschen Denkens unverzichtbar. Das Verhältnis von Hegel zu Kant kann zwar im folgenden nicht eigens thematisiert werden. Der Anspruch, seitens der philosophischen Anthropologie bestimmte leitende, oft eher implizite Anthropologoumena Hegels herauszuarbeiten, ist allerdings von der Hoffnung getragen, daß sich seine spezifische Form der Transformation der Transzendentalphilosophie in der Reflexion auf Zeitlichkeit, Geschichtlichkeit, Leiblichkeit, Sinnlichkeit der Existenz und Grundsituation des Menschen in der Welt in Richtung einer modernen Transzendentalphilosophie verstehen läßt.

Schicht VIII:
Logik- bzw. *Prädikationstheorie-Schicht.* In ihr wird Vermittlung *logisch* bzw. *prädikationstheoretisch* gedacht als strukturelle, sprachliche Synthesis von Allgemeinem, Besonderem und Einzelnem im Satz bzw. im Urteil. Hierher gehört Hegels Thematisierung der Subjekt-Kopula-Prädikat-Struktur sowie seine Analyse der menschlichen Möglichkeit prädikativer Unterscheidungspraxis. Hierher gehört seine Diskussion des Satzes von Spinoza: *determinatio negatio est* sowie sein Aufgreifen der Hölderlinschen Analyse zum Urteil als Ur-Teilung. Sowohl die charakteristisch Hegelsche Spinoza-Rezeption als auch seine Hölderlin-Bezugnahme (»Alle Dinge sind ein Urteil«) sind sprachphilosophisch-erkenntniskritisch, negativ-dialektisch wie philosophisch-anthropologisch gleichermaßen wichtig. Es müßte sich, und wenn auch nur vorsichtig und umrißhaft, zeigen lassen, daß und wie Hegel Sprachkritik und transzendentale Anthropologie zusammendenkt, und wie an dieser systematischen Stelle sein Gedanke der Negativität eine entscheidende Weichenstellung erfährt, die weit in die philosophische Moderne – zu Wittgenstein und Adorno – weist.

Schicht IX:
Hermeneutik-Schicht. Vermittlung wird schließlich im Paradigma der alten *Hermeneutik* als die interpretatorische Verhältnisbestimmung von »Ganzem« und »Teil« (Wort, Satz, Abschnitt) eines Textes konzipiert.

Mit diesen neun abgehobenen Schichten sind freilich keineswegs alle Sprachebenen benannt, die Hegel zur Erläuterung der Rede von »Vermittlung« verwendet. Im praktisch-philosophischen Kontext wäre von politischen, juristischen und ökonomischen Schichten der Hegelschen Sinnsprache der Vermittlung zu handeln, ebenso von methodologischen und disziplinenarchitektonisch-wissenschaftstheoretischen Ausbildungen dieser Sprache. Schließlich wäre die Einbettung der Schichten in eine Universalgeschichte der Vermittlung und Versöhnung zu thematisieren, die für Hegel so charakteristisch ist. Im folgenden wird versucht, den impliziten anthropologischen Kerngehalt der Hegelschen Analyse freizulegen, der die heterogenen Schichten miteinander verbindet.

2. Grundzüge Hegelscher Anthropologie

Die soeben aufgewiesenen Schichten durchziehen die Werke Hegels *horizontal*; d. h. unter anderem, daß sie überall im Text (WdL, E, VR) wieder einmal zutage treten können. Die Großüberschriften »Sein«, »Wesen« und »Begriff« der WdL strukturieren hingegen ihren vertikalen Aufbau, die vernunftkritische Problematik, die kurz so zu vergegenwärtigen ist:
I. Ontisch-ontologische Redeebene: unmittelbare, »naive« *Seinslogik*; deren Infragestellung, Störung und Negation führt zur
II. ontologisch-essentialistischen Redeebene der *Wesenslogik*; deren Störung, deren Negation führt zur
III. essentialistisch-kriterialen (genuin erkenntniskritischen, sprachkritischen) Redeebene der *Begriffslogik.*
Es wäre (in einem anderen Kontext) zu zeigen, daß dem Anspruch nach jede der aufgewiesenen horizontalen Schichten die kritisch-destruktive und konstruktive, »aufhebende« Reflexionsbewegung aufweist, die auch diesen vertikalen systematischen Aufbau kennzeichnet.
Meine These angesichts dieser Zergliederung ist nun, daß sich

weder eine der horizontalen Schichten I-IX (und auch keine der weiteren angedeuteten Schichten) als systematisch zentral auszeichnen läßt; noch, daß sich der vertikale systematische Gesamtaufbau z. B. der WdL zu einem solchen Bezugspunkt eignet. Letzterer ist selber erst Resultat einer Denkbewegung, die Hegel in der *Transformation der Onto-Logie in eine Anthropo-Theologie* vollzieht. Erst wenn diese Transformation in den Blick genommen wird, sind wir in der Lage, die systematisch tragende Grundschicht des Hegelschen Denkens auszumachen. Deswegen ist es im übrigen auch kein Wunder, daß die Hegelsche Schule just an der Religionsphilosophie in »Rechte« und »Linke« zerbrochen ist: *Die Religionsphilosophie enthält die Hegelsche Anthropo-Theologie*; diese ist – unterhalb der aufgewiesenen Schichten an der Textoberfläche – die systematisch integrierende Tiefenschicht; sie enthält Hegels philosophische *Grundüberzeugungen.* Wenn Karl Löwith im Prozeß von Hegel zu Nietzsche das Auseinanderbrechen der philosophischen Orientierung in die Äußerlichkeit des Marxschen Materialismus und seiner Anthropologie der Arbeit, der Selbstproduktion der Gattungsgeschichte und des Primats der Ökonomie einerseits, in die Innerlichkeit des Kierkegaardschen Existenzialismus und seiner Anthropologie der Furcht, der Angst, der Liebe und des Todes und des Primats der Subjektivität andererseits konstatiert, dann hat er die Zerfallsprodukte benannt, die einer einseitigen Hegelrezeption entstammen. Sie unterlaufen die volle Komplexität der Hegelschen Anthropo-Theologie, und sie prägen – beide sind »Positivismus« als ausgefranste Seiten einer mißglückten Versöhnung – noch den Objektivismus und den Subjektivismus von heute.

Das frühe Werk Hegels ist deutlich explizit anthropologisch ausgerichtet (Reflexion auf die condition humaine, die menschliche Grundsituation und ihre wesentlichen Züge); diese Ausrichtung tritt dann im Zuge der Erstarkung einer umfassenden praktischen und politischen Philosophie, Rechtsphilosophie und Staatstheorie eher zurück, um dann in der VR wieder ganz in das Zentrum zu rücken. Dennoch bleiben die weichenstellenden Anthropologoumena des Anfangs leitend; sie finden sich im wesentlichen schon in der *Jenenser Philosophie des Geistes* von 1805/06. Auf diesen knapp hundert Seiten hat Hegel einen *fundamentalanthropologischen Aufbau der menschlichen Welt* (der menschlichen Grundsituation) skizziert, der sein gesamtes System präfiguriert.

Mit der Abfolge der Kapitel (ich kürze hier):

- Reich der Bilder
- Sprache
- Reich der Namen
- Gedächtnis
- Ich und Ding
- Intelligenz
- Wille
- Trieb und Begierde
- Arbeit, Werkzeug und List
- das Sich-Erkennen im Anderen
- Liebe, Ehe, Familie
- Besitz
- Dasein und Sich-Wissen
- der Kampf des Anerkennens
- Arbeit und Bedürfnis
- Tausch und Vertrag
- Person
- Verletzung von Ehre und Leben
- Strafe und Rache
- gewalthabendes Gesetz
- Recht
- das Böse
- das Volk
- das moderne Gemeinwesen
- die niederen Stände
- die Kunst
- die Religion
- die Weltgeschichte –

mit diesen knapp dreißig Überschriften hat Hegel eine Konstitutionsanalyse der menschlichen Praxis, eine Analyse der Möglichkeitsbedingungen einer menschlichen Welt vorgelegt. Bezeichnend ist, daß er in diesem Text den Terminus »Konstitution« wieder aus seinem transzendentalphilosophischen in den politischen und juristischen Gebrauch überführt, denn »Konstitution« übertitelt hier die staatstheoretischen Kapitel.
Wenden wir uns zwecks näherer Betrachtung von Hegels philosophischer Anthropologie zum Einstieg einer Schlüsselstelle zu.

2.1 Der Zusammenhang von existentieller Negativität, Sprache und Freiheit: die »Nacht der Aufbewahrung«

Zu Beginn der *Jenenser Philosophie des Geistes* (JRP) findet sich im Teil B 1 *Subjektiver Geist* der jetzt zu interpretierende Abschnitt: »Nacht der Aufbewahrung. Dies Bild gehört ihm an, seinem einfachen Selbst (sc. ein Bild der menschlichen Vorstellung, näherhin der Einbildungskraft, Th. R.); aber das Einfache hat keinen Unterschied, so auch hier: Es ist in ihm als Ununterschiednem. Er (der Mensch, Th. R.) ist im Besitz desselben, er ist Herr darüber. Es ist in seinem Schatze aufbewahrt, in seiner Nacht. Es ist bewußtlos, d. h. ohne als Gegenstand vor die Vorstellung herausgestellt zu sein. Der Mensch ist diese Nacht, dies leere Nichts, das alles in ihrer Einfachheit enthält, ein Reichtum unendlich vieler Vorstellungen, Bilder, deren keines ihm gerade einfällt oder die nicht als gegenwärtige sind. Dies (ist) die Nacht, das Innre der Natur, das hier existiert – reines Selbst. In phantasmagorischen Vorstellungen ist es ringsum Nacht; hier schießt dann ein blutig(er) Kopf, dort ein(e) andere weiße Gestalt plötzlich hervor und verschwinden ebenso. Diese Nacht erblickt man, wenn man dem Menschen ins Auge blickt – in eine Nacht hinein, die furchtbar wird; es hängt die Nacht der Welt hier einem entgegen.« (JRP, 180 f.)[4]
Dieser Passus ist nicht nur originell, sondern hat auch eine lange Vorgeschichte. Die These von der *Negativität des Intellekts*, von der *Nichtigkeit des menschlichen Geistes* findet sich vor Hegel bereits mit ähnlichen Formulierungen in Fichtes *Wissenschaftslehre* (z. B. der von 1797). Sie findet sich so fast wörtlich, mit demselben Vokabular aber schon in den *Quaestiones Parisienses* von Meister Eckhart aus den Jahren 1302-03.[5] Da sie verschollen waren, können die deutschen Idealisten sie wohl nicht gekannt haben. Die These von der Negativität des Intellekts findet sich

4 Zitiert nach G. W. F. Hegel, *Jenaer Realphilosophie. Vorlesungsmanuskripte zur Philosophie der Natur und des Geistes von 1805-1806*, hg. J. Hoffmeister, Hamburg: Meiner 1967. Der zitierte Passus wurde bereits im ersten Teil dieses Bandes (im Kapitel »Negativität und Ethik«) in einem anderen Kontext kurz interpretiert. Auf Grund seiner eminenten Bedeutung werde ich ihn hier nochmals aus einer anderen Perspektive vertieft analysieren.

5 Vgl. dazu J. D. Caputo, »The nothingness of the intellect in Meister Eckhart's ›Parisian Questions‹«, in: *Thomist* 39 (1975), S. 85-115.

ebenso in Meister Eckharts Johanneskommentar (*Expositio sancti Evangelii secundum Johannem*). Der menschliche (wie auch der göttliche) Geist ist demnach eine Form des Nicht-Seins und des Nicht-Seienden, also weder *esse* noch *ens*. In der ersten Pariser *quaestio* entwickelt Eckhart diese These an genau demselben erkenntnistheoretischen Beispiel wie Hegel – an einem Bild (*imago*) in der Vorstellung des Menschen. Das »Bild« gibt es auch nicht: Es ist nur das Mittel, um etwas (den vorgestellten Gegenstand) zu erkennen, und keineswegs wird es selbst »vorgestellt«, gesehen, wahrgenommen, kurz, es ist, mit Hegel »bewußtlos, d. h. ohne als Gegenstand vor die Vorstellung herausgestellt zu sein«. Es ist nicht etwas, das ist, sondern eine *kognitive Form*, durch die etwas ist.

Die systematische Betrachtungsweise dieser Thematik der Negativität geht aber noch viel weiter zurück, nämlich auf Aristoteles. Dies wird an der Bezugnahme Meister Eckharts auf *De Anima* III 4(429 a 15-25) in der zweiten Pariser *quaestio* deutlich. Dort heißt es sinngemäß, daß der Geist keine eigene Natur, kein Wesen hat; er muß »rein« von aller Beimischung sein, er ist reine Möglichkeit der Erkenntnis aller Dinge, selbst hingegen – man möchte formulieren: Bedingung der Möglichkeit der Erkenntnis aller Dinge. (Aristoteles selbst führt diese Auffassung doxographisch auf Anaxagoras zurück.) Der Geist ist nur *transzendentale Form*, er ist bei Meister Eckhart als solcher und an sich *nichts*. Er ist weder Substanz noch Akzidenz. Der Mensch ist diese Nacht, dies leere Nichts, das *alles* in ihrer Einfachheit enthält, ein *Reichtum unendlich vieler* Vorstellungen: Auch dies ist die wörtliche Auffassung Meister Eckharts. Als reine Negativität ist der Mensch reine Potentialität (These des Aristoteles), reine Möglichkeit, ekstatische Offenheit. Als reine Nichtigkeit ist der menschliche Geist *plenitudo esse* – die Fülle des Seins – »ein Reichtum unendlich vieler Vorstellungen«.

Dies entspricht der Aristotelischen Lehre vom Geist des Menschen als einer *tabula rasa* (*De Anima* 430 a 1). Wenn später Heidegger und Sartre den Menschen als »Grundsein einer Nichtigkeit«, als »Platzhalter des Nichts«, als »leere Stelle im Sein« kennzeichnen, dann stehen sie – ob bewußt oder unbewußt – wie Hegel in der hier aufgewiesenen Tradition.

Und dies noch in einer weiteren Hinsicht: Diese »Leere«, diese Reinheit, diese Seinslosigkeit und Ungegenständlichkeit ist bei Eckhart als der *Ursprungsort der menschlichen Freiheit* bestimmt. Wie bei Fichte wird bereits bei Eckhart die Negativität des Geistes zur Möglichkeitsbedingung von Autonomie und Selbstbestimmung. Die Negativität als Freiheit-von jedweder Substantialität und Akzidentialität ist Bedingung der Freiheit-zu allen Möglichkeiten der menschlichen Praxis. Wenn Sartre in *Das Sein und das Nichts* und im Anschluß an Hegel, Husserl und Heidegger die Existenz des Menschen als nichtigen Entwurf seiner selbst beschreibt, ferner diese Nichtigkeit auf eminente Weise mit seinem radikalisierten Freiheitsverständnis verknüpft, so ist wiederum die Traditionalität und Konventionalität seiner Analysen festzustellen.

Der Hegelsche Text aber hat über das soeben Ausgeführte hinaus noch ein genuines Gepräge: Die Szene »Nacht der Aufbewahrung« beschreibt das »reine Selbst« als die Selbstverdecktheit des Menschen in »bewußtloser« Dunkelheit, als seine Gefährdetheit durch ein Verfallen an Phantasmen, als die Möglichkeit des Verlorengehens an die eigenen Vorstellungen, schließlich gar als die »Nacht der Welt«, die »furchtbare« Weltnacht. Der Text geht über die Tradition hinaus, indem er die existentielle Negativität am Paradigma des »reinen Selbst« und der »ununterschiednen« Subjektivität als tendenziell pathologische Verzerrungsform und terroristische Instanz beschreibt: als dem Wahnsinn nahe. Und zwar deshalb, weil er die Negativität, die nichtige Reinheit des Selbst lediglich als die scheinhafte Verdeckung der bloßen, puren Naturhaftigkeit des Subjekts dekouvriert. Auf dem Grunde der von Fichte gefeierten Selbstkonstitution öffnet sich der Abgrund einer anarchischen Regression.

Ein Grundmotiv der Hegelschen philosophischen Anthropologie und praktischen Philosophie ist hiermit eingeführt: die Kritik am Subjektivismus, am »reinen Selbst«, an »schönen Seelen«, die sich wie ein gestaltloser Dunst in Luft auflösen, wie es später in der *Phänomenologie* heißt. Mit diesem Grundmotiv sind bei Hegel die Weichen gestellt für eine Analyse der Konstitutionsbedingungen der menschlichen Welt und Praxis, die deren genuin *kommunikatives* Wesen ins Zentrum rückt. Der Einzelne, heißt das, kann sich »von sich aus« gar nicht orientieren. Er regrediert in die Natur, träumt, stirbt oder wird verrückt. *Nur* im kommunikativen Medium der gemeinsamen Welt kann der Mensch Mensch werden und sein.

Diese anthropologische Grundeinsicht Hegels ist in der JRP auf eine in aller Kürze überzeugende Weise entfaltet, und zwar so, daß

mit den anthropologischen Konstituentien, den Möglichkeitsbedingungen aller menschlichen Praxis, die er analysiert:
(1) *Arbeit*, Werkzeug und »List«, Kampf des Anerkennens, Arbeit und Bedürfnis, Tausch,
(2) *Liebe*, Trieb und Begierde, Bewußtlosigkeit und Wahnsinn, Tod,
(3) *Sprache* –
daß mit diesen anthropologischen Konstituentien wesentliche Problemfelder der klassischen philosophischen Moderne aus der internen anthropologischen Konstitutionsproblematik heraus antizipiert werden: mit der Arbeit die Entwicklung zu Marx; mit der Liebe und Begierde die zu Freud; mit der Sprache die zu Frege und Wittgenstein. Auch die Todesanalysen Heideggers antizipiert Hegel. Aber er bettet sie in den Kontext von Herrschafts- und Kampfanalysen ein, läßt sie nicht im luftleeren Raum »reiner Existentialität« stehen.
Mit den Analysen von Jena hat Hegel die *Materialität und die Interexistentialität der transzendental-anthropologischen Konstitution der menschlichen Praxis auf dem Hintergrund der existentiellen Negativität des Menschen* in die Mitte seines Denkens gestellt. Es ist klar, braucht aber hier nicht intern werkgeschichtlich zusätzlich dargestellt zu werden, daß die fundamentalanthropologische Ansatzweise der Materialität und Interexistentialität auf Hegels so genannte frühe Vereinigungsphilosophie, den Konnex von »Leben«, »Liebe« und »Geist« und die dort bereits entwickelte Analyse der kommunikativen Aprioritäten einer menschlichen Welt zurückgeht, deren wiederum theologische Ursprünge die Forschung reich belegt hat. Der *Lebensbegriff* Hegels ist denn auch, ob in WdL, in E oder in VR, stets der Indikator der fundamental-anthropologischen Grundschicht der Hegelschen Philosophie.
Da die Materialität der Anthropologie Hegels (hinsichtlich der Naturbasis der menschlichen Praxis, der Leiblichkeit, Sinnlichkeit, Triebhaftigkeit, Sexualität, der materiellen Reproduktion) auf der Hand liegt, möchte ich diesen evidenten Gesichtspunkt hier nicht vertiefen. Bloß soviel: Es muß doch wohl ein Marxsches und v. a. marxistisch-leninistisches Mißverständnis gewesen sein, welches das erhebliche Erfordernis eines »Vom Kopf auf die Füße-Stellens« der Hegelschen Sicht der Dinge suggerierte. Man denke nur an einen einzigen Satz der JRP: »Die konkrete Arbeit ist die elemen-

tarische, (das) substanzielle Erhalten, der rohe Grund des Ganzen« – der rohe Grund, das ist die »Basis« – aber Hegel wäre nicht Hegel, wenn er den Satz nicht endete: »der rohe Grund des Ganzen *wie das Vertrauen.*« (JRP, 255; Herv. v. mir, Th. R.) Das Materialistische am Idealismus muß ebenso gesehen werden wie das Idealistische am Materialismus, wenn sie recht verstanden werden. Auch das ist eine anthropologische Grundeinsicht.

Ich möchte im folgenden auch die anthropologische Interexistentialitätsproblematik in Hegels Denken nicht weiter direkt verfolgen. Auch sie prägt evident sein Gesamtwerk und in der JRP ist sie im Abschnitt »Das Sich-Erkennen im Andern« intersubjektivitätstheoretisch vorgebildet. Dort heißt es z. B.:

»Dies eigne Aufheben ist sein (sc. des Menschen, Th. R.) Sein für Anderes, worein sein unmittelbares Sein umschlägt. Sein eignes Aufheben wird Jedem am Andern als Sein für Andres. Das Andre ist also für mich, d. h. es weiß sich in mir. Es ist nur Sein für Anderes, d. h. es ist außer sich.« (JRP, 202)

Oder es heißt im Abschnitt »Konstitution« lapidar: »Das freie Allgemeine ist der Punkt der Individualität.« (JRP, 250) Ebenso formuliert die *Phänomenologie* als eine Konstitutionsbedingung der menschlichen Welt und Praxis: Das »Tun des Einen hat selbst die gedoppelte Bedeutung, ebensowohl *sein Tun* als *das Tun des Anderen zu sein*« (3, 146).

Die interexistentiale Fundamentalanthropologie Hegels schließt von vornherein eine »Bewußtseinsphilosophie« im Sinne der Untersuchung eines hypostasierten »Inneren« aus. Im Gegenteil ist Hegel selbst ein dezidierter und früher Gegner solchen Denkens, was z. B. an seiner Kritik an Kant zu sehen ist.

Die Interexistentialitätsthematik: Daß es eben *kein* isoliertes Orientierungssubjekt gibt und *a priori*, aus konstitutiven Gründen nie geben kann, daß vielmehr Bedingung der Möglichkeit aller menschlichen Weltorientierung immer schon Beziehungen zwischen Menschen im Medium kommunikativer, dem Einzelnen vorausliegender Aprioritäten und Geregeltheiten sind – diese wichtige Grundeinsicht werden wir dennoch vertiefen können, wenn wir uns nun der Fortsetzung unseres Textes »Nacht der Aufbewahrung« zuwenden. Kurz nach der destruktiven Kritik an dem »reinen Selbst« entwickelt Hegel nämlich eine Analyse zur kommunikativen Konstitution der Welt: eine Analyse der Sprache und ihres Ursprungs.

Zunächst beschreibt er nach dem Passus »Nacht der Aufbewahrung« die menschliche »Macht, aus dieser Nacht die Bilder hervorzuziehen oder sie hinunterfallen zu lassen: Selbstsetzen, innerliches Tun, Entzweien«. (JRP, 181) Diese »Macht« ist die dynamis, die potentia, von der eben die Rede war. Ich und Ding, Bewußtsein und Gegenstand werden auf dem Untergrund der »Nacht« geschieden: »Ich setze mich besonders zum Gegenstande.« (JRP, 182) Das Ding, der Gegenstand »muß auch ins Dasein treten, Gegenstand werden, umgekehrt (muß) diese Innerlichkeit äußerlich sein: Rückkehr zum Sein. Dies ist die Sprache als die namengebende Kraft.« (JRP, 193) Am Rande vermerkt Hegel hier: »Schöpferkraft.« Er fährt fort:

»... die Sprache (ist das Innerliche) als Seiendes (setzende Kraft). Dies ist dann das wahre Sein des Geistes als Geistes überhaupt. (...) Durch den Namen ist also der Gegenstand als seiend aus dem Ich herausgeboren. Dies ist die erste Schöpferkraft, die der Geist ausübt. Adam gab allen Dingen einen Namen. Dies ist das Majestätsrecht und erste Besitzergreifung der ganzen Natur oder das Schaffen derselben aus dem Geiste. λογος (ist) Vernunft, Wesen der Dinge und Rede, Sache und Sage, Kategorie. Der Mensch spricht zu dem Dinge als dem seinigen und lebt in einer geistigen Natur, in seiner Welt, und dies ist das Sein des Gegenstandes« (JRP, 183).

Philosophisch-anthropologisch besagt dies, daß »Gegenstände«, »Dinge« nur in einer menschlichen Welt vorkommen, die ihrerseits sprachlich konstituiert ist. Die menschliche Unterscheidungspraxis trennt, entzweit Vorstellungen, Gegenstände und Prädikate, setzt sich als Bewußtsein »besonders« gegenüber den Dingen; und in eins synthetisiert sie die unterschiedenen Bereiche wiederum sprachlich. (An dieser Stelle klingt das Hegelsche Motiv der »Identität von Identität und Nichtidentität« an.) *Auf dem Hintergrund der existentiellen Nichtigkeit beschreibt Hegel die kommunikative Selbstkonstitution des Menschen durch sprachliche Unterscheidungspraxis.*

Fundamentalanthropologisch denkt Hegel so existentielle Negativität, Sprache und Freiheit zusammen: Die »Nacht des Innern« geht mit der kommunikativen Selbstkonstitution durch die Sprache in eine »freie Ordnung« über; »Ich ist die Kraft dieser freien ... Ordnung (...) Es ist der freie Träger, die freie ungegenständliche Ordnung.« (JRP, 196) Wir haben es bei Hegel mit einem anthropologisch-sprachpragmatisch transformierten Erzeugungsidealismus zu tun, wie auch folgende Passagen der JRP dokumentieren:

»Diese Arbeit (sc. der sprachlichen Unterscheidungspraxis, Th. R.) ist daher das erste innre Wirken auf sich selbst, eine ganz unsinnliche Beschäftigung und der Anfang der freien Erhebung des Geistes, denn er hat sich hier zum Gegenstande (...) dies ... ist die erste notwendige Tätigkeit, präzis sehen, Tätigkeit des Geistes, Fixieren, Abstrahieren, Herausnehmen, Anstrengung, Überwindung des Unbestimmten der Empfindung (...) Ich bin Ordnung, Beziehung, Tun.« (JRP, 188)

»Ich« ist nur als kommunikative Praxis. Diese Arbeit sei »sauer«, sagt Hegel an anderer Stelle; ein erstes Moment von Negativität hält sich in der gelingenden Selbstkonstitution durch: diese muß durch »Anstrengung« und »Überwindung« gleichsam der Regression in die »Nacht« und dem Zurücksinken in Traum, Sinnlichkeit und »unbestimmte Empfindung« abgetrotzt werden. Mit der kulturellen Sprachpraxis wird ein Triebverzicht geleistet; die Selbstkonstitution ist fragil.
Diese *Kontinuität existentieller Negativität* angesichts der sprachlichen Selbstkonstitution durch die menschliche Unterscheidungspraxis beschreibt radikaler noch ein Passus aus der Vorrede der *Phänomenologie:*

»Die Tätigkeit des Scheidens ist die Kraft und Arbeit des *Verstandes,* der verwundersamsten und größten oder vielmehr der absoluten Macht. Der Kreis, der in sich geschlossen ruht und als Substanz seine Momente hält, ist das unmittelbare und darum nicht verwundersame Verhältnis. Aber daß das von seinem Umfange getrennte Akzidentelle als solches, das Gebundne und nur in seinem Zusammenhang mit anderm Wirklichen ein eigenes Dasein und abgesonderte Freiheit gewinnt, ist die ungeheure Macht des *Negativen,* es ist die Energie des Denkens, des reinen Ichs. Der Tod, wenn wir jene Unwirklichkeit so nennen wollen, ist das furchtbarste, und das Tote festzuhalten, das, was die größte Kraft erfordert. Die kraftlose Schönheit haßt den Verstand, weil er ihr dies zumutet, was sie nicht vermag. Aber nicht das Leben, das sich vor dem Tode scheut und von der Verwüstung rein bewahrt, sondern das ihn erträgt und in ihm sich erhält, ist das Leben des Geistes. / Er gewinnt seine Wahrheit nur, indem er in der absoluten Zerrissenheit sich selbst findet. Diese Macht ist er nicht als das Positive, welches von dem Negativen wegsieht, wie wenn wir von etwas sagen, dies ist nichts oder falsch, und nun, damit fertig, davon weg zu irgend etwas anderem übergehen; sondern er ist diese Macht nur, indem er dem Negativen ins Angesicht schaut, bei ihm verweilt. Dieses Verweilen ist die

Zauberkraft, die es in das Sein umkehrt. – Sie ist dasselbe, was oben Subjekt genannt worden, welches darin, daß es der Bestimmtheit in seinem Elemente Dasein gibt, die abstrakte, d. h. nur überhaupt *seiende* Unmittelbarkeit aufhebt, und dadurch die wahrhafte Substanz ist, das Sein oder die Unmittelbarkeit, welche nicht die Vermittlung außer ihr hat, sondern diese selbst ist.« (3, 36)

Viele Einsichten der lebensphilosophischen, psychoanalytischen und existentialanthropologischen Thanatologien des 20. Jahrhunderts finden sich bereits sehr präzise bei Hegel. Worin besteht nun die Kontinuität existentieller Negativität in der Selbstkonstitution des Subjekts im Wege der sprachlichen Unterscheidungspraxis? Der Prozeß der Selbstkonstitution wird von Hegel als Entwirklichung, als Erzeugen von »Unwirklichkeit« beschrieben, und drastisch als Tötung. Die freigesetzte symbolische Ordnung der Sprache übt gleichsam eine Willkürherrschaft über die wehrlose, unschuldige Wirklichkeit aus. Die Fülle der Wirklichkeit (ihre »interne Unendlichkeit«) wird fest-gestellt, fixiert, domestiziert, gegliedert, und dies ist ein Herrschafts- und Unterwerfungsakt. S. Zizek schreibt in einem bemerkenswerten Aufsatz in unserem Zusammenhang, die »Nacht der Welt«, die »abstrakte Negativität« sei keineswegs nur als vorübergehendes Moment gedacht, welches in einer sprachlich konstituierten Ordnung der Welt aufgehoben würde;

»auf diese Weise würde die Negativität wiederum auf den Fluchtpunkt innerhalb der Selbstmeditation des Geistes reduziert. Eine solche Lesart läßt jedoch ... den springenden Punkt bei Hegel außer acht: die Erfahrung von ›abstrakter Negativität‹ ist *kein* vorübergehendes Moment, das auf der letzten Stufe der dialektischen Negativität aufgehoben ist, also positive Artikulation eines konkreten Inhalts; vielmehr geht es darum, daß diese sehr konkrete Artikulation des positiven gedanklichen Inhalts nichts anderes ist als *die Form, in der die radikale Negativität (die Nacht der Welt) bestimmtes Sein annimmt.*«[6]

Man kann die Hegelsche Anthropologie der existentiellen Negativität auch als säkularisierte Theologie lesen. Die Forschungsgeschichte (und die Anthropologien mystischer Theologen) geben dazu Anlaß. Dann wäre das Zu-sich-selbst-Kommen des Geistes aus der »Nacht« und dem »leeren Nichts« die *creatio ex nihilo* in

6 S. Zizek, »Roberto Rosselini: Die Frau als Symptom des Mannes«, in: *Lettre* 12 (1991), S. 80-88, dort S. 86.

weltimmanenter Gestalt; und das Erzeugen der sprachlichen Ordnung als Selbstkonstitution des Geistes entspräche der *creatio continua.* So hatte es schon die mittelalterliche Tradition, aber auch bereits der christliche Neuplatonismus in der Protologie gesehen: als hermeneutische Regel kann hier gelten, daß die Rede über Gott und seine Schöpfertätigkeit diejenige philosophische Systemstelle einnimmt, die später die der transzendentalen Konstitution wird. Dem entspricht auch der Anstrengungscharakter der Selbstkonstitution: sie entstammt dem Nichts und sie hat das Nichts (den Tod) auszustehen und auszuhalten. Der Mensch wird Mensch im Wissen und Aushalten des Todes; er muß ihm ins Auge blicken und verweilen können. Auch die Theologie der *creatio continua* lehrt ja, daß ohne Gottes permanente Schöpfertätigkeit, ohne daß er die Schöpfung kontinuierlich »im Sein hielte«, diese sofort wieder ins Nichts zurücksinken würde.

Die Reflexion auf die sowohl ursprüngliche wie permanente existentielle Negativität als eine der wesentlichen philosophisch-anthropologischen Einsichten Hegels verbindet sich mit der Anthropologie der Sprache und der Freiheit auf eine nun noch einmal negativistische Weise: *Die Art und Weise, wie Hegel sprachliche Selbstkonstitution beschreibt, trägt den Keim einer weitreichenden, fundamentalen Sprachkritik in sich.* Sie weist auf Adorno und Wittgenstein voraus. Beide beziehen ihre radikale Sprachskepsis aus der Einsicht in den Schein, den die sprachliche Konstitution der menschlichen Welt erzeugen kann, indem wir eine verdinglichte, hypostasierte, fetischistische Vorstellung von dieser Konstitution haben. Die Vorhandenheitssemantik von Abbild-Theorien, technisch-schematische Simplifizierungen vom Funktionieren der Sprache – Adorno und Wittgenstein spüren in ihren Untersuchungen die unübersehbar vielen Fallen auf, die der Vernunft drohen, wenn ihr Medium schlechthin, die Sprache, wiederum auf das Niveau des Verstandes niedergezwungen wird. Ihr Vorgänger ist Hegel mit seiner sprachkritischen Anthropologie.

Dieses bei Hegel im Vergleich zu früheren Autoren gesteigerte begriffskritische und sprachkritische Bewußtsein, wie es sich in der WdL voll entfaltet, zeigt sich bereits in der JRP, wenn er schreibt: »Der Gegenstand, im Zeichen, hat eine andre Bedeutung, als er ist.«

»Der Geist geht in sich aus diesem Sein des Namens, oder sein Benamen ist ihm Gegenstand als ein Reich, als eine Vielheit von Namen. Sie sind Einfache, in sich abgeschlossne; die Mannigfaltigkeit des Bildes ist in diesem Selbst getilgt, eingehüllt. Die Einbildungskraft nimmt den Gegenstand mit seiner Vielheit, seinen nächsten Umgebungen heraus; aber der Name ist einsam ohne Beziehung und Verknüpfung (...) Ich ist ganz allein als Träger, Raum, Substanz dieser Namen, es ist die Ordnung derselben.« (JRP, 184 f.)

»Die Arbeit ist zugleich, daß ich sich selbst zu dem macht, was es im Namengeben ist, nämlich Ding, Seiendes. Der Name ist es, und es ist ein Ding. Es macht sich zum Dinge, indem es in sich die Ordnung der Namen fixiert.« (JRP, 187)

Denn bei diesem Prozeß der sprachpragmatischen Selbst- und Weltkonstitution durch prädikative Synthesis und prädikatives Unterscheiden (mit »Namen« meint Hegel Prädikate) wird die Mannigfaltigkeit, Fülle und Komplexität der Wirklichkeit – für den Selbstkonstitutionsprozeß unumgänglicherweise – »getilgt« und mit einem ihr fremden Medium sowohl fixiert als auch verdeckt. Die prädikative Praxis »schneidet«, mit Hegels Randnotiz an unserer zitierten Stelle, »ein Stück Raum heraus«, sie »unterbricht, negiert die Kontinuität des Raums«. (JRP, 185) Bei Hegel deutet sich die Fregesche Unterscheidung von Sinn und Bedeutung an. Es bildet sich ein intensiviertes sprachkritisches Bewußtsein davon aus, daß »das Nichtidentische des Subjekts und des Prädikats wesentliches Moment« ist, dies aber »im Urteile nicht ausgedrückt« werden könne (5, 93). Die Möglichkeit eines begrifflichen Verfallens an innerweltlich Seiendes, eines semantischen Fetischismus, einer prädikativen Verdinglichung, die Möglichkeit einer Zerstükkelung und Dekontextualisierung eröffnet sich *mit dieser* Anthropologie des Konnexes von Sprache und Freiheit (s.u. zu Sünde und Selbstkonstitution). In diesem Zusammenhang steht die kurrente Bezugnahme Hegels auf Spinozas Satz »*Omnis negatio determinatio est.* Dieser Satz ist von unendlicher Wichtigkeit.« (5, 121) Nämlich, weil er für Hegel in knappster Form die systematische Verbindung von Negativität, prädikativer Praxis (»Bestimmung«) des Unterscheidungshandelns und zeitlicher Kontinuität der Negativität (»omnis«) artikuliert. In der Begriffslogik der WdL wird dies noch einmal mit Blick auf Kants Lehre von der transzendentalen Einheit der Apperzeption und mit besonderem Akzent auf der sprachlichen Selbstkonstitution durch die Synthesis entwickelt.

Der Gedanke, der Hegel die Logik der Begriffe intern durchgängig *dialektisch* entwickeln läßt, kann mit Blick auf den Satz von Spinoza ganz allgemein so formuliert werden, *daß sich im Setzen einer Unterscheidung gleichzeitig etwas verdeckt – das »Nicht-identische«, welches »nicht ausgedrückt« ist,* die Differenz der »Bedeutung des Gegenstandes« und der »Bedeutung des Zeichens«, die Herauslösung des Gegenstandes aus »seinen nächsten Umgebungen«, also die Möglichkeit des Vergessens von Kontexten.

Wenn nach Hegels Auffassung der Mensch als Lebewesen existiert und prädiziert, er »der existierende Begriff« ist (6, 481), dann muß er in seiner Ausdrucksweise im Existieren und Prädizieren stets selbst auch »das Andere seiner selbst«, die Negativität seiner selbst sein. Oder, wie die *Phänomenologie* es dramatisch formuliert: »Er gewinnt seine Wahrheit nur, indem er in der absoluten Zerrissenheit sich selbst findet.« (3, 36) Die »Ur-Teilung« (im Anschluß an Hölderlins Fragment *Urtheil und Seyn* wird Verbindung als Trennung, Trennung als Verbindung konzipiert) ist die Ursprungssituation der freien Selbstkonstitution des Menschen und gerade so auch die Möglichkeit des Verfallens und der Reifikation, sowohl sprachlich als auch existentiell-lebensformbezogen, denn hinsichtlich des Menschen als des existierenden Begriffs sind diese Ebenen fundamentalanthropologisch nicht voneinander zu trennen.

Deswegen, aufgrund der kontinuierlichen existentiellen Negativität, ist nach Hegel der menschliche Geist wesentlich »Schmerz«. Die Vernunft muß notwendig »zerrissen« sein, notwendig »entwurzelt« – sonst kann sie sich nicht konstituieren:

»Das *Wesen* des Geistes ist deswegen formell die Freiheit, die absolute Negativität des Begriffs als Identität mit sich selbst. Nach dieser formellen Bestimmung *kann* er von allem Äußerlichen und seiner eigenen Äußerlichkeit, seinem Dasein selbst abstrahieren; er kann die Negation seiner individuellen Unmittelbarkeit, den unendlichen *Schmerz* ertragen, d.i. in dieser Negativität affirmativ sich erhalten und identisch für sich sein. Diese Möglichkeit ist seine abstrakte für-sich-seiende Allgemeinheit in sich.« (10, 25 f.)

Deswegen gilt, und zwar notwendig zugleich gegen die Negativität, durch diese gleichsam hindurch und permanent im Sprachhandeln sinnkonstitutiv von ihr umgeben: »Im Begriffe hat sich daher das Reich der Freiheit eröffnet.« (6, 251)

Deswegen radikalisiert sich die Sprachkritik bei Hegel so, daß er in

E die Problematik der Kantschen Antinomien auf die *gesamte* Sprachpraxis ausdehnt und somit die Problematik der »transzendentalen Dialektik« auf den *gesamten* Problembestand der Philosophie erstreckt:

»Die Hauptsache, die zu bemerken ist, ist, daß nicht nur in den vier besondern aus der Kosmologie genommenen Gegenständen die Antinomie sich befindet, sondern vielmehr in *allen* Gegenständen aller Gattungen, in *allen* Vorstellungen, Begriffen und Ideen. Dies zu wissen und die Gegenstände in dieser Eigenschaft zu erkennen, gehört zum Wesentlichen der philosophischen Betrachtung; diese Eigenschaft macht das aus, was weiterhin sich als das *dialektische* Moment des Logischen bestimmt.« (8, 127f.)

Das heißt, die Kantsche Metaphysikkritik war noch nicht radikal genug; es muß heißen, daß die gesamte sprachliche Orientierungspraxis der Menschen – bereits überall im Alltag z. B. – durchsetzt ist von Antinomien, Amphibolien, Paralogismen und sonstigen Kategorienfehlern; und es bedeutet, daß Rationalitätskonstitution auf dem Grunde der Negativität nur kommunikativ, diskursiv, dialogisch und so *dialektisch* erfolgen kann.

Die bei Hegel analysierte existentielle, anthropologische Negativität ist in ihrer Kontinuität, das heißt, in ihrer die menschliche Form des Lebens *dauerhaft* prägenden Macht nach dem bisher Ausgeführten auf dreifache Weise binnendifferenziert. Diese Aspekte lassen sich als transzendentale Formen (Konstituentien) des menschlichen Lebens, als Formen der menschlichen Grundsituation verstehen:

1. die *perfektisch-apriorische Negativität* der ›Herkunft‹ des Selbst- und Weltbewußtseins aus der Bewußtlosigkeit der »Nacht«;
2. die *immer gegenwärtige apriorische Negativität* der »Nichtigkeit« des »reinen Selbst« als »leerem Nichts«;
3. die *futurisch-apriorische Negativität* als die je und je im Sprachhandeln der menschlichen Unterscheidungspraxis notwendig erfolgende Sinn- und Bedeutungsfixierung als kommunikative, prädikative Selbstkonstitution und Welterzeugung und in eins Verdinglichung und Entzweiung des Lebenszusammenhangs.

Ich habe die Zeitbezogenheit dieser Konstituentien der Negativität, die bei Hegel nicht direkt expliziert werden, hinzugesetzt.

Das erste Konstituens nimmt Bezug auf unsere *Naturseite*, unsere

Herkunft aus Unbewußtem, Traum, Sinnlichkeit und sich selbst entzogener Animalität, das zweite auf die existentialpragmatische Unmöglichkeit, uns ›eigentlich‹ die Totalität unseres bewußten Lebens vorzustellen und zu vergegenständlichen, das dritte auf die Ungesichertheit und Nicht-Automatisierbarkeit (Nicht-Formalisierbarkeit) unseres Sprachhandelns.

Es wäre nun nicht eine Analyse der anthropologischen Negativität, sondern ein *negativistisches Präjudiz*, wollten wir die mit diesen Konstituentien *ermöglichten* Formen der Regression, des Todes und der Verdinglichung, der Umnachtung und des Verfallens für die wesentliche anthropologische Realität erklären. Es ist ja gerade das Ziel Hegels, die Negativität im Kontext der *Rationalitätskonstitution* zu reflektieren. Die Heideggersche Thanatologie, bestimmte Spielarten des Existentialismus und der Psychopathologie sowie insbesondere mit Bezug auf die sprachbezogene Sinnkritik, der kontemporäre Dekonstruktivismus – diese Philosophien tendieren gegen Hegels Zusammendenken von Rationalität und Negativität in die Richtung eines ideologischen Negativismus hinsichtlich Leben und Sprache des Menschen. Die Orientierung Hegels an dieser Stelle kann hingegen als rationaler anthropologischer *Realismus* angesichts der Negativität bezeichnet werden. So schreibt der eben erwähnte S. Zizek in negativistischer Übertreibung der Sinnkritik und der »Kontinuität der Negativität« auf allen Ebenen: »Was wir Kultur nennen, ist deshalb in seinem eigentlichen ontologischen Status, die *Herrschaft des Todes über das Leben*.«[7] Dies ist in seiner Ausschließlichkeit und Allgemeinheit ein unbegründbarer und weltanschaulicher Satz im schlechten Sinne. Ebenso steht es mit der dekonstruktivistischen Sprachkritik, Subjektkritik und Kulturkritik: Sie überzieht eigentlich brauchbare kritische Einsichten in einem Maße, daß sie falsch, und – schlimmer – *affirmativ* werden.

Hegel aber akzentuiert zu Recht die Möglichkeit und Wirklichkeit einer vernünftigen Transformation der »ungeheuren Macht des Negativen« in die Abwehr der Regression, in das Aushalten der Endlichkeit und des Todes, in das mit der Sprache eröffnete »Reich der Freiheit«, in der freien und allgemeinen, gemeinschaftlichen Selbst- und Weltkonstitution. In diesem Kontext verbindet sich seine Analyse der Negativität, der Sprache und der Freiheit mit

7 Ebd., S. 87.

seiner Subjektdestruktion und einer Antizipation des Wittgensteinschen Privatsprachenarguments:

»Indem die *Sprache* das Werk des Gedankens ist, so kann auch in ihr nichts gesagt werden, was nicht allgemein ist. Was ich nur *meine*, ist *mein*, gehört mir als diesem besondern Individuum an; wenn aber die Sprache nur Allgemeines ausdrückt, so kann ich nicht sagen, was ich nur *meine*. Und das *Unsagbare*, Gefühl, Empfindung, ist nicht das Vortrefflichste, Wahrste, sondern das Unbedeutendste, Unwahrste. Wenn ich jetzt sage: ›das *Einzelne*‹, ›*dieses* Einzelne‹, ›Hier‹, ›Jetzt‹, so sind dies alles Allgemeinheiten; *Alles* und *Jedes* ist ein Einzelnes, Dieses, auch wenn es sinnlich ist, Hier, Jetzt. Ebenso wenn ich sage ›Ich‹, *meine* ich Mich *als diesen* alle Andern ausschließenden; aber was ich sage, Ich, ist eben jeder; Ich, der alle Andern von sich ausschließt. *Kant* hat sich des ungeschickten Ausdrucks bedient, daß Ich alle meine Vorstellungen, auch Empfindungen, Begierden, Handlungen usf. *begleite*. Ich ist das an und für sich Allgemeine, und die Gemeinschaftlichkeit ist auch eine, aber eine äußerliche Form der Allgemeinheit. Alle andern Menschen haben es mit mir gemeinsam, Ich zu sein, wie es allen *meinen* Empfindungen, Vorstellungen usf. gemeinsam ist, die *Meinigen* zu sein. *Ich* aber abstrakt als solches ist die reine Beziehung auf sich selbst, in der vom Vorstellen, Empfinden, von jedem Zustand wie von der Partikularität der Natur, des Talents, der Erfahrung usf. abstrahiert ist. Ich ist insofern die Existenz der ganz *abstrakten* Allgemeinheit, das abstrakt *Freie*. Darum ist das Ich das *Denken* als *Subjekt*, und indem Ich zugleich in meinen Empfindungen, Vorstellungen, Zuständen usf. bin, ist der Gedanke allenthalben gegenwärtig und durchzieht als Kategorie alle diese Bestimmungen.« (8, 74 f.)

Die Hegelsche Subjektdestruktion ist sprachkritisch und dient gerade der rationalen Aufklärung der tatsächlich intersubjektiven (interexistentiellen) Subjekt*konstitution*. Er sieht, daß die Worte »dies«, »hier«, »jetzt«, »ich« und »alles« *Formworte* sind, Iota-Terme, lokale, temporale und personale Indikatoren, Quantoren; Formworte, die zum »logischen Gerüst« einer menschlichen Welt gehören. Sie konstituieren die *a priori interexistentielle* menschliche Praxis, in der es kein isoliertes Orientierungssubjekt gibt und auch nicht geben kann, es vielmehr den Einzelnen *nur auf dem Grund* der kommunikativen Aprioritäten der Sprache und der Praxis »gibt«. Der transzendentale Idealismus wird sprachkritisch entmythisiert. Die Negativität ist hier auf eine schlichte Weise als die Freiheit des (formalen) Ich von allen Bestimmungen gedacht.

Die systematische Exposition des Zusammenhangs von existentieller Negativität, Sprache und Freiheit führt bei Hegel mithin zur Aufklärung der interexistentiellen Konstitution des Subjekts im Rahmen kommunikativer Praxis, und sie führt methodisch zur Sprachkritik. Wenden wir uns auf diesem Hintergrund weiteren Aspekten seiner philosophischen Anthropologie zu.

2.2. Hegels Anthropo-Theo-Logik

Hegels kritischer Grundgedanke der Vermittlung durchzieht und verklammert alle differenzierbaren Schichten seines Werkes. Er ist Kritik an jeder vermeintlichen Unmittelbarkeit möglicher menschlicher Erkenntnis und Erfahrung. Als solch destruktive Unmittelbarkeitskritik an einer naiven Seinslogik und Ontologie, an einem ›positivistisch‹ unreflektierten Datenempirismus, an einer noch monologisch verfaßten Bewußtseinsphilosophie wie auch an einer synchronen, ungeschichtlichen und vor allem dualistischen Transzendentalphilosophie sind weite Teile der WdL zu lesen. Im Wege der Destruktion setzt Hegel an die Stelle der fiktiven Unmittelbarkeitskonstruktion eine Analyse des systematischen Zusammenhangs von anthropologischer (existentieller) Negativität, Sprache und Freiheit. Auf dem Hintergrund der vorgängigen Unbestimmtheit der menschlichen Weltorientierung entfaltet er ein Modell der menschlichen Selbst- und Weltkonstitution durch sprachliche Unterscheidungspraxis, dessen Grundcharaktere Materialität, kommunikative Interexistentialität sowie zeitlich-geschichtliche Endlichkeit sind.

Diese fundamentalanthropologische Basis seiner Sinnkritik kann uns auch die metaphysischen und die (christlich-) theologischen Elemente der Hegelschen Reflexion und insbesondere seiner Logik verständlich machen. Inwiefern?

1. In Hegels Philosophie erfolgt eine dezidierte und radikale *Immanentisierung metaphysischer und theologischer Transzendenz.* Sie trägt eine Transformation der »alten Metaphysik« in eine Konstitutionsanalyse der möglichen menschlichen Lebens- und Praxisformen über den dualistischen Kritizismus Kants hinaus: in die Konstitutionsanalyse der begrenzten Ganzheit *einer* menschlichen Welt. Diese Immanentisierung der Transzendenz ist für Hegel gerade der kritische Sinn der christlichen Theologie und insbesondere der Rede von der »Menschwerdung Gottes«. Die

Immanentisierung führt zur grundsätzlichen Differenz zwischen »schlechter« und »wahrer« *Unendlichkeit.*

2. Kritische Metaphysik und philosophische Theologie fallen bei Hegel mit der Logik zusammen: »Die *Logik* fällt daher mit der *Metaphysik* zusammen, der Wissenschaft der *Dinge* in *Gedanken* gefaßt, welche dafür galten, die *Wesenheiten* der *Dinge* auszudrükken.« (8, 81; vgl. 5, 61) Dies deshalb, weil die Logik *Reflexion auf die Totalität der Sinnbedingungen aller menschlichen Praxis* (des Denkens, Redens und Handelns) ist, eine Reflexion auf die notwendigen Sinnkonstitutionsbedingungen der menschlichen Welt. Die Grund*begriffe* der alten Metaphysik und Onto-Theologie (Substanz, Essenz, Sein, das Eine, das Wahre, das Absolute), die Transzendentalien und die Ideen werden alle zum thematischen Material der Logik: Sie dürfen nicht zu einem ontologischen Jenseits hypostasiert werden, weil sie selbst nichts weiter »sind« als Formen der zeitlichen und endlichen menschlichen Weltorientierung. Deswegen »schließt« »Hegels spekulative Logik ... fugenlos eine Theorie des Aufbaus aller historischen Gestalten der Metaphysik in sich ein.«[8] Und die vermeintlich transzendenten, auf einen Bereich »jenseits« unseres Lebens und unserer Welt bezogenen Begriffe der Theologie beziehen sich recht verstanden auf die *Form* unseres Lebens, auf dessen *Totalität.*

Auf diese Weise nimmt Hegels Reflexion metaphysische Transzendenz wie auch theologischen Supranaturalismus in die Immanenz der Bewegung des menschlichen Lebens auf, in das Leben des »menschlichen Geistes«. Diese Immanentisierung der ehemals objektivistisch hypostasierten, vor-gestellten Transzendenz führt zwei leitende systematische Ansprüche mit sich: Erstens präzisiert und radikalisiert sie die Kantsche Metaphysikkritik und überwindet und verabschiedet gleichzeitig zweitens die Kantsche Postulatenlehre. Einen fundamentalen ontologischen Dualismus zwischen phänomenaler und noumenaler Welt, eine *Zweiweltenlehre,* kann es demnach für eine kritische Philosophie nicht geben. Durch diesen Monismus verlagert die Immanentisierung den jenseitigen Halt der Metaphysik und der Onto-Theologie in die freie Indi-

8 D. Henrich, »Konstellationen. Philosophische und historische Grundfragen für eine Aufklärung über die klassische deutsche Philosophie«, in: *Dialektik 18. Philosophie als Geschichte. Probleme der Historiographie,* Köln: Pahl-Rugenstein 1989, S. 220-230, dort S. 221.

vidualität der Subjekte und in die begrenzte Gestaltung ihrer Praxis.

Der immer wieder zu Mißverständnissen führende Anspruch Hegels ist es nun über das Gesagte hinaus, zwar einerseits eine rein diesseitige, säkularisierte Interpretation der onto-theologischen Tradition durchzuführen, zum anderen aber durch deren rationale begriffliche Deutung gerade deren eigentlichen Wahrheitsanspruch allererst freizulegen. Dieser Anspruch führt zur emphatischen Aufnahme von Theologoumena in eine völlig säkularisierte Konstitutionsanalyse menschlicher Sprache und Praxis, wie sie die WdL darstellt; er führt zu Hegels doppelter Frontstellung gegen *Kirche* und orthodoxe Dogmatik und *zugleich* gegen die begriffslose Religionskritik einer oberflächlichen *Aufklärung*; er führt aber ebenso zum Vorwurf einer apologetischen Restitution des voraufgeklärten Supranaturalismus in Hegels Philosophie.

Der Kerngedanke, der Hegels kritischer Anthropo-Theo-Logik zugrunde liegt, ist der, daß auch alles kategorial ›transzendierende‹, ›absolute‹ Reden vom »Unendlichen«, von »Form«, »Idee« und »Gott« einzig und allein in der *Endlichkeit* möglich ist. Die Philosophie ist »Erkenntnis der *unendlichen Form*, d.i. des Begriffs« (5, 61), aber die begriffliche, ›logische‹ Konstitution des menschlichen Selbst- und Weltverhältnisses findet nur in *dieser* Welt, im »Diesseits« statt. Hegel verbindet die Analyse der endlichen, diesseitigen Selbst- und Weltkonstitution dabei systematisch mit der Reflexion der Negativität:

»Die lebendigen Dinge haben das Vorrecht des Schmerzes vor den leblosen; selbst für jene wird eine *einzelne* Bestimmtheit zur Empfindung eines *Negativen,* weil sie als lebendig die Allgemeinheit der Lebendigkeit, die über das Einzelne *hinaus* ist, in ihnen haben, in dem Negativen ihrer selbst sich noch erhalten und diesen *Widerspruch* als in ihnen existierend empfinden. Dieser Widerspruch ist nur in ihnen, insofern beides in dem Einen Subjekt ist, die Allgemeinheit seines Lebensgefühls und die gegen dasselbe negative Einzelheit. Schranke, Mangel des Erkennens ist ebenso nur als Schranke, Mangel bestimmt durch die *Vergleichung* mit der *vorhandenen* Idee des Allgemeinen, eines Ganzen und Vollendeten. Es ist daher nur Bewußtlosigkeit, nicht einzusehen, daß eben die Bezeichnung von Etwas als einem Endlichen oder Beschränkten den Beweis von der *wirklichen Gegenwart* des Unendlichen, Unbeschränkten enthält, daß das Wissen von Grenze nur sein kann, insofern das Unbegrenzte *diesseits* im Bewußtsein ist.« (8, 144)

Die begriffliche Unterscheidungspraxis der Menschen steht in der konkreten Spannung zwischen Universalität und Singularität, zwischen allgemeinem Wahrheitsanspruch, partikularen Situationen und singulären Individuen. Das Nicht-Begrenzte, den partikularen und individuierten Konkretionen enthobene Allgemeingültige, Nicht-Endliche – spezifischer Bereich insbesondere von Metaphysik und Theologie – gehört daher gerade konstitutiv zur Erkenntnis der Endlichkeit mit hinzu. Auch die vermeintlich »großen« Worte haben ihren – wenn überhaupt – verständlichen *Gebrauch* nur im Kontext der Endlichkeit besonderer Situationen.

Der anthropo-theo-logische Grundgedanke der Hegelschen Reflexion, von dem her die metaphysischen und theologischen Systemelemente der WdL verständlich werden, erschließt sich am deutlichsten von der entfalteten Religionsphilosophie und deren konstitutionstheoretischen, anthropologischen und sprachphilosophischen Aspekten aus. Was die »Logik« begriffsanalytisch als die konstitutive Form vernünftiger Weltorientierung in der Vermitteltheit von Allgemeinem, Besonderem und Einzelnem herausarbeitet, das ist Hegel zufolge auch der wahre Kern der rational verstandenen christlichen Theologie, insbesondere der Trinitätstheologie, der Sündentheologie und der Inkarnationstheologie. Deren *anthropologischer* Sinn steht im Zentrum der VR: Mit dem Christentum geschieht die *»wahrhafte Aufnahme der Endlichkeit in das Allgemeine«*, »die von Seiten des *Menschen* vollbracht werden mußte«. Der jüdische Monotheismus besaß das *»orientalische* Prinzip der *reinen Abstraktion*«, »die ganz abstrakte Anschauung des *Einen für sich*«. Er ist deshalb

»die Religion des abstrakten Schmerzes, des einen Herrn, gegen und in dessen Abstraktion sich deswegen die Wirklichkeit des Lebens als der unendliche Eigensinn des Selbstbewußtseins erhält und zugleich in die Abstraktion zusammengebunden ist«. (17, 183)

Das »Eine«, das hier als das Prinzip der reinen Abstraktion erscheint, können wir als die Einheit und Gesamtheit der sinnkonstitutiven Voraussetzungen der menschlichen Lebenssituation, als die menschliche Grundsituation verstehen.

Die Einsicht in die Binnendifferenziertheit von Sinnkonstitution überhaupt wird mit Hegel religionsgeschichtlich eigentlich erst mit der Trinitätstheologie erreicht:

»Der abstrakte Gott, der Vater, ist das Allgemeine, die ewige, umfangende, totale Besonderheit. Wir sind auf der Stufe des Geistes: *das Allgemeine schließt hier alles in sich.* Das Andere, der Sohn, ist die unendliche Besonderheit, die Erscheinung; das Dritte, der Geist, ist die Einzelheit als solche, aber das *Allgemeine als Totalität ist selbst Geist,* – alle drei sind der Geist.« (17, 234)

Der »Geist« ist bei Hegel der Titel für die begriffliche Form der vernünftigen Sinnkonstitution für endliche und freie, menschliche Wesen:

»Der Geist ist ... in den drei Formen ... zu betrachten, in die er sich setzt. Diese drei ... Formen sind: das ewige In- und Bei-sichsein, die Form der *Allgemeinheit*; die Form der Erscheinung, die der *Partikularisation*; das Sein für Anderes; die Form der Rückkehr aus der Erscheinung in sich selbst, die absolute *Einzelheit.* In diesen drei Formen expliziert sich die göttliche Idee. Geist ist die göttliche Geschichte, der Prozeß des Sichunterscheidens, Dirimierens und dies Insichzurücknehmens.« (17, 214)

Hegel analogisiert mithin die logische Struktur der zeitlich-endlich geschehenden prädikativen Synthesis im Urteil mit der internen Differenziertheit der göttlichen Dreieinigkeit. Die interne Komplexität des sprachlichen Handelns ist nach ihm das offenbare Geheimnis der trinitarischen Konstitution des »ewigen Logos«. Es ist daher möglich, der Theologie Hegels einen *rein anthropologisch-sprachpragmatischen Sinn* zu geben.

Versuchen wir, seinen – in verschiedenen Varianten wiederkehrenden – Grundgedanken zu reformulieren.

1. Gedachte, in der erinnernden, nachträglichen philosophischen Reflexion fingierte Anfangssituation möglicher menschlicher Orientierung (möglicher Aktivität des »Geistes«) ist die noch unbestimmte *Totalität*, die Gesamtheit aller möglichen Unterscheidungen, der Inbegriff alles Existierenden. Diese abstrakte, *allgemeine* Totalität ist der alles Besondere und alles Einzelne umgreifende, selbst nicht zu vergegenständlichende Horizont, in welchem die Differenzierung stattfindet und der selbst über alle Differenzierung immer schon hinaus ist. Wir können sie auch als die noch ungegliederte *Welt* verstehen. Als Grundsituation möglicher menschlicher Orientierung können wir die Totalität als die unendliche Gesamtheit möglicher Prädikationshandlungen interpretieren, als den offenen Raum, in dem begriffliche Differenzierungen überhaupt ermöglicht sind. Als Sinnkonstituens möglicher

Orientierungen gehört die Totalität zur Ebene des *Geistes* im Hegelschen Verständnis.

2. Mögliche menschliche Orientierung kann nur erfolgen, wenn diese noch unbestimmte Totalität eine *Besonderung* ihrer Aspekte, eine interne Gliederung erfährt. Mit einer solchen Besonderung und Gliederung setzen sich Allgemeines und Besonderes, Subjekt und Objekt, Ich und Nicht-Ich, Gesamtsituation und besondere Situation auseinander. In diesen möglichen Gliederungen, Setzungen, Differenzierungen und Negationen aktualisiert sich begrifflich die menschliche Freiheit. Durch sie vermittelt erfolgt die Welt- und Selbstkonstitution. Sie geschieht vermittels *allgemeiner,* aber notwendig auch *besonderer* Prädikate in besonderen Sprach- und Handlungssituationen. »Im *Begriffe* hat sich daher das Reich der Freiheit eröffnet.« (6, 251)

3. Schließlich beziehen sich die Prädikations- und Gliederungshandlungen *mit einzelnen Sätzen auf einzelne Individuen in einzelnen Situationen.* Indem sie dies tun, beziehen sie sich zugleich wiederum auf das Ganze, das Gesamt möglicher Differenzierungen. Sie beziehen sich holistisch auf die *Totalität* der menschlichen Praxis und ihrer Geschichte zurück.

Diese selbst ›allgemeine‹, universale Form möglicher Sinnkonstitution ermöglicht *Wahrheit*: Sie ermöglicht Orientierungen durch wahre und falsche Sätze. Die Form möglicher Sinnkonstitution, in Hegels Terminologie der *Geist*, »ist ein logisches Wesen, ist denkende Tätigkeit« (17, 201 f.). Auf der logischen Ebene, im Begriff, zeigt sich so die menschliche Freiheit als die Freiheit zu prädikativen Differenzierungen, Negationen und Synthesen. Die *logischen Formaspekte* sprachlicher Sinnkonstitution, Allgemeinheit, Besonderheit und Einzelheit, die Hegel als »Explikation der göttlichen Idee« bezeichnet und mit den »Personen« der Trinität gleichsetzt, werden von ihm ebenso zur Unterscheidung von Formen des Urteils, syllogistischen Formen, aber auch der Formaspekte der Subjektivät, des vernünftigen Selbstbewußtseins und seiner Reflexivität herangezogen. Systematisch bestimmend und rational nachvollziehbar sind an Hegels Interpretationsweise dabei die logisch-formalen Übersetzungen religiöser (biblischer) und theologischer Rede, insbesondere dort, wo sie an die Johanneische Logos-Theologie anknüpft:

»Gott ist ... der Geist. Dieser Begriff ist nun (sc. im Christentum, Th. R.) realisiert, das Bewußtsein weiß diesen Inhalt, und in diesem Inhalt weiß es sich schlechthin verflochten: in dem Begriff, der der Prozeß Gottes ist, ist es selbst Moment. ... Das ist die vollendete Religion, der sich objektiv gewordene Begriff. Hier ist es offenbar, was Gott ist; er ist nicht mehr ein Jenseits, ein Unbekanntes, denn er hat den Menschen kundgetan, was er ist, und nicht bloß in einer äußerlichen Geschichte, sondern im Bewußtsein. Wir haben also hier die Religion der Manifestation Gottes, indem Gott sich im endlichen Geiste weiß.« (17, 187)

Gott ist Logos, Wort; er ist Begriff: das ist der Kern der Hegelschen Anthropo-Theo-Logik. Gott ist insbesondere der sich im Menschen allererst *selbst begreifende Begriff.* Wenn Hegel sagt:

»Die Religion ist der Ort, wo ein Volk sich die Definition dessen gibt, was es für das Wahre hält. Definition enthält alles, was zur Wesentlichkeit des Gegenstandes gehört, worin seine Natur auf einfache Grundbestimmtheit zurückgebracht ist als Spiegel für alle Bestimmtheit, die allgemeine Seele alles Besonderen. Die Vorstellung von Gott macht somit die allgemeine Grundlage eines Volkes aus« (12, 70),

so impliziert seine Interpretation bereits die späteren linkshegelianischen Projektions- und Depotenzierungstheorien. Allerdings impliziert er sie nicht mit dem ideologiekritischen Pathos der Entlarvung, sondern mit der Emphase der Freilegung authentischer Wahrheit, einer Wahrheit, die partial bereits in den nichtchristlichen Vorgestalten des religiösen Bewußtseins erscheint.[9] Die emphatische Bedeutung und Gewichtung, die die logisch-strukturellen Übersetzungen religiöser oder theologischer Rede gerade als Übersetzungen von Kernbeständen christlicher Rede von Gott erhalten, wird erkenntnis- und sprachanthropologisch dadurch von Hegel gedeckt, daß sie die Struktur des lebendigen Geistes wiedergeben. Was die Tradition als »Gott« bezeichnete, das genau können wir in der WdL als die vernünftige Grundform möglicher Sinnkonstitution in ihrer begrifflichen Binnenstruktur selbst begreifen. Der so begriffene *Geist* ist der Ort möglicher *Einheit* (von Bedeutungen, Sätzen, Urteilen), der Ort möglicher *Wahrheit* (von Aussagen, Behauptungen, Schlüssen), schließlich

9 Vgl. H. Huber, *Idealismus und Trinität, Pantheon und Götterdämmerung. Grundlagen und Grundzüge der Lehre von Gott nach dem Manuskript Hegels zur Religionsphilosophie,* Weinheim: Acta Humaniora 1984, v. a. S. 110ff.

die ausgezeichnete Weise *freier*, d. h. selbstbestimmter und selbst bestimmender Praxis.
Es bestätigt sich somit in Hegels Anthropo-Theo-Logik der bereits dargestellte Zusammenhang von existentieller Negativität (Unbestimmtheit, unbestimmter Totalität), Sprache (prädikativer Bestimmtheit) und Freiheit (Möglichkeit von Prädikations- und Negationshandlungen). Der Mensch ist »der existierende Begriff« (6, 481); die logischen Formen des Begriffs: Allgemeinheit, Besonderheit und Einzelheit sind auch die möglichen Formen seines Selbst- und Weltverständnisses. Die »Form Gottes« wird als die dreifaltige Form der sprachlichen Weltorientierung verstanden, und so als die Form des lebendigen menschlichen Geistes. Hegel kann deshalb seine Anthropo-Theo-Logik zusammenfassen, indem er sagt, daß der »Stoff, welcher den Inhalt des Begriffs von Gott ausmacht«, »der Geist« ist, »dessen absolute Bestimmung die wirksame Vernunft, d. i. der sich bestimmende und realisierende Begriff selbst, – die Freiheit ist« (10, 354). Damit bestätigt sich die These Karl Löwiths, »der wesentliche Gedanke Hegels« in der Religionsphilosophie sei »die Explikation des logischen Wesens Gottes«.[10]
Diese säkularisierte, entmythisierte Sichtweise des Kerngehaltes der religiösen Überlieferung erstreckt Hegel sowohl auf die gesamte Religionsgeschichte als auch auf die christliche Dogmatik. Der logisch-fundamentalanthropologischen Interpretation der Trinität als der grundlegenden Form der Sinnkonstitution und der Möglichkeitsbedingung der voll entfalteten menschlichen Subjektivität entsprechen auch seine Deutungen des Wunderverständnisses, des Sündenfalles und der Unsterblichkeit. *Alle religiösen Vorstellungen und mythischen Anschauungen sowie die theologisch-transzendenten Aussagen der Dogmatik werden in philosophische Analysen und Feststellungen über die begriffliche Konstitution des menschlichen Selbst- und Weltverhältnisses überführt bzw. selbst als solche gedeutet.*
Das wahrhafte *Wunder* kann somit nur die Konstitution des Geistes (das Gesamt der Möglichkeitsbedingungen von Freiheit und Wahrheit) sein:

10 K. Löwith, »Diskussionsbeitrag zu: R. Heede, Hegel-Bilanz: Hegels Religionsphilosophie als Aufgabe und als Problem der Forschung«, in: R. Heede/J. Ritter (Hg.), *Hegel-Bilanz. Zur Aktualität und Inaktualität der Philosophie Hegels*, Frankfurt am Main 1973, S. 41-99, dort S. 92.

»Das wahrhafte Wunder in der Natur ist die Erscheinung des Geistes, und die wahrhafte Erscheinung des Geistes ist in gründlicher Weise der Geist des Menschen und sein Bewußtsein von der Vernunft der Natur, daß in dieser Zerstreuung und zufälligen Mannigfaltigkeit durchaus Gesetzmäßigkeit und Vernunft ist.« (17, 63)

Daß die Wahrheit des Christentums als der absoluten Religion im Kern die Wahrheit über die grundsätzliche Situation des Menschen ist, zeigt auch Hegels Interpretation der Geschichte vom Sündenfall und seine begriffliche Analyse der Theologie der *Sünde*:

»Es ist Adam oder der Mensch überhaupt, der in dieser Geschichte erscheint; es betrifft, was hier erzählt wird, die *Natur des Menschen selbst*, und es ist nicht ein formelles, kindisches Gebot, das Gott ihm auferlegt, sondern es heißt der Baum, von dem Adam nicht essen soll, der *Baum der Erkenntnis des Guten und des Bösen*, – da fällt die Äußerlichkeit und die Form eines Baumes hinweg.« (17, 76)

Der entmythisierte Sinn der Urgeschichte besteht in dem konstitutiven Zusammenhang von Selbstbewußtsein, endlicher Freiheit und Bösem:

»Der Mensch ißt davon, und er kommt zur Erkenntnis des Guten und des Bösen. (...) Die Erkenntnis, das Wissen ist dieses doppelseitige, gefährliche Geschenk: der Geist ist frei; dieser Freiheit ist das Gute wie das Böse anheimgestellt: es liegt darin ebenso die Willkür, das Böse zu tun; dies ist die negative Seite an jener affirmativen Seite der Freiheit. Der Mensch, heißt es, sei im Zustande *der Unschuld* gewesen: dies ist überhaupt der Zustand des natürlichen Bewußtseins; er muß aufgehoben werden, sobald das Bewußtsein des Geistes überhaupt eintritt. Das ist die ewige Geschichte und die Natur des Menschen.« (17, 76)

Diese *Transformation von Mythologie in anthropologische Konstitutionsanalyse* nimmt die Methode der existentialen Interpretation und der Entmythologisierung vorweg, wie sie im 20. Jahrhundert von Rudolf Bultmann und seiner Schule entwickelt wurde. Hegel sagt: »In der ganzen bildlichen Darstellung ist das, was innerlich ist, als äußerlich, was notwendig, als zufällig ausgesprochen.« (17, 76 f.) Was »innerlich« ist, was also zu der begrifflichen Konstitution der menschlichen Situation gehört und deshalb »notwendig« für das Menschsein ist, das wird als »äußerlich«, d. h. narrativ, in Bildern objektiviert und deshalb als »zufällig« dargestellt.

Eines der Kernkapitel der Hegelschen Religionsphilosophie ist *»Bestimmung des Menschen«* überschrieben und fokussiert seine immanent-anthropologischen Interpretationen christlicher Theologoumena. Auch dieser Text kreist im Fortgang von der Deutung des Sündenfalles über die Deutung von »Menschwerdung« und »Tod Gottes« bis zum Gedanken der »Versöhnung« um den konstitutiven Zusammenhang von Selbstbewußtsein, endlicher Freiheit und Bösem. Wenn wir diesen Zusammenhang auf unsere vorherige Analyse der diversen Schichten der Thematisierung von *Vermittlung* (1.) und der systematischen Verbindung von existentieller Negativität, Sprache und Freiheit (2.1) zurückbeziehen, dann wird zweierlei deutlich:

1. Es bestätigt sich, daß die Hegelsche Religionsphilosophie und v. a. Hegels konstitutionsanalytische Rekonstruktion der christlichen Dogmatik seine Anthropo-Theo-Logik enthält, näherhin seine *philosophische Anthropologie der Negativität bzw. der »Entzweiung«*.
2. Es zeigt sich, daß die Anthropologie der Entzweiung *ursprüngliche Voraussetzung* für Hegels philosophische Reflexion der möglichen Weisen von *Vermittlung* ist; daß sie die systematisch tragende und integrierende Tiefenschicht für diese Reflexion ist.

Hegelsche philosophische Theologie und WdL verhalten sich daher systematisch zueinander wie moderne philosophische Anthropologie und Sprachphilosophie.

Die gleichursprüngliche logische Struktur der Totalität des Begriffs – Allgemeinheit, Besonderheit und Einzelheit – ist ebenso die Struktur der voll entfalteten, reflexiven Subjektivität: Die *allgemeine* Struktur menschlicher Selbstkonstitution kann sich nur in den *besonderen* Handlungen und Situationen *Einzelner* konkretisieren. J. Ringleben hat in seiner Untersuchung über Hegels Theorie der Sünde herausgestellt, daß dieser den »Sündenfall« als *mythologische Vergegenständlichung der Konstitution menschlichen Selbstbewußtseins* interpretiert.[11] Die *interne Minimalkomplexität der logischen Sinnkonstitution ist diejenige Binnendifferenzierung des Geistes, die transzendental-anthropologisch als »Entzweiung« gedacht wird und die Modi der »Vermittlung« erforderlich macht.* Indem Hegel die entmythologisierte, anthropologische Interpretation der Sünde in eine Konstitutionsanalyse der »Bestimmung des

11 J. Ringleben. *Hegels Theorie der Sünde. Die subjektivitätslogische Konstruktion eines theologischen Begriffs*, Berlin/New York: De Gruyter 1977.

Menschen« aufnimmt, begreift seine Anthropo-Theo-Logik auch die Möglichkeitsbedingungen von Ethik und Moralität in sich ein.

Der Sündenfall wird bei Hegel als die ursprüngliche Entzweiung verstanden:

»Es wird vorgestellt, der erste Mensch habe dies getan; das ist auch wieder diese sinnliche Weise, zu sprechen. ›Der erste Mensch‹ will dem Gedanken nach heißen: der Mensch als Mensch, nicht irgendein einzelner, zufälliger, einer von den Vielen, sondern der absolut erste, der Mensch seinem Begriff nach. *Der Mensch als solcher ist Bewußtsein,* aber damit tritt er in diese Entzweiung, – das Bewußtsein, das in seiner weiteren Bestimmung Erkennen ist.« (17, 259)

Diese selbstbewußtseinskonstitutive Erkenntnis ist »die Entzweiung, die Trennung, in der erst das Gute für den Menschen ist, aber damit auch das Böse« (17, 258). Die kommunikative Selbstkonstitution von Subjektivität durch sprachliche Unterscheidungspraxis auf dem Grund existentieller Negativität (Freiheit) ist zugleich Möglichkeitsbedingung des *Guten* wie des *Bösen.* Die mythische Sündenfallgeschichte ist »die auseinandergelegte Geschichte dessen, was der Mensch ist«. (17, 256) Der Mythos muß narrativ veranschaulichen, was als transzendentale Konstitutionsbedingung der menschlichen Selbst- und Weltkonstitution gleichursprünglich miteinander ist: die unableitbare Freiheit zur Selbst- und Weltkonstitution; die Notwendigkeit zu handeln, sich zu entäußern und zu vergegenständlichen; die ständige Möglichkeit der Entfremdung und Selbstverfehlung auf dem Grunde dieser Entzweiung. Damit ist die christliche Hamartiologie philosophisch in die Konstitutionsanalyse von Möglichkeitsbedingungen reflexiver Subjektivität transformiert. Es ist nach Hegel »die Erkenntnis«,

»welche der Quell alles Bösen ist, denn das Wissen, das *Bewußtsein* ist dieser Akt, durch den *die Trennung gesetzt* ist, das negative, das *Urteil,* die Entzweiung in der näheren Bestimmung des Fürsichseins überhaupt ... Erst durch diese Trennung bin ich für mich, und darin liegt das Böse. Bösesein heißt abstrakt, mich *vereinzeln;* die Vereinzelung, die sich abtrennt vom Allgemeinen; dies ist das Vernünftige, die Gesetze, die Bestimmungen des Geistes. Aber mit dieser Trennung entsteht das Fürsichsein und erst das Allgemeine, Geistige, Gesetz, das, was sein soll« (17, 257).

Die mit der reflexiven Selbstkonstitution notwendig einhergehende Entzweiung wird *logisch* als Urteil, als Ur-Teilung durch sprachliches Unterscheidungshandeln, gefaßt; die *Form* bösen Existierens wird *logisch* als die gegen das Allgemeine (das Gute) gerichtete Vereinzelung bestimmt.

»Damit ist der Sündenfall als *Entzweiung* verstanden. Er ist es in einem zweifachen Sinn: a) Entzweiung vom Ganzen (Gott, Welt) und b) Entzweiung von sich als unmittelbarem Moment des Ganzen. Das Ich blickt ›zurück‹ auf sein An-sich. Indem das Bewußtsein zu sich selber gekommen ist, erfaßt sich das Ich als unterschieden, abgesondert von allem Nicht-Ich. Ihm steht als Ich *alles* gegenüber, auch jene Einheit mit Gott (sein Ansich). Während sie ›vorher‹ sein Leben war, ist sie ›jetzt‹ das Gute, von dem es weiß und sich darin unterscheidet. Das Ich ist in den Gegensatz eingetreten.«[12]

Mit diesem (selbst grundlosen) Akt der Selbstkonstitution als Vollzug endlicher Freiheit, der sich in Arbeit, Sprache und Liebe ausdifferenziert, ist die Möglichkeitsbedingung geschichtlicher Praxis benannt:

»Daß der Mensch sich zu dem machen muß, was er ist, daß er im Schweiße seines Angesichts sein Brot ißt, hervorbringen muß, was er ist, das gehört zum Wesentlichen, zum Ausgezeichneten des Menschen und hängt notwendig zusammen mit der Erkenntnis des Guten und Bösen.« (17, 259)

Der Kern der Hegelschen *transzendental-anthropologischen Konstitutionsanalysen* im Rahmen seiner Anthropo-Theo-Logik erweist sich einmal mehr als Reflexion auf die sprachliche (und in diesem Sinne logische) Selbstkonstitution des Menschen:

»die reflexive Konstitution des Selbstbewußtseins ist Entzweiung; ... darin und nur darin erscheint das andere als ein Bestimmtes (Etwas), das ein anderes (Etwas) *nicht* ist.«[13]
»Das Gute ist überhaupt nur (kann nicht anders *sein* als) in der Selbstunterscheidung vom Bösen; Freiheit *ist* nur in Selbstunterscheidung von ihrem Mißbrauch. Freiheit (das Gute) ist das, was sich nur so realisieren kann, daß es sein Gegenteil setzen muß, um selbst als das, was es ist, *sein* zu können, d.h. sein Gegenteil aufheben zu können.«[14]

Hegel radikalisiert den Begriff der Sünde zu einem »transzendentalen Begriff«, der daher »transmoralisch und transpsychologisch« ist.[15]

12 Ringleben, ebd., S. 53.
13 Ebd., S. 71.
14 Ebd., S. 130f.
15 Vgl. ebd., S. 84-90.

Der gesamte Komplex der Reden von der »*Menschwerdung Gottes*«, vom »*Tod Gottes*«, von der »*Auferstehung*«, von der »*Unsterblichkeit*« und von der »*Versöhnung*« wird von Hegel konsequent in die begrifflichen Analysen seiner Anthropo-Theo-Logik einbezogen. Theologisch gesprochen entfaltet Hegel eine integrale *Pneumatologie*, wobei der »Geist« der Titel für die Totalität der Sinnbedingungen menschlicher Orientierung gemäß Hegels Analyse in der WdL ist: die *absolute Vermittlung* von Allgemeinem, Besonderem und Einzelnem, »Vater«, »Sohn« und (heiligem) »Geist«; »und diese unendliche Vermittlung hat die objective Gestalt – *Daseyn Leiden und Sterben, und Erhöhung Christi*«.[16]
Die entmythologisierte, anthropologische Interpretationsweise Hegels tritt auch hier eindeutig zutage:

»Christus gehört dem menschlichen Geschlecht an; dieses ist sein Stamm. Christus ist auch der Sohn Gottes; den wahren Sinn dieses Ausdrucks, die Wahrheit der Idee ... kann man auch wegexegesieren, sagen: alle Menschenkinder seien Kinder Gottes oder sollen sich selbst zu Kindern Gottes machen und dgl.« (17, 285)

Der etwas harte Ausdruck »wegexegesieren« artikuliert unmißverständlich Hegels Bestreben, den rationalen, begrifflichen Kern der christlichen Rede herauszuarbeiten. Die Christologie ist so

»die Darstellung der göttlichen Idee an seinem Leben und Schicksal«; »Was ... Gott an und für sich ist, das haben wir (sc. in dieser Darstellung, Th. R.) gesehen: er ist dieser Lebensverlauf, die Dreieinigkeit, worin das Allgemeine sich sich selbst gegenüberstellt und darin identisch mit sich ist.« (17, 287)

Der für die philosophisch-begriffliche Analyse allererst zutage tretende, überlegene Wahrheitsgehalt des Christentums besteht für Hegel eben darin, daß »der *ganze* trinitarische Gott als Mensch da ist«.[17] Der »wirklich Daseiende trinitarische Sohn ist das *menschliche Subjekt*, weil es als Geist nichts anderes ist als die Gegenwärtigkeit jenes Ganzen«.[18]
Die Christologie ist für Hegel die religionsgeschichtlich radikale Form der Wahrheit, die seine Anthropo-Theo-Logik philosophisch-begrifflich zu artikulieren sucht: Das Allgemeine, Univer-

16 Vgl. die Interpretation des Religionsmanuskriptes bei H. Huber, a.a.O., S. 147.
17 So zu Recht H. Huber, a.a.O., S. 146.
18 Ebd., S. 145.

sale, das Un-Endliche, die ›Idee‹ als ›Form‹ und damit die Totalität – sie können *und müssen daher* einzig in der Besonderung, partikular, in der Endlichkeit und so inhaltlich konkretisiert erscheinen:

»Gott ist der *Geist*; er ist in abstrakter Bestimmung so bestimmt als der allgemeine Geist, der sich besondert; dies ist die absolute Wahrheit, und die Religion ist die Wahre, die diesen Inhalt hat.« (17, 211)
»Die Wahrheit ist die Enthüllung dessen, was der Geist an und für sich ist; der Mensch ist selbst Geist.« (17, 222)

Der letzte Satz kann als das Fazit von Hegels Anthropo-Theo-Logik angesehen werden.

3. Abschließende Fragen: Das Spezifische der Hegelschen Anthropo-Theo-Logik

Versuchen wir, anhand unserer Überlegungen einige abschließende Fragen zu formulieren. Es wurde zunächst gezeigt, daß die »Schichten« der Hegelschen Reflexion der Vermittlung sich auf eine grundlegende, frühe und leitende Anthropologie zurückbeziehen lassen. Wir sahen dann, daß diese Anthropologie sich als Analyse des konstitutiven Zusammenhangs von *existentieller Negativität, Sprache und Freiheit* entfaltet. Die Explikation dieses Zusammenhangs führt Hegel zur Freilegung der kommunikativen, materialen und endlichen Voraussetzungen von Rationalität, u. a. bestimmt als ›Liebe‹ (Interexistentialität), Arbeit und Sprache.
Auf dieser Basis steht auch Hegels rationale Religionsphilosophie und seine Analyse der christlichen Theologie. Er strebt hier eine konsequente »Immanentisierung der Transzendenz« an. Die metaphysischen und theologischen Momente der Transzendenz werden dabei zu *logischen* Konstituentien innerweltlichen Sinnes, *und nur zu solchen*. Da ›Logik‹ für Hegel der Titel für die (philosophisch-begriffliche Analyse der) Totalität der Sinnbedingungen unserer menschlichen Praxis insgesamt ist, nimmt sie auch die theo-logischen Begriffe in sich auf. Und deshalb treten die ›logischen‹ Formbegriffe auch in der ›materialen‹ Religionsphilosophie durchgängig auf.
Da der Mensch, nach Hegels knappster Formulierung, der »exi-

stierende Begriff« ist, erhalten insbesondere die religiösen Begriffe (Gott, Sünde, Menschwerdung, Geist, Wunder etc.) einen sie *vollständig* bestimmenden *Lebensformbezug.* Auf diese Weise überführt Hegel konsequent und durchgängig Mythologie, Religion und Theologie in immanente anthropologische Konstitutionsanalysen. Auch ›unsterblich‹ ist der Mensch deshalb nach Hegel nur ›als Geist‹, d. h. betrachtet hinsichtlich seiner überindividuellen Sinnbedingungen. Der Einzelne muß sterben. Dies ist der deutlichste Prüfstein der immanenten anthropologischen Interpretation.

Wir können nun die Frage nach dem Theologischen in der Logik Hegels bzw. nach der logischen Interpretation der christlichen Theologie noch einmal stellen, indem wir nach dem Spezifischen, nur für Hegel Kennzeichnenden seiner Interpretationsvorschläge fragen. Beiseite lassen will ich die Frage nach der »Christlichkeit« Hegels, die Frage nach der etwaigen Legitimität entweder der rechts- oder linkshegelianischen Anknüpfungen an ihn. Entscheiden lassen sich solche Fragen jedenfalls sicher nicht »immanentinterpretierend«, etwa philologisch durch Vergleich von Fassungen, allein.

Es scheint mir vielmehr eindeutig zu sein, daß die sprachphilosophisch-anthropologische Ebene die einzige für Hegel spezifische Ebene der Rekonstruktion darstellt. Würden wir *sie* streichen oder auch nur einige ihrer Aspekte eliminieren, so würde die Sache um's Ganze gebracht und nur ein Torso konventioneller Reden würde übrigbleiben.

Entscheidend für den Gehalt von Hegels Anthropo-Theo-Logik ist also letztlich die Verklammerung der Theologie mit seiner umfassenden Logik. Unsere abschließenden Fragen können wir daher so formulieren:

1. Die logischen Konstitutionsbedingungen sind zwar universal, entzogen, ermöglichend, freisetzend, begrenzend und sinnstiftend, also transsubjektiv – aber kann ihnen deshalb ein spezifisch religiöser Sinn zukommen?

2. Geben die Formbegriffe, »Allgemeinheit«, »Besonderheit« und »Einzelheit« tatsächlich die Konstituentien des Selbstbewußtseins auf so grundlegende Weise an, wie Hegel meint? Besteht der Wahrheitsanspruch dieser logischen Analyse zu Recht?

3. Läßt sich die Zuordnung dieser Formbegriffe zur Trinitätstheologie, ihre Gleichsetzung mit bestimmten religiösen Unterschei-

dungen bzw. die Reduktion des Sinnes von Religion auf Logik ihrerseits begründen?

4. Bleibt es systematisch nicht möglicherweise bei dem für Hegel grundlegenden Zusammenhang von Negativität, Sprache und Freiheit (mitsamt den so eröffneten universalen, partikularen und singulären Sprachmöglichkeiten), ohne daß ihnen über ihre immanente (im engeren Sinne formale) Konstitution hinaus noch ein zusätzlicher, dann religiös bzw. religionsphilosophisch artikulierbarer Sinn zukäme?

Im Horizont der Rezeption der Hegelschen Anthropo-Theo-Logik stünde dann die *Kontinuität einer negativen Anthropologie.* Sie könnte im Interesse an Vernunft Modi der Vermittlung analysieren, in denen die Negativität festgehalten wird, nicht jedoch Modi der Versöhnung aufbieten, in denen sie verschwindet.

2. Vermittlung als permanente Negativität. Der Wahrheitsanspruch der »Negativen Dialektik« auf der Folie von Adornos Hegelkritik

Adornos Dialektikkritik

Die Kernthese der *Dialektik der Aufklärung* (1947) lautete, daß naive, über sich selbst nicht aufgeklärte Aufklärung in den Totalitarismus münde. Sie unterdrücke in instrumentalistischer Verkürzung des Emanzipationsanspruchs von Vernunft das Andere ihrer selbst, das Inkommensurable und Heterogene, dessen Titel später »das Nichtidentische« wird. Systematische Entfaltung des Sinnes von »Nichtidentität« ist das Thema der *Negativen Dialektik* (1966): »Dialektik ist das konsequente Bewußtsein von Nichtidentität. [...] Zu ihr treibt den Gedanken seine unvermeidliche Insuffizienz, seine Schuld an dem, was er denkt.«[1] Erkenntniskritik an der Kraft des Gedankens verbindet sich bei Adorno von Anfang an mit einer moralisch-praktischen Perspektive: mit der der Schuld. Bereits hier erhält sie eine gravierende zusätzliche Bestimmung: die der Unvermeidlichkeit.

Sein kritisches Verständnis von Dialektik entwickelt Adorno am subtilsten als Kritik des Scheins der Autonomie der Sprache und ihrer Begriffe: »In Wahrheit gehen alle Begriffe, auch die philosophischen, auf Nichtbegriffliches, weil sie ihrerseits Momente der Realität sind, die zu ihrer Bildung – primär zu Zwecken der Naturbeherrschung – nötigt. Das, als was die begriffliche Vermittlung sich selbst, von innen her, erscheint, der Vorrang ihrer Sphäre, ohne die nichts gewußt sei, darf nicht mit dem verwechselt werden, was sie an sich ist. Solchen Schein des Ansichseienden verleiht ihr die Bewegung, welche sie aus der Realität eximiert, in die sie ihrerseits eingespannt ist.«[2] Das Festhalten dieser Differenz zwischen der internen begrifflichen Vermittlung und deren externen

1 Th. W. Adorno, *Negative Dialektik*, Frankfurt am Main: Suhrkamp 1969, S. 15.
2 Ebd., S. 21.

Bedingungen ist Adorno zufolge unumgänglich für die Konzeption einer nichtrepressiven Rationalität und für die Entfaltung eines nichtinstrumentalistischen Vernunftbegriffs. Und genau dieses Festhalten der Differenz läßt ihn Gesellschaftskritik als Erkenntniskritik entwickeln. Letztere präzisiert sich als Sprachkritik, und zwar als Sprachkritik insbesondere an der Philosophie selbst.

Folie dieser Metakritik ist (neben der Transzendentalphilosophie Kants) im wesentlichen die Dialektik Hegels und deren zentraler methodischer Gesichtspunkt der Vermittlung. Zunächst ist klar, daß Hegels Grundgedanke der Vermittlung bzw. der Vermitteltheit aller Erkenntnis als Zentrum seiner Dialektik selbst kritisch gegen die nur scheinhaft unmittelbaren Positionen und Positivitäten sowohl des Rationalismus und des Empirismus als auch des Skeptizismus und der Transzendentalphilosophie gerichtet ist. Der Gedanke der Vermittlung richtet sich gegen diese Grundmodelle der Philosophie, insofern sie ein »Erstes« unreflektiert prätendieren und damit bereits fetischisieren. Dieses scheinhaft Erste, das *proton pseudos*, macht Adorno intentionstreu zu Hegel auch in modernen Entwicklungen des philosophischen Gedankens aus: in der Phänomenologie Husserls und in der Existentialontologie Heideggers. Man darf vermuten, daß er seine dialektische Sinnkritik bei expliziter Kenntnisnahme auch noch auf diejenigen Aspekte der Spätphilosophie Wittgensteins erstreckt hätte, deren – zumindest scheinbar unmittelbarer – Rückgang auf Gegebenheiten der Alltagssprache der Positivität kommentarlos keineswegs unverdächtig ist. Die *Negative Dialektik* versucht auf diese Weise, das kritische Potential der Hegelschen Dialektik sowohl festzuhalten als auch gegen unkritische, hypostasierende und schematische, formalistische Verständnisse von Vermittlung bei Hegel selbst zu wenden. Ich möchte im folgenden fragen, wie und um welchen Preis Adorno dies versucht und ob dieser Versuch gelungen ist.

Sprachkritisch präzisiert Adorno seine Kritik an einem hypostasierenden Verständnis von Vermittlung: »Der Geist ist [...] vom Gegebenen so wenig abzuspalten wie dieses von ihm. Beide sind kein Erstes. Daß beide wesentlich durcheinander vermittelt sind, macht beide zu Urprinzipien gleich untauglich; wollte indessen einer in solchem Vermitteltsein selber das Urprinzip entdecken, so verwechselte er einen Relations- mit einem Substanzbegriff und reklamierte als Ursprung den flatus vocis. Vermitteltheit ist keine positive Aussage über das Sein, sondern eine Anweisung für die Erkenntnis, sich nicht bei solcher Positivität zu beruhigen, eigentlich die Forderung, Dialektik konkret auszutragen.«[3] Der Titel ›Vermittlung‹ bezeichnet weder einen der Kritik entzogenen, gleichsam unschuldigen Ausgangspunkt philosophischer Reflexion, noch deren beruhigt zu konstatierendes Fazit. ›Vermittlung‹ überschreibt vielmehr stets nur den *pars destruens* kritischer Philosophie, der sich gegen alle Formen von Unmittelbarkeit richtet.

Es ist nun bereits ein wohlbekanntes Ergebnis der Kritik an Hegel längst vor Adorno, daß die Form der Vermittlung des Allgemeinen, des Besonderen und des Einzelnen in den ausgebildeten Gestalten seiner Systematik, in der Logik, der Ästhetik, der Religionsphilosophie und der Rechts- und Staatsphilosophie in der Gefahr steht, entweder schematisch entleert oder zur Ideologie zu werden: In der *Wissenschaft der Logik* erhält sie einen über die logischen Konstitutionsbedingungen von Rationalität keineswegs unproblematisch hinausreichenden, substantiell-metaphysischen Status;[4] die *Ästhetik* konzipiert Vermittlung durch Kunst als deren »Ende«; die Religionsphilosophie kann unter dem Schleier christlich-theologischer Rede Vermittlung lediglich atheistisch-humanistisch als »Tod Gottes« und als »unendlichen Schmerz« oder als gebrochene, zutiefst gefährdete oder marginale Form der Gemeindebildung namhaft machen, und die Hegelsche politische Philosophie denkt – lesen wir sie mit dem größtmöglichen Übelwollen – Vermittlung als quasi-sakrale Affirmation des Staates, als Repression.

Die Stärke von Adornos Hegelkritik besteht zunächst darin, daß sie in gewissem Sinne viel tiefer ansetzt als jede ›äußerliche‹ Ideologiekritik, nämlich im Innersten der systematischen Logik-Konzeption Hegels selbst. Sie besteht aber darüber hinaus zweitens darin, daß sie auf eben diese Weise dennoch ein materialistisches Motiv gerade festhält. Es war Hegels Grundeinsicht, daß ›Vernunft‹ sich konstituiert, indem die wesentlichen Formaspekte

3 Th. W. Adorno, *Gesammelte Schriften*, Bd. 5: *Zur Metakritik der Erkenntnistheorie* (1956); *Drei Studien zu Hegel* (1963), hg. von Gretel Adorno und Rolf Tiedemann, Frankfurt am Main ²1975, S. 32.

4 Dazu: P. Stekeler-Weithofer, *Hegels Analytische Philosophie. Die Wissenschaft der Logik als kritische Theorie der Bedeutung*, Paderborn: Schöningh 1992, passim.

überhaupt möglicher menschlicher Orientierung: Allgemeinheit, Besonderheit und Einzelheit; das Universale, das Partikulare und das Singuläre, jeweils hinsichtlich *bestimmter* Beurteilungssituationen in ein jeweils konkret neu zu bestimmendes richtiges Verhältnis gesetzt werden. Insofern hatte er die *Kritik der reinen Vernunft* durch die Brille der *Kritik der Urteilskraft* gelesen. Und deswegen dehnt er die Problematik der Antinomien auf die *gesamte* Sprachpraxis und die Problematik der transzendentalen Dialektik auf den *gesamten* Problembestand der Philosophie aus.[5] Das heißt: die transzendentale Dialektik setzt nicht erst angesichts der *metaphysica specialis* und des ›Unendlichen‹ ein, sondern bereits angesichts jeder Erkenntnis und wenn überhaupt etwas Gegenstand der Reflexion wird.

Die Art und Weise, *wie* Hegel diese erkenntniskritische Grundeinsicht nun selbst einlöst, bildet das Zentrum von Adornos Kritik: Hegels Vermittlungsgedanke des Allgemeinen (»Unendlichen«, »Unbedingten«) und des Besonderen (mit dem Einzelnen, dazu später) bleibt innerbegrifflich, sprachimmanent – er bleibt *idealistisch.* Vermittlung erscheint bei Hegel selbst nur vom Allgemeinen aus: »Immanente Kritik der Dialektik sprengt den Hegelschen Idealismus. Erkenntnis geht aufs Besondere, nicht aufs Allgemeine. Ihren wahren Gegenstand sucht sie in der möglichen Differenz jenes Besonderen, selbst von dem Allgemeinen, das sie als gleichwohl Unabdingbares kritisiert. Wird aber die Vermittlung des Allgemeinen durchs Besondere und des Besonderen durchs Allgemeine auf die abstrakte Normalform von Vermittlung schlechthin gebracht, so hat das Besondere dafür, bis zu seiner autoritären Abfertigung in den materialen Teilen des Hegelschen Systems, zu zahlen.«[6] Die Logik Hegels prätendiert somit gelungene Vermittlung bloß, indem sie deren selbst allgemeine, begriffliche Form benennt, also »nur dadurch, daß sie vom Besonderen gar nicht als Besonderem handelt, sondern bloß von der Besonderheit, selber bereits einem Begrifflichen«.[7] Chiastisch gipfelt Adornos Dialektikkritik darin, Hegel die Elimination des Besonderen

5 G. W. F. Hegel, *Enzyklopädie der philosophischen Wissenschaften I*, Theorie Werkausgabe, Frankfurt am Main: Suhrkamp 1969/70, Bd. 8, S. 127 f.

6 Th. W. Adorno, *Negative Dialektik*, S. 320 f.

7 Ebd., S. 320.

vorzuwerfen: »Das Wahrste an Hegel, das Bewußtsein des Besonderen, ohne dessen Schwere der Begriff der Wirklichkeit zur Farce verkommt, zeitigt das Falscheste, schafft das Besondere fort, nach dem in Hegel Philosophie tastet.«[8] Nicht nur scheitert die prätendierte Vermittlung, sondern, schlimmer: Die Wirklichkeit wird von der Philosophie ideologisch so zurechtgestellt, »daß sie der repressiven Identität mit jener sich fügt«.[9] Indem Hegel die *Form* der Vermittlung substantialisiert und idealistisch fetischisiert, muß er sie als ein scheinhaftes Absolutes setzen. Darum denkt er letztlich in den *Vorlesungen zur Philosophie der Religion* den trinitarischen Gott gemäß dieser, ja *als* diese Form.
Meine These ist nun, daß in der soeben skizzierten sprachkritischen Dialektik- und Vermittlungskritik der systematische Nerv und das Zentrum des Adornoschen Denkens und der *Negativen Dialektik* anzusetzen sind. Denn aus dieser Kritik ergeben sich konsequent zumindest drei für Adornos Gesamtwerk charakteristische Grundmotive, die in ihrer Konstellation dessen Unverwechselbarkeit mitprägen: 1. das Motiv der Nichtidentität bzw. des »Nichtidentischen«, 2. eine Tendenz von der Dialektik zum Dualismus, 3. eine spezifische, radikale und fundamentale Weise, erkenntniskritisch Schuld und Verdinglichung zu denken. Im Zusammenspiel dieser genuinen Motive stellt sich der Wahrheitsanspruch der *Negativen Dialektik* her: »Mit Hegel aber läßt solche Dialektik nicht mehr sich vereinen. Ihre Bewegung tendiert nicht auf die Identität in der Differenz jeglichen Gegenstandes von seinem Begriff; eher beargwöhnt sie Identisches. Ihre Logik ist eine des Zerfalls: der zugerüsteten und vergegenständlichten Gestalt der Begriffe.«[10]

Die genannten drei Grundmotive von Adornos Dialektikkritik: Nichtidentität, Tendenz zum Dualismus, Erkenntnis als Schuld und primäre Verdinglichung will ich nun näher analysieren.

8 Ebd., S. 321.
9 Ebd.
10 Ebd., S. 146.

Die erste, weitreichende systematische Konsequenz der Dialektikkritik an Hegel läßt sich so beschreiben, daß Adorno im steten Bestreben der Vermeidung sowohl formal entleerter als auch substantialistisch fetischisierter Vermittlung einen nach allen Seiten ausgefransten Hegelianismus vertritt, in welchem weder Subjekte mit sich selbst so vermittelt sind, daß sich ihre Identität einstellte, noch, daß sich zwischen Subjekt und Objekt so etwas wie eine »Identität von Identität und Nichtidentität« ergäbe. Ebenso verhält es sich zwischen Begriff und Gegenstand, deren Identität sich als zwanghafter Schein enthüllt; und schließlich erstreckt sich die Erkenntniskritik auch noch auf die (nur vermeintlich) schlichte formallogische, intern begriffliche Identität.
Der Kern von Adornos Sprachkritik an Hegels Dialektik läßt sich somit kurz auch als Identitätskritik bezeichnen: »Der immanente Anspruch des Begriffs ist seine Ordnung schaffende Invarianz gegenüber dem Wechsel des unter ihm Befaßten. Diesen verleugnet die Form des Begriffs, auch darin ›falsch‹. In Dialektik erhebt Denken Einspruch gegen die Archaismen seiner Begrifflichkeit. Der Begriff an sich hypostasiert, vor allem Inhalt, seine eigene Form gegenüber allen Inhalten. Damit aber schon das Identitätsprinzip: daß ein Sachverhalt an sich, als Festes, Beständiges, sei, was lediglich denkpraktisch postuliert wird. Identifizierendes Denken vergegenständlicht durch die logische Identität des Begriffs.«[11]
Diese Identitätskritik ist Fundamentalkritik an der philosophischen wie auch alltagspraktischen Art und Weise, sich die *begriffliche Konstitution* unseres Welt- und Selbstverhältnisses hinsichtlich ihrer Form selbst vorzustellen und zu vergegenwärtigen. Überall, so können wir Adornos grundsätzliche Einsicht, Quell seines kritischen Bewußtseins, wiedergeben, besteht in der menschlichen Orientierungspraxis unter den Imperativen der Reproduktion und Selbsterhaltung eine Nötigung zur Identifizierung. Der unvermeidliche Zwang zur Identität erzeugt notwendig scheinhafte Identität: »Was anders wäre, wird gleichgemacht. Das ist das Verdikt, das die Grenzen möglicher Erfahrung kritisch aufrichtet. Bezahlt wird die Identität von allem mit allem damit,

11 Ebd., S. 154.

daß nichts zugleich mit sich selber identisch sein darf.«[12] Um sich als sie selbst überhaupt konstituieren und in der Zeit festhalten zu können, sind die menschlichen Individuen um jeden Preis dazu genötigt, sich selbstbehauptend und beharrend als identisch zu setzen und zu erfahren. Begriffe und Objekte – Gegenstände der Erfahrung – stehen in der Sicht Adornos in funktionalem Verhältnis zu den Imperativen der Selbstkonstitution der Subjekte; ihre Einheit zu setzen ist unabdingbar für die menschliche Weltbemächtigung, die Naturbeherrschung. Deswegen sind die unterscheidbaren Modi von Identität: die der Subjekte, der Objekte, der Begriffe und die Form logischer Allgemeinheit in der Analyse Adornos gleichursprünglich: »Das Kantische ›Ich denke‹, das individuelle Einheitsmoment, erfordert immer auch das überindividuelle Allgemeine. Das Einzel-Ich ist Eines nur vermöge der Allgemeinheit des numerischen Einheitsprinzips; die Einheit des Bewußtseins selber Reflexionsform der logischen Identität. Daß ein individuelles Bewußtsein Eines sei, gilt nur unter der logischen Voraussetzung vom ausgeschlossenen Dritten: daß es nicht ein Anderes soll sein können. Insofern ist seine Singularität, um nur möglich zu sein, überindividuell. Keines der beiden Momente hat Priorität vorm anderen. Wäre kein identisches Bewußtsein, keine Identität der Besonderung, es wäre so wenig ein Allgemeines wie umgekehrt. So legitimiert erkenntnistheoretisch sich die dialektische Auffassung von Besonderem und Allgemeinem.«[13]
Der Zwang zur Identität erstreckt sich auf diese Weise gleichursprünglich auf die Subjekte, die Objekte, die begriffliche und logische Identität. Dabei erweist sich das Element der Notwendigkeit, im Rahmen der Transzendentalphilosophie logisch-systematisch als Apriori gefaßt, in der materialistischen Pespektive Adornos als ein Aspekt der Naturgeschichte der Gattung ›Mensch‹. Das bedeutet, daß die Geschichtlichkeit dessen, was in der synchronen Analyse Kants als Form der transzendentalen Konstitution erscheint, auf eine wesentliche Weise mit dieser Form selbst konstitutiv vermittelt ist. Es bedeutet, daß die Genesis für die Geltung selbst nicht unwesentlich und äußerlich, sondern konstitutiv ist.

12 Th. W. Adorno/Max Horkheimer, *Dialektik der Aufklärung. Philosophische Fragmente*, Amsterdam 1947, S. 23.
13 Th. W. Adorno, *Negative Dialektik*, S. 144, Anm.

Auf diese Weise entsteht im Wege der Identitätskritik ein komplexes, miteinander verwobenes Netz von Differenzen: Vermittlung als permanente Negativität. Als Perspektive der philosophischen Darstellung wie der kritischen Analyse bündelt diese Permanenz der Negativität wesentliche Einsichten der klassischen Moderne nach ihrer Destruktion der Substanzontologie und des Essentialismus: daß die interne und externe Komplexität und Binnendifferenziertheit der Wirklichkeit weit höher ist, als dies in traditionellen Vorstellungen der Ontologie, der Bewußtseinsphilosophie und der Sprachphilosophie angenommen wurde. Damit verbindet sich bei Adorno – ganz ähnlich wie in den Analysen des späten Wittgenstein[14] – ein geschärftes kritisches Bewußtsein von den unübersehbar vielen Möglichkeiten der Verfehlung, der Mißachtung, des Unterlaufens und Überdeckens von Unterschieden: »I'll teach you differences.« Entscheidend ist für Adorno, daß sich die negativ-kritischen Konstitutionsanalysen auf der Folie Kants und Hegels mit stark normativen Implikationen und mit einem emphatischen Verständnis dessen verbinden, was gelingende Identität der Individuen und ihrer Praxis eigentlich sein könnte und sein sollte. Der aus der Philosophie- und speziell der Dialektikkritik entspringende Grundgedanke der Nichtidentität bzw. des Nichtidentischen verklammert auf diese Weise zwei zunächst scheinbar inkommensurable Aspekte der denkerischen Gestalt Adornos: den Materialisten und Marxisten mit dem Theologen und Eschatologen. Denn einerseits ist die durch die kapitalistische Ökonomie radikalisierte Verkürzung gesellschaftlicher Rationalität Grund für die Reduktion des Menschen auf das Äquivalent, Grund für das Zur-Ware-Werden und die entqualifizierende, nivellierende Gleichheit der Menschen in der Tauschgesellschaft. Die Identitätskritik verklammert sich mit der des Warenfetischismus: Geld als vergegenständlichte Arbeit vermittelt, konstituiert die Menschen. Auf der anderen Seite muß Adorno wenigstens implizit einen emphatischen Begriff von individueller Identität voraussetzen, wenn er diesen nicht lediglich insinuieren will. Endgültige, nämlich göttliche Erkenntnis würde die Individuen zur Gänze erkennen, durchdringen und in eins lieben. *Daß* diese

14 Dazu: A. Wellmer, *Zur Dialektik von Moderne und Postmoderne. Vernunftkritik nach Adorno,* Frankfurt am Main: Suhrkamp 1985, insbes. S. 78 ff. Vgl. auch den folgenden Beitrag in diesem Band.

eschatologische Utopie der Erkenntnis, die sowohl platonisch als auch paulinisch ihre Vorgestalt hat, für Adorno ein wesentliches *movens* seiner denkerischen Energie darstellt, ist in der Forschung wohl nicht länger umstritten.

Systematisch ergeben sich angesichts des Themenbereiches der Nichtidentität an dieser Stelle zwei grundsätzliche Einwände: Die Marxsche Analyse bezieht ihre rationale Kraft und Diskutabilität, ihre Wissenschaftsfähigkeit aus ihrem Ansatz bei den offenen Gestaltungsmöglichkeiten der ökonomischen und politischen Praxis. Diese Analye erlaubt es, die evidente Frage, ob die menschliche Identitätskonstitution in fortgeschrittenen, technisierten Industriestaaten zwangsläufig nur auf dem Wege der Kapitalvermitteltheit organisierbar ist, auf einem wissenschaftlichen Niveau neu zu formulieren. Diese Frage ist von bleibender, ja sich steigernder Aktualität. Aber sie hat wenig Spekulatives. Deutlicher noch: Diese Frage verträgt es nicht, wenn Theologie in sie eingetragen wird.[15] Es geht bei der Frage nach der rationalen Gestaltbarkeit der ökonomischen und politischen Praxis, um es mit Adorno zu formulieren, um Kruderes als die theologisch und eschatologisch begriffene Identität. Systematisch ergibt sich eine weitere, sprachanalytisch präzisierbare Schwierigkeit angesichts der Behandlungsart des Nichtidentischen bei Adorno: Einerseits entzieht sich das Nichtidentische *per definitionem* jeglicher begrifflichen Thematisierung; andererseits soll es der Ort des Eigentlichen – das *telos* des wahren Lebens sein.

Die auf diese Weise bewußt von Adorno konstruierte Aporetik steht den undialektischen Dualismen Kierkegaards und der Denkweise der 20er Jahre – Barth, Bultmann, Heidegger, Wittgenstein – näher, als es ihr Autor wahrhaben möchte. Zwei Bemerkungen zu Adornos Frühhegelianismus sowie zu seiner Kryptotheologie sollen zur Thematisierung des Dualismus in der *Negativen Dialektik* und zu der ihr eigentümlichen Analyse primärer Verdinglichung und ursprünglicher Schuld überleiten.

Der Frühhegelianismus Adornos kann von mir nicht als faktische

15 Vgl. zur weiterführenden Metakritik der Adornoschen Kritik der instrumentellen Vernunft am Beispiel der Faschismusanalyse z.B.: M. Schäfer, *Die »Rationalität« des Nationalsozialismus. Zur Kritik philosophischer Faschismustheorien am Beispiel der Kritischen Theorie*, Weinheim: Beltz 1994.

Filiation behauptet und als solche erhärtet werden. Unabhängig davon, wie intensiv die Rezeption des jungen Hegel durch Adorno gewesen sein mag, läßt sich sagen: Im inneren Kern der Denkbewegung der *Negativen Dialektik*, und insbesondere ihrer Sprachkritik, sind Gedanken am Werk, die dem jungen Hegel im Jena von 1805/06 eigentümlich waren. Es handelt sich um eine spezifische Verklammerung der folgenden Aspekte: der Frage nach der Selbstkonstitution der Subjekte mit der einer rationalen Rekonstruktion der erkenntnistheoretischen Bedeutung des Theologoumenons vom Sündenfall. Und es macht die Tragweite dieser Analyse des jungen Hegel für die systematische Fragestellung der *Negativen Dialektik* aus, daß die beiden genannten Aspekte von ihm sprachkritisch reformuliert werden.

Hegel geht in den Analysen seiner *Jenaer Realphilosophie*[16] von der Negativität des menschlichen Geistes aus, die den Menschen dazu nötigt, sich selbst ein Wesen zu schaffen, sich zu konstituieren. Der Mensch muß die Leere seiner Freiheit formen, die Nichtigkeit seiner inhaltlich nicht bestimmten Zeitlichkeit gestalten. Er kann dies nur gemeinsam mit anderen, in einer kommunikativen Praxis. Deswegen verbindet Hegel an dieser Stelle seine fundamentalanthropologische Negativitätsanalyse mit der Analyse der kommunikativen Identitätskonstitution der Menschen vermittels der Arbeit, der Liebe bzw. Sexualität und der Sprache. Dennoch behält die Negativität in der Existenz des Menschen auch im Rahmen dieser kommunikativen Konstitution ihre bleibende, nicht tilgbare Prägekraft: Stets bleibt die Selbstkonstitution fragil, sie ist ständig von Negativität umgeben und durchsetzt, sei es in der Gestalt von Irrtum und Verfehlung, sei es in der Gestalt anarchischer Regression, des Wahnsinns oder letztlich des Todes.

Die Form, die diese Negativitätsanalyse im Kontext der Sprachphilosophie des jungen Hegel annimmt, trifft im Kern mit der Sprachkritik der *Negativen Dialektik* zusammen. Hegel sieht hier eine ursprüngliche und notwendige Verdinglichung stattfinden. Bereits im Kontext der Hegelschen Sprachkritik entwickelt sich

16 G. W. F. Hegel, *Jenaer Realphilosophie. Vorlesungsmanuskripte zur Philosophie der Natur und des Geistes von 1805-1806*, hg. von J. Hoffmeister, Hamburg: Meiner 1967. Vgl. dazu meine Interpretationen im voranstehenden Beitrag.

ein intensiviertes Bewußtsein davon, daß »das Nichtidentische des Subjekts und des Prädikats wesentliches Moment« ist, dies aber »im Urteile nicht ausgedrückt« werden könne.[17] Die Möglichkeit eines begrifflichen Verfallens an innerweltlich Seiendes (Heidegger), eines semantischen Fetischismus, einer prädikativen Verdinglichung, die stete Möglichkeit einer Zerstückelung und willkürlichen Dekontextualisierung wird mit dieser grundsätzlichen Analyse Hegels allererst explizit artikulierbar. Deswegen, aufgrund der kontinuierlichen existentiellen Negativität, ist nach Hegel der menschliche Geist wesentlich Schmerz; die Vernunft muß notwendig zerrissen sein, sonst kann sie sich nicht konstituieren.

Es ist insofern eine Überstrapazierung und extravagante Forcierung des Gesichtspunktes der konstitutiven Fragilität, die die menschliche Prädikationspraxis ohnehin und durchgängig kennzeichnet, wenn Adorno in dieser Fragilität eine fundamentale, eigentlich nicht wegzubringende Negativität verortet. Es ist einsichtig und selbstverständlich, daß sich im Setzen einer Unterscheidung gleichzeitig und notwendigerweise etwas verdeckt – Setzung und Verdeckung sind gleichursprünglich. In eins muß damit klar sein, daß das Nichtidentische, die in einer jeweiligen Unterscheidung gleichsam unterschlagenen Aspekte und Hinsichten, einzig und allein in einer gemeinsamen Verständigung von Personen miteinander »aufgeholt« und »eingeholt« werden kann. Welche Instanz stünde sonst irgend dafür bereit?[18]

Während Hegel sich im Prozeß seines Weiterdenkens darüber klar wurde, daß die Möglichkeit der Vermittlung eine zwar ständig bedrohte, oft scheiternde, aber auf jeden Fall nur gemeinsame Möglichkeit von Menschen darstellt, und obwohl er diesen recht einfachen Sachverhalt vielleicht mißverständlich noch in Kategorien der Trinitätsspekulation ausdrückt, möchte ich an dieser Stelle der Kritik Wellmers an Adorno recht geben: »Die Perspektive einer negativen Theologie in Adornos Werk ist ebenso wie seine Idee der Philosophie in seiner Kritik des ›identifizierenden Denkens‹ begründet [...]. Adorno hat diese Kritik [...] so tief ange-

17 Hegel, *Wissenschaft der Logik I*, Theorie Werkausgabe, a.a.O., Bd. 5, S. 93. Vgl. dazu die Analysen zur Hegelschen Sprachkritik im vorigen Beitrag.

18 Die Kunst und die ästhetische Erfahrung könnten hier allerdings genannt werden.

setzt, daß vom Ansatzpunkt der Kritik her eine andere als eine ›schlechte‹ Vernunft eigentlich nicht mehr sich *denken* läßt; in dieser Schwierigkeit sind alle Paradoxien und Aporien von Adornos Philosophie beschlossen.«[19] Weil Adorno, so fährt Wellmer fort, »sein Mißtrauen gegen den philosophischen Allgemeinbegriff nicht auf seine eigene Kritik am identifizierenden Denken zurückgewendet hat, [...] ist ein Stück falscher philosophischer Systematik in seine Philosophie eingedrungen, die sich von der Kritik des diskursiven Begriffs bis in die aporetischen Konstruktionen seiner Spätphilosophie verzweigt. [...] Bei Adorno ist es so, als hätte er ein dreidimensionales System von Grundkategorien auf eine zweidimensionale Fläche projiziert [...].«[20]

Von der Dialektik zum Dualismus

Die soeben zitierte Kritik Wellmers trifft ins Schwarze: Durch die – im Kern kryptotheologisch motivierte und abgestützte – extreme Radikalität seiner Kritik an der Möglichkeit begrifflicher Vermittlung begibt sich Adorno im Blick auf die Permanenz der Negativität überhaupt der Vermittlung. Deshalb muß er *Dialektik* – und dieser Titel überschreibt schließlich auch philosophiehistorisch zunächst einmal nichts anderes als die gemeinsame Gesprächspraxis begrenzter, fragiler Wesen – im Prinzip gänzlich aufkündigen. Der gesamte begriffliche Rahmen der *Negativen Dialektik* ist daher kontradiktorisch und dualistisch verfaßt; er bedingt eine durchgängig dichotomische Systematik:

Subjekt	*Objekt*
Begriff	Nichtbegriffliches
Allgemeines	Besonderes
Identität	Nichtidentisches

Das heißt: Das Anti-System, welches die *Negative Dialektik* zu sein beansprucht,[21] lebt von sinnkonstitutiven dualistischen Strukturen. Da hinter der permanenten Negativität von Adornos Ver-

19 Wellmer, a.a.O., S. 156.
20 Ebd., S. 157.
21 In einem unpublizierten Brief an J. Günther vom 20. Juni 1967 führt

mittlungskritik an Hegel eine eschatologische Utopie der Erkenntnis steht, überschlägt sich die Radikalität seiner Kritik und vermag nur noch die Welt bzw. die Geschichte als Ganze zu verurteilen. Mit diesem Schritt von der Dialektik zum Dualismus wirkt die Grundkonstruktion der *Negativen Dialektik* wie eine gottlose Theologie, und dies rückt sie in die Nähe anderer »gnostischer« Entwürfe der 20er Jahre: in die Nähe des *Tractatus* von Wittgenstein und in die Nähe von Heideggers *Sein und Zeit*.[22] Auch bei diesen Werken erfolgt eine Aufspaltung der menschlichen Welt in totale Verdinglichung und ungegenständliches Absolutes. Die »Welt« ist, »was der Fall ist«, bzw. ist durchherrscht von »Verfallenheit«. Das »Unsagbare«, »Eigentliche« kann nur »im Modus des Schweigens« erfaßt werden.

Kager hat in seinem instruktiven, einführenden Buch über Adorno zu Recht darauf hingewiesen, daß die drei Hegelschen Momente begrifflicher Vermittlung: Allgemeines, Besonderes und Einzelnes, bei Adorno auf zwei: Allgemeines und Einzelnes (bei Adorno synonym: Besonderes) zusammengekürzt werden.[23] Kager greift die treffende Formulierung Daniels von der »*Vermittlung ohne Mitte*« zur Erläuterung dieses Sachverhaltes auf. Dieses Motiv von der leeren Mitte ist charakteristisch für die 20er Jahre. Es prägt zentral die gesamte Wiener Moderne, z. B. den Wiener Formalfilm, die Kompositionstheorie und auch die Konzeption des *Mann ohne Eigenschaften*.[24] In der Mitte ist nichts, wenn z. B. Clarisse durch ihren Ehering blickt. Einerseits setzt diese Vermittlungskritik an Substanzen und Essenzen die Möglichkeit frei, Vernunft intern viel komplexer zu denken als bisher. Andererseits bedroht diese Vermittlungskritik die Vernunft durch Diffusion und Beliebigkeit – Stigma auch mancher dekonstruktivistischen Überlegungen unserer Zeit.

Adorno aus, daß die *Negative Dialektik* »als Antisystem, eben doch zugleich auch eine Quasi-Systematik beansprucht«.

22 Vgl. zu diesem Problemsyndrom: B. Merker, *Selbsttäuschung und Selbsterkenntnis. Zu Heideggers Transformation der Phänomenologie Husserls*, Frankfurt am Main: Suhrkamp 1988.

23 R. Kager, *Herrschaft und Versöhnung. Einführung in das Denken Theodor W. Adornos*, Frankfurt am Main/New York: Campus 1988, S. 157.

24 Dazu Vf., »Wie ist ein Mann ohne Eigenschaften überhaupt möglich?«, in diesem Band.

Wenn nun zu dieser Identitätsdiffusion noch ein radikales krypto-theologisches Modell als latente Substruktur kommt (auch dies übrigens eine Parallele zu Musils großem Roman, in dem die rationale Mystik Meister Eckharts und dessen negative Theologie eine ähnliche Funktion haben wie der *deus absconditus* Adornos), dann muß unsere Grundfrage nach der Triftigkeit von Adornos Hegelkritik sich noch einmal zuspitzen lassen: Die Frage nach der systematischen Bedeutung der Entwicklung von der Dialektik zum Dualismus verschärft sich zu der Frage nach dem Status des Negativen in der Negativitätsanalyse Adornos. Hat er durch die Radikalität seiner Sinnkritik letztlich eine ursprüngliche Schuld und eine primäre Verdinglichung festgeschrieben? Anders ausgedrückt: Wie läßt sich genau die spezifische Differenz zwischen dem kritischen Potential der *Negativen Dialektik* und einer säkularisierten Sündentheologie bestimmen?

Erkenntnis als Schuld und primäre Verdinglichung: Gibt es eine Ontologisierung der Negativität bei Adorno?

Nein; aber Adorno hat alles Erforderliche dazu beigetragen, den Eindruck zu erwecken, daß es sie gibt.
Welches sind die verschiedenen Thesen und Analysen Adornos, die zunächst, trotz aller Anerkennung seiner kritischen Grundhaltung, den Eindruck bestärken, er habe letztlich eine Ontologisierung der Negativität bzw. eine primäre, unableitbare und deswegen auch nicht tilgbare Schuld und Verdinglichung angenommen, vertreten und festgeschrieben?

1. Die kritische Einschätzung der Begrenztheit des menschlichen Erkenntnisvermögens führt Adorno dazu, Erkenntnis synonym mit Schuld zu setzen: Die Korruptibilität des Erkennens, des Gedankens, wird zur »unvermeidlichen Insuffizienz«, zur »Schuld« erklärt. Notwendig und unvermeidlich versündigt sich der Gedanke an dem Nichtidentischen.

2. Die Erfahrung des Nationalsozialismus, der Emigration und der Katastrophen des 20. Jahrhunderts haben in Adorno ein extremes Krisenbewußtsein wachgerufen und verstärkt, das auf gar keinen

Fall in das Gebiet des bloß Biographischen und deswegen als irrelevant zu Bagatellisierenden verwiesen werden kann.

3. Der geistesgeschichtliche Einfluß des Pessimismus, des Pantragismus, des spätbürgerlichen Skeptizismus und Nihilismus – vermittelt durch Schopenhauer, Wagner und Nietzsche, durchaus nicht irrelevant für das Denken Horkheimers, neu belebt durch die pessimistischen Elemente von Freuds Psychoanalyse, präsent gleichfalls durch den Zeitgeist breitenwirksam beeinflussende Autoren wie Ludwig Klages (*Der Geist als Widersacher der Seele; 1929-1933),* Theodor Lessing (*Der Untergang der Erde am Geist* [»Europa und Asien«]; 1916; ^{5}1930), Alfred Seidel *(Bewußtsein als Verhängnis)* – dieser Einfluß geistesgeschichtlicher Strömungen ist auch bei kritischen Neomarxisten der 20er Jahre in Rechnung zu stellen. Er verstärkte das Motiv radikaler Kritik ebenso wie das der Ausweglosigkeit.

4. Obwohl in steter Opposition zu Heidegger, kann Adorno schreiben, daß es auch für eine kritische Theorie der Gesellschaft das gibt, »was man heute Existentialien nennt, nur sind es Herrschaft, Unfreiheit, Leiden, die Allgegenwart der Katastrophe«.[25] Ich denke, Heidegger hätte hier nicht widersprochen. Ein leichtfertiger Umgang mit dem Terminus »Existential« ist Adorno nicht zu unterstellen. Bei Existentialien handelt es sich um konstitutive Strukturen der menschlichen Faktizität.

In ihrer Bündelung bewirken diese Thesen und Analysen, und insbesondere ihr stärkstes Motiv, der Konnex von Erkenntnis und Schuld, daß die Negativität der Geschichte in der Negativität der Existenz des Menschen angesetzt und verankert wird. Auch die Spekulation der *Dialektik der Aufklärung* über eine »Katastrophe in den Anfängen« der Menschheitsgeschichte, die zur Erklärung und Verständlichmachung der irrationalen Katastrophengeschichte des 20. Jahrhunderts dienen soll, gehört in diesen Kontext der Reflexion. In der klassischen, orthodoxen Sündentheologie entspringt die Ratio dem Bösen, letztlich der Todesangst. Dem entspricht es, wenn in der klassischen Kritischen Theorie das

25 Th. W. Adorno, *Gesammelte Schriften,* Bd. 8: *Soziologische Schriften* 1, Frankfurt am Main 1972, S. 234.

namenlose Grauen und Entsetzen als Ursprungsgeschehen vermutet wird. Dem Urtrauma und Urstigma der Katastrophentheorie und der Ätiologie der pervertierten Ratio entspricht die Überdeckung, der Bann, das Verdrängen und Vergessen der Genesis; der ursprünglichen Entfremdung entsprechen Überdeckungsformen der Weltbewältigung: das Bild bzw. Abbild (dagegen: das Bilderverbot); der Mythos als eine Form des sprachlichen Bannes; Herrschaft und Mord – all dies auf der instrumentellen Basis des Werkzeuggebrauchs. Was in den Blick tritt, ist die Tragödie des Menschen als eines »tool making animal«.

Handelt es sich bei der Adornoschen Negativität um abschaffbares Leid, um eine innergeschichtlich überwindbare Entfremdung und Entzweiung, oder handelt es sich um untilgbare Negativität? Ist die *Negative Dialektik* nur eine sich im intensiven Durchdringen der innersten Feinstruktur von Negativität erschöpfende Dialektik? Ihre obsessive Aporetik und die mit dieser verklammerte Funktion ästhetischer Evasion für Adorno verfestigen den Eindruck des Untergrundes einer paradoxalen Soteriologie in seinem Denken. Ist diese für ihn Surrogat der Christologie? Warum kann er in der *Ästhetischen Theorie* behaupten, das Kunstwerk habe die Schuld der Welt auf sich genommen?

Henrich hat die prekäre Ambivalenz dieser Denkweise früh gesehen und in einer Rezension scharf artikuliert: In der *Negativen Dialektik* ist es nur noch ein winziger Schritt bis zur »spes pura in purissimum deum«.[26] Was ist die Quintessenz dieser Henrichschen Rezension? »Aus zwei Elementen [...] läßt sich das Kategoriengefüge ›negativer Dialektik‹ rekonstruieren: bestimmte Negation und Vorrecht des Besonderen. Mit dem einen dementiert Adorno Hegels These, daß der Begriff des Positiven als die Negation des Negativen zu interpretieren sei. Die Negation bleibt stets die Aufhebung dessen, dem sie gilt, sie wird niemals zum Medium seiner Restitution durch Vermittlung. Dennoch ist solche Negation universal zu vollziehen. Kein Moment, das nicht durch sie zu bestimmen wäre als ein solches, das aufzuheben ist. Dadurch ist sie Dialektik und praktisch zugleich: Sie steht dafür, daß nichts ist, auf das als ein Bestehendes zurückzukommen wäre.« Henrich resü-

26 D. Henrich, »Diagnose der Gegenwart. Definition der kritischen Theorie – Th. W. Adorno: ›Negative Dialektik‹«, in: *Frankfurter Allgemeine Zeitung*, 10. 10. 1967, S. 7 L.

mierte damals: »Sicherlich werden die Zweifel an der Artikulation und Haltbarkeit der *Negativen Dialektik* auch die Thesen der *Dialektik der Aufklärung* nicht unberührt lassen. [...] Dazu müßte die Philosophie freilich gegenwärtig geworden sein und die Strukturen ihrer Welt in Gedanken fassen wollen.«[27] Genau dies ist auch heute zu leisten, damit die Rezeption der Adornoschen Radikalkritik produktiv werden kann. Diese Radikalkritik nimmt – mit den Worten Theunissens – Utopie in Eschatologie zurück, »und zwar in eine platonisierte«; deswegen ist sie »stereoskopisch«[28] zu lesen, damit sie nicht als die Simplifikation des Schreckens erscheint.[29]

Ein möglicher Ausweg aus den Aporien der Negativität: Die materialistische Brechung der Radikalkritik

Einen Ausweg aus den von uns aufgeworfenen Fragen könnte der materialistische, marxistische Kern der Reflexion Adornos weisen. Er muß in seinem ganzen Gewicht in Rechnung gestellt werden, um die Aporien der Negativität nicht für sich stehen und so letztlich ohnmächtig und funktionslos zu lassen.

Wie geht das? Adorno selbst hat die von ihm entfaltete Identitätskritik und seine Hegel kritisierende Perspektive der Permanenz der Negativität nicht unvermittelt stehen lassen: Dies wird sichtbar, wenn wir sie in den umfassenderen Kontext seines Gesamtwerks einrücken, dessen methodologisches Fazit die *Negative Dialektik* meines Erachtens unzweifelhaft ist.

Verklammert mit seinen materialistischen, sozialphilosophischen Einzelanalysen, erweist sich sein Denken als avancierter »Spätmarxismus« (Jameson), dessen wesentliche Thematik die Spezifizierung und Präzisierung des Verhältnisses von »Basis« und »Überbau« darstellt. Adorno hat die »Präsenz des Spätkapitalismus als Totalität in der formalen Beschaffenheit unserer Begriffe oder der Kunstwerke selbst betont«.[30] Das ist seine originäre

27 Ebd.

28 A. Wellmer, a.a.O., S. 157f.

29 M. Theunissen, *Negativität bei Adorno,* in: L. von Friedeburg/J. Habermas (Hg.), *Adorno-Konferenz 1983,* Frankfurt am Main 1983, S. 41-65, dort S. 61.

30 F. Jameson, *Spätmarxismus. Adorno oder Die Beharrlichkeit der Dialektik,* Hamburg/Berlin 1991, S. 14.

systematische – auf die Totalität des Gesellschaftssystems bezogene – Leistung. Durch die Wissenschaft wie durch die mit ihr verklammerte kapitalistische Ökonomie wird eine Form gewalttätiger Standardisierung erzwungen, die der machtvolle Kern der sich tatsächlich durchsetzenden Aspekte der okzidentalen Rationalität ist. Die *repressive Tiefenstruktur* dieser Rationalität führt den Marxisten Adorno zu der tief ansetzenden Verdinglichungskritik seines Gesamtwerks: Die ökonomisch durch den Äquivalententausch gestiftete Identität überzieht und durchherrscht reifizierend alle Praxis und alle Differenz (auch die des Poststrukturalismus) und konstituiert erst die psychische, begriffliche und erkenntnistheoretische, repressive Identität. Im Tausch, »nicht erst in der wissenschaftlichen Reflexion, wird objektiv abstrahiert; wird abgesehen von der qualitativen Beschaffenheit der Produzierenden und Konsumierenden, vom Modus der Produktion, sogar vom Bedürfnis, das der gesellschaftliche Mechanismus beiher, als Sekundäres, befriedigt. Primär ist der Profit. [...] Die Abstraktion des Tauschwertes geht vor aller besonderen sozialen Schichtung mit der Herrschaft des Allgemeinen über das Besondere, der Gesellschaft über ihre Zwangsmitglieder zusammen.«[31] (Diese These ist sicher von der Position Sohn-Rethels ganz unabhängig.)
Auf diesem Hintergrund ergibt sich, daß die fundamentale Identitätskritik Adornos in einer Kritik der politischen Ökonomie wurzelt. Diese Kritik akzentuiert, daß überall auf der konkreten Ebene des gesellschaftlichen Seins defizitäre und entfremdete Lebensformen – und mit ihren Modi – die *Permanenz der Negativität* – zu konstatieren sind: bei Berg und Beckett, im Kaufhaus, beim Fetisch Urlaubsbräune und im Zoo.
Adorno hat somit das Verhältnis von Basis und Überbau so bearbeitet, daß dieses Verhältnis selbst nicht länger dualistisch, funktional, repräsentierend, abbildtheoretisch oder gar deterministisch bestimmt werden kann. Seine Hegelkritik gründet in einer, obzwar nicht explizit entfalteten, methodenkritischen Marx-Rezeption. Aber seine Marx-Rezeption setzt zugleich die im Marxismus offizieller Prägung stillgestellte *begriffskritische* Dialektik des jungen Hegel wieder in Gang. Damit befreit er den Materialismus aus den Fesseln der klassischen Subjekt-Objekt-Terminologie der Be-

31 Th. W. Adorno, *Gesellschaft*, in: *Gesammelte Schriften*, Bd. 8, S. 9-19, dort S. 13 f.

wußtseinsphilosophie, von welcher selbst noch das Basis-Überbau-Schema zehrt. Wollte man ein Bonmot bemühen, könnte man formulieren, Adorno sei der Wittgenstein des Marxismus.
Deswegen läßt sich mit Adorno Vermittlung weder bloß formal noch substantialistisch fassen; deswegen gilt die *Selbstbezüglichkeit* der Identitätskritik auch für die *Negative Dialektik.* Sie gilt für deren Konzeption von Nichtidentität; sie gilt für deren vermittlungskritische (und kantianisierende) Tendenz von der Dialektik zum Dualismus; und schließlich für ihre eigene Erkenntnisleistung unter der ständigen Gefährdung durch Schuld und Verdinglichung. Untrennbar sind Methodenkritik und Gegenwartsanalyse aufeinander bezogen. Die Weise, wie Adorno diese Untrennbarkeit denkt, zu präzisieren, könnte mit dazu beitragen, von der zweiten wieder in die dritte Dimension zurückzugelangen.[32]

32 Vgl. Wellmer, a.a.O. Vgl. zu dieser Thematik auch: Chr. Demmerling, *Sprache und Verdinglichung. Wittgenstein, Adorno und das Projekt einer kritischen Theorie,* Frankfurt am Main: Suhrkamp 1994.

3. Die Negativität der Sprache. Bemerkungen zu Adorno und Wittgenstein

Abstract

The present study sketches the general dimensions of a fruitful comparison between Wittgenstein and Adorno. The first section describes seven interrelated levels on which the two philosophers can be compared, levels ranging from philosophical temperament to specific theses to shared cultural and literary background. The parallels between Wittgenstein's and Adorno's philosophies of language emerge as fundamental. The second section discusses Adorno's transformation of the negative moment of the Hegelian dialectic into a critical philosophy of language. The Leitmotiv of this philosophy is the uncovering of linguistic reification and is compared to Wittgenstein's project of demystification. The third section of the paper argues that rather than founding a sort of relativism, both Wittgenstein and Adorno develop new philosophical forms of composition and expression which in fact transform the concept of reason. Reason becomes as local and multifarious as the phenomena it treats. The paper concludes with some suggestions regarding the relationship between this very modern approach and the tradition of negative theology.

I.

Während das Verhältnis von Wittgenstein zu Heidegger seit den frühen Arbeiten K.-O. Apels schon häufiger untersucht worden ist[1], bedarf das Verhältnis von Wittgenstein zu Adorno trotz einiger Studien[2] noch genauerer Untersuchung.

1 Vgl. K.-O. Apel, »Wittgenstein und Heidegger: Die Frage nach dem Sinn von Sein und der Sinnlosigkeitsverdacht gegen alle Metaphysik«, in: *Philosophisches Jahrbuch* 75 (1967) S. 56-94; vgl. die Beiträge von K.-O. Apel, R. Rorty und Ch. Taylor, in: B. McGuinness u. a., *»Der Löwe spricht ... und wir können ihn nicht verstehen«*, Frankfurt am Main: Suhrkamp 1991.

2 Vgl. Ch. Demmerling, *Sprache und Verdinglichung. Wittgenstein,*

Als gemeinsame Ebene eines Vergleichs systematischer Auffassungen von Wittgenstein und Adorno kann zunächst die *Sprachphilosophie* bzw. die *Sprachkritik* angesetzt werden. Insbesondere die Kritik des späten Wittgenstein an zu einfachen Vorstellungen vom Funktionieren der Sprache und von *a primis fundamentis* irreführenden Modellen der Bedeutungskonstitution einerseits, die Begriffskritik des späteren Adorno andererseits scheinen nicht nur bei oberflächlicher Betrachtung etwas Ähnliches, Kommensurables zu intendieren. Es gilt also, die interne Fein- und Tiefenstruktur dieser Kritikmodelle komparativ zu analysieren. Zum zweiten ist die weiterreichende philosophische Absicht der jeweiligen Sprachkritik zu betrachten: Hier scheint ein – wie immer einzeln geartetes und konturiertes – grundsätzliches *Befreiungs- und Emanzipationsinteresse* bei beiden Autoren leitend zu sein; sei es, daß Wittgenstein im Anschluß an Frege die Philosophie als einen »Kampf gegen die Verhexung unseres Verstandes durch die Mittel unserer Sprache«[3] bestimmt, sei es, daß Adorno die »Entzauberung des Begriffs« »das Gegengift der Philosophie«[4] nennt und die Philosophie als »die Anstrengung« bezeichnet, »über den Begriff durch den Begriff hinauszugelangen«.[5]
Verbunden mit der Sprachkritik und einem sehr grundsätzlichen Befreiungs- bzw. Emanzipationsinteresse ist bei beiden Philosophen eine tiefgreifende *Kritik an der traditionellen Bewußtseinsphilosophie und Erkenntnistheorie*. Die Kritik an einem epistemologisch autarken Erkenntnissubjekt, das sich aus der empirischen »Außenwelt« und der eigenen, empirischen »Innenwelt« transzendental selbst versorgt und so weltkonstitutiv fungiert, ist bei Adorno wie bei Wittgenstein ausgearbeitet. Demmerling spricht an dieser Stelle sogar pointiert von Adornos Privatsprachenargument.[6] Und in der Tat enthält bereits Adornos umfassendste und detaillierteste Kritik an der transzendentalen Sub-

Adorno und das Projekt einer kritischen Theorie, Frankfurt am Main 1994; A. Wellmer, »Ludwig Wittgenstein. Über die Schwierigkeiten einer Rezeption seiner Philosophie und ihre Stellung zur Philosophie Adornos«, in: B. McGuinness u.a., *»Der Löwe spricht ...«*, a.a.O. (Anm. 1), S. 138-148.

3 L. Wittgenstein, *Philosophische Untersuchungen* (PhU) § 109.

4 Th. W. Adorno, *Negative Dialektik*, Frankfurt am Main 1966, S. 22.

5 *Negative Dialektik*, a.a.O., S. 25.

6 Demmerling, a.a.O., S. 148.

jektphilosophie Edmund Husserls in seiner »Metakritik der Erkenntnistheorie« explizit die These vom *Primat der Intersubjektivität:*

»›Mein‹ Ich ist in Wahrheit bereits eine Abstraktion und nichts weniger als die Urerfahrung, als welche Husserl es reklamiert. Durch das Possessivverhältnis bestimmt es sich als höchst vermitteltes. In ihm ist ›Intersubjektivität‹ mitgesetzt, nur nicht als beliebige reine Möglichkeit, sondern als die reale Bedingung von Ichsein, ohne welche die Einschränkung auf ›mein‹ Ich nicht kann verstanden werden.«[7]

Diese These wird, so weist Demmerling im Rekurs auf Vorlesungen Adornos nach, nicht auf dem Hintergrund des Primats der gesellschaftlichen Praxis vor den Erkenntniskapazitäten der Einzelnen, also marxistisch bzw. soziologisch allein entfaltet – auch dies –, sondern sie wird sprachkritisch-begriffsanalytisch hinsichtlich der Rede von »meinen« Erfahrungen, »meinem« Bewußtsein sowie hinsichtlich der Rede von einem »Ich« entwickelt; »Intersubjektivität ist die reale Bedingung von Ichsein« – das Einzelsubjekt »ist ein bloßer Trug«[8], es verdankt sich der »Hypostasierung des Ich-Begriffs«.[9]
Die gemeinsame Ebene der tiefgreifenden Subjektkritik, der Kritik an der Bewußtseinsphilosophie – die Adorno und Wittgenstein im übrigen mit Heidegger und dem Strukturalismus verbindet –, diese Ebene weitet sich wiederum bei beiden zu einer *Wissenschaftskritik* einerseits, zu einer grundsätzlichen *Philosophiekritik* andererseits aus. Die Wissenschaftskritik Wittgensteins richtet sich gegen szientistische Objektivitätsideale und Sicherheitsvorstellungen, indem sie deren Exaktheitsmodelle gleichsam bereits von innen durch eine genaue Beschreibung der Praxis z. B. der Mathematik aufbricht. Die Wissenschaftskritik Adornos richtet sich ebenso gegen positivistische Reduktionen v. a. in den Sozialwissenschaften. Weitreichender noch ist die Parallele der Philosophiekritik – der Kritik an traditionellen Vorstellungen von Status und Leistungsfähigkeit der Philosophie. Diese Parallele ist bisher noch

7 Th. W. Adorno, *Zur Metakritik der Erkenntnistheorie. Studien über Husserl und die phänomenologischen Antinomien*, Stuttgart: Kohlhammer 1956, S. 238. Vgl. dazu Demmerling, a.a.O., S. 147.

8 Th. W. Adorno, *Vorlesung zur Einleitung in die Erkenntnistheorie*, Frankfurt am Main o.J., S. 265. Vgl. Demmerling, a.a.O., S. 149.

9 Adorno, *Vorlesung* ..., a.a.O., S. 146 f. Vgl. Demmerling, ebd.

wenig herausgestellt worden. Adornos Philosophie entfaltet sich – wie die Wittgensteins – weithin als Philosophiekritik an Hegels Dialektik, Husserls Phänomenologie und Heideggers Existentialontologie. Auch Wittgensteins Kritik der Vorstellung eines »Innen« und seines Besitzers, des Subjekts bzw. Bewußtseins betrifft den gesamten Rationalismus, den Empirismus, Transzendentalphilosophie, Idealismus und Phänomenologie in ihren Fundamenten – ja schon die Sprachtheorie des Augustinus. Mehr noch: Adornos wie Wittgensteins »Obsession durch das Problem der Darstellung«[10] und ihre Überzeugung, daß die Philosophie »keine Meta- oder Überwissenschaft« ist[11], führt sie beide auf freilich unterschiedliche Weise dazu, das sprachkritische Bewußtsein in radikalisierter Selbstreflexivität auch gegen ihr eigenes Philosophieren zu wenden: Wittgenstein im *Tractatus* bis an die Grenze des Schweigens, in den *Philosophischen Untersuchungen* gegen seine eigene frühere Philosophie, aber auch mikrostrukturell gegen scheinhafte theoretische Verfestigungen des eigenen Gedankens; Adorno systematisch ausgereift vornehmlich in der *Negativen Dialektik*. Beiden geht es um die – indirekte bzw. negativ-dialektische – Artikulation von etwas eigentlich Unsagbarem. Darum wird die radikal-kritische Reflexion auf den Status der Form der Darstellung in der Philosophie für beide notwendig.

Diese mikrostrukturelle Parallele, die die innere Konzeption des Philosophierens selbst betrifft, wird umgriffen von einer fundamentalen *Kulturkritik* beider Autoren. Eine externe Ebene der Betrachtung müßte an dieser Stelle (auch im Blick auf die Sprachkritik) die immanent-philosophische Perspektive verlassen und auch weitere gesellschafts- und geistesgeschichtliche Faktoren der Herausbildung dieser Kritikmodelle einbeziehen. Schließlich verbrachte auch Adorno für ihn wesentlich prägende Jahre in Wien, im geistesgeschichtlichen Klima des Laboratoriums der Klassischen Moderne. Man denke z. B. an das durch Kraus, Mauthner und die Brentano-Schule intensivierte sprachkritische Bewußtsein und die vielfältige Stilkritik in Architektur (Loos) und Kompositionslehre (Schönberg, Berg), in Literatur und Malerei: ein innovatives Formbewußtsein war überall präsent und sprengte die konventionellen Vorstellungen. Während Adornos Kulturkri-

10 Wellmer, a.a.O. (Anm. 2), S. 141.
11 A.a.O., S. 142.

tik sich marxistisch, soziologisch und politisch radikalisierte, blieb Wittgenstein politisch zurückhaltender und eher traditionellen Konzeptionen verbunden, strebte aber in der Form der Darstellung philosophischer Einsichten revolutionäre Innovation an. Und diese neuartige, asketische, obstinate und kathartische Weise des Philosophierens war gegen die Illusionen einer sich selbst nicht mehr verstehenden Entwicklung der modernen Zivilisation insgesamt gerichtet:

»Dieses Buch ist für solche geschrieben, die seinem Geist freundlich gegenüberstehen. Dieser Geist ist ein anderer als der des großen Stromes der europäischen und amerikanischen Zivilisation, in dem wir alle stehen. Dieser äußert sich in einem Fortschritt, in einem Bauen immer größerer und komplizierterer Strukturen, jener andere in einem Streben nach Klarheit und Durchsichtigkeit welcher Strukturen immer. Dieser will die Welt durch ihre Peripherie – in ihrer Mannigfaltigkeit – erfassen, jener in ihrem Zentrum – ihrem Wesen. Daher reiht dieser ein Gebilde an das andere, steigt quasi von Stufe zu Stufe immer weiter, während jener dort bleibt, wo er ist, und immer dasselbe erfassen will. Ich möchte sagen ›dieses Buch sei zur Ehre Gottes geschrieben‹, aber das wäre heute eine Schurkerei, d. h. es würde nicht richtig verstanden werden. Es heißt, es ist in gutem Willen geschrieben und soweit es nicht mit gutem Willen, also aus Eitelkeit etc., geschrieben, soweit möchte der Verfasser es verurteilt wissen. Er kann es nicht weiter von diesen Ingredienzen reinigen, als er selbst davon rein ist.«[12]

Beide Philosophen haben ihre Zeit, das 20. Jahrhundert, aus unterschiedlichen Motiven als eine Zeit bodenloser Katastrophen, des Scheiterns der menschlichen Vernunft und gewaltiger, aus menschlicher Hybris entspringender Fehlentwicklungen erfahren und gesehen.

Es gibt einen weiteren gemeinsamen philosophischen Untergrund, der Adorno und Wittgenstein verbindet: ihre Beeinflussung durch den tragischen *Pessimismus Schopenhauers* und durch die *Existenzdialektik Kierkegaards*. Diese Philosophen bilden eine Tiefenschicht existentieller Negativität für die Autoren, eine Schicht, die in der kritischen Theorie durch Marx und Freud, bei Wittgenstein durch Frege nahezu überdeckt wird und die dennoch wirksam ist. Adornos Kritik an Hegels Dialektik wird durch die Kierkegaardsche Kritik an dieser Dialektik präformiert. Die frühen

12 L. Wittgenstein, Vorwort zu: *Philosophische Bemerkungen*, Frankfurt am Main: Suhrkamp 1981, S. 7.

Arbeiten zu Kierkegaard – im Umfeld Paul Tillichs entstanden – bezeugen dies bei aller kritischen Distanz. Das Kernmotiv Kierkegaards: daß existentielle Negativität nicht durch ein allgemeines, objektives Absolutes getilgt, sondern nur usurpiert wird, daß Wahrheit aber nicht objektiv und abstrakt gedacht werden darf, sondern existentiell angeeignet werden muß, dieses Motiv wandert in Adornos Grundbegriff des Nichtidentischen ein. Wittgensteins intensive Kierkegaard-Rezeption beleuchtet sein Diktum:

»Kierkegaard was by far the most profound thinker of the last century. Kierkegaard was a saint.«[13]

Walter Schweidler hat diese tiefe Beziehung zur radikalen Existenzphilosophie eindringlich untersucht.[14] Mitten im szientifisch gesonnenen Wiener Kreis und zum Erstaunen von dessen Mitgliedern hat Wittgenstein auch sein Verständnis von Heideggers *Sein und Zeit* sehr bestimmt artikuliert und dieses Verständnis auf die ihn mit Heidegger verbindenden Denker Augustinus und Kierkegaard zurückgeführt. Im Zentrum steht hier das »Anrennen gegen das Paradox«.[15]

Aufschlußreich ist, daß Wittgenstein Kierkegaards Kernmotiv des »Anrennens gegen das Paradox« – nämlich gegen das Paradox der Menschwerdung Gottes in Jesus Christus – dezidiert und präzise auf sein Kernmotiv – das Anrennen gegen die Grenzen der Sprache – bezieht und damit dessen existentielle Tragweite unmißverständlich klar macht.

Die Bedeutung des tragischen Pessimismus Schopenhauers für die klassische kritische Theorie Horkheimers und Adornos und für die Konzeption der Verfallsgeschichte humaner Selbstbehauptung in der *Dialektik der Aufklärung* ist vielfach thematisiert worden, insbesondere in der Intensivierung, die er durch die Rezeption Nietzsches und Freuds erfährt. Elemente eines tragischen Kultur-

13 M. O'C. Drury, »Some notes on conversations with Wittgenstein«, in: R. Rhees (Hg.), *Ludwig Wittgenstein: Personal recollections*, Oxford 1981, S. 102.

14 W. Schweidler, *Wittgensteins Philosophiebegriff*, Freiburg/München: Alber 1983.

15 L. Wittgenstein, »Zu Heidegger«, in: *Ludwig Wittgenstein und der Wiener Kreis. Gespräche, aufgezeichnet von F. Waismann*, hg. von B. F. McGuinness, Frankfurt am Main: Suhrkamp 1967, S. 68 f. Vgl. meine Interpretation im Beitrag »Anrennen gegen das Paradox« in diesem Band.

und Geschichtspessimismus, wie er von spätbürgerlichen Popularphilosophen wie Oswald Spengler, Ludwig Klages, Theodor Lessing und Alfred Seidel im Geiste Schopenhauers vertreten wurde,[16] finden sich auch – wenngleich auf seriösem Reflexionsniveau – bei Horkheimer und Adorno wieder. Das gilt genauso für Wittgenstein. Sein Verhältnis zu Schopenhauer wurde detailliert von Brigitte Uhlemann untersucht.[17] Er rezipierte ersichtlich zustimmend Spengler und Klages, und sogar einem bizarren Ideologen sexistischer Pathogenesen wie Wilhelm Weininger (*Geschlecht und Charakter*, 1903) konnte er Interesse abgewinnen.

Es ergeben sich also folgende Vergleichsebenen des Denkens von Wittgenstein und Adorno:

1. die Sprachphilosophie und Sprachkritik;
2. ein damit verbundenes Befreiungs- und Emanzipationsinteresse;
3. die Destruktion der Bewußtseinsphilosophie, der Subjekt- und Erkenntnistheorie;
4. damit verbunden eine Orientierung am Primat der Intersubjektivität;
5. eine grundsätzliche philosophische Wissenschafts- und Philosophiekritik;
6. eine radikale Kulturkritik, die nicht zuletzt in der Wiener Moderne gründet;
7. eine untergründige Beeinflussung beider Philosophen durch den tragischen Pessimismus Schopenhauers und die Existenzdialektik Kierkegaards.

II.

Die soeben grob differenzierten sieben Vergleichsebenen bzw. Berührungspunkte haben ihren Fluchtpunkt im erstgenannten Bereich, der Sprachphilosophie. Sie ermöglicht oder bestimmt alle weiteren Ebenen, bei Wittgenstein wie auch bei Adorno, denn sie bildet den alleinigen Inhalt (Wittgenstein) bzw. das systematische

16 Vgl. S. 266.

17 B. Uhlemann, *Wittgensteins Tractatus im Spiegel von Kants Transzendentalphilosophie und Schopenhauers Idealismus*, Diss. Konstanz 1988.

Zentrum (Adorno) ihrer Philosophien. Deswegen sollen im folgenden Bezüge und Kompatibilitäten der inneren Feinstruktur der Sprachkritik beider Autoren herausgearbeitet werden. Beide verstehen und praktizieren Philosophie als radikale Kritik. In beider Konzeptionen, die systematisch im Kern sprachkritisch ausgeführt werden, bahnt sich eine tiefgreifende Transformation herkömmlicher Vernunftverständnisse an. Im Medium ihrer kritischen Arbeit deutet sich, oft indirekt und negativ, ein verändertes Welt- und Selbstverständnis des Menschen nach dem Verlust einer Vielzahl von Illusionen an, die in Neuzeit und Aufklärung, Technik und Wissenschaft, moderner Kultur und Zivilisation wirksam waren und sind.

Betrachten wir zunächst die Kompatibilität der Sprachkritik Adornos mit der Wittgensteins, um dann systematische Folgerungen für einen transformierten Vernunftbegriff im Anschluß an beide Autoren zu entwickeln.

Welches sind die Kernaussagen der Sprachkritik Adornos?

Um dies zu klären, und gleichzeitig im Blick auf die Nähe zu und Kompatibilität mit Wittgensteins Analysen, ist der Ansatz dieser Sprachkritik im Innern der Hegelschen Logikkonzeption freizulegen.[18] Bereits für Hegel war es klar, daß gegenüber einer kantisch-dualistisch und synchron gedachten Vernunftkritik sich überall noch das Problem der vernünftigen Beurteilung unserer jeweiligen Differenzierungs-, Einteilungs- und Identifikationspraxen stellt. D. h.: Wir können nicht ein für allemal solche Fundamentalunterscheidungen wie z. B. »Idee« und »Wirklichkeit«, »Sein« und »Sollen«, »Subjekt« und »Objekt«, »Erscheinung« und »Wesen«, »Gott« und »Welt«, »Endlichkeit« und »Ewigkeit« (»Unendlichkeit«) treffen, deren Sinn metasprachlich gleichsam statisch fixieren, schriftlich in einigen letztgültigen Formulierungen festhalten und von einer solchen, aller geschichtlichen Prozessualität und konkreten Praxis enthobenen Position aus die konkrete gesellschaftliche und individuelle Lebenswirklichkeit beurteilen. Sondern ein solches kategoriales Orientierungsgerüst arbeitet selbst nur in der zeitlich-endlichen, lebendigen Wirklichkeit der Erfahrung. Deswegen tritt das Problem der Urteilskraft,

18 Vgl. Th. Rentsch, »Vermittlung als permanente Negativität. Der Wahrheitsanspruch der ›Negativen Dialektik‹ auf der Folie von Adornos Hegelkritik«, in diesem Band.

präzisiert als das jeweilige Auffinden und Bestimmen des richtigen, angemessenen Verhältnisses von Allgemeinem, Besonderem und Einzelnem, für alle Orientierungen erneut auf. Die Komplexität und Prozessualität unserer sprachlich verfaßten Lebens- und Orientierungspraxis stabilisieren, gliedern und ordnen wir mit *allgemeinen* Prädikaten und generellen Sätzen in *besonderen*, einander ähnlichen, aber nicht gleichen Situationen angesichts (in Anwendung auf) *einzelne(r)* Individuen. Dieses Grundmodell der menschlichen Orientierungsaufgabe hat zur Folge, daß in allen Sprachhandlungen Verfehlungen, Verzerrungen, kurz: *Fehlurteile* in der Bestimmung des Verhältnisses von Allgemeinem, Besonderem und Einzelnem auftreten, perspektivische Verzerrungen, die sogar auftreten *müssen*, denn die urteilenden Subjekte unterliegen der Zufälligkeit ihrer empirischen Existenz und der Bedürftigkeit ihrer Natur. Diese Negativität ist im geschichtlichen Prozeß der Lebenspraxis untilgbar, ja, sie ist sogar unabdingbar für den Prozeß der Herausbildung sowohl individueller Lebenserfahrung als auch wissenschaftlichen Erkenntnisfortschritts. Dies ist der Grundgedanke bereits der *Phänomenologie des Geistes* und der Sinn ihres Untertitels *Wissenschaft der Erfahrung des Bewußtseins*. Deswegen wird bereits bei Hegel die transzendentale Dialektik Kants mitsamt der Antinomiensystematik aus ihrer partialen Verbindung mit der alten *Metaphysica specialis* gelöst und auf den *gesamten* Bereich sprachlicher Weltorientierung des Menschen ausgedehnt.[19]

Anders reformuliert: Die transzendental-dialektisch inkriminierte Grenzüberschreitung des Endlichen durch »Unendlichkeit« (unbegrenzte, dekontextualisierte, insofern »absolute« Erkenntnisansprüche) erfolgt nicht nur hinsichtlich der Makroantinomien »Gott«, »Freiheit« und »Unsterblichkeit«, sondern ebenso in der Mikrostruktur der prädikativen Urteilspraxis. Die in diese Praxis eingearbeitete Fehlbarkeit, die Negativität – das »Andere« jeweiliger Bestimmungen und ihres Geltungsrechtes – wird in den verschiedenen philosophischen Schulen ((kritischer) Rationalis-

19 G. W. F. Hegel, *Enzyklopädie der philosophischen Wissenschaften I*, Theorie Werkausgabe, Frankfurt am Main 1969/70, Bd. 8, S. 127f. Vgl. zur Interpretation der Hegelschen Logik insgesamt: P. Stekeler-Weithofer, *Hegels Analytische Philosophie. Die Wissenschaft der Logik als kritische Theorie der Bedeutung*, Paderborn: Schöningh 1992.

mus, (logischer) Empirismus, (historischer) Materialismus, Skeptizismus, Transzendentalphilosophie) zu Metasprachspielen gegeneinander vereinseitigt, die je für sich »das Ganze« der Wahrheit nicht artikulieren können. Durch ihre *sich wechselseitig negierende Vereinseitigung* sind sie aber theorie- und praxisgeschichtlich die treibende Kraft, das begrifflich arbeitende, »wühlende« Movens des Erkenntnisprozesses – ähnlich dem »Bösen in Gott« bei Jacob Böhme und dem Goetheschen Mephisto. An dieser, v. a. bereits die empiristischen Elemente der Kantschen Kritik begriffsanalytisch radikalisierenden Dialektikkonzeption Hegels setzt Adornos Metakritik an. Hegel hypostasiere nämlich die Form der Vermittlung des Allgemeinen, Besonderen und Einzelnen, indem er sie schematisch handhabe, und dadurch verfehle er auf idealistische Weise gerade das Besondere, Konkrete. Hegel denkt Vermittlung letztendlich denn auch als das (trinitarische) Absolute: als Gott.[20] Die Sprachkritik der *Negativen Dialektik* setzt demgegenüber als eine »Logik des Zerfalls«,[21] des begrifflich Inkommensurablen, des *Nichtidentischen* an. Inwiefern läßt sich dieses Bewußtsein des Nichtidentischen in die Nähe des Wittgensteinschen *Differentialismus*,[22] des Bewußtseins eines Pluralismus der Sprachspiele rükken, das sich in der Maxime »I'll teach you differences«[23] bekundet? Hätte nicht auch Adorno Wittgensteins Diktum gegen Hegel, dieser wolle immer sagen, das Unterschiedliche sei letztlich gleich, identisch, während er, Wittgenstein, immer sagen wolle, das, was gleich erscheine, sei letztlich verschieden, für sich als Motto übernehmen können?[24]

Dieser Eindruck verstärkt sich, betrachtet man die sprachkritische Konzeption des Nichtidentischen genauer. Das archaische, von

20 Vgl. Ch. Türcke, *Vermittlung als Gott: Metaphysische Grillen und theologische Mucken didaktisierter Wissenschaft*, Lüneburg: Zu Klampen 1986.

21 Vgl. dazu: J. F. Schmucker, *Adorno – Logik des Zerfalls*, Stuttgart/Bad Cannstatt: Frommann-Holzboog 1977.

22 So könnte man – im Unterschied zum postmodernen »Denken der Differenz« – auch Adornos mikrologische Radikalphänomenologie charakterisieren.

23 Zit. nach K. T. Fann (Hg.), *Ludwig Wittgenstein. The Man and his Philosophy*, Atlantic Highlands N.J. 1978, S. 68 f.

24 R. Rhees (Hg.), *Ludwig Wittgenstein. Porträts und Gespräche*, Frankfurt am Main: Suhrkamp 1987, S. 217.

Grund auf falsche und verdinglichende Modell, gegen das sich Adorno wendet, ähnelt dem Eigennamen-Modell der Bedeutung, das Ryle einmal scherzhaft als ›Fido-Fido-theory of meaning‹ bezeichnet hat und dem auch die Kritik Wittgensteins an Augustinus in den *Philosophischen Untersuchungen* gilt:[25]

»Der Begriff an sich hypostasiert, vor allem Inhalt, seine eigene Form gegenüber allen Inhalten. Damit aber schon das Identitätsprinzip: daß ein Sachverhalt an sich, als Festes, Beständiges, sei, was lediglich denkpraktisch postuliert wird. Identifizierendes Denken vergegenständlicht durch die logische Identität des Begriffs.«[26]

Prädikate werden in ihrem Gebrauch identifizierend verwendet, die Gegenstände werden so, wie Adorno häufig kritisch anmerkt, gleichsam mit Etiketten identifizierend beklebt wie Waren im Warenhaus mit Preisschildern, oder wie die Juden im Nationalsozialismus mit dem Judenstern: gewaltsame Identifizierungen und Gleichsetzungen, die tief in die praktischen und politischen Selbstverständnisse der Menschen eingearbeitet sind und die die repressive Gewalt identifizierenden Denkens evident machen. In seinen Vorlesungen zur Erkenntnistheorie hat Adorno an einem alltäglichen, prägnanten Beispiel verdeutlicht, wie problematisch prädikative Praxis mit dem repressiven Identitätsdenken verklammert ist: Heute morgen lief ein Hund durch die Universität – er wurde bedenklos als »Hund« bezeichnet. Aber woher wissen wir überhaupt, daß dies ein »Hund« ist? Dennoch ist mit diesem Prädikatgebrauch im Sinne der vergegenständlichenden Gleichsetzung lebenspraktisch die Behandlung des Tieres als Hund verbunden. Der Begriff dichtet sich gleichsam durch seine Materialität, die ihn allererst ermöglicht, von dem »nichtbegrifflichen Ganzen« ab, in das er »verflochten« ist.[27] Die prädikative Praxis tilgt durch Identifikation Differenz, *notwendig* ist sie der eigenen, sie selbst erst konstituierenden Negativität nicht eingedenk. Diese Begriffskritik Adornos wird von ihm gegen die Substanzontologie, den Essentialismus, ontologisches Ursprungsdenken, gegen Bewußtseinsphilosophie und alle Spielarten der transzendentalen Subjektphilosophie von Kant bis Husserl gerichtet: Denn die

25 Zum Verhältnis von Adorno zu Ryle vgl. Demmerling, a.a.O., 143.
26 Adorno, *Negative Dialektik*, a.a.O., S. 154f.
27 Adorno, *Negative Dialektik*, a.a.O., S. 22.

Rede von einem – weltkonstitutiven – »Ich«, einem »Bewußtsein überhaupt«, einem »transzendentalen Ego« ist in dieser Sichtweise in hohem Maße der Tendenz zur Hypostasierung ausgesetzt. Die Macht dieser Hypostasierungen kann im wesentlichen dadurch gebrochen werden, daß die scheinhaft Gegenstände bezeichnenden Begriffe wieder in die *nichtbegrifflichen Praxiskontexte* eingerückt und dort reflektiert werden, denen sie entstammen. Der Negativität der Sprache wird allein eine umfassende Kontextualisierung sprachlicher Möglichkeiten gerecht.[28]

Diese anti-idealistische Mitreflexion des »nichtbegrifflichen Ganzen«, in das der Sprachgebrauch »verflochten« ist, entspricht der Wittgensteinschen Perspektive der Sinnkritik, wenn er die Komplexität von Sprachspielen in den jeweiligen Lebensformen hervorhebt, in die sie eingebettet sind. Als systematisches Zentrum der Sprachkritik Adornos und Wittgensteins läßt sich einerseits ihre Einsicht in die Negativität der Sprache ausmachen: ihre Einsicht in die Kontextgebundenheit, ihre Vermitteltheit durch soziale Praxis, ihre Einbezogenheit in außersprachliche Bedingtheiten – kurz: ihre Schwäche.[29] Sprachkritisches Bewußtsein in der Tradition der klassischen Wiener Moderne heißt für beide, gerade aus der Einsicht in die relative Autonomie der inneren Komplexität der Sprache nicht idealistische subjektphilosophische Konsequenzen einer Selbsttransparenz und objektivistischen Welt- und Selbstmächtigkeit des menschlichen Geistes, des »reinen« Bewußtseins oder der »reinen« Vernunft zu folgern, das »Subjekt« oder das »Ich« als Herren, Meister oder Besitzer der Wirklichkeit des »Äußeren« oder des »Inneren« zu hypostasieren.

III.

Ein philosophischer Irrationalismus und Relativismus scheint sich nun anzubahnen, ein philosophischer Negativismus und semantischer Nihilismus. Aber die Entwürfe eines neuen und alternativen Denkens bei Adorno wie bei Wittgenstein erschöpfen sich nicht in

28 Vgl. dazu Demmerling, a.a.O., S. 162f.

29 Inwieweit dies der Konzeption eines »schwachen Denkens« bei G. Vattimo entspricht, muß ich hier offenlassen. Vgl. G. Vattimo, *Jenseits vom Subjekt. Nietzsche, Heidegger und die Hermeneutik*, Graz 1986.

der Destruktion. Beide konzipieren begrifflich, auf dem Hintergrund der Negativität der Sprache, einen veränderten Vernunftbegriff. Er läßt sich von außen zunächst am einfachsten als Mikrologie, als Restitution der emphatischen Ansprüche traditioneller Vernunftphilosophie in minimalisierten Kontexten beschreiben. Die Analysen von Adorno zur Musik und zur Ethik (*Minima Moralia*) und ihrer gesellschaftlichen Vermitteltheit, die Analysen von Wittgenstein zur Mathematik und zur modernen Kultur versuchen am Einzelnen eine Vernunft zu entwerfen, die der inneren Komplexität der Phänomene gerecht wird. Gerade dieser Zugriff entfernt die beiden Autoren von der traditionellen Philosophie und auch noch von Strömungen ihrer Gegenwart wie dem Logischen Empirismus, der Phänomenologie und dem konventionellen, orthodoxen Marxismus.

Dort sind jeweils kritische Impulse wirksam, die aber methodologisch und metasprachlich wieder gezähmt und umgebogen werden in die schematische, formale oder dogmatische Handhabung allgemeiner Regeln, Strukturen und Modelle: Subjekt und Objekt, Innen und Außen, theoretische Exaktheit und sinnliches Denken, transzendentale Subjektivität und Eidos, Noesis und Noema, Überbau und Basis.

An die Stelle dieser Großtheorien, die mit hierarchischen Modellen den Schein einer begrifflichen Beherrschbarkeit der gesamten Wirklichkeit erzeugen und dies nur mit Hilfe einer letztlich metaphysischen Abbildtheorie der Erkenntnis bzw. eines semantischen Repräsentationalismus tun können, an diese Stelle treten bei Adorno die Konzepte der *Konstellation* und der *Mimesis* bzw. der *mimetischen Vernunft*, bei Wittgenstein die Konzepte der *Familienähnlichkeit*, der Vielfalt der *Sprachspiele* und der *Übersicht*, der *übersichtlichen Darstellung* oder *Anordnung*. Sie sind Gegenbegriffe zu herkömmlichen Konzepten von Theorie. Inwiefern werden sie dem Nichtidentischen bzw. einem radikalisierten sprachkritischen Bewußtsein der Negativität der Sprache gerecht? Läßt sich ein transformierter Vernunftbegriff im Anschluß an Adorno und Wittgenstein skizzieren? Läßt sich diese Transformation bei beiden als eine Tendenz zur Ästhetisierung der Philosophie beschreiben?

Sprachphilosophische Begriffskritik führt nicht nur zur Destruktion, sondern zu methodologischer Innovation, bei Wittgenstein wie bei Adorno. Wollte man ein Bonmot bemühen, so könnte man formulieren, Adorno sei der Wittgenstein des Marxismus.[30] Bei Wittgenstein führt die Sprach- und Begriffskritik an Abbildtheorien und am Repräsentationalismus, die Einsicht in die Negativität der Sprache zu alternativen Formen der Darstellung und mithin zu alternativen Formen des Denkens, wie bei Adorno. Dessen Sprach- und Begriffskritik läßt sich auch als Metakritik am orthodoxen Marxismus und Materialismus verstehen, dessen schematischen Kategorien von Basis und Überbau, Subjekt, Objekt und geschichtlicher Entwicklung seine Analysen zu entkommen versuchen. Bei Wittgenstein wie in Adornos Analysen ließe sich die sie leitende radikale Intuition vielleicht auf die Formel einer *selbstbewußten Ohnmacht* der Sprache bzw. des Denkens bringen. Scheinhaft ist die Vorstellung, wir bildeten die Wirklichkeit mit Namen, die auf separat Identifizierbares sich referentialisierend bezögen, lediglich ab, oder beschrieben sie mit Sätzen, die ihre Struktur aufwiesen bzw. »hätten«. Dies wäre ein – ob idealistisch oder realistisch verstandenes – reifizierendes Denken. Wir hätten uns ein falsches Bild, und zwar ein falsches Gesamt-Bild von der Sprachpraxis gemacht. An die Stelle dieser verdinglichenden Makrotheorien setzt Wittgenstein seine Konzeption der »übersichtlichen Darstellung«:

»Die übersichtliche Darstellung vermittelt das Verständnis, welches eben darin besteht, daß wir die ›Zusammenhänge sehen‹. Daher die Wichtigkeit des Findens und des Erfindens von *Zwischengliedern*. Der Begriff der übersichtlichen Darstellung ist für uns von grundlegender Bedeutung. Er bezeichnet unsere Darstellungsform, die Art, wie wir die Dinge sehen. (Ist dies eine ›Weltanschauung‹?)«[31]

Negativität der Sprache, das bedeutet: Es gibt keine Referenz, keine Repräsentation, keine Korrespondenz, keine Abbildverhältnisse zwischen Sprache und Welt – zumindest nicht im simplen und schematischen Verständnis. Diese – für die Philosophie extrem folgenreiche – Einsicht führt Wittgenstein zu dem, was Kambartel die »Vollendung von Kants Kritik der wissenschaftlichen Aufklärung« genannt und als tiefgreifende Kritik der Grundlagen der gesamten wissenschaftlich-technischen Zivilisation interpretiert

30 Im voraufgehenden Kapitel über Adorno gebe ich diesem Bonmot eine argumentative Basis.

31 Wittgenstein, *Philosophische Untersuchungen* § 122.

hat.[32] Der Begriff der übersichtlichen Darstellung ist es, der nach Kambartel Genauigkeit und Strenge der Philosophie ermöglicht, indem eine jeweilige Anbindung der Analyse an lokale Gebrauchskontexte unserer Sprache an die Seite wissenschaftlicher Theorien und Erklärungen zu treten hat. Die übersichtliche Darstellung der Lebensphänomene kann nie gänzlich in eine theoretische Rekonstruktion aufgelöst werden. Hier ist auch – und ebenso im Blick auf Adorno – die Gelenkstelle der Sprach- und Kulturkritik zu verorten: im Verzicht auf die illusionäre Allmacht reifizierenden und im bewußten Vollzug behutsamen, vorsichtigen Denkens, eines Denkens, das eingedenk der Autonomie der Sprache und der Phänomene eine »Rettung der Phänomene« der Sprache und des Lebens ohne deren Usurpation durch sie verstellende Konstruktionen unternimmt. Angesichts der Adornoschen Metakritik an Husserl könnte man v. a. dessen spätere Phänomenologie als noch durch die mitgeschleppte transzendentale Subjektivität sowie durch vermeintlich isolierbare, schematische Methodenelemente (Reduktion, Epoché) konstruktiv verstelltes Unternehmen bezeichnen, mit Wittgenstein diese konstruktive Verstellung sprachkritisch als die Illusion eines unmittelbaren Zugriffs auf die konstitutiven Bewußtseinsstrukturen (später auf die Strukturen der Lebenswelt[33]) bezeichnen. Th. Rehbock hat überzeugend herausgearbeitet, daß das Konzept der Autonomie und die Idee der Rettung der Phänomene in seiner szientismuskritischen Stoßrichtung über Goethes Farbenlehre und seine Newton-Kritik auf Wittgenstein wirkte.[34] »Das Problem der Analysierbarkeit einan-

32 F. Kambartel, »Wittgensteins späte Philosophie. Zur Vollendung von Kants Kritik der wissenschaftlichen Aufklärung«, in: ders., *Philosophie der humanen Welt*, Frankfurt am Main: Suhrkamp 1989, S. 146-159, dort v. a. S. 155 ff.

33 Vgl. dazu R. Welter, *Der Begriff der Lebenswelt. Theorien vortheoretischer Erfahrungswelt*, München: Fink 1986. Vgl. zur Kritik an Husserl durch Schapp in diesem Zusammenhang: M. Wälde, *Husserl und Schapp. Von der Phänomenologie des inneren Zeitbewußtseins zur Philosophie der Geschichten*, Basel/Stuttgart: Schwabe & Co. 1985; vgl. auch: A. Schütz/Th. Luckmann, *Strukturen der Lebenswelt*, Neuwied: Luchterhand 1975; in 2 Bden. Frankfurt am Main: Suhrkamp [3]1994.

34 Th. Rehbock, *Goethe und die ›Rettung der Phänomene‹. Philosophische Kritik des naturwissenschaftlichen Weltbilds am Beispiel der Farbenlehre*, Konstanz: Verlag am Hockgraben 1995.

der ausschließender Farbaussagen (...) veranlaßte Wittgenstein dazu, den logischen Atomismus (...) des *Tractatus* zugunsten einer holistischen Auffassung auf der Ebene der Elementarsätze aufzugeben.«[35] Diese Problematik führt zur phänomenologischen Grammatik des Programms der Rettung der Phänomene: Denk' nicht, sondern schau![36], dem Adornos Konzeption des *Vorrangs des Objekts* entspricht.
Die systematische Kompatibilität Wittgensteins und Adornos läßt sich also über die genannten Grundzüge hinaus *methodisch* fassen: Es ist die *Darstellungsform*, die bei beiden einen gewandelten Vernunftbegriff bzw. ein alternatives Philosophieverständnis einlösen soll. Es ist das Entscheidende, daß bei beiden gegenüber gleichsetzendem, identifizierendem Denken ein Denken in Ähnlichkeiten, Verwandtschaften, ein *analogisches* Denken[37] angestrebt und in Einzelanalysen verwirklicht wird, das der unendlichen Komplexität und Vielfalt der Phänomene gerecht zu werden sucht.
Die methodologische Kompatibilität der innovativen Darstellungsform läßt sich anhand der Gegenüberstellung der übersichtlichen Darstellung, der »Landschaftsskizzen« im Falle Wittgensteins, der Konstellation und Konfiguration bzw. der Parataxis im Falle Adornos präzisieren. Diesen Darstellungsformen entsprechen die Diagnose der sprachlichen Bedeutungskonstitution über Familienähnlichkeiten anstatt über fest umgrenzte, definierte Begriffe bei Wittgenstein bzw. die begriffskritische Diagnose des Nichtidentischen bei Adorno.[38] G. Gabriel hat in seiner Gegen-

35 Rehbock, a.a.O., S. 202.

36 Vgl. Wittgenstein, *Philosophische Untersuchungen* § 66.

37 Vgl. dazu: G. Gabriel, »Logisches und analogisches Denken. Zum Verhältnis von wissenschaftlicher und ästhetischer Weltauffassung«, in: Ch. Demmerling/G. Gabriel/Th. Rentsch (Hg.), *Vernunft und Lebenspraxis. Philosophische Studien zu den Bedingungen einer rationalen Kultur*, Frankfurt am Main: Suhrkamp 1995.

38 Dies auch als Antwort auf die von H. Hastedt, »Das Projekt einer kritischen Theorie im Spiegel von Wittgenstein«, in: *Allg. Zeitschr. f. Philosophie 1* (1991), S. 49-58, dort S. 51 gestellten Fragen: Die Frage nach dem Verhältnis von Sprachspielpluralismus und Versöhnungskonzept und die konstatierte Spannung zwischen der Rede vom Vorrang des Objekts und dem »tendenziell sprachidealistischen Konzept der Sprachanalyse beim späten Wittgenstein« lassen sich vordergründig nur

überstellung von logischem und analogischem Denken auf die Transitivität der Relation der Familienähnlichkeit hingewiesen: »Wenn a und b familienähnlich sind und b und c familienähnlich sind, dann sind auch a und c familienähnlich.«[39] Diese Transitivität gilt nicht im Falle der normalen Ähnlichkeit, weil hier keine »gemeinsame Entwicklungslinie der Fälle« gegeben ist: Zwei Dinge können »familienähnlich sein, ohne daß sie ein einziges Merkmal gemeinsam haben«.[40]

Im Umbruch zur Moderne, angesichts des Zusammenbruchs linearer, narrativ-epischer, hierarchischer und zentralistischer Ordnungsvorstellungen konzipierte Musil die Wirklichkeit als »ein unendliches System von Zusammenhängen, in dem es unabhängige Bedeutungen (...) überhaupt nicht mehr gab«,[41] sondern sich alles »in einer unendlich verwobenen Fläche ausbreitet«.[42] Die übersichtliche Darstellung der mehr oder weniger verwandten Sprachspiele und ihrer internen Struktur in Form der *Philosophischen Untersuchungen* löst den Schein einer Super- und Subordination der Phänomene – wie sie Metaphysik, Logik, Klassische Erkenntnistheorie und auch Oberflächengrammatik behaupten oder suggerieren – durch *Nebeneinanderstellen* der Analysen auf. Gabriel hat dies als synoptisches Vorgehen bezeichnet: »Die Methode ist gerade, daß ein nuancierendes Differenzieren das Auseinanderliegende sozusagen zusammenrücken läßt, weil sich die Unterschiede als stufenlose Übergänge darstellen, wie die Übergänge zwischen den Farben im Farbspektrum. Die Pointe des Begriffs

auf sehr verschiedenen Ebenen verorten und thematisieren. Sie müssen auf die negativ-kritischen Analysen Adornos und Wittgensteins insgesamt zurückbezogen werden.

39 G. Gabriel, »Logisches und analogisches Denken«, a.a.O., (Anm. 37), S. 167.

40 Gabriel, a.a.O., S. 167f. Vgl. R. Musil, *Der Mann ohne Eigenschaften*, Reinbek bei Hamburg: Rowohlt 1983, Bd. 2, S. 1173 f. Vgl. dazu auch meine Analysen zur Genese des Konzepts der Familienähnlichkeit im folgenden Beitrag zu Musil. Zu Wittgensteins Wien: A. Janik/St. Toulmin, *Wittgensteins Wien*, München/Wien: Hanser 1984. Zu Adornos Wien: H. Steinert, *Adorno in Wien. Über die (Un-)Möglichkeit von Kunst, Kultur und Befreiung*, Frankfurt am Main: Fischer 1993.

41 Musil, a.a.O., Bd. 1, S. 251.

42 Musil, a.a.O., Bd. 1, S. 650.

der Familienähnlichkeit ist, scheinbar paradox formuliert, daß er Zusammenhang *durch* Differenz stiftet.«[43]
Dem Nebeneinanderstellen ohne präformierende Ordnungsvorstellungen entspricht bei Adorno das Prinzip der *Parataxis*, d. h. »die Reihung von Gedanken im Unterschied zu deren logischer Unterordnung«,[44] wie er es in seinem Hölderlin-Aufsatz »Parataxis« und in seinen Reflexionen »Der Essay als Form« explizit thematisiert und in seiner *Ästhetischen Theorie* am konsequentesten befolgt hat, wie er selbst in einem Brief ausführt: »Interessant ist, daß sich mir bei der Arbeit aus dem *Inhalt* der Gedanken gewisse Konsequenzen für die Form aufdrängen, die ich längst erwartete, aber die mich nun doch überraschen. Es handelt sich ganz einfach darum, daß aus meinem Theorem, daß es philosophisch nichts ›Erstes‹ gibt, nun auch folgt, daß man nicht einen argumentativen Zusammenhang in der üblichen Stufenfolge aufbauen kann, sondern daß man das Ganze aus einer Reihe von Teilkomplexen montieren muß, die gleichsam gleichgewichtig sind und konzentrisch angeordnet, auf gleicher Stufe; deren Konstellation, nicht die Folge, muß die Idee ergeben.«[45]
Es geht darum, »die Spur repressiver Ordnung« zu tilgen; » (...) Der Gedanke schreitet nicht einsinnig fort, sondern die Momente verflechten sich teppichhaft.« »Alle seine Begriffe sind so darzustellen, daß sie einander tragen, daß ein jeglicher sich artikuliert je nach den Konfigurationen mit anderen.« »(...) Er erstellt kein Gerüst und keinen Bau.«[46]
Man denke an Wittgensteins grundsätzliche Bemerkung über den Geist seiner Bücher:
»Dieser Geist ist ein anderer als der des großen Stromes der europäischen und amerikanischen Zivilisation, in dem wir alle stehen. Dieser äußert sich in einem Fortschritt, in einem Bauen immer größerer und komplizierterer Strukturen, jener andere in

43 Gabriel, »Logisches und analogisches Denken«, a.a.O., S. 170.
44 G. Gabriel, *Zwischen Logik und Literatur. Erkenntnisformen von Dichtung, Philosophie und Wissenschaft*, Stuttgart: Metzler 1991, S. 39.
45 Th.W. Adorno, *Ästhetische Theorie*, Frankfurt am Main: Suhrkamp 1973, S. 541.
46 Th. W. Adorno, *Schriften*, Bd. XI, S. 21. Vgl. dazu Gabriel, *Zwischen Logik und Literatur*, a.a.O., (Anm. 44), S. 41.

einem Streben nach Klarheit und Durchsichtigkeit welcher Strukturen immer.«[47]

Adorno bestimmt seine parataktische Methode so: »Das Buch muß gleichsam konzentrisch in gleichgewichtigen, parataktischen Teilen geschrieben werden, die um einen Mittelpunkt angeordnet sind, den sie durch ihre Konstellation ausdrücken.«[48] Dem entspricht die Bemerkung Wittgensteins: »Jeder Satz, den ich schreibe, meint immer schon das Ganze, also immer wieder dasselbe und es sind gleichsam nur Ansichten eines Gegenstandes unter verschiedenen Winkeln betrachtet.«[49]

Die Verwandtschaft zwischen Wittgenstein und Adorno erstreckt sich also auf Darstellungsform und Kompositionsprinzip ihres Denkens. Im Falle Adornos muß ich im übrigen hier offenlassen, ob die Destruktion des Essentialismus und der Verlust des Zentralwerts ein Vorbild auch im Kompositionsprinzip der Zwölftontechnik, dem der *Reihe*, besitzt. Dem Kompositionsschüler Alban Bergs war ja die revolutionäre Bedeutung der Aufstellung der Reihe anstelle des Themas im Sonatensatz in hohem Maße bewußt. Wenn alle Töne gleich wichtig sind, es keine Durchgangsstufen und keine Leittöne mehr gibt; statt dessen jeder Ton die gleiche Nähe zum bzw. Ferne vom Mittelpunkt des Werkes haben soll, die harmonisch funktional gebundenen Töne der konventionellen Tonsprache zu völliger Gleichberechtigung emanzipiert werden – dann ist ein dezentralisiertes, enthierarchisiertes Komponieren aufgrund des »zerfallenen« Materials anvisiert, das Adorno als Befreiung begrüßte, ehe er die negative Dialektik dieser Emanzipation vom Naturzwang selbst noch kritisch thematisierte: daß diese Kompositionstechnik das Höchstmaß konstruktiver Subjektivität voraussetze und zugleich verschleiere.[50] Jedenfalls ist die Reihung der Parataxis verwandt, diese wiederum der Darstellungsmethode Wittgensteins.

Inwieweit Adornos und Wittgensteins Bewußtsein von der Negativität der Sprache noch tiefer gründet, nämlich in negativer Theologie und in einer bestimmten Vorstellung von Unsagbarkeit, dies

47 Wittgenstein, *Philosophische Bemerkungen*, Vorwort, a.a.O. (Anm. 12).

48 Adorno, *Ästhetische Theorie*, a.a.O. (Anm. 45).

49 Wittgenstein, *Vermischte Bemerkungen*, Frankfurt am Main 1977, S. 22. Vgl. dazu Gabriel, *Zwischen Logik und Literatur*, a.a.O., S. 48.

50 Vgl. L. Sziborsky, *Adornos Musikphilosophie. Genese – Konstitution – Pädagogische Perspektiven*, München: Fink 1979, S. 190 ff.

kann ich abschließend nur andeuten. Ich habe verschiedentlich versucht, Elemente der negativen Theologie (und gnostische Elemente) als Voraussetzungen des Denkens von Adorno, Wittgenstein, Heidegger, Musil und anderen Exponenten der Klassischen Moderne freizulegen. In unserem Fall, der Bedeutung des sprachlich nicht Sagbaren und der Negativität der Sprache bei Adorno und Wittgenstein, scheint mir auch hier ein Schlüssel zur vergleichenden Interpretation zu liegen.

In gewisser Weise entsprechen sich die Sprachspielanalysen des späten Wittgenstein und die Kunstwerkanalysen Adornos. Beide wissen: Die Sprache kann das Absolute, das Metaphysische, den Sinn, nicht ausdrücken, das Nicht-Identische nicht repräsentieren; sie kann – methodisch-negativ – nur den Schein destruieren, sie würde dies tun. So die Kunstwerke in Adornos Analyse. Sie sind eine »Konstellation von Momenten«; Kunst »sperrt sich der Definition. Nicht ist ihr Wesen aus ihrem Ursprung deduzibel, so als wäre das Erste eine Grundschicht, auf der alles Folgende aufbaute und einstürzte, sobald sie erschüttert ist.«[51] Die Reflexion auf das – nicht vorhandene, nicht gegebene, nicht identifizierbare – Wesen der Kunst besagt bei Adorno jeweils auch etwas über das Wesen der Sprache, gilt auch für sie: »Daß der Kunst universelle Momente ebenso unabdingbar sind, wie sie ihnen sich entgegenstemmt, ist zu begreifen aus ihrer Sprachähnlichkeit. Denn Sprache ist dem Besonderen feind und doch auf dessen Errettung gerichtet.«[52]

In diesem zentralen Zusammenhang zitiert Adorno Benjamins briefliche Äußerung, »daß die kristallreine Elimination des Unsagbaren in der Sprache die uns gegebene und nächstliegende Form ist, innerhalb der Sprache und insofern durch sie zu wirken. Diese Elimination des Unsagbaren scheint mir gerade mit der eigentlich sachlichen, der nüchternen Schreibweise zusammenzufallen (...)« und bezieht sie mit großer Sicherheit auf Wittgenstein: »Was Benjamin die Elimination des Unsagbaren nennt, ist nichts anderes als die Konzentration der Sprache aufs Besondere, der Verzicht, ihre Universalien unmittelbar als metaphysische Wahrheit zu setzen. Die dialektische Spannung zwischen Benjamins extrem objektivistischer und insofern universalistischer Sprachmetaphysik und einer Formulierung, die fast wörtlich mit der berühmt gewor-

51 Adorno, *Ästhetische Theorie*, a.a.O., S. 11.
52 Adorno, a.a.O., S. 304.

denen, übrigens erst fünf Jahre später veröffentlichten und Benjamin unbekannten Wittgensteins übereinstimmt, ist übertragbar auf die Kunst, mit dem freilich entscheidenden Zusatz, daß die ontologische Askese der Sprache der einzige Weg sei, das Unsagbare gleichwohl zu sagen.«[53]

In diesem Sinne schrieb Wittgenstein am 9. 4. 1917 an Paul Engelmann:

»Und es ist so: Wenn man sich nicht bemüht das Unaussprechliche auszusprechen, so geht *nichts* verloren. Sondern das Unaussprechliche ist, – unaussprechlich – in dem Ausgesprochenen *enthalten*!«

Auch hier berühren sich die philosophischen Konzeptionen grundsätzlich: Der Topos der Unsagbarkeit des Wesentlichen verbindet die negativen Theologen Wittgenstein, Adorno und Benjamin in arkaner Disziplin durch das Bilderverbot und angesichts der Negativität der Sprache. Die Wege, gegen das Paradox anzurennen und eine indirekte Mitteilung zu versuchen, führen zu irreduziblen, eigenständigen und unverzichtbaren Entwürfen der Philosophie unseres Jahrhunderts. Sie zeigen uns, wie wir Vernunft und Befreiung nicht mehr denken sollten, und gerade so, wie wir an ihnen festhalten können.

53 A.a.O., S. 304 f.

4. Wie ist ein Mann ohne Eigenschaften überhaupt möglich? Philosophische Bemerkungen zu Musil

> Dann enthüllt sich plötzlich das Gottverlassene der Welt als Substanzlosigkeit ... was früher als das Festeste erschien, zerfällt wie vertrockneter Lehm bei der ersten Berührung ... und eine leere Durchsichtigkeit, hinter der lockende Landschaften sichtbar waren, wird auf einmal zur Glaswand, an der man sich vergeblich und verständnislos – wie die Biene am Fenster – abquält, ohne durchbrechen zu können ...
> Die Ironie des Dichters ist die negative Mystik der gottlosen Zeiten: eine *docta ignorantia* dem Sinn gegenüber ... und die tiefe, nur gestaltend ausdrückbare Gewißheit: in diesem Nicht-wissen-Wollen und Nicht-wissen-Können das Letzte, die wahre Substanz, den gegenwärtigen, nichtseienden Gott in Wahrheit getroffen, erblickt und ergriffen zu haben. Deshalb ist die Ironie die Objektivität des Romans.
> Für den Roman ist die Ironie... die transzendentale Bedingung der Objektivität der Gestaltung. ...
> Die Ironie als Selbstaufhebung der zu Ende gegangenen Subjektivität ist die höchste Freiheit, die in einer Welt ohne Gott möglich ist.
>
> *Georg Lukács,*
> *Die Theorie des Romans (1914/15)*

Musils Roman *Der Mann ohne Eigenschaften* läßt sich mit seiner zentralen Kategorie der *Eigenschaftslosigkeit* auf die Kernthematik des Geisteslebens der Wiener Moderne um die Jahrhundertwende beziehen, auf die Thematik des Weltzerfalls, der Erosion und des Zusammenbruchs einer alt gewordenen Welt und ihrer Ordnungsformen, auf die Thematik der Kritik an den überkommenen Ordnungsprinzipien und lebenstragenden Grundunterscheidungen, auf die Thematik der Restitution bzw. der Neuschaffung von Ordnungsformen, Ganzheitsvorstellungen und Einheitsansprüchen und deren oft prekäre Ambivalenz. Wie ich zeigen will, umklammert die titel- und romankonstitutive Kategorie der *Eigenschaftslosigkeit* beide grundsätzlichen Aspekte dieser geistesgeschichtlichen Umbruchszeit, dieser modernen Epochenschwelle: Sie betrifft im Kern die dichterische Vergegenwärtigung des im Umbruch zur Moderne geschehenden Ordnungszerfalls ebenso wie die kritische und ironische Vergegenwärtigung der gesellschaftlichen wie privaten Versuche, neue Weltsicherheit zu gewinnen und Ordnungen zu restituieren.

Wie wird Eigenschaftslosigkeit von Musil gedacht und literarisch gestaltet, wie ist ein Mann ohne Eigenschaften überhaupt möglich? Ich möchte diese Frage zu beantworten versuchen, indem ich vor allem auf die geistesgeschichtlichen Voraussetzungen Musils eingehe, insbesondere die philosophischen Implikationen einiger wesentlicherAspekte seines opus magnum etwas näher beleuchte; es soll ein wenig von dem ›Nootop‹ Musils erkennbar werden. Dabei muß notgedrungen der literaturwissenschaftlich-hermeneutisch wesentliche Aspekt der ästhetischen Brillanz und gestaltenden Meisterschaft Musils nahezu außer Betracht bleiben; jedoch hat Musil selbst es sich in einem bekannten Interview gewünscht, die Leser mögen mehr auf seine Beiträge zur Lösung der drängenden Lebensfragen der Zeit achten als auf die ästhetischen Qualitäten seines Buches.

Ich habe drei Antworten anzubieten auf die Frage: Wie ein Mann ohne Eigenschaften überhaupt möglich sei. Er ist möglich:

1. erkenntniskritisch (metaphysikkritisch),
2. gesellschaftskritisch und
3. sexuell-mythisch bzw. mystisch.

Dementsprechend gliedert sich mein Aufsatz in drei Teile. Im ersten Teil behandle ich die metaphysikkritische Variante der Eigenschaftslosigkeit und den Einfluß der dafür einschlägigen neopositivistischen Erkenntnistheorie auf Musil. Im zweiten Teil behandle ich die Variante der Eigenschaftslosigkeit, die durch charakteristische soziale Entfremdungserscheinungen der modernen und alltäglichen Lebenswelt gekennzeichnet ist und vornehmlich Thema der ersten großen Hälfte des Musilschen Romans, betitelt *Seinesgleichen geschieht*, ist. Thema des dritten Teils ist die Eigenschaftslosigkeit, wie sie mystisch möglich wird, und die das Sujet der zweiten großen Romanhälfte mit dem Titel *Ins tausendjährige Reich (Die Verbrecher)* darstellt. In einem vierten Abschnitt möchte ich zum Schluß Betrachtungen über das Verhältnis der genannten Weisen von Eigenschaftslosigkeit anstellen.

1. Die Destruktion der Substanzontologie und der Subjektmetaphysik: der Anti-Essentialismus. Zur metaphysikkritischen Eigenschaftslosigkeit

In diesem Zusammenhang ist zunächst der prägende Einfluß der Tradition des Empirismus und insbesondere der Erkenntnistheorie Ernst Machs auf Musil zu nennen.
Musil promovierte bei Carl Stumpf (dem Husserl 1900 seine *Logischen Untersuchungen* widmete) mit *Beiträgen zur Beurteilung der Lehren Machs,* hier noch oft distanziert und kritisch; gleichwohl konnte er sich diesen Lehren, insbesondere den mit Blick auf die große europäische Tradition der Philosophie revolutionären und kritischen, destruktiven Auffassungen Machs nicht entziehen, und so finden sie konstitutiv Eingang in die Gestaltung des *Mann ohne Eigenschaften.* Wie hängen nun diese Grundthesen und Kerngedanken Machs mit den Aspekten des Ordnungszerfalls und der Eigenschaftslosigkeit im Roman zusammen?
Die traditionelle philosophische Ontologie war seit Platon und, systematisch durchgeführt und ausgestaltet, bei dessen Schüler Aristoteles *Substanzontologie*: Die Substanzen sind der ontologische Gravitationspunkt der Metaphysik. Die Grundbestandteile der Welt und des Gesamtaufbaus aller Wirklichkeit sind feste, in der Zeit als identische beharrende, von etwas anderem unableitbare Einheiten, eben *Substanzen*, und diesen kommen *Eigenschaften,* philosophisch Akzidentien (symbebékota) zu. So ist der Eigenschaftsbegriff, insbesondere der Begriff »wesentlicher Eigenschaften«, konstitutiv mit der klassischen Substanzontologie verklammert und mithin auch systematisch verbunden mit dem Begriff des *Wesens,* der *essentia* einer Substanz. (Noch an unserem alltäglichen Gebrauch des Wortes »substanziell« kann man dies beobachten.) Substanzen werden gedacht als ontologische Substrate ihrer Eigenschaften, als geschlossene Einheiten und Ganzheiten, die keineswegs selbst mehr unselbständige Bestimmungen an einem weiteren Substrat sein können, und ohne die die Eigen-

schaften gleichsam haltlos, ontologisch obdachlos würden. Substanzen werden metaphorisch vergegenwärtigt als Kerne oder Träger des Gesamtaufbaus der Weltwirklichkeit. Das gilt nicht nur für Antike und Mittelalter, sondern modifiziert auch noch für die Philosophie der Neuzeit. Descartes formuliert:

»Unter Substanz können wir ein Ding verstehen, das zu seiner Existenz keines anderen Dinges bedarf.« (Princ. I 51)

Und für Kant besteht die Substanzialität in der Beharrlichkeit und Identität von etwas in der Zeit. Für Hegel schließlich ist Metaphysik »die Tendenz zur Substanz«.[1] Als Rahmenbedingung der metaphysischen Ontologie trägt die Substanz als Einheit, Grund und Halt der Wirklichkeit ihre Eigenschaften. Nimmt man nun noch die Axiomatik der »Seinshöhe« hinzu, d. h. die sprachliche Möglichkeit, das Wort »seiend« im Komparativ zu verwenden, so erhält man die große Gestalt der *Wesensschematik* der abendländischen Metaphysik, entfaltet als *Kosmos* bzw. als *Ordo*, aufsteigend von den sinnlichen Substanzen bis hin zum höchsten Seienden, Gott.

Was wir nun in der Tradition der modernen Philosophie, in der Entwicklung des Empirismus und Neopositivismus und – literarisch gestaltet – in Musils Roman finden, ist eine *Destruktion des substanzontologischen Denkens* und eine *zersetzende Kritik des Essentialismus – des Begriffs des Wesens einer Sache, und mithin eine Kritik des Denkens in wesentlichen Eigenschaften einer Sache oder Person.*

Genau dies geschieht radikal in der Philosophie Machs. An die Stelle der veritablen Substanzen mit ihren wesentlichen Eigenschaften (nach diesem Schema ist auch die ganze klassisch-aristotelische Syllogistik aufgebaut) tritt in der Antimetaphysik Machs die *Indifferenz anonymer Komplexe.* In seinen *Antimetaphysischen Bemerkungen* von 1885 führt er aus, daß diese Komplexe ihrerseits aus *Elementen,* etwa Farben, Tönen, Wärmen, Drücken, Räumen, Zeiten bestehen. Diese verbinden sich zu relativ beständigen Komplexen, und die Erfahrungswelt des psychophysischen Positivismus ist nach Mach ein »Gewebe« (eine Vernetzung, eine Vermaschung, eine Art Teppich des Lebens), worin keine deutliche, gar absolute Differenz mehr besteht zwischen den Elemen-

1 G. W. F. Hegel, *Vorlesungen über die Geschichte der Philosophie*, Bd. 3, Frankfurt am Main: Suhrkamp 1971, S. 122.

ten, die die Innenwelt von Subjekten, und den Elementen, die die Welt als Außenwelt bilden. Die Elemente laufen durch. Das Subjekt als fester Träger seiner wesentlichen Eigenschaften aber war gerade die Parade-Substanz, das irreduzible und unumstürzliche Fundament (fundamentum inconcussum) der klassischen Substanzontologie gewesen. Zentral für Musils Roman ist, daß Machs Erkenntniskritik und seine Elementenlehre mit der Auflösung der Substanzontologie eine Auflösung des traditionellen Ichbegriffs, dessen Wirklichkeit mit seiner Substanzialität garantiert ist, darstellt. Mach schreibt:

»Das Ich ist so wenig absolut beständig als die Körper. ... (Es) ist nichts außer dem *Zusammenhang* der Elemente ....«[2]

»Das Ich ist keine unveränderliche, bestimmte, scharf begrenzte Einheit.«[3]

Mach erklärt es für illusionär, daß jeder von sich selbst in einem – gegenüber anderen – privilegierten Sinne etwas zu wissen meint, indem er sich für eine untrennbare, von anderen unabhängige *Einheit* hält.[4]

Hier zerfällt bereits 1885 die Vorstellung von einer privaten Subjektivität, von einer persönlichen Eigen- und Innenwelt der Subjekte – ein Zerfall, den Musil immer wieder vergegenwärtigt. Vielmehr gilt nach Mach (und im Roman Musils), daß die anonymen Elemente und Komplexe

»unabhängig von der Person ... ein allgemeineres *unpersönliches, überpersönliches* Leben fort (setzen).«[5]

Und Mach zieht das Fazit:

»Das Ich ist unrettbar.«[6]

Dem entspricht ein Urerlebnis des jungen Mach. Er berichtet von dem »gewaltigen und unauslöschlichen Eindruck«, den eine frühe Kant-Lektüre in ihm hinterlassen hat. Etwa zwei Jahre darauf schwindet ihm jedoch noch der Begriff des »Dinges an sich«:

2 E. Mach, »Antimetaphysische Bemerkungen«, zit. nach: G. Wunberg (Hg.), *Die Wiener Moderne. Literatur, Kunst und Musik zwischen 1890 und 1910*, S. 138 f.

3 Mach, a.a.O. S. 141.

4 Ebd.

5 Mach, a.a.O. S. 142.

6 Ebd.

»An einem heitern Sommertage im Freien erschien mir einmal die Welt samt meinem Ich als *eine* zusammenhängende Masse von Empfindungen, nur im Ich stärker zusammenhängend. ... so ist ... dieser Moment für meine ganze Anschauung bestimmend geworden.«[7]

Auch Musil kennt und beschreibt solche Sommertage. Und es ist bereits hier möglich, auf die eigenartige Tatsache hinzuweisen, daß sich der Machsche Neopositivismus einem realen Erleben, einem konkreten Erlebnissubstrat in Gestalt einer mystischen Jugendstimmung verdankt, so daß die spätere mystische Vergegenwärtigung der Eigenschaftslosigkeit bei Musil nicht von ungefähr eine Spiegelung der neopositivistischen Substanz- und Wirklichkeitsauflösung darstellt.

Die Jahrhundertwende ist reich an solchen mystischen Stimmungen und Erlebnissen. Ein weiteres Beispiel könnte das mystische Jugenderlebnis der Freunde Theodor Lessing und Ludwig Klages angesichts eines Müllhaufens in Hannover sein.[8] Hinzuweisen ist also auf den geradezu archaischen Ursprung moderner Destruktionsbewegungen. Das Neue erscheint als *Wiederkehr des Uralten.*

Deutlich zum Tenor dieser Substanz- und Subjektvernichtung im Geiste des Neopositivismus (und der Mystik) passen berühmte, eher apodiktisch gehaltene Passagen bzw. Kapitelüberschriften Musils:

»Ein Mann ohne Eigenschaften besteht aus Eigenschaften ohne Mann.«[9]

Hier bestätigt sich auch, *daß die systematische Voraussetzung der Eigenschaftslosigkeit der Substanzschwund in Gestalt des Ichverlustes ist.* Musil:

»Hat man nicht bemerkt, daß sich die Erlebnisse vom Menschen unabhängig gemacht haben? ... sofern die Erlebnisse sich nicht gerade in der Arbeit befinden, liegen sie in der Luft; ... Es ist eine Welt von Eigenschaften ohne Mann entstanden, von Erlebnissen ohne den, der sie erlebt, und es sieht beinahe aus, als ob ... der Mensch *überhaupt nichts mehr privat erleben* werde und die freundliche Schwere der persönlichen Verantwor-

7 Mach, a.a.O., S. 145.

8 Vgl. Th. Lessing, *Einmal und nie wieder*, Gütersloh: Bertelsmann 1969, S. 248 ff.

9 R. Musil, *Der Mann ohne Eigenschaften*, hg. von A. Frisé, Reinbek bei Hamburg 1983, Bd. 1, Kapitel 39. Im folgenden wird im Text nach der Seitenzählung dieser zweibändigen Ausgabe zitiert.

tung sich in ein Formelsystem von möglichen Bedeutungen auflösen solle. Wahrscheinlich ist die Auflösung des anthropozentrischen Verhaltens, das den Menschen so lange Zeit für den Mittelpunkt des Weltalls gehalten hat, aber nun schon seit Jahrhunderten im Schwinden ist, endlich beim Ich selbst angelangt; denn der Glaube, am Erleben sei das wichtigste, daß man es erlebe, und am Tun, daß man es tue, fängt an ... als Naivität zu erscheinen.« (1, 150; Hervorhebung Th. R.)

Diese Auflösung des Ich hat seine Parallele z. B. auch in Wittgensteins *Tractatus*, in dem das Ich in völlig substanzlos gedachter Form zwischen Nichts und Welt gestellt wird, deren wesenlos-qualitätsloser Spiegel es ist. Tractatus 5.631 erscheint somit als Antizipation des Musilschen Romans:

»Das denkende, vorstellende Subjekt gibt es nicht. Wenn ich ein Buch schriebe ›Die Welt, wie ich sie vorfand‹, so wäre darin auch über meinen Leib zu berichten und zu sagen, welche Glieder meinem Willen unterstehen und welche nicht etc., dies ist nämlich eine Methode ... zu zeigen, daß es in einem wichtigen Sinne kein Subjekt gibt: Von ihm allein nämlich könnte in diesem Buch *nicht* die Rede sein.«

Wittgensteins ungeschriebenes Buch »Die Welt, wie ich sie vorfand« antizipiert Musils geschriebenes Buch *Der Mann ohne Eigenschaften,* dessen Titel gemäß Kapitel 39 ja auch heißen könnte »Die Eigenschaften ohne Mann«. Über die mögliche faktische Filiation von Musil und Wittgenstein gibt Nyiri Aufschluß.[10] Erwin Hexner (Freund Musils seit 1933) berichtet, daß Musil ihm auf einem Wochenendausflug nach Mariazell von der »radikalen philosophischen Wandlung Wittgensteins nach der Publikation seines ›Tractatus‹« sprach. Diese kurze Bemerkung läßt – für 1933 – allerdings eine *nicht oberflächliche* Kenntnis der Wittgensteinschen Philosophie erkennen.[11] Musil kannte auch Otto Neurath,

10 Vgl. J. C. Nyiri, »Musil und Wittgenstein: ihr Bild vom Menschen«, in: *Conceptus* XI (1977), S. 306-314, sowie: ders., »Zwei geistige Leitsterne; Musil und Wittgenstein«, in: *Literatur und Kritik* 12 (1977), S. 167-179.

11 Franz Blei – seit Erscheinen des *Törleß* 1906 wohlwollender Kritiker Musils – hatte 1924 dem Volksschullehrer Wittgenstein seine positive Aufnahme des *Tractatus* brieflich mitgeteilt. In einem Brief an Ludwig Hänsel, der vermutlich vom Dezember 1924 stammt, schreibt Wittgenstein: »Vor ein paar Tagen schrieb mir ein gewisser Franz Blei Komplimente über mein Buch. Ist das nicht ein obszöner Schriftsteller? Der allerlei Unanständiges für Damen schreibt?« (zit. nach: K. Wünsche, *Der Volksschullehrer Ludwig Wittgenstein*, Frankfurt am Main: Suhr-

und er verkehrte Ende 1931 bis 1933 in Berlin regelmäßig im Hause des Mathematikers Richard von Mises, der in enger Verbindung zum Wiener Kreis stand. Schließlich bleibt zu bemerken, daß Musil in den Jahren, in denen Wittgenstein das Haus für seine Schwester in der Kundmanngasse baute – 1926 bis 1928 – nur eine Kreuzung weiter in der Rasumofskygasse 20 wohnte.[12] Keineswegs kann also eine faktische Verbindung ausgeschlossen werden.

Angesichts des Themas: ›Eigenschaftslosigkeit im Kontext des Neopositivismus und der Erkenntniskritik‹ kann auch auf eine

kamp 1985, S. 319.) Franz Blei hebt in seinem Essay über Robert Musil von 1940 dessen Verwandtschaft mit Wittgenstein hervor, indem er ›das Mystische‹ des *Tractatus* mit Musils Darstellungsweise in Beziehung setzt:

»Da gibt es in dem großen Romanwerk Musils eine Gestalt namens Mosbrugger. Er ist kriminell geworden, weil er eine Prostituierte endlich umbrachte, die ihm mit ihrer ausdauernden Zudringlichkeit lästig wurde (›die‹ und nicht ›weil‹!). Dieser Mosbrugger hat, wie es scheint, den ›Sinn des Lebens‹ gefunden; er kann ihn natürlich nicht sagen, denn dort, wo er jetzt mit seinem Sinn des Lebens steht, gibt's kein sprachliches Mittel. Er spricht, weil man ihn gerichtlich befragt, weil man ihn (noch!) bezweifelt. Aber ›Antwort besteht nur, wo etwas gesagt werden kann.‹ Und ›zu einer Antwort, die man nicht aussprechen kann, kann man auch die Fragen nicht aussprechen.‹ Aber die Fragenden sind keine strengen Logiker, sondern geläufige Welt, die in einem solchen Fall ein Repertoire von stereotypen ›Fragen‹ hat, die natürlich keine echten Fragen sind. Sondern Insinuationen. Diesem Mann Mosbrugger muß das Mystische konzediert werden, das unaussprechlich ist. Aber doch mit einem Vorbehalt, der von der Annahme getragen wird, daß es der Psychologie in weiterschreitender Befreiung von der Physik gelingen dürfte, eine autonome Wissenschaft zu werden. Dann würde sich der Radius des heute als mystisch Angesprochenen sehr verkleinern. Nicht weil die Psychologie das Mystische sozusagen wegerklärt – keine wissenschaftlichen Gesetze erklären Erscheinungen –, sondern weil im annähernd gleichen Schritt die Psychologie durch die adäquate Beschreibung die Substanz schrumpfen machte bis auf jenes Restliche, das ›sich aufzeigt‹, wie Wittgenstein sagt. Auch Musil ›erklärt‹ nicht.« (F. Blei, »Zeitgenössische Bildnisse«, in: ders., *Schriften in Auswahl*, München 1960, S. 308 f.)

12 Wittgenstein selbst wohnte 1920 einige Zeit in der Rasumofskygasse 24. Vgl. seinen Brief vom 24. 4. 1920 an P. Engelmann, in: P. Engelmann, *Ludwig Wittgenstein, Briefe und Begegnungen,* Wien/München, S. 27.

weitere systematische Parallele zwischen Musil und Wittgenstein eingegangen werden. Sie betrifft die spezifische Art und Weise der Destruktion der Substanzontologie, die der spätere Wittgenstein als eine sprachliche Auflösung des (semantischen) Essentialismus durchführt. Auch sie findet sich in Musils Roman. Wittgenstein behandelt die Kritik an einem semantischen Essentialismus unter dem Titel »Familienähnlichkeit«. Er meint mit dieser Metapher, daß die Fälle, in denen wir Worte verwenden, keinen gemeinsamen, »essentiellen« Kern haben, *keine wesentliche Eigenschaft gemeinsam haben.* So steht es etwa mit dem Wort »Spiel« angesichts der Fälle: Schachspiel, Fußballspiel, Liebesspiel usf. (»das alte Spiel«). Es war ein mit der Substanzontologie klassischen Stils systematisch verbundener Fehler, ein metaphysischer Denkfehler, solche essentiellen Kerne der Worte anzunehmen. In diesem Sinne ist das ursprüngliche Chamisso-Motto der *Philosophischen Untersuchungen* zu verstehen: »Die wir den Schatten Wesen einst verliehen / Sehn Wesen jetzt als Schatten sich verziehn«. Auch bei Musil verziehen sich diese essentialistischen Auffassungen, am einschlägigsten in der folgenden Reflexion Ulrichs (jedoch keineswegs nur dort):

»Die Frage, wie es kommt, daß so ganz Verschiedenes mit dem einen Wort Liebe bezeichnet wird, hat die gleiche Antwort wie die Frage, warum wir unbedenklich von Eß-, Mist-, Ast-, Gewehr-, Weg- und anderen Gabeln reden! Allen diesen Gabeleindrücken liegt ein gemeinsames ›Gabeligsein‹ zugrunde; aber es steckt nicht als gemeinsamer Kern in ihnen ... Denn sie brauchen nicht einmal untereinander alle ähnlich zu sein, es genügt schon, wenn ... nur Nachbarglieder einander ähnlich sind; entferntere sind es dann durch Vermittlung. Ja, auch das, was die Ähnlichkeit ausmacht, das die Nachbarn Verbindende, kann in einer solchen Kette wechseln ... Wollten wir aber, wozu wir neigen, die zwischen allen Lieben bestehende Ähnlichkeit für ihre Ähnlichkeit mit einer Art ›Urliebe‹ ansehen, die gleichsam ohne Arme und Beine in ihrer alle Mitte säße, so wäre es anscheinend der gleiche Fehler wie der Glaube an eine ›Urgabel‹« (2, 1173 f.).

Wittgenstein schreibt in seinen *Philosophischen Untersuchungen:*

»Statt etwas anzugeben, was allem, was wir Sprache nennen, gemeinsam ist, sage ich, es ist diesen Erscheinungen gar nicht Eines gemeinsam, weswegen wir für alle das gleiche Wort verwenden, – sondern sie sind mit einander in vielen verschiedenen Weisen *verwandt.* ... Brettspiele, Kartenspiele, Ballspiel, Kampfspiele, usw. Was ist allen diesen gemeinsam? ›Sag nicht: Es *muß* ihnen etwas gemeinsam sein, sonst hießen sie nicht ›Spiele‹ – sondern *schau*, ob ihnen allen etwas gemeinsam ist. – Denn wenn du sie anschaust, wirst du zwar nicht etwas sehen, was *allen* gemeinsam wäre, aber du wirst Ähnlichkeiten, Verwandtschaften, sehen, und zwar eine ganze Reihe‹« (PhU §§ 65 ff.).

Das Mittel der *Analogie* ist für den Roman *Der Mann ohne Eigenschaften* durchgängig stilkonstitutiv, und es prägt vielfach die Reflexionen der Personen.[13] So heißt es über einen Wissenschaftler:

»Er weiß, daß die Schleimhaut der Lippen mit der Schleimhaut des Darms verwandt ist, weiß aber auch, daß die Demut dieser Lippen mit der Demut alles Heiligen verwandt ist. ... Gut und bös, oben und unten sind für ihn nicht skeptisch-relative Vorstellungen, wohl aber Glieder einer Funktion, Werte, die von dem Zusammenhang abhängen, in dem sie sich befinden« (1, 153).

»Es entstand auf diese Weise ein unendliches System von Zusammenhängen, in dem es unabhängige Bedeutungen ... überhaupt nicht mehr gab« (1, 251).

Die analogische Auflösung der Substanzen und Essenzen durchzieht den Roman, seine Personen, seine Handlung, seine großen Entwürfe, Ulrichs Leben und Denken, Existenz und Reflexion, und sie prägt den Stil Musils. Musil hat von sich stets Genauigkeit, Exaktheit, Präzision bis zum Äußersten gefordert. Im Roman selbst gibt es Ulrichs Utopie eines »Erdensekretariats der Genauigkeit und der Seele«. Für Musils Schreibart gilt, daß die Metapher und die Analogie bei ihm nirgends eine ornamentale Funktion haben, sondern feinste Ambivalenzen und Details akzentuieren. Musil schreibt:

»Man soll Vergleiche immer nur um der Sache willen, nie zur Verschönerung ziehen.«[14]

Er steht hier in der stilkritischen Wiener Tradition der Moderne, in der etwa Adolf Loos das »Ornament als Verbrechen« bezeichnete.

13 Dazu ausführlich: K. Laermann, *Eigenschaftslosigkeit. Reflexionen zu Musils Roman ›Der Mann ohne Eigenschaften‹*, Stuttgart 1970. Trotz ausgezeichneter Interpretationen scheint mir diese Untersuchung die Eigenständigkeit und Freiheit der Musilschen Darstellungskunst ideologiekritisch zu verkennen.

14 R. Musil, *Prosa, Dramen, späte Briefe*, hg. von A. Frisé, Hamburg: Rowohlt 1957, S. 718.

Die Rigidität, mit der Musil diese Maxime befolgt hat, vermag ein Stück weit die Schwerarbeit ahnen lassen, mit der das jahrzehntelange Schreiben am Roman verbunden gewesen ist.
Der Grundgedanke der Analogizität und des Anti-Essentialismus kehrt immer wieder, und er ist oft pointiert verbunden mit dem Bild von der *leeren Mitte.* Dieser Gedanke von dem *Vollkommenen, das leer geworden ist,* wird hier in eine Daseinsmetapher gefaßt. (Man könnte auch – politisch konkretisiert – an den leeren Habsburger Thron denken.) So sagt Clarisse über das Leben:

»›Wenn man uns aufschneiden könnte, so würde unser ganzes Leben vielleicht wie ein Ring aussehen, bloß so rund um etwas.‹ Sie hatte schon vorher ihren Ehering abgezogen und guckte nun durch die Öffnung gegen die belichtete Wand. ›Ich meine, *in seiner Mitte ist doch nichts,* und doch sieht er genau so aus, als ob es ihm nur darauf ankäme‹« (1, 369; Hervorhebung Th. R.).

Es gibt – wie bei den Eigenschaften, bei der Illusion des Ichs, so bei den Worten – keinen letzten Bezugspunkt mehr, kein Zentrum. Im Zentrum ist nichts, eine leere Stelle. Es gibt kein »Wesen«, welches substanzontologisch, semantisch-essentialistisch, sprachlich irgend zu fassen und festzustellen wäre. So ergänzt die erkenntniskritisch-sprachkritische Destruktion des Essentialismus durch die Grundgedanken der Analogie und Familienähnlichkeit die Destruktion der Substanzontologie und des Begriffs eines substanziellen Ich durch Machs psychophysischen Neopositivismus der Elemente und Komplexe.
Diese erste Bedeutung von »Eigenschaftslosigkeit«, die erkenntniskritische Bedeutung, kann bei Musil ebenfalls angeregt worden sein durch Ernst Cassirer. Musil studierte sieben Jahre, bis Ende 1910 in Berlin Philosophie und lernte die Lebensphilosophie der damaligen Koryphäen Dilthey und Simmel kennen. Er konzentrierte sich jedoch auf Erkenntnistheorie und Logik. 1906 wurde Ernst Cassirer, Schüler von Cohen und Natorp, in Berlin Privatdozent. 1910, im letzten Jahr des Musilschen Berlin-Aufenthalts, legt er das Werk *Substanzbegriff und Funktionsbegriff* vor. Dieses Werk soll den Umbruch in der Erkenntnistheorie beschreiben und philosophisch begreifen, der sich mit der Moderne und v. a. mit den mathematischen Naturwissenschaften ereignet hat bzw. ereignen muß. Das Denken in Substanzen als dinglichen Trägern von Eigenschaften soll durch eine sprachkritische Betrachtung destruiert

werden. Es geht darum, aristotelische Ontologie wie auch aristotelische Logik aufzugeben und nicht mehr in Dingen und Eigenschaften zu denken, die sich in Pyramiden immer abstrakterer Gattungen darstellen lassen, sondern in Gesetzen der Relation, Funktion und Zuordnung, »kraft (deren) eine durchgängige Regel der Abfolge festgestellt wird«, die nicht durch Abstraktionen gewonnen werden kann.[15] Nachweislich hat Musil auch Analysen Cassirers rezipiert.

Musil selbst hat nicht nur in seinem Hauptwerk, sondern auch in theoretischen Schriften den Zusammenhang von Anti-Essentialismus, Destruktion der Substanzontologie und Ichzerfall reflektiert. Einschlägig hierfür ist die Schrift *Der deutsche Mensch als Symptom* (1923), in der er im Kontext philosophisch-anthropologischer Überlegungen das von ihm so genannte *Theorem der menschlichen Gestaltlosigkeit* entwickelt; Gestaltlosigkeit ist hier der übergreifende Titel für das, was im Roman Eigenschaftslosigkeit hießt. (Besonderes Vergnügen muß es Musil bereitet haben, diese menschliche Gestaltlosigkeit in milieutheoretischen Denkexperimenten zu variieren und den Weg des »zarten Rainer Maria Rilke« zu beschreiben, den ein »ungünstiges Geschick«, als Kleinkind unter Südseeleute geworfen, zu einem »guten Menschenfresser« gemacht hätte.[16]) Aber diese millieutheoretischen Erwägungen zur Gestaltlosigkeit sind nur die krudeste Oberflächenvariante jener subtilen Dissoziations- und Analogisierungsprozesse, mit denen Musil im Roman ästhetisch die Entsubstanzialisierung gleichzeitig vorantreibt und reflektiert.

Eine Anmerkung zur jüngeren Vergangenheit der Philosophie. So wäre denn Musil ein Kronzeuge dessen, was lange die epigonalen Spatzen von den Dächern pfiffen: den »Tod der Subjekte«? »Das Ich ist unrettbar« – Mach; »Das Subjekt gibt es nicht« – Wittgenstein; »Der Mann ohne Eigenschaften als Eigenschaften ohne Mann« – Musil. Um noch das Wenigste zu sagen: Weder bei diesen Philosophen, noch schon gar bei Musil hat dies den Charakter einer feuilletonistischen Parole. Bei Mach wie Wittgenstein wäre

15 E. Cassirer, *Substanzbegriff und Funktionsbegriff. Untersuchungen über die Grundfragen der Erkenntniskritik*, Berlin 1910. Repr. Nachdruck Darmstadt: Wiss. Buchgesellschaft 1969; 1994, S. 20 ff.

16 R. Musil, *Der deutsche Mensch als Symptom*, Reinbek bei Hamburg: Rowohlt 1967, S. 17-23.

sehr genau der erkenntniskritische Kontext ihrer Ausführungen zu betrachten, näherhin, gegen welche Verständnisse von Substanz und Subjekt sie sich wenden. Sehr schnell verliert sich dann der Eindruck bloßer Weltanschauungskürzel wie »Der Mensch ist tot«. (Ich denke etwa an Nietzsche und Autoren des neuen französischen Irrationalismus.) Gleichwohl haben solche Thesen in der systematischen Philosophie auch bei einem angemesseneren Verständnis leicht etwas Verbissenes an sich. Darin besteht unter anderem der große Vorzug, den eine literarische Darstellung der Musilschen Dignität und Subtilität besitzt: in der ironischen Perspektive, in der selbst noch fundamentale Einsichten und Einstellungen der Personen erscheinen. Etwa, wenn es am Schluß des Kapitels »Ein Mann ohne Eigenschaften besteht aus Eigenschaften ohne Mann«, nachdem Ulrich über Eigenschaftslosigkeit und den Zerfall der Subjektivität nachgesonnen hat, heißt:

»Und mit einemmal mußte sich Ulrich angesichts dieser Bedenken lächelnd eingestehn, daß er mit alledem ja doch ein Charakter sei, auch ohne einen zu haben« (1, 150).

2. Die Zeitlichkeit des gesellschaftlichen Seins. Zur sozialen Eigenschaftslosigkeit

Was für den Einzelnen gilt, den es ja substanziell nicht mehr gibt, das gilt auch für die Gesamtgesellschaft: Musil beschreibt sie als Gesellschaft ohne Eigenschaften. Das zeigt sich subtil in der Darstellung der einzelnen Personen des Romans. Auch hier verwendet Musil die Analogisierungen zur Ent-Substanzialisierung. Die Personen werden aufgrund der Subjekt- und Identitätsdiffusion zu Machschen Komplexen höherer Ordnung, indem sie zu gleichsam spektral ineinander übergehenden Nuancen und charakterlichen Farbschattierungen werden. Keineswegs jedoch wird Musil hierbei Opfer einer zuvor gefaßten Darstellungsstrategie, die er doktrinär handhabte; vielmehr erweist sich die Darstellung von Subjektivität mit dem Silberstift gerade angesichts der subtilen Analogien im Bereich der Sozialität als ein höchst verfeinerter Realismus. Und auch hier verbindet sich die sozialkritische mit einer erkenntniskritischen Perspektive.

Die Gesellschaft kurz vor der Katastrophe des Ersten Weltkrieges, die Gesellschaft kurz vor der brennenden Welt der Stahlgewitter, die Gesellschaft Kakaniens und der Parallelaktion, deren Sekretär Ulrich wird, ist die Gesellschaft, in der »Seinesgleichen geschieht«, nämlich austauschbare Handlungen; mechanische Konventionen werden reproduziert. Die Unterscheidungslosigkeit des »Seinesgleichen« entzieht den Personen jede selbständige Verantwortung für ihr Handeln und überträgt sie auf einen universalen, mechanischen, entqualifizierten Zusammenhang von Funktionen. Das »Seinesgleichen« ist in seiner Anonymität das eigenschaftslose, verzerrte Pendant zu einem authentischen Subjekt der Geschichte und der gesellschaftlichen Entwicklung. Es ist charakterisiert durch endloses Palaver, Gerede und Neugier. Dieses anonyme Seinesgleichen, dieses Niemand an der Stelle eines vernünftigen Subjekts der Gesellschaft deckt sich bis in die Details seiner Beschreibung mit den Uneigentlichkeitsanalysen der »Verfallenheit an das Man«, die Heidegger 1927 in *Sein und Zeit* vorlegte.[17] Heidegger war Musil nicht unbekannt, und er notierte sich z. B. 1933 kritische Bemerkungen über Heideggers Verhalten im Nationalsozialismus, das er mit dessen Philosophie in Verbindung zu setzen sucht. Frappierend ist die Übereinstimmung der Analysen Heideggers zur gesellschaftlichen Uneigentlichkeit des ›Man‹ etwa mit folgendem Abschnitt des *Mann ohne Eigenschaften*:

»Im allgemeinen war man damals unter fortgeschrittenen Leuten für aktiven Geist; man hatte die Pflicht der Hirnmenschen erkannt, die Führung der Bauchmenschen an sich zu reißen. Außerdem gab es etwas, was man Expressionismus nannte; man konnte nicht genau angeben, was das sei, aber es war, wie das Wort sagte, eine Hinauspressung; vielleicht von konstruktiven Visionen, jedoch waren diese, mit der künstlerischen Überlieferung verglichen, auch destruktiv, darum kann man sie auch einfach struktiv nennen, es verpflichtet zu nichts, und eine struktive Weltauffassung, das klingt ganz respektabel. Es ist jedoch nicht alles. Man war damals tag- und weltzugewandt von innen nach außen, aber auch schon von außen nach innen; das Intellektuelle und der Individualismus galten bereits für überlebt und egozentrisch, die Liebe war wieder einmal unten durch, und man stand im Begriff, die gesunde Massenwirkung der Kitschkunst neu zu entdecken, wenn sie in die Seelen gereinigter Tatmenschen fällt. ›Man ist‹ wechselt, wie es scheint, ebenso schnell wie ›Man trägt‹ und hat mit ihm gemeinsam, daß niemand, wahrscheinlich nicht einmal die an der Mode beteiligten Geschäftsleute, das eigentliche Geheimnis dieses ›Man‹ kennt

17 Dazu ausführlich: K. Laermann, *Eigenschaftslosigkeit*, a.a.O., S. 39 ff.

... (Das Man) bildet die flüssig-luftartige Unfestheit des allgemeinen Zustandes selbst, sein Zusammenströmen aus unzähligen Gebieten, seine unbegrenzte Verbindungs- und Wandlungsfähigkeit« (1, 453 f.).

Die Anonymität subjektloser gesellschaftlicher Prozesse ist die soziale Ausprägung einer »Welt von Eigenschaften ohne Mann«, »von Erlebnissen ohne den, der sie erlebt«. In den Institutionen und gesellschaftlichen Aktionen (so in der leerlaufenden ›Parallelaktion‹) hat sich eine abstrakte, geregelte Objektivität der primären Erfahrungen der Subjekte bemächtigt.
Dieses ›Abstraktwerden‹ als Grundform gesellschaftlicher Entfremdung steht bereits im Mittelpunkt des berühmten ersten Kapitels des *Mann ohne Eigenschaften*: »Woraus bemerkenswerter Weise nichts hervorgeht«. Die Grundstruktur der Vergegenwärtigung ist die der verdrängten, *überdeckten* Authentizität. Der Zusammenhang von Lebenswelt und Verdinglichung tritt hier im Verhältnis der Metereologie zur Alltagssprache und der Statistik zum realen Unglück zutage. Exemplarisch wird die ›Kolonialisierung der Lebenswelt‹ (Habermas) anhand szientistischer Nivellierungen gezeigt.
Die vorab geregelte Wirklichkeit des »Seinesgleichen geschieht« nimmt jedem seine eigenen Entscheidungen und Möglichkeiten ab. Heidegger schreibt in *Sein und Zeit*:

»Die durchschnittliche Alltäglichkeit des Besorgens wird *möglichkeitsblind* und beruhigt sich bei dem nur ›Wirklichen‹.«[18]

Wie Heidegger setzt Musil dem bornierten *Wirklichkeitssinn* der Uneigentlichkeit und der Verfallenheit an das gesellschaftlich nivellierte Man den *Möglichkeitssinn* Ulrichs entgegen, ein utopisches Potential, eine Sensibilität für die »noch nicht erwachten Möglichkeiten Gottes«. Heideggers These in *Sein und Zeit* ist, daß Eigentlichkeit und ein Transzendieren des gesellschaftlichen Entfremdungs- und Verblendungszusammenhangs sich nur dann ereignen, wenn sich der Mensch »auf die unbezügliche Möglichkeit seines je eigenen Seinkönnens« »entwerfe«. Dieses Existenzideal der »unbezüglichen Entschlossenheit« führte dazu, daß Heidegger-Kritiker den Heidegger-Adepten den Satz in den Mund legten: »Wir sind entschlossen – wir wissen nur nicht, wozu.« Die Kritiker hatten systematisch insofern recht, als Heidegger mit »Entschlos-

18 M. Heidegger, *Sein und Zeit*, Tübingen: Niemeyer [11]1967, S. 195.

senheit« als einem fundamentalen transzendentalen Existenzial des In-der-Welt-seins in der Tat eine auf das ganze Leben bezogene Lebensform meint, die nicht über einzelne Inhalte *im* Leben bestimmt, nicht auf ein »Wozu« (Heidegger: »Worumwillen«) bezogen verstanden werden kann. Hierzu stimmt eine in der Forschung m.W. bislang nicht näher berücksichtigte Tatsache: Auch der synkategorematische Terminus »In-der-Welt-sein«, fundamental für Heidegger, begegnet in Musils Roman. Im Kapitel 40 reflektiert Ulrich über die »Unbegreiflichkeit« des »In-der-Welt-seins«, wie sie sich ihm zeige, wenn er »von einem Atem der heimatlosen großen Liebe gestreift wurde« (1, 159). Ganz, so wird man sagen können, im Sinne Heideggers, in dessen Analysen solche fundamentalen, alles im Dasein färbenden Einstellungen, Haltungen und Stimmungen wie die Liebe, die Angst oder die eigentliche Sehnsucht oder Langeweile es sind, die die Grundlosigkeit, Geworfenheit und unbegreifliche Faktizität des menschlichen In-der-Welt-seins erschließen.

Der von Heidegger angesichts der gesellschaftlichen Totalverfallenheit als radikale Alternative aufgebotene fundamentale *Dezisionismus* findet seine genaue Entsprechung beim eigenschaftslosen Möglichkeitsmenschen Ulrich. Nachdem er sich ein Jahr Urlaub genommen hat, von dieser Zeit schon die Hälfte verstrichen ist, ohne daß etwas geschehen ist, will er sich durch eine Entscheidung aus der Welt des Seinesgleichen befreien.[19]

»Und plötzlich sagte Ulrich: ›Alles das -!‹ und machte eine Bewegung, als würde er etwas mit dem Handrücken zur Seite schleudern. Er hatte es nicht zu sich gesagt, er hatte es laut gesagt, schloß jäh die Lippen und führte den Satz nur stumm zu Ende: ›alles das muß entschieden werden!‹ Er wollte nicht mehr im einzelnen wissen, was ›alles das‹ sei; ›alles das‹ war, was ihn beschäftigt und gequält und manchmal auch beseligt hatte, seit er seinen ›Urlaub‹ genommen, und in Fesseln gelegt wie einen Träumenden, in dem alles möglich ist bis auf das eine, aufzustehen und sich zu bewegen; alles das führte auf Unmöglichkeiten ... Und Ulrich fühlte, daß er nun endlich entweder für ein erreichbares Ziel wie jeder andere leben oder mit diesen ›Unmöglichkeiten‹ Ernst machen müsse, und da er nun in die Umgebung seiner Wohnung gelangt war, durcheilte er die letzte Gasse mit dem sonderbaren Gefühl, daß ihm etwas nahe bevorstehe. Es war ein beflügelndes, zu einer Tat strömendes, aber inhaltsleeres und dadurch wieder eigenartig freies Gefühl« (1, 653).

19 Vgl. dazu die Interpretation bei Laermann, a.a.O., S. 44 ff.

Immer wieder verlaufen sich die »Gesten der radikalen Unbezüglichkeit«[20] im Leeren. Bereits ganz zu Beginn des Romans, in der berühmten Szene mit dem Boxball (eine phänomenologische Hermeneutik der Gestik und der Leibesbewegungen im *Mann ohne Eigenschaften* steht aus und wäre sicher aufschlußreich), schließt sich die gestische Vergegenwärtigung des entleerten Dezisionismus einer Reflexion auf die *spezifische Zeitlichkeit des gesellschaftlichen Entfremdungszusammenhangs* an:

»Die Zeit bewegte sich.... Man wußte bloß nicht, wohin. Man konnte auch nicht recht unterscheiden, was oben und unten war, was vor und zurück ging. ›Man kann tun, was man will;‹ sagte sich der Mann ohne Eigenschaften achselzuckend ›es kommt in diesem Gefilz von Kräften nicht im geringsten darauf an!‹ Er wandte sich ab wie ein Mensch, der verzichten gelernt hat, ja fast ein kranker Mensch, der jede starke Berührung scheut, und als er, sein angrenzendes Ankleidezimmer durchschreitend, an einem Boxball, der dort hing, vorbeikam, gab er diesem einen so schnellen und heftigen Schlag, wie es in Stimmungen der Ergebenheit oder Zuständen der Schwäche nicht gerade üblich ist.«

Der entleerte Dezisionismus des Mannes ohne Eigenschaften erhebt sich auf der qualitätslosen Eindimensionalität der Gesellschaft ohne Eigenschaften, und deren tiefstes Geheimnis ist eine leerlaufende Zeit – *die Zeit ohne Eigenschaften.* Die Gesellschaft der Parallelaktion, die Gesellschaft des Seinesgleichen geschieht, ist eine eigenschaftslose Gesellschaft, und dies zeigt sich am nachdrücklichsten an ihrer genuinen Zeitstruktur. Musil arbeitet diese Zeitlichkeit minutiös heraus:

»War eigentlich Balkankrieg oder nicht? Irgendeine Intervention fand wohl statt; aber ob das Krieg war, er wußte es nicht genau. Es bewegten so viele Dinge die Menschheit. Der Höhenflugrekord war wieder gehoben worden; eine stolze Sache. Wenn er sich nicht irrte, stand er jetzt auf 3700 Meter, und der Mann hieß Jouhoux. Ein Negerboxer hatte einen weißen Champion geschlagen und die Weltmeisterschaft erobert; Johnson hieß er. Der Präsident von Frankreich fuhr nach Rußland; man sprach von Gefährdung des Weltfriedens. Ein neuentdeckter Tenor verdiente in Südamerika Summen, die selbst in Nordamerika noch nie dagewesen waren. Ein fürchterliches Erdbeben hatte Japan heimgesucht; die armen Japaner. Mit einem Wort, es geschah viel, es war eine bewegte Zeit, die um Ende 1913 und Anfang 1914. Aber auch die Zeit zwei bis fünf Jahre vorher war eine bewegte Zeit gewesen, jeder Tag hatte seine Erregungen gehabt, und

20 Laermann, a.a.O., S. 44.

trotzdem ließ sich nur noch schwach oder gar nicht erinnern, was damals eigentlich los gewesen war. Man konnte es abkürzen. Das neue Heilmittel gegen die Lues machte –; in der Erforschung des Pflanzenstoffwechsels wurden –; die Eroberung des Südpols schien-; die Steinachexperimente erregten –; man konnte auf diese Weise gut die Hälfte der Bestimmtheit weglassen, und es machte nicht viel aus. Welche sonderbare Angelegenheit ist doch die Geschichte! Es ließ sich mit Sicherheit von dem und jenem Ereignis behaupten, daß es seinen Platz in ihr schon gefunden hatte oder bestimmt noch finden werde; aber ob dieses Geschehnis überhaupt stattgefunden hatte, das war nicht sicher. Denn zum Stattfinden gehört doch auch, daß etwas in einem bestimmten Jahr und nicht in einem anderen oder gar nicht stattfindet; und es gehört dazu, daß es selbst stattfindet und nicht am Ende bloß etwas Ähnliches oder seinesgleichen« (1, 359 f.).

Die Zeitlichkeit des gesellschaftlichen Seinesgleichen ist eine vergleichgültigte, beliebige, entqualifizierte, austauschbare Abfolge von Geschehnissen – die Zeit ohne Eigenschaften als der innerste Aspekt der eigenschaftslos gewordenen Gesellschaft. Zeit wird universal, planetarisch und in eins damit qualitätslos, nivelliert zu substituierbaren *Jetztpunkten*. Angesichts dieser entfremdeten Zeitlichkeit, die die »hilflose Zeitgenossenschaft« erzeugt, »das planlos ergebene, eigentlich menschenunwürdige Mitmachen« (1, 360), angesichts dieser Zeit gilt:

»Der Zug der Zeit ist ein Zug, der seine Schienen vor sich herrollt. Der Fluß der Zeit ist ein Fluß, der seine Ufer mitführt. Der Mitreisende bewegt sich zwischen festen Wänden auf festem Boden; aber Boden und Wände werden von den Bewegungen der Reisenden unmerklich auf das Lebhafteste mitbewegt« (1, 445).
»Die Sache hat uns in der Hand. Man fährt Tag und Nacht in ihr und tut auch noch alles andere darin; man rasiert sich, man ißt, man liebt, man liest Bücher, man übt seinen Beruf aus, als ob die vier Wände stillstünden, und das Unheimliche ist bloß, daß die Wände fahren, ohne daß man es merkt, und ihre Schienen vorauswerfen, wie lange, tastend gekrümmte Fäden, ohne daß man weiß wohin« (1, 32).

Diese Beschreibungen decken sich genau mit Heideggers Analyse der uneigentlichen Zeitlichkeit der Verfallenheit an das Man; Musil verbildlicht diese Zeit als einen scheinhaft starren Großbehälter, einen leeren Stellenrahmen aus Jetztpunkten. Gut erforscht ist der Einfluß von Henri Bergsons Zeitanalysen auf Musil; auch Bergson sieht das Kardinalproblem einer Verstellung der authentischen Dauer, der durée créatrice, in einer Verräumlichung der Zeit unter den Kategorien der Quantität; die Zeit wird verdinglicht, indem sie

den Charakter eines entqualifizierten Kontinuums meßbarer Raumgrößen annimmt.
Noch deutlicher aber ist m. E. – und ich folge hier Laermann – Musils Nähe zu Heideggers Analysen. Diese Analysen gelten einer Kritik der Vorhandenheitsontologie, die sich temporal als *Metaphysik der Präsenz* zu erkennen gibt. Es gibt für diese Präsenzmetaphysik Zeit nur als gegenwärtiges Jetzt, und mithin nivelliert und vergleichgültigt sie alle Vergangenheit zum Nicht-Mehr-Jetzt, zum Schemen und Schatten des Jetzt, und vergleichgültigt alle Zukunft zum Noch-nicht-Jetzt, zum Schemen der Präsenz. Musil nennt diese Schattenhaftigkeit der Zeit »das Gespenstige des Geschehens«. Der Mensch gleitet in der Vorstellung dieser Präsenzmetaphysik an dem statischen Strom der Jetztfolge entlang bzw. bewegt sich auf ihm wie auf einer linearen Skala, ebenso wie Musils Reisender im Zeit-Zug. Ebensolche Kritik an einer temporalen Vorhandenheitsontologie und deren Paradigmatisierung der Gegenwart prägt auch das Denken des Möglichkeits- und Zukunftsmenschen Ulrich:

»›Und was würden denn sie tun‹, fragte Diotima ärgerlich, ›wenn Sie einen Tag lang das Weltregiment hätten??‹ ›Es würde mir wohl nichts übrigbleiben, als die Wirklichkeit abzuschaffen!‹
›Ich würde wirklich wissen wollen, wie Sie das anfingen!‹ ›Das weiß ich auch nicht. Ich weiß nicht einmal genau, was ich damit meine. *Wir überschätzen maßlos das Gegenwärtige, das Gefühl der Gegenwart, das, was da ist;* ich meine, so wie Sie jetzt mit mir in diesem Tale da sind, als ob man uns in einen Korb gesteckt hätte, und *der Deckel des Augenblicks ist daraufgefallen.* ... was uns wahrhaft bewegt, mich wenigstens, steht – vorsichtig gesprochen; ich will keine Erklärung und keinen Namen dafür suchen! – immer in einem gewissen Gegensatz zu dieser Weise des Erlebens. Es ist verdrängt von Gegenwart; das kann in dieser Weise nicht gegenwärtig werden!‹« (1, 289; Hervorhebung Th. R.)

Dieses zeitliche Verfallen an die Gegenwart, Heideggers Paradigma sowohl der Präsenzmetaphysik wie auch einer uneigentlichen, durchschnittlichen Alltäglichkeit, ist die Zeitform des konventionellen Seinesgleichen: In der nivellierten Jetztfolge enthüllt sich die entqualifizierte Beliebigkeit und Eindimensionalität des gesellschaftlichen Geschehens. Die Gesellschaft Kakaniens – Paradigma der modernen Welt, des noch Kommenden in der Metapher der Vergangenheit (Musil: »nur ein besonders deutlicher Fall der modernen Welt«) – schließt sich zusammen zu einem auch zeitlich transzendenzlosen Käfig, zu einer *negativen Totalität*, zu einem modernen »Kosmos«, zu einem neuen »ordo« – jedoch nicht mehr zu einem griechischen Kosmos oder zu einem mittelalterlichen ordo, sondern zu *Kosmos und ordo der Verdinglichung*.

Angesichts dieser zeitlich-sozialen Eigenschaftslosigkeit, die im Kern daher auch Geschichtslosigkeit bei gleichzeitiger Höchststeigerung an Ereignisdichte ist, gelingt nämlich keineswegs ein Rückgang zu traditionellen Ordnungsvorstellungen und Weltentwürfen. So, wie es hinter die Destruktion der Substanzontologie und der Subjektmetaphysik keinen Rückgang zu alten Philosophien gibt, so gibt es auch aus der eigenschaftslosen Zeitlichkeit der modernen Gesellschaft kein naives Zurück in den Schein einer einfachen Ordnung – und dies ist sowohl das existenzielle Problem Ulrichs als auch das Stil-, Form- und Gestaltungsproblem seines »Vaters« Robert Musil.

Davon zeugt folgende Kernstelle des Romans: Ulrich erkennt

»daß das Gesetz des Lebens, nach dem man sich, überlastet und von Einfalt träumend, sehnt, kein anderes sei als das der erzählerischen Ordnung! Jener einfachen Ordnung, die darin besteht, daß man sagen kann: ›Als das geschehen war, hat sich jenes ereignet!‹ Es ist die einfache Reihenfolge, die Abbildung der überwältigenden Mannigfaltigkeit des Lebens in einer eindimensionalen, wie ein Mathematiker sagen würde, was uns beruhigt; die Aufreihung alles dessen, was in Raum und Zeit geschehen ist, auf einen Faden, eben jenen berühmten ›Faden der Erzählung‹, aus dem nun also auch der Lebensfaden besteht. ... Die meisten Menschen ... lieben das ordentliche Nacheinander von Tatsachen, weil es einer Notwendigkeit gleichsieht, und fühlen sich durch den Eindruck, daß ihr Leben einen ›Lauf‹ habe, irgendwie im Chaos geborgen. Und Ulrich bemerkte nun, daß ihm dieses primitiv Epische abhanden gekommen sei, woran das private Leben noch festhält, obgleich öffentlich alles schon unerzählerisch geworden ist und nicht einmal einem ›Faden‹ mehr folgt, sondern sich in einer unendlich verwobenen Fläche ausbreitet« (1, 650).

Hinter dem epischen Schein der Normalität verbirgt sich bereits die unendlich verwobene Fläche der eigenschaftslosen gesellschaftlichen Totalität; und Ulrich, der bewußt Mann ohne Eigenschaften ist, vermag sich der Ordnungsillusion nicht mehr hinzugeben. Ein neues ungeahntes Abenteuer von fremdartigem Zauber eröffnet sich für ihn und entreißt ihn der Gesellschaft des Seinesgleichen geschieht. Jedoch bleibt er eigenschaftslos, wie jetzt zu zeigen ist.

3. Archaische Regression und qualitätsfreie Identität. Zur mythischen und mystischen Eigenschaftslosigkeit

Zunächst läßt sich sagen, daß Musil die mystische Eigenschaftslosigkeit im von ihm so genannten *anderen Zustand* als *objektlose* Einstellung bzw. *gegenstandslose* Stimmung darstellt. Eigenschaftslos ist der andere Zustand, weil er frei ist von einer intentionalen Ausrichtung auf etwas (ein Objekt), weil ihm keine Haftung an einen Gegenstand eignet. Und mit den intentionalen Objekten löst sich auch eine substanzielle Subjektivität auf. An ihre Stelle tritt im anderen Zustand entweder ein *eigenschaftsloses Kontinuum* oder eine *qualitätsfreie Einheit*. Diese objektlose Einheit, diese totale Identität ohne jegliche Fremdheit entwirft Musil als narzißtischen Inzest der Geschwister. Dieser Inzest ermöglicht die von Ulrich ersehnte seraphische Liebe, deren frühe Antizipation im Roman bereits die »Fernliebe« zu der Frau Major darstellt. Ulrich nennt diese seraphische Fernliebe »Liebe ohne Gegenspieler« und »Liebe ohne Geschlechtlichkeit« (1, 811). Diese Fernliebe, in der Ulrich die ferne Geliebte vorschwebt

»wie die späten Herbsttage im Gebirge, wo die Luft etwas zum Sterben Ausgeblutetes in sich hat, die Farben aber in höchster Leidenschaft brennen«,

in denen er

»die blauen Fernblicke vor Augen (sieht), ohne Ende in ihrer geheimnisvoll reichen Abstufung« (1, 878),

diese Fernliebe ist sublime Autoerotik: Sie liebt keinen anderen Menschen, sondern die Liebe (die eigene Liebe) selbst als Melancholie der Sehnsucht. Sie erfüllt sich im anderen, inzestuösen Liebeszustand der Geschwister. Diese Konzeption gegenstandsloser Liebe hat Musil u. a. von Ludwig Klages rezipiert. »Objektlosigkeit« als Signum der Authentizität findet sich in den zwanziger Jahren in vielen Entwürfen der Philosophie. Objektlosigkeit und Nichtintentionalität figurieren hier vor allem als Garanten der existenziellen Totalität, Identität und entfremdungsfreien Immanenz. In diesen Entwürfen wird die nicht mehr auf Etwas in der Welt ausgerichtete Subjektivität als »weltlose« »gleich groß« wie die Welt; der totale Objektverlust garantiert die solipsistische Identität. Das ist die Konzeption des *Glücks* bzw. des *glücklichen*

Lebens in der transzendentalen Ethik des frühen Wittgenstein. Dieses glückliche Leben hat keinen Gegenstand und Anlaß des Glücks mehr im Leben, sondern es ist gegenstandsunabhängiges Totalglück: die glückliche Sicht der Welt-als-begrenzter-ganzer. Dem Glück bei Wittgenstein entspricht die *Todesangst* bei Heidegger: Diese Angst hat keinen Gegenstand mehr, vor dem sie zurückschreckt (wie die Furcht), sondern in ihr zeigt sich die endliche Totalität und Faktizität des ganzen Lebens. Diesen Entwürfen gegenstandslosen Glücks bzw. gegenstandsloser Angst bei Wittgenstein und Heidegger entspricht genau die Konzeption der *Liebe*, die Ludwig Klages in seinem Werk *Der kosmogonische Eros* vorgestellt hat und die Musil rezipiert. Während nach Klages der Sexus ein zielgerichteter Trieb ist, der von uns Besitz ergreift und kurzfristige Befriedigung und Verlöschen findet, ist der eigentliche Eros »überhaupt kein Trieb, sondern ein völliger Zustand«. Es ist der erotische Zustand, »der keines Objektes zu seiner Erfüllung bedarf«.[21] Während der Sexus sich an sein Objekt verliert und so sich selbst verdinglicht und die Welt entzaubert, flieht der kosmogonische Eros jede Verfügbarmachung und Vergegenständlichung. Klages schreibt:

»Und so wird es denn auch anschaulich klar, daß die Entzauberung der Welt bestehe in der Tilgung ihres *Gehalts an Ferne* ... kosmischer Eros ... ist *Eros der Ferne.* Darum, indem er die Freiheit verneint, tötet der Besitztrieb den Eros, mit ihm den Nimbus der Welt.«[22]

Ähnlich schreibt Ulrich über seine Fernliebe,

»daß das große Zu-Liebe-leben eigentlich gar nichts mit Besitz und dem Wunsche Seimein zu tun habe, die aus der Sphäre des Sparens, Aneignens und der Freßsucht stammten« (1, 126).

Diese Fernliebe zur Frau Major ist die erste Einbruchstelle des anderen Zustands im Roman; und sie ist die Antizipation der Geschwisterliebe.

Im anderen Zustand ist die Eigenschaftslosigkeit aber nicht nur als Eros der Ferne mystisch präsent, sondern auch mythisch: als archaische Regression. Eigenschaftslose Einheit und unvermittelte Identität erscheinen nicht nur als kosmischer Eros, sondern ge-

21 L. Klages, *Der kosmogonische Eros,* München 1922, S. 35. Vgl. S. 38f. und Laermann, a.a.O., S. 133.

22 Klages, a.a.O., S. 170f. Vgl. Laermann, a.a.O., S. 133.

steigert, radikalisiert als narzißtischer Inzest. Dabei wird das Wesen der Liebe der Geschwister mit einem ursprünglichen Hermaphroditismus in Zusammenhang gebracht. Der Narzißmus zu zweit als die Aufhebung jeder sexuellen Differenz wird zur »unendlichen Spiegelung der eremitischen Liebe«. Die Liebe im anderen Zustand wird zur Apotheose der *sexuellen Eigenschaftslosigkeit.* (1, 904 ff.) Dies hat treffend Hartmut Böhme gesehen:

»Musil hat die – vergebliche – Beschwörung der wechselseitigen narzißtischen Spiegelung als Abwehrreflex auf den historischen Sinnverfall und den Entfremdungsdruck der Gesellschaft in den Satz gefaßt: ›Eine besondere Art der gegenseitigen Ergänzung, wie zwei Spiegel einander das selbe Bild zuwerfen, das immer inständiger wird‹ (MoE 1352). Diese verzehrende Unendlichkeit des Spiegelblicks wird mit vollem Bewußtsein im Begriff des ›Stillebens‹, der ›nature morte‹ reflektiert (MoE 1229 f., 1312). Die nature morte nimmt die ovidianische Ästhetik des Signum ›wie aus Parischem Marmor geformt‹ wieder auf als die Todesnähe der narzißtischen Erfüllung jenseits der Ordnung der bürgerlichen Familie. ›Der markbetäubende Anhauch des Stillebens‹ mit einem ›erregenden, undeutlichen, unendlichen Echo‹ (MoE 1230) wiederholt, im Angesicht des heraufziehenden Krieges, den Narziß-Mythos als ultimative Lösung gesellschaftlicher Melancholie. Die Atopie des narzißtischen Signums wird noch einmal aufgeboten als utopisches Gegenbild der Gesellschaft. Doch erzeugt sie nicht deren bestimmte Negation, sondern die ›glückliche unendliche Traurigkeit‹ (MoE 1230), das Unerlöste, Verlockende und Verzehrende des historisch deterritorialisierten Wunsches im Bild der Kunst. Die Ästhetik der Musilschen Geschwister-Liebe enthält, wie zur Rehabilitation des Narziß, das Ansehen eines zarten Todes oder einer leidenschaftlichen Ohnmacht« (MoE 1094).[23]

Neben der sexuellen Eigenschaftslosigkeit im anderen Zustand, die archaisch-mythisch vergegenwärtigt wird, steht die im engeren Sinne mystische Konzeption. Wir erreichen mit einer Beschreibung der Herkunft dieser mystischen Eigenschaftslosigkeit einen wesentlichen Ursprungsort des Musilschen Denkens und entfernen uns am weitesten von den neopositivistischen und sozialkritischen Entwürfen der Eigenschaftslosigkeit. Denn insbesondere die letzteren sind ja Versuche der Vergegenwärtigung der äußersten Not und Entfremdung der Epoche; während die Entwürfe der

23 H. Böhme, »Sinne und Blicke. Variationen zur mythopoetischen Geschichte des Subjekts«, in: *Reiz Auge Phantasie* (= Konkursbuch 13. *Zt. f. Vernunftkritik*, Tübingen 1984, S. 58 f.) Böhme zitiert den *Mann ohne Eigenschaften* (MoE) nach der Ausgabe Reinbek bei Hamburg 1978.

Eigenschaftslosigkeit im anderen Zustand, erotisch wie mystisch, Utopien des Glücks und entfremdungsfreien Seins darstellen.
Zwar hat man die Spuren der *Ekstatischen Konfessionen* Martin Bubers aufs gründlichste im *Mann ohne Eigenschaften* nachgewiesen,[24] man hat Gedankengut Plotins identifiziert, und Manfred Frank[25] hat versucht, Musils Mystik in die Nähe romantischer Dichtermystik – vornehmlich des Novalis – zu rücken. Und zweifellos kannte Musil diese Traditionen nicht nur, sondern hat sie sich frei angeeignet, wo dies im Sinne seines Werks war. Die tiefste Berührung mit der großen mystischen Tradition stellt jedoch Musils Meister-Eckhart-Rezeption dar. Wir konnten bisher in etlichen Aspekten die Kategorie der Eigenschaftslosigkeit als roman-konstitutiv erweisen; die Kategorie selbst jedoch stammt ursprünglich von Meister Eckhart. Das ist jetzt zu zeigen, wobei ich vor allem Jochen Schmidts Analysen berücksichtige.[26]
»Eigenschaft« besagt in der Tradition nicht nur »Beschaffenheit« oder »Merkmal«, sondern vor allem auch »Eigentum« und »Eigenheit«; »Eigenschaft« diente zur Übersetzung von »qualitas« und »proprietas«. Die Begriffsgeschichte zeigt den Ursprung des Wortes in der *mönchischen Lebensform*:[27] »proprium« und »proprietas« sind die Vergehen, gegen die sich die mönchischen Reformbewegungen bereits des 10. Jahrhunderts (Cluniazenser, Kartäuser, Zisterzienser) richten, denn Besitz und Eigentum stehen im Widerspruch zum Gelübde der Armut (paupertas). Seit Bernhard von Clairvaux bedeutet »proprietas« nicht nur den Besitz, sondern meint auch die *sündige Lebensform, etwas zu besitzen*, überhaupt

24 D. Goltschnigg, *Mystische Tradition im Roman Robert Musils. Martin Bubers »Ekstatische Konfessionen« im »Mann ohne Eigenschaften«*. = Poesie und Wissenschaft Bd. XXXIV, Heidelberg: Stiehm 1974.

25 M. Frank, »Auf der Suche nach einem Grund. Über den Umschlag von Erkenntniskritik in Mythologie bei Musil«, in: K. H. Bohrer (Hg.), *Mythos und Moderne*, Frankfurt am Main: Suhrkamp 1983, S. 218-263. Vgl. M. Frank, *Gott im Exil. Vorlesungen über die neue Mythologie* II, Frankfurt am Main: Suhrkamp 1988.

26 J. Schmidt, *Ohne Eigenschaften. Eine Erläuterung zu Musils Grundbegriff*, Tübingen 1975.

27 Ich folge hier dem ertragreichen Artikel »Eigenschaft« von H. J. Fuchs, in: J. Ritter (Hg.), *Historisches Wörterbuch der Philosophie* Bd. 2, Basel/Stuttgart: Schwabe & Co. 1972, S. 334-337. Auf diesen Artikel nimmt auch J. Schmidt, a.a.O., S. 52 f. Bezug.

etwas sein Eigen zu nennen: »Illa mala pestis Proprietas«. Im 12. Jahrhundert wird »proprietas«/»proprium« zu einem theologischen Abstraktum, das »*alles* umfaßt, was der Mensch für sich, d. h. ohne göttlichen Rückbezug, denkt, empfindet und besitzt«.[28] Dem steht das monastische »vivere sine proprio« alternativ gegenüber. Es kommt so zu einem *in Lebensformen* gründenden, tief verwurzelten antithetischen Dualismus zwischen »proprietas« und »deitas«, zwischen Haben und Sein (so könnte man übersetzen). »Proprietas« rückt so auf die Ebene des »amor sui« und der »voluntas propria«, Selbstliebe und Eigenwillen, den augustinischen Wurzeln alles Bösen. In der theozentrisch-dualistischen Dominikaner-Mystik bedeutet »proprietas« die Selbstbezogenheit als die eigenmächtige Selbstbefangenheit, den existentiellen Zirkel der in sich verkrümmten, verfallenen Subjektivität. Die Begriffsgeschichte zeigt also eine starke Spiritualisierung, von der äußeren Armut, Besitzlosigkeit zu einem theologischen, ontologischen, anthropologischen Grundbegriff. Das gilt für die gesamte asketisch-mystische Tradition Westeuropas, für die niederländische und flämische Mystik, für Tauler, Ruysbroek und Seuse; die spanische Karmelitermystik des 16. Jahrhunderts (»propriedad« = Inbegriff der gottesfernen Individualität); ebenso für die gegenreformatorische Literatur Frankreichs; den Quietismus Fénelons, der »propriété« mit seinem negativen Grundbegriff »amour-propre« gleichsetzt und sie »in ihrem tiefsten Wesen als Selbst-Reflexion entlarvt«.[29]
Weichenstellend für die Begriffsgeschichte und ausschlaggebend für Musil ist jedoch Meister Eckhart. *Er bildet allererst das Wort »Eigenschaft«* und verwendet es zur Übersetzung von »proprietas«.[30] Seine Predigten sind weithin die Übersetzung theologischer Systemgedanken in praktische Lebensorientierungen. In diesem Verkündigungskontext begegnet zugespitzt immer wieder die Gegenüberstellung »mit Eigenschaft« – »ohne (âne) Eigenschaft«.

28 H. J. Fuchs, »Eigenschaft«, a.a.O., S. 335.
29 Fuchs, a.a.O. S. 336f. Vgl. dazu auch: R. Spaemann, *Reflexion und Spontaneität. Studien über Fénelon*, Stuttgart: Kohlhammer 1963.
30 Fuchs, S. 336.

»Diz eigen suln wir dâ mite erarnen, daz wir hie sîn âne eigenschaft unser selbes« (Dies Eigene sollen wir damit erwerben, daß wir hier (in dieser Welt) ohne jede ›Eigenschaft‹ in Bezug auf uns selbst leben) [31].

Nachweislich hat Musil Eckhart gelesen, ja er zitiert ihn nahezu wörtlich im *Mann ohne Eigenschaften:*

»›Auch in Christus war ein äußerer und ein innerer Mensch, und alles, was er in Bezug auf äußere Dinge tat, tat er vom äußeren Menschen aus, und stand dabei der innere Mensch in unbeweglicher Abgeschiedenheit‹ sagt Eckhart« (1, 121).

In dieser Predigt *Von der Abgeschiedenheit* entwirft Eckhart der Sache nach sein Existenzial der Eigenschaftslosigkeit. Er verwendet die stehende Wendung »ohne Eigenschaften« synonym mit »Ledigsein« und »Freisein«. Ein authentisches Handeln aus Freiheit ist nach Eckhart nur möglich ohne Eigenschaft. Wer etwa handelt, um Gottes Gnade zu verdienen, der handelt noch mit Eigenschaft, »mit zît unde mit zal, mit vor unde mit nâch.«[32] Es geht aber darum, eigenschaftslos, und das heißt, »von minne und âne warumbe« (aus Liebe und ohne Warum) zu handeln. Wäre ich ohne Eigenschaft, daß ich nichts mit Eigenschaft hätte, weder im Tun noch im Lassen, weder mit vor noch mit nach,

»daz ich in diesem gegenwürtigen nû vrî unde ledic stuende ... sô wêre ich juncvrowe âne hindernisse.«[33]

Diese Jungfräulichkeit und Eigenschaftslosigkeit gilt es zu leben. So stellt Eckhart die ungebundene Liebe »âne eigenschaft« der eigenschaftlichen Liebe im Rahmen der Institution Ehe gegenüber. Die Formel »ohne Eigenschaft« wird zum fundamentalen theologischen Programm und zur Antizipation reformatorischer Theologie:

»Elîche liute die bringent des jâres lützel mê denne eine fruht. Aber ander *êliche liute* die meine ich nû ze disem mâle: *alle die mit eigenschaft gebunden sint* an gebete, an vastenne, an wachenne und aller hande ûzer-

31 Meister Eckhart, *Predigten*, hg. von J. Quint, 1, S. 298. Die Übersetzung stammt von H. J. Fuchs, a.a.O., S. 336.

32 Meister Eckhart, *Predigten, Tractate*, hg. von F. Pfeiffer, Leipzig 1857 (Deutsche Mystiker des 14. Jahrhunderts, Bd. 2), ND Aalen 1962, S. 35. Vgl. dazu J. Schmidt, *Ohne Eigenschaften*, a.a.O., S. 49.

33 Meister Eckhart, *Predigten*, hg. Pfeiffer, a.a.O., S. 42 f. Vgl. Schmidt, a.a.O., S. 50.

lîcher üebunge unde kestigunge. Ein iegelîchiu *eigenschaft* eines werkes, *daz die vrîheit benimet*, in diseme gegenwürtigen nû gote ze wartenne unde dem alleine ze volgene in dem liehte, mit dem er dich anwîsende wêre ze tuonde unde ze lâzende in eime ieglîchen nû *frî unde niuwe*, als obe dû anders niht enhabest noch enwellest noch enkünnest: ein ieglîchiu *eigenschaft* oder fürgesetzet werk, *daz dir dise frîheit benimet alle zît niuwe*, daz heize ich nû ein jâr, wan dîn sêle bringet dekeine fruht, si enhabe daz werc getân, daz dû *mit eigenschaft* besezzen hâst, noch dû engetriuwest gote noch dir selber, dû enhabest dîn werc vollebrâht, daz dû *mit eigenschaft* begriffen hâst, anders sô enhâst dû dekeinen vriden. Dar umbe sô enbringest dû ouch enkeine fruht, dû enhabest dîn werc getân. Das setze ich für ein jâr, unde diu fruht ist noch denne kleine, wan si *ûz eigenschaft gegangen* ist nâch dem werke, *unde niht von vrîheit.* Daz heize ich êtliche liute, wan sie an eigenschaft gebunden stânt. Dise bringent lützel frühte unde diu selbe ist nochdenne kleine vor gote... Ein juncvrouwe, diu ein wîp ist, *vrî und ungebunden âne eigenschaft,* diu ist gote und ir selber alle zît gelîch nâhe. Diu bringet vil frühte unde die sint grôz, minre *noch mê denne got selber ist.*«[34]

Die Eheleute sind mit Eigenschaft gebunden, sie besitzen sich gegenseitig, und dies beraubt sie der Freiheit. Eigenschaftslos sein heißt, frei und ledig sein, Gott jetzt und hier im Augenblick erwarten. Die jungfräuliche Ungebundenheit und Freiheit »ohne Eigenschaft« wird bei Eckhart zum Paradigma eines Lebens-in-Gott, zum Paradigma grundloser Spontaneität als Lebensform. »Ohne Eigenschaften« zu sein, dies ist für Eckhart auch das tiefste Geheimnis Gottes, und so wird die Kategorie der Eigenschaftslosigkeit von ihm zur Destruktion der Trinitätstheologie und der Lehre von der Personalität Gottes verwendet. Gott hat keinen Namen und besteht nicht aus Personen. Seine Einheit (»diz einig ein«)

»ist sunder wîse und sunder eigenschaft. Und dar umbe, sol got iemer dar în geluogen, ez muoz in kosten alle sîn götlîche namen unde sîn persônlich eigenschaft: daz muoz er allez hie vor lâzen ... er ist einvaltig ein, âne alle wîse und eigenschaft.«[35]

Jochen Schmidt resümiert,

»daß Meister Eckharts Lehre von der Eigenschaftslosigkeit zuerst den Menschen ohne Eigenschaften als höchste Form des Menschseins und

34 Meister Eckhart, a.a.O., S. 43 f. Hervorhebung Th. R. Vgl. Schmidt, a.a.O., S. 50 f.
35 Meister Eckhart, a.a.O., S. 46.

dann, als allein wahre, weil wesentlich bleibende Gottheit, den Gott ohne Eigenschaften fordert. Mensch und Gott kommen überein in der unio mystica, die bei Musil ›der andere Zustand‹ heißt. Mit der substanziellen, durch den Begriff der Eigenschaftslosigkeit erläuterten Gleichheit ist schon jenes Problem der bloßen Selbstbegegnung gegeben, einer faktischen Identität, in der alles versinkt und die alles Sprechen zur infiniten Tautologie macht – die Grundstruktur des Musilschen Denkens.«[36]

4. Transzendenz und Verdinglichung. Die negative Dialektik der Modernität

Wir konnten die Eigenschaftslosigkeit als Grundkategorie des Musilschen Werks näher bestimmen

1. als Eigenschaftslosigkeit durch Erkenntnis- und Metaphysikkritik und durch Anti-Essentialismus,
2. als Eigenschaftslosigkeit durch gesellschaftliche Verfalls- und Entfremdungsphänomene und insbesondere durch die verdinglichte und vergleichgültigte Zeiterfahrung des »Seinesgleichen geschieht«,
3. als Eigenschaftslosigkeit im »anderen Zustand«, die sich sexuell in mythischen Bildern ausprägt und die sich mystisch als existentielle Einlösung einer radikal negativen Theologie entfaltet.

Entweder prägt sie sich aus als *Diffusion in vergleichgültigte Elemente* ohne Mitte und ohne substanzielles Zentrum, oder sie prägt sich aus in *Formen leerer Identität,* in Formen alles umgreifender, qualitätsloser, ungegenständlicher, objektlos-solipsistischer, narzißistischer, inzestuöser, hermaphroditischer oder negativ-mystischer Totalität. Paradigmen der Diffusion in vergleichgültigte Elemente und Komplexe waren die neopositivistische Erkenntnislehre und die entfremdete gesellschaftliche Zeit (Zeit

36 J. Schmidt, a.a.O., S. 52. Vgl. zu dem Thema Mystik und Moderne im Blick auf Musil auch: W. P. Eckert, »Eckart-Rezeption und Umdeutung in der neueren deutschen Literatur«, in: U. Kern (Hg.), *Freiheit und Gelassenheit. Meister Eckhart heute*, München: Kaiser 1980, S. 188 ff.

des gesellschaftlichen Seins). Die leere, tautologische Identität prägte die Modi des »anderen Zustands«.

Es zeigt sich mithin eine *geheime Entsprechung* der positivistischen Weltkonstitution totaler Verdinglichung und der emphatischen Einlösung mystischer Transzendenz durch totale Entdinglichung, durch totale Objektlosigkeit. Diese geheime Entsprechung, die Musil m. E. bewußt gestaltet, könnte man *die negative Dialektik einer prekär gewordenen Moderne* nennen. Musil unterschlägt keineswegs, daß die Eigenschaftslosigkeit als totale Objektlosigkeit im anderen Zustand nicht etwa die »Lösung« aller gezeigten Probleme darstellt oder birgt, sondern eine prekäre Nähe zu infantilen Regressionen, narzißtischen Allmachtsphantasien und zur Wiederkunft archaischer Wunschträume aufweist. Diese Entsprechungen hebt vielmehr seine subtile Darstellungskunst ans Licht; und nichts von dieser suggestiven Vergegenwärtigung der Ambivalenz des anderen Zustands schmälert den doch ungebrochenen Glanz und Zauber, der von ihm ausgeht. Jedoch: Der positivistischen Identitätsdiffusion und der sinnentleerten Eindimensionalität der gesellschaftlich leerlaufenden Zeit enspricht die mystische Depersonalisierung, das »Entwerden« und Untergehen des Selbst, die sich zur Totalität der Welt ausweitende Ent-Individuierung, die in eins solipsistische Entweltlichung ist.

Diese geheime Entsprechung der inkommensurablen Aspekte einer entzweiten Realität zeigt sich auch immer wieder in der den Roman durchziehenden Dialektik von Sehnsucht und Ekel und von gleichermaßen bestürzender Nähe und Ferne der Welt:

»und die nackten Bäume kamen ihm merkwürdig körperlich vor; häßlich und naß wie Würmer und trotzdem so, daß man sie umarmen und mit Tränen im Gesicht an ihnen niedersinken mochte« (1, 257).

»Jedoch diese Regung stieß ihn im gleichen Augenblick zurück, wo sie ihn berührte« (1, 257).

In der Feinstruktur der Subjektivität geschieht so das, was auch die totale Perspektive auf den Weltzustand zeigt: der augenblickliche und aporetische Zusammenfall von Erfüllung und Verlöschen.

Die Diffusion in vergleichgültigte Elemente und die leere Transzendenz scheinen sich ergänzend zu entsprechen im Sinne einer *coincidentia oppositorum.* Der negativen, eigenschaftslosen Totalität der reinen Transzendenz entspricht die negative Totalität des universalen Verdinglichungszusammenhangs. Sie spiegeln sich wie Ulrich, dessen Glasspiegelbild am Fenster durch das zart diffundierende Grün der Blätter des Gartens aufgefüllt wird. Die eindimensionale und die mystische Rationalität spiegeln sich aneinander und sind verwandt. Die Wirklichkeit spaltet sich so – und das ist die fundamentale Entzweiung – in *zwei völlig inkompatible Ebenen, die sich gleichwohl zur Ergänzung entsprechen.* Der modernen universalen Verdinglichung und Vermitteltheit korrespondiert die Repristination archaischer Authentie und die mystische Unmittelbarkeit in der Gestalt negativer Totalität und leerer Transzendenz. Zu allem, was an Seinesgleichen geschieht, funktional leerläuft und in der Auflösung entgleitet und zerbricht, zu allem, was der Fall ist auf der Ebene der Uneigentlichkeit, zu all dem bildet die Authentie des anderen Zustands gleichsam eine *leere Form.* Angesichts dieser Exposition der Problemlage *beginnt* erst, weit entfernt davon, in ihr aufzugehen, die ästhetische Meisterschaft Musils.

5. Anrennen gegen das Paradox – Wittgenstein, Heidegger und Kierkegaard

> Ich sage euch aber, daß die Menschen müssen Rechenschaft geben am jüngsten Gericht von einem jeglichen unnützen Wort, das sie geredet haben. Aus deinen Worten wirst du gerechtfertigt werden, und aus deinen Worten wirst du verdammt werden.
>
> *Matth. 12, 36f.*

Wittgenstein äußerte am 30. 12. 1929 inmitten des Wiener Kreises, in einer Diskussion mit Moritz Schlick und Friedrich Waismann, er verstehe, was Heidegger in seiner Analyse der Todesangst zu zeigen versuche und was er mit der Rede vom Sein meinte. Er nimmt dabei auf Kierkegaard Bezug, dessen Rede vom Anrennen gegen das Paradox er zitiert. Dieses aufschlußreiche Zeugnis und einige andere Texte sollen im folgenden herangezogen werden, um zu fragen: Wie läßt sich die philosophische, systematische Relevanz Kierkegaards für Wittgensteins Denken inhaltlich und ggf. methodologisch fassen?

Die Aufzeichnung Waismanns vom 30. Dezember 1929 wurde zuerst im Januar 1965 in der Zeitschrift *Philosophical Review* veröffentlicht, rätselhafterweise beschnitten um die Überschrift sowie den ersten und den letzten Satz des hier wiedergegebenen vollständigen Originals:

»Zu Heidegger

Ich kann mir wohl denken, was Heidegger mit Sein und Angst meint. Der Mensch hat den Trieb, gegen die Grenzen der Sprache anzurennen. Denken Sie z. B. an das Erstaunen, daß etwas existiert. Das Erstaunen kann nicht in Form einer Frage ausgedrückt werden, und es gibt auch gar keine Antwort. Alles, was wir sagen mögen, kann a priori nur Unsinn sein. Trotzdem rennen wir gegen die Grenzen der Sprache an. Dieses Anrennen hat auch Kierkegaard gesehen und es sogar ganz ähnlich (als Anrennen gegen das Paradoxon) bezeichnet. Dieses Anrennen gegen die Grenzen der Sprache ist die *Ethik*.

Ich halte es für sicher wichtig, daß man all dem Geschwätz über Ethik – ob es eine Erkenntnis gebe, ob es Werte gebe, ob sich das Gute definieren lasse etc. – ein Ende macht. In der Ethik macht man immer den Versuch, etwas zu sagen was das Wesen der Sache nicht betrifft und nie betreffen kann. Es ist a priori gewiß: Was immer man für eine Definition zum Guten geben mag – es ist immer ein Mißverständnis, das Eigentliche, was man in Wirklichkeit meint, entspreche sich im Ausdruck (Moore). Aber die Tendenz, das Anrennen, *deutet auf etwas hin*. Das hat schon der heilige Augustin gewußt, wenn er sagt: Was, du Mistviech, du willst keinen Unsinn reden? Rede nur einen Unsinn, es macht nichts!«[1]

Warum der Text 1965 um Heidegger, Sein, Angst und Augustinus verstümmelt wurde, kann nur vermutet werden. Vielleicht war es den Herausgebern selber bange, kurz nach Erscheinen von *Sein und Zeit* (1927) – Wittgenstein muß es ziemlich rasch zur Kenntnis genommen haben – einen Wittgenstein zu vernehmen, der seine Nähe zu Grundgedanken Heideggers bekundet.
Ich meine, daß dieser Text, der allerdings nur aus einer Gesprächsnotiz stammt, doch unverkennbar bestimmte, sehr grundsätzliche Auffassungen Wittgensteins enthält, die seine Beziehung zu Kierkegaard beleuchten können. Der Text ist auch insofern interessant, als er der meines Wissens einzige ist, in dem Wittgenstein auf Heidegger Bezug nimmt. Man kann in solchen und ähnlichen Tour-de-force-Statements die Lust an der intellektuellen Provokation seiner Gesprächsteilnehmer heraushören, so z. B. in vielen der Gespräche mit Drury. Rhetorische Lust am Dogmatismus ist es auch, wenn wir mit Drury hören: »Kierkegaard was by far the most profound thinker of the last century. Kierkegaard was a saint.«[2], ebenso »I am not a religious man but I cannot help seeing every problem from a religious point of view.«[3] – wohl eine der kürzesten denkbaren Formeln für vollendete Säkularisierung im Karl Löwithschen Sinne.
Die Verständniserklärung zu *Sein und Zeit* und zu Kierkegaard betrifft jedenfalls keine Marginalien, sondern ganz zentrale Aspekte der Existentialontologie Heideggers, d. h. der Heideggerschen Destruktion der traditionellen Ontologie und ihrer Über-

1 L. Wittgenstein, »Zu Heidegger«, in: *Ludwig Wittgenstein und der Wiener Kreis: Gespräche,* aufgezeichnet von F. Waismann, hg. B. F. McGuinness, Frankfurt am Main: Suhrkamp 1967, S. 68 f.

2 M. O'C. Drury, »Some notes on conversations with Wittgenstein«, in: R. Rhees (Hg.), *Ludwig Wittgenstein: Personal recollections*, Oxford 1981, S. 102.

3 Drury, a.a.O., S. 94.

führung in eine Analytik des Daseins. Wittgenstein muß dieser Zusammenhang präsent gewesen sein. Sonst wäre es ihm nicht möglich gewesen, diesen kurz und treffend zu benennen und ihn sogar auf seine eigenen Kernthesen zur Absolutheit der Ethik sowie auf Kierkegaard als einen gemeinsamen Stammvater der Analysen Heideggers und seines eigenen Denkens zu beziehen. Im Waismann-Text ist es Wittgenstein möglich, in gedrängter Form einen Leitgedanken Heideggers aufzugreifen und auf seine damalige Sprachkritik zu beziehen: den Gedanken der ontologischen Differenz von Sein und Seiendem: *Daß* überhaupt etwas ist, ist Grund eines sprachlich zunächst nicht weiter bestimmbaren Sich-Wunderns oder Staunens. Man kann eigentlich nicht *darüber* reden, weil ein unterscheidbares Etwas, ein Darüber der Rede oder des Staunens nicht benannt werden kann. *Daß* alles ist – das »Sein des Seienden« – ist selbst keine innerweltlich auf der Ebene normaler Tatsachen anzusiedelnde, aber z. B. nur »sehr große« Tatsache. *Daß* die Welt ist, *daß* jeder einzelne von uns existiert, das ist keine irgend kommensurable Tatsache in der Welt oder in unserem Leben.

Es ist aufschlußreich, wie Wittgenstein diese Gedanken, die er selbst auch im *Tractatus* entwickelt, mit Kierkegaard verbindet: nämlich über die Ethik. Sinnkritisch, so können wir ihn verstehen, rangiert das Ethische auf der ›existential-ontologischen‹ Daß-Ebene. Diese sinnkritische Grundüberzeugung Wittgensteins wird auch in seiner *Lecture on Ethics* unmißverständlich klar artikuliert. Auch sie müssen wir daher in unsere Betrachtung des Verhältnisses von Wittgenstein zu Kierkegaard einbeziehen.

In dieser Vorlesung, die zwischen September 1929 und Dezember 1930 entstand, also zur Zeit auch der Waismann-Gesprächsnotiz, interpretiert Wittgenstein ontologische Grenzerfahrungen als existentiellen Bezugspunkt unbedingter, ›absoluter‹ ethischer und religiöser Rede. Ein charakteristischer Mißbrauch der Sprache »runs through *all* ethical and religious expressions«.[4] Sie sehen zunächst aus wie Gleichnisse (similes) *für etwas*.

»Now all religious terms seem in this sense to be used as similes or allegorically. For when we speak of God and that he sees everything and when we kneel and pray to him all our terms and actions seem to be parts of a

4 L. Wittgenstein, »A lecture on ethics«, in: *Philos. Review* 74 (1965), S. 3-12, dort S. 9.

great and elaborate allegory which represents him as a human being of great power whose grace we try to win, etc., etc. But this allegory also describes the experience which I have just referred to. For the first of them is, I believe, exactly what people were referring to when they said that God had created the world; and the experience of absolute safety has been described by saying that we feel safe in the hands of God. A third experience of the same kind is that of feeling guilty and again this was described by the phrase that God disapproves our conduct.«[5]

Die Erfahrungen, auf die sich Wittgenstein vorher zur Erläuterung bezog, waren die des Sich-Wunderns über die Existenz der Welt sowie der eigenen Existenz. Er bezieht diese existentiellen Grenz- bzw. Grunderfahrungen sinnkritisch und explikativ auf den traditionellen Gottesbegriff des christlichen Glaubens, auf Gottes *Schöpfung* (Daß der Welt), Gottes ›disapprovement‹, wohl hier *Zorn* (Schuld) und Gottes *Gnade* (Geborgenheit).

Er erörtert dabei ein klassisches Problem theologischer Rede: Die erwähnten Grenzerfahrungen sind Erfahrungen, das erwähnte Gefühl (feeling) der Geborgenheit eben ein Gefühl, und so »they are facts; they have taken place then and there, lasted a certain definite time and consequently are describable.«[6] Als solche gehören sie selbst zur Welt der Tatsachen und es ist Unsinn, ihnen »absoluten« Wert zuzusprechen. Wittgenstein nennt dies »the paradox that an experience, a fact, should seem to have supernatural value«.[7] Im letzten Satz gebraucht Wittgenstein die Rede vom Paradox ganz ähnlich, wie Kierkegaard sie insbesondere in christologischem Kontext gebraucht: als das Paradox, daß ein konkretes, weltlich gesehen unscheinbares Geschehen im Glauben den Charakter der Offenbarung und der erlösenden Wahrheit erhält.

Durch einen weiteren theologischen Grundbegriff versucht Wittgenstein, das Paradox besser zu erfassen: durch den Begriff des *Wunders*. Dabei geht es ihm zunächst darum, ein Wunderverständnis im Sinne bloßer mirakulöser innerweltlicher Vorgänge abzuweisen. Denn ein solches Verständnis würde das eigentlich Wunderbare, das absolute Wunder gerade verdecken und verstellen. Das Paradox wäre zum Verschwinden gebracht, ein eigentliches Verständnis wäre depotenziert. Wittgenstein fingiert das ›miracle‹,

5 A.a.O., S. 9f.
6 A.a.O., S. 10.
7 Ebd.

daß einer Person plötzlich ein Löwenkopf wächst und zu brüllen beginnt. Wir könnten nun mit einer wissenschaftlichen Untersuchung dieser Person alles zunächst Wunderbare an diesem Ereignis nach und nach erklären, vielleicht mit einer Vivisektion. Haben wir etwas davon noch nicht erklärt, so heißt das nur: »we have hitherto failed to group this fact with others in a scientific system.« Jeder weitere wissenschaftlich zutage geförderte Befund wäre wieder nur eine Tatsache. Anders steht es mit den eigentlichen Wundern:

»And I will now describe the experience of wondering at the existence of the world by saying: it is the experience of seeing the world as a miracle. Now I am tempted to say that the right expression in language for the miracle of the existence of the world, though it is not any proposition in language, is the existence of language itself.«[8]

Das ›Daß‹ der Sprache und das ›Daß‹ der Welt sind absolute Wunder, in denen sich der innerweltlich-innersprachlich unerklärliche, wissenschaftlich nie einholbare Sinn, ein absolut ›Wertvolles‹ zeigt. Aber Wittgenstein läßt auch und gerade an diesem Punkt seines Aufweises das Paradox wieder herein: Der Aufweis führt nicht zu einem Zustand, in dem wir das Wunder in irgendeiner Weise zur subjektiven oder objektiven Verfügung hätten. Weder Sätze, noch Erfahrungen, noch Gefühle geben uns gleichsam etwas in die Hand, das wir dann besäßen, nach Hause tragen oder kontemplieren könnten.
Wittgenstein wehrt sich gegen solche Vorstellungen:

»You will say: Well, if certain experiences constantly tempt us to attribute a quality to them which we call absolute or ethical value and importance, this simply shows that by these words we *don't* mean nonsense, that after all what we mean by saying that an experience has absolute value is just a fact like other facts (...).«[9]

Dies Bestreben, das Absolute doch irgendwie innerweltlich – sprachlich, in der Erfahrung, pragmatisch zur Verfügung haben zu wollen, verfehlt dessen völlige Inkommensurabilität. Das innerweltlich nur als Unsinn Erscheinende muß Unsinn bleiben – deswegen: »Was, du Mistviech, du willst keinen Unsinn reden?« – denn die Unsinnigkeit der angeführten Erfahrungen und Redeweisen »was their very essence«:

8 A.a.O., S. 11.
9 Ebd.

»For all I wanted to do with them was just to go beyond the world and that is to say beyond significant language. My whole tendency and I believe the tendency of all men who ever tried to write or talk Ethics or Religion was to run against the boundaries of language. This running against the walls of our cage is perfectly, absolutely hopeless.«[10]

Mit der absoluten Hoffnungslosigkeit klingt hier auch bei Wittgenstein das existentiell-ethische Motiv der Verzweiflung an. An diesen grundsätzlichen Ausführungen wird deutlich, daß Wittgenstein die kritische Reflexion auf die Grenzen der Sprache mit existentiellen Paradoxien in Verbindung setzt, die der Problematik der Heideggerschen ontologischen Differenz und, noch klarer, der religionsphilosophischen Grundproblematik im Werk Kierkegaards entspricht.

Indem er in der unverstümmelten Waismann-Notiz auch noch auf Augustinus Bezug nimmt, ordnet er den Gesamtzusammenhang dieser Reflexionen selbst in den Kontext der theologischen Tradition ein. Damit sind diese Reflexionen auch als ganz orthodox zu kennzeichnen. Sie wiederholen nur, was traditionelle negative Theologie und Analogielehre seit Beginn des christlichen Abendlandes gelehrt hatten: Daß Gott eigentlich unerkennbar, unfaßbar und unsagbar ist; daß das Gute, das theologisch bzw. besser: religiös betrachtete Ethische in den Kategorien der Sünde und Gnade erscheint und nicht mit relativen menschlichen Maßstäben verrechenbar ist; daß angesichts dieser ›letzten Dinge‹ alles übrige sich relativiert und klein wird.

Und dies ist auch, wenn ich recht sehe, das Selbstverständnis Kierkegaards gewesen: Er wollte in sinnkritischer Reflexion auf die Voraussetzungen von Offenbarung, d. h. ihres Verständnisses und ihrer Mitteilbarkeit ein radikales Verständnis glaubwürdigen Christseins erneuern, die ewige, rettende Wahrheit im »Augenblick« »wiederholen«.

Weil Wittgenstein sowohl das *existentielle* Problem: Wie ist absolut glaubwürdiges, ernsthaftes, im emphatischen Sinne gutes Leben mir und jedem von uns möglich? als auch das *Sprachproblem*: Wie ist von einem solchen Leben und für es relevanten Erfahrungen und Einsichten überhaupt etwas sinnvoll mitzuteilen? zutiefst vertraut war, kann seine Nähe und Zustimmung zu Kierkegaard nicht überraschen. Sie ist so emphatisch, wie diese

10 A.a.O., S. 11 f.

Probleme grundlegend sind. Der Lebensweg Wittgensteins zeugt im übrigen, neben seinem Denken, von einem klaren und dauernden Bewußtsein dieser Probleme.
Auch an späteren Äußerungen wird deutlich, wovon Wittgenstein überzeugt ist: Kierkegaard hat das Grundproblem gesehen, womit es Ethik und Religion aus seiner Sicht zu tun haben: Läßt sich zum Daß der Welt und der eigenen Existenz ein letztlich ›gutes‹ – bei Kierkegaard emphatisch: ein in Freiheit liebendes – Verhältnis gewinnen? Und wie läßt sich von einem solchen Verhältnis sprechen? Die übereinstimmende Auffassung beider Philosophen ist: Unmißverständlich jedenfalls nicht. Immer wieder hatte Kierkegaard genau dieses Problem und seine paradoxale Struktur zu artikulieren gesucht, insbesondere in seiner christologischen Zuspitzung.
Hier hat auch seine Variante der negativen Theologie, die unter dem Titel ›indirekte Mitteilung‹ bekannt ist, ihren Sitz.[11] Würde man das Heilsgeschehen der Menschwerdung Gottes auf irgend eine Weise mit normalen, z. B. historischen Berichten auf eine Stufe stellen, so hätte man seinen Status verfehlt. Dann käme es nicht zum Anrennen gegen das Paradox, weil der eigentliche Ärger, der Skandal nicht erregt wäre. »Unmittelbar«, d. h. *falsch* verstanden wird das ganze Heilsgeschehen »ein leichtes, oberflächliches Etwas«, eine »unwahre Erfindung«, »welche den unendlichen qualitativen Unterschied zwischen Gott und Mensch vergißt«, so daß »kein Mensch es zu begreifen vermag, daß im Verhältnis zu ihm der Anfang und das Ende Anbetung ist«.[12]
Der *»unendliche qualitative Unterschied«* ist es, der das Paradox hervorbringt, und er ist es auch, auf den Wittgensteins Zustimmung zu Kierkegaard in dieser Zeit abzielt.
Kierkegaard schreibt: »Der Ernst ist gerade, daß Christus unmittelbare Mitteilung nicht geben kann, daß die einzelne unmittelbare Aussage lediglich in dem gleichen Sinne wie das Mirakel dazu

11 Vgl. zum Thema: A. Hügli, Art. »Mitteilung, Mitteilbarkeit, indirekte Mitteilung«, in: *Hist. Wörterbuch der Philosophie* Bd. 5, Basel: Schwabe & Co. (1980), Sp. 1424-1431; ders., »Gibt es Dinge, die sich nicht mitteilen lassen? Kierkegaard und die Nicht-Mitteilbarkeits-These«, in: A. Cortese/N. Thulstrup, *Liber Academiae Kierkegaardiensis,* Annarius, Tomus II-IV, Kopenhagen/Mailand 1982, S. 70-84.
12 S. Kierkegaard, *Einübung im Christentum*, in: ders., Werkausgabe, hg. E. Hirsch/H. Gerdes, Bd. 2, Düsseldorf: Diederichs 1971, S. 142.

dienen kann, aufmerksam zu machen, auf daß alsdann der Aufmerkende, indem er am Widerspruch anstößt, wähle, ob er glauben will oder nicht.«[13]

Die aus den *Vermischten Bemerkungen* bekannten einschlägigen Notizen, die ich hier nicht noch einmal aufführe, belegen es eindeutig: Wittgensteins Verhältnis zu Kierkegaard ist das rückhaltloser Zustimmung, und zwar *in puncto Christentumsverständnis*. Dieses Verständnis ist dezidiert, radikal und kompromißlos, unbedingt und existentiell – und damit wird es ganz traditionell dem emphatischen Wahrheitsanspruch der christlichen als der wahren Religion und unüberbietbaren Offenbarung gerecht. Ich vertrete schon seit längerer Zeit die These, daß der *Tractatus* wie auch *Sein und Zeit*, theologisch betrachtet, eher konservative, orthodoxe Werke sind, die auf ihre Weise, mit den Ausdrucksmitteln ihrer Zeit, also existentialontologisch bzw. sprachkritisch *bestimmte Teile der Dogmatik* beerben und in nur teilweise neuer Terminologie in ihre Analysen einbauen. Somit ist Wittgensteins Hinweis auf Heidegger in der Waismann-Notiz für *Sein und Zeit* sehr treffend. Die dortigen Analysen von Schuld, Angst, Tod, Zeit und Eigentlichkeit sind als säkularisierte Form der Sündentheologie (Hamartiologie) und somit auch von Kierkegaards Beschreibung der unerlösten bzw. der christlichen Existenz zu betrachten, als »Protestantismus auf dem Nullpunkt der Säkularisierung« (Habermas).[14] Ebenso enthält der *Tractatus* gegen Ende konventionelle Elemente negativer Theologie: das dort angezeigte Unsagbare, das »Mystische«, ist Gott. Und der ganze Aufbau des siebenstufigen Werkes kann als *via negativa* zur eigentlichen Wahrheit mystagogisch und sogar hierarchologisch-doxologisch aufgefaßt werden, so wie die für das christliche Abendland paradigmatische Form negativer Theologie bei Pseudo-Dionysios Areopagita.[15] Die so skizzenhaft identifizierbaren Dogmatik-Teile

13 A.a.O., S. 138.

14 J. Habermas, »Martin Heidegger«, in: ders., *Philosophisch-politische Profile*, Frankfurt am Main: Suhrkamp 1971, S. 81.

15 Vgl. dazu: J. Hochstaffl, *Negative Theologie. Ein Versuch zur Vermittlung des patristischen Begriffs*, München: Kösel 1976 und vom Vf., Art. »Pseudo-Dionysios Areopagites«, in: J. Mittelstraß (Hg.), *Enzyklopädie Philosophie und Wissenschaftstheorie* Bd. 3, Stuttgart: Metzler 1995; ferner Vf., Art. »Theologie, negative«, in: *Hist. Wörterbuch der Philosophie* Bd. 10, Basel: Schwabe & Co. 1998.

bzw. -Reste werden im Rahmen moderner Philosophie mitgeführt, jedoch kaum oder gar nicht auf ihre Herkunft reflektiert – sehr zum Schaden einer aufgeklärten Geschichtserfahrung.
Für Wittgensteins Verhältnis zu Kierkegaard im Rahmen des hier explizierten Kontexts gilt also erstens: Er hat dessen Christentumverständnis geteilt und es als gültige Explikation des wahren Sinns von dessen rettendem, erlösendem Wahrheitsanspruch gesehen. Das entspricht im übrigen auch dem konservativen Selbstverständnis Kierkegaards, der diesen Wahrheitsanspruch retten, bewahren und nur verdeutlichen wollte. Die eigene Übernahme dieses Wahrheitsanspruchs ist von Wittgenstein damit nicht explizit und eindeutig verbunden worden. Viele Lebenszeugnisse sprechen von einem denkbar ernsten, existentiellen Ringen in diesem Punkt; es scheint mir aber manches eher dafür zu sprechen, daß Wittgenstein eine konsequent ›diesseitige‹, insofern ›säkularisierte‹ Form mystischer Religiosität lebte.[16]
Auch diese Sachlage könnte noch Kierkegaards Indirektheit bei der Mitteilung der christlichen Wahrheit entsprechen; dieser schreibt über die »Doppel-Reflexion der Mitteilung«, es gelte, »Verteidigung und Angriff derart zur Einheit zu bringen, daß keiner unmittelbar ersehen kann, ob man angreift oder verteidigt, so daß der eifrigste Anhänger und der ärgste Feind der Sache, beide einen Verbündeten in einem vermuten können – und so selber niemand sein, ein Abwesender, ein objektives Etwas, kein persönlicher Mensch.«[17]
Der Gedanke der mittelbaren Mitteilung scheint Wittgenstein zutiefst zu prägen: Denn der *Tractatus* ist in seiner Bewegung der paradoxen Selbstaufhebung ein solch mittelbares, indirektes Mitteilen. Er ist indirekte Existenzmitteilung im Sinne Kierkegaards, und daher erfüllt sich seine ethisch-theologische Intention in der *Form der reinen Grenzziehung*. Deshalb ist die »richtige Methode der Philosophie« »eigentlich die: Nichts zu sagen, als was sich sagen läßt, also Sätze der Naturwissenschaft – also etwas, was mit Philosophie nichts zu tun hat –, und dann immer, wenn ein

16 Vgl. dagegen die starke ›Christlichkeitsthese‹ bei W. Schweidler, *Wittgensteins Philosophiebegriff*, Freiburg/München: Alber 1983, sowie die deutliche Kritik an ihr durch R. Wimmer, »Wittgensteins fromme und unfromme Erben«, in: *Philos. Jahrbuch* 92 (1985), S. 415-425.
17 S. Kierkegaard, a.a.O. (Anm. 12), S. 136.

anderer etwas Metaphysisches sagen wollte, ihm nachzuweisen, daß er gewissen Zeichen in seinen Sätzen keine Bedeutung gegeben hat. Diese Methode wäre für den anderen unbefriedigend – er hätte nicht das Gefühl, daß wir ihn Philosophie lehrten – aber *sie* wäre die einzig streng richtige.« (Tractatus 6. 53) In diesem Sinne schreibt Wittgenstein am 9.4.1917 an Paul Engelmann: »Und es ist so: Wenn man sich nicht bemüht das Unaussprechliche auszusprechen, so geht *nichts* verloren. Sondern das Unaussprechliche ist, – unaussprechlich – in dem Ausgesprochenen *enthalten*!« Zumindest in dieser frühen Zeit und im Umfeld des *Tractatus* ist also auch ein methodologischer, i.e.S. systematischer Einfluß von Kierkegaard auf Wittgenstein feststellbar, der aber nicht explizit reflektiert wird. Da der ›christentumspezifische‹ Einfluß eindeutig belegbar ist – auch durch intensive Lektüre – mag es aber sein, daß der methodologische Aspekt der Indirektheit auch eher über die allgemeine Rezeption der christlichen negativen Theologie – szs. ihrer Standardgedanken – erfolgte. Denn die begriffliche Vermittlung von theologischen Einsichten und religiös-ethischen Wahrheiten steht seit Anbeginn unter ganz besonderen Rationalitäts- und Vermittlungsanforderungen. Auch die Sokrates-Rezeption durch Kierkegaard müßte hier genauer auf mögliche Relevanz für Wittgensteins Methoden-Verständnis befragt werden.
Im Falle Kierkegaards ist es eindeutig, daß die Indirektheit dem ›Anrennen-Lassen gegen das Paradox‹ dient; daß sie negativ-kritisch gegen ›objektivistisch‹ oder in falscher Selbstsicherheit sich Verstehende und insbesondere Glaubende gerichtet ist: als praktische Kritik der menschlichen Illusionsverfallenheit. Sie ist also therapeutisch verstehbar, sie soll eine *Krisis des Selbstverständnisses* herbeiführen, und insofern ist sie strukturell der Methode der therapeutischen Sprachkritik auch des späteren Wittgenstein verwandt. Die kathartische, paradoxale Selbstaufhebung, ja Selbstvernichtung des *Tractatus* stellt tatsächlich eine existentielle Krisis der eigenen Reflexion selbst dar, sie vollzieht sie. Die späteren Analysen vollziehen diese Bewegung gleichsam mikrologisch immer von neuem, bei jeder Gelegenheit. Der *Tractatus* ist das Ende der Philosophie, die *Untersuchungen* sind die Philosophie ohne Ende. Ob die späteren Werke allerdings darüber hinaus in einem präzisierbaren Sinne indirekte Mitteilung letzter religiöser bzw. ethischer Wahrheit im Sinne Kierkegaards sind, bedarf weiterer Analyse.

Eine besondere Rolle bei der Beantwortung der Frage nach der spezifisch philosophischen, methodologischen Bedeutung der Kierkegaardschen Existenzdialektik für die Spätphilosophie Wittgensteins kommt den in ihr reflektierten Phänomenen der *Grundlosigkeit* unseres Glaubens, der *Unerklärlichkeit* der Sprache (der Sprachspiele) und der *Unableitbarkeit* unseres Sprachhandelns und der damit verbundenen Lebensformen zu.[18] Sehen wir z. B. Menschen als Personen, als Wesen mit untilgbarer Würde, denen *existentiell und a priori* Achtung gebührt, und *handeln* wir auch entsprechend dieser Grammatik, dann ist es sinnlos, dies noch zu begründen oder zu erklären (»weil es gut ist«, »weil ich es für mich auch beanspruche«, »weil Zusammenleben nur so funktioniert« etc.). Und wir können letztendlich nur durch einen »Sprung« – durch einen existentiellen Akt – in diese Praxis eintreten.[19] Wir können uns die Praxis entweder existentiell aneignen, oder nicht. Dies bedeutet weder eine Beliebigkeit, noch bedeutet es einen »irrationalen Dezisionismus«. Vielmehr gilt diese »Sprung«-Situation bei näherer Betrachtung – und dies ist möglicherweise die Pointe der Rezeption der paradoxalen Existenzdialektik in der Spätphilosophie – strukturell auch in theoretischen, z. B. logischen, mathematischen, einfachen »grammatischen« Kontexten und auch überhaupt für vernünftiges Handeln. Diese strukturelle paradoxale Existenzdialektik könnte der Schlüssel zum sehr genauen Verständnis des Diktums »I am not a religious man but I cannot help seeing every problem from a religious point of view«[20] sein. So kann man die Analyse der paradoxen Struktur des Regelfolgens mit Kierkegaards existenzdialektischen Kategorien des »Sprungs« und der »Wiederholung« in systematischen Zusam-

18 Vgl. L. Wittgenstein, *Über Gewißheit*, § 166: »Die Schwierigkeit ist, die Grundlosigkeit unseres Glaubens einzusehen.« Und § 173: Es liegt nicht »in meiner Macht, was ich glaube«. Vgl. dazu meine Interpretationen »Grundlose Gewißheit als Lebensform. Der Sinn der Verdinglichungskritik in den späteren Werken Wittgensteins«, in: Th. Rentsch, *Heidegger und Wittgenstein. Existential- und Sprachanalysen zu den Grundlagen philosophischer Anthropologie*, Stuttgart: Klett-Cotta 1985, S. 221-253.

19 Vgl. zu dieser ungesicherten Spontaneität auch den Aufsatz »Praktische Gewißheit – jenseits von Dogmatismus und Relativismus« in diesem Band.

20 Vgl. Anm. 3.

menhang bringen.[21] Einerseits sind die Regeln eines Sprachspiels schon gegeben, damit man sie befolgen und das Spiel spielen kann. Andererseits »gibt« es die Regeln nur im konkreten Vollzug des jeweiligen Spiels. Und diese Regeln sind veränderbar, *neu* interpretierbar. Der Übergang von einer bloßen Wiederholung zur neuen, selbständigen Anwendung ist selbst nicht regelhaft faßbar. Wittgenstein charakterisiert dieses Paradox selbst bereits mit Bezug auf den Übergang vom Zeichen zur Zeichenanwendung und mit dem Begriff des Sprunges: »In der Sprache gibt es stets eine Brücke zwischen dem Zeichen und seiner Anwendung. Wir müssen die Kluft selbst überbrücken; das kann uns niemand abnehmen. Keine Erklärung erspart den Sprung, denn jede weitere Erklärung wird ihrerseits einen Sprung benötigen.«[22] Es gibt dieser Analyse zufolge einen »regelfreien Punkt«[23] im Sprachspiel, der nicht mehr sprachlich darstellbar ist. Für die »Richtigkeit« der Anwendung eines Zeichens bzw. der Befolgung einer Regel gibt es kein äußerliches Kriterium. Dies besagt auch die folgende Passage der *Philosophischen Untersuchungen*: »Muß ich einen Befehl verstehen, ehe ich nach ihm handeln kann? – Gewiß! Sonst wüßtest du ja nicht, was du zu tun hast. – Aber vom Wissen zum Tun ist ja wieder ein Sprung! –« (PhU § 505). *Daß* wir denken, sprechen und handeln können, ist letztlich unerklärlich und unbegreiflich. Die Struktur des religiösen Bewußtseins, das Bewußtsein von Wunder und Gnade, zeigt sich in dieser Hinsicht gewissermaßen ›formal‹ bereits in der grundlosen Gewißheit unseres Sprachhandelns.[24]

21 In den *Wittgenstein Studies* 2 (1997) erschienen eine Reihe von Aufsätzen, die das Verhältnis von Wittgenstein und Kierkegaard weiter untersuchen. Die Struktur der Wiederholung und des Regelfolgens thematisiert instruktiv A. Roser, »Wie kam es zum Schachmatt? Existentialismus und Dialektik als Autonomie der Grammatik«. Die Kernthese Rosers lautet: »Kierkegaards Existenzdialektik trifft sich mit Wittgensteins Sprachphilosophie methodologisch im Begriff autonomer Grammatik« (Roser, Zusammenfassung, S. 1)

22 L. Wittgenstein, *Vorlesungen 1930-1935*, hg. D. Lee/A. Ambrose, übers. J. Schulte, Frankfurt am Main: Suhrkamp 1984, S. 88.

23 So A. Roser, a.a.O., S. 30.

24 Vgl. das Schlußkapitel meiner Untersuchung *Heidegger und Wittgenstein* »Die Unverfügbarkeit und Unerklärlichkeit unserer Situation als Voraussetzung der Ethik, Ästhetik und Religion«, a.a.O. (Anm. 18) S. 322-326.

Explizit wird die ungesicherte Freiheit der Entscheidung für eine Deutungsvariante im Wittgensteinschen Verständnis des religiösen Glaubens: »Es kommt mir vor, als könne ein religiöser Glaube nur etwas wie das leidenschaftliche Sichentscheiden für ein Bezugssystem sein.«[25] Erst der – nicht weiter sicherbare – Glaube ermöglicht die selbstbewußte religiöse Lebensform. Die paradoxe Existenzdialektik unsicherbarer Gewißheit bestimmt jedoch bereits alle menschlichen Sprachspiele und Lebensformen. Wenn dies zutrifft, kommt die Frage nach dem Verhältnis von Religion und Philosophie, Glauben und Denken, durch Wittgenstein und mit Kierkegaard erneut auf uns zu.

25 L. Wittgenstein, *Vermischte Bemerkungen. Eine Auswahl aus dem Nachlaß*, hg. G. H. v. Wright/H. Nyman, in: ders., Werkausgabe Bd. 8, Frankfurt am Main 1984, S. 540. Vgl. zu dieser Stelle und zum Kontext auch: W. Stegmaier, »Denkprojekte des Glaubens. Zeichen bei Kierkegaard und Wittgenstein«, in: *Wittgenstein Studies 2* (1997). Diese Ermöglichung durch existentielle Entscheidung gilt bereits für das Ethische. Vgl. dazu U. Eichler, »Kierkegaard und Wittgenstein – Über das Ethische«, in: *Wittgenstein Studies 2* (1997): »Ethisches Wissen verliert erst dann seinen Sonderstatus, den es als vom Handeln getrenntes Wissen erlangen konnte, wenn es seinen Ausdruck in einer veränderten Haltung findet, jedoch von dieser nicht abzuspalten und damit zur eigenen Sache geworden ist.« (Eichler, S. 11).

6. Die Autonomie der Phänomene. Zur Rehabilitierung der Farbe in der modernen Philosophie

1. Die Geringschätzung der Farbe
2. Der metaphysische Grund der Geringschätzung
3. Die Kritik der neuzeitlichen Metaphysik: Goethes Farbenlehre
4. Die Autonomie der Phänomene – die Rehabilitierung der Farbe: Wittgensteins Spätphilosophie

Ich möchte im folgenden in vier Abschnitten verdeutlichen, wie sich das philosophische Denken über Farbe im 20. Jahrhundert gewandelt, man kann sagen, revolutioniert hat. Um diese – insbesondere mit den sprachkritischen Analysen Ludwig Wittgensteins verbundene – Wandlung zu begreifen, muß zunächst die philosophische Unterbestimmung und Geringschätzung der Farbe dargestellt und auf ihre tieferen Gründe hin untersucht werden. Die Kritik dieser – metaphysischen – Gründe bei Goethe und in der Philosophie der klassischen Moderne führt zu einer Befreiung des Denkens vom ontologischen Dogmatismus und zu einem Neuansatz auch hinsichtlich der Farbe.[1]

1 Die folgenden Ausführungen verdanken viel der grundlegenden Arbeit von Theda Rehbock, *Goethe und die ›Rettung der Phänomene‹. Philosophische Kritik des naturwissenschaftlichen Weltbilds am Beispiel der Farbenlehre*, Konstanz: Verlag am Hockgraben 1995. Rehbock behandelt die Thematik der Geringschätzung in ihrer Einführung und in Kap. VI (Farbe und Form: Goethes Weg von der Kunst in die Farbenlehre). Systematisch zusammengefaßt und weitergeführt hat Rehbock ihre Thesen in dem Artikel »Wo sind die Farben geblieben? Über die Wirklichkeit der Farben als philosophisches Problem«, *Deutsche Zeitschrift für Philosophie*, 4 (1998), S. 601-622.

1. Die Geringschätzung der Farbe

Während Licht und Farbe in der antiken Philosophie eine genuine Betrachtung erfahren, ihnen im Mittelalter eine geradezu unerhörte spirituelle Bedeutung zuerkannt wird, bildet sich in der Neuzeit ein theoretisches und philosophisches Wirklichkeitsverständnis heraus, das der Wertschätzung der Farbe abträglich ist. Die erkenntnistheoretische Abwertung der Farben als bloß »sekundäre Qualitäten« und rein sinnliche Empfindungen verbindet sich hier auf folgenreiche Weise mit der alten metaphysischen Substanzontologie und einer moralischen Abwertung der Sinnlichkeit und des Materiellen. Die Geringschätzung der Farbe seit Beginn der Neuzeit resultiert aus einer fragwürdigen ontologisch-metaphysischen Deutung der mathematischen Physik im Lichte der alten Metaphysik, die sich bis in die klassische Kunst und die Kunsttheorie hinein auswirkt. Welches sind die charakteristischen Kennzeichen dieser geistesgeschichtlich feststellbaren Niedrigbewertung der Farbe?

1. Sie wird greifbar in der philosophischen und kunsttheoretischen Hochschätzung der *Form* bzw. der *Zeichnung* gegenüber der *Materie*, der Materialität bzw. dem *Kolorit*. Die *Form* wird dem *Intellekt* zugeordnet, die Farbe demgegenüber den im Rationalismus so genannten *niederen Seelenvermögen* der *Sinnlichkeit*, *Affektivität* und *Emotionalität*. Aufgrund der Hochschätzung des Intellekts und der Abwertung von Sinnlichkeit und Gefühl wird den Farben ein Eigenwert abgesprochen. Im Rationalismus, im Klassizismus und ebenso noch in der Ästhetik Kants sind sie ein »Reiz« für die »Empfindung« – sie vermögen zu »vergnügen« und »angenehm« zu sein, hinsichtlich der Schönheit aber sind sie bloße Zugabe zur allein maßgeblichen Form. Die Form allein gefällt im anspruchsvollen Sinne, die »Farben, welche den Abriß illuminieren, gehören zum Reiz; den Gegenstand an sich können sie zwar für die Empfindung belebt, aber nicht anschauungswürdig und schön machen«.[2]

2. In der Wirklichkeitskonstruktion der neuzeitlichen Metaphysik der Naturwissenschaften gelten allein die Eigenschaften der *Form*

2 I. Kant, *Kritik der Urteilskraft*, § 14; B 42/A 41 f., *Werkausgabe*, hg. W. Weischedel, Frankfurt am Main: Suhrkamp, S. 141.

oder *Gestalt* als *objektive* und *wesentliche Eigenschaften* der äußeren Dinge, Eigenschaften, die ihnen unabhängig von ihrem subjektiven Wahrgenommenwerden zukommen. Der Farbe wird demgegenüber – als der *bloß subjektiven* und *akzidentellen*, sinnlichen Erscheinungsweise der Dinge für das Auge – lediglich eine von der subjektiven Wahrnehmung abhängige Seinsweise zugesprochen.

3. Unter Verwendung des platonischen Grundmodells der Substanzontologie wird allein die mathematisch-geometrische Form oder Gestalt mit der Substanz oder Form (Wesenform) als der *wahren* Idee eines Dinges und ihren realen bzw. wesentlichen Eigenschaften identifiziert. Davon unterschieden werden die auch noch hinzukommenden, zufälligen Eigenschaften. Zu diesen zufälligen Eigenschaften zählen die Farben.

4. Mit dieser Wirklichkeitskonstruktion verbindet sich ein metaphysisches *Vollkommenheitsverständnis* hinsichtlich der Dinge, das ebenfalls die Farben ausschließt. Nur die ideellen Wesenseigenschaften tragen zur Vollkommenheit (im Rahmen einer Perfektionsontologie) bei, nur sie sind für die rationalistisch orientierte klassizistische Kunsttheorie notwendige Bedingungen der Schönheit.

5. Während die Form oder Gestalt als das Feste, Stabile, Beständige und Beharrende gilt, werden die Farben aufgrund ihrer Abhängigkeit vom Licht und von dessen Variabilität als das *Unbeständige, Flüchtige* und *Veränderliche, Unstete* (ab)qualifiziert. Sie wechseln und verändern sich je nach Beleuchtung bis hin zu ihrem völligen Verschwinden in der Dunkelheit. Nur die intelligible Form verleiht den Dingen realen Bestand. Dieser Metaphysik entspricht wiederum die Bewertung der Farben in der von ihr geprägten Ästhetik: Gilt es doch, die Farben durch die Form zu bändigen, zu beherrschen und einzuschränken, Materie, Sinnlichkeit und Emotion der Form zu unterwerfen. Die Farben werden demnach Kant zufolge »durch das, was die schöne Form erfordert, mehrenteils gar sehr eingeschränkt, und selbst da, wo der Reiz zugelassen wird, durch die erstere allein veredelt«.[3]

6. Die metaphysisch-substanzontologische Auszeichnung der Form oder Gestalt als allein wahre oder wesentliche Eigenschaften der Dinge verweist die Farben in den Bereich des *Scheins* und der

3 Ebd.

Täuschung, der wir erliegen, wenn wir meinen, die Farben kämen den Dingen ebenso real und objektiv zu wie die hier angenommenen essentiellen Qualitäten.

7. Wie sehr diese substanzontologische und hierarchische Denkweise mit weiterreichenden ideologischen Vorstellungen verbunden ist, sieht man auch daran, daß die untergeordnete Funktion der Farbe gegenüber der Form in der ästhetischen Theorie mit der traditionellen Rangordnung zwischen Mann und Frau in der Gesellschaft verglichen wird. Werden Tendenzen der Emanzipation der Farbe gegen diese Ordnung ruchbar, so fürchten orthodoxe Theoretiker des 19. Jahrhunderts wie Charles Blanc aus ihrer Perspektive eine Bedrohung, wie sie im Paradies für die Menschheit von Eva ausging: »Le dessin est le sexe masculin de l'art; la couleur en est le sexe feminin (...) la couleur (...) occupe le second rang (...) il faut que le dessin conserve sa préponderance sur la couleur. S'il en est autrement, la peinture court a sa ruine; elle sera perdue par la couleur comme l'humanité fut perdue par la Eve.«[4]

Auf diese Weise ist die Geringschätzung der Farbe im 19. Jahrhundert sogar mit sexistischen Vorstellungen verbunden worden – und dies nicht zufällig, sondern aufgrund tief in die okzidentale Rationalitätsgeschichte eingearbeiteter Vorurteile. Die Minderwertigkeit der Farbigkeit, Sinnlichkeit und Materialität ist auf dem Hintergrund des Platonismus und Neuplatonismus metaphysikgeschichtlich ebenso mit einem theozentrisch-hierarchischen Denken verbunden, in dem Gott als *reiner Geist* und *absolute Form* leib- und materielos gedacht wurde.

Vergegenwärtigen wir uns noch einmal, was hier eigentlich geschieht. Die Geringschätzung der Farbe beruht auf dem skizzierten metaphysikgeschichtlichen Hintergrund, der intensiv in die Ästhetik und Kunsttheorie hineinwirkt. Sie beruht so

1. auf der ontologischen Identifizierung des Primats der Form oder Gestalt gegenüber der Farbe mit dem traditionellen Primat der reinen Vernunft gegenüber der Inferiorität der Materie, der Sinnlichkeit;

4 Ch. Blanc, Grammaire des Arts du dessin, architecture, sculpture, peinture, jardins, gravure (...) (1867); zit. n. M. Imdahl, *Farbe. Kunsttheoretische Reflexionen in Frankreich*, München: Fink 1987, S. 31.

2. auf dem bloß akzidentellen und vor allem bloß subjektiven Status der Farben im Vergleich zu den wesentlichen Eigenschaften der Form oder Gestalt einer Substanz;
3. auf der Irrelevanz der Farben für die Idealität und »Wahrheit« eines Dinges in der Denkweise der Substanzontologie;
4. auf ihrer Irrelevanz für ein metaphysisches Vollkommenheitsverständnis;
5. auf dem ontologisch minderwertigen Status der Farbe als dem Unbeständigen, Flüchtigen und Veränderlichen gegenüber dem substantiell Stabilen, Festen und Beharrenden;
6. auf der Nähe der Farbe zu Täuschung und Schein;
7. auf der theologischen, metaphysischen und anthropologisch-moralischen Minderwertigkeit des Sinnlichen gegenüber der Vernunft als der absoluten, prägenden, »männlichen« Form.

2. Der metaphysische Grund der Geringschätzung

Versuchen wir noch einmal, den metaphysischen Grund der aufgezeigten Geringschätzung präzise auf den Punkt zu bringen. Erst so können wir deutlich machen, daß und wie die moderne Metaphysikkritik – die insbesondere Kritik an einer metaphysischen Deutung der Naturwissenschaften ist – zur Rehabilitierung und Nobilitierung der Farben führte. Wir müssen die *Umstrittenheit der Farbe* begreifen, müssen begreifen, daß sie am Kreuzungspunkt zweier gänzlich unterschiedlicher Denkweisen, ja zweier Welten liegt. Deshalb konnte Goethe in der *Einleitung* zu seiner *Farbenlehre* schreiben: »Es hatte von jeher etwas Gefährliches, von der Farbe zu handeln (...): Hält man dem Stier ein rotes Tuch vor, so wird er wütend; aber der Philosoph, wenn man nur überhaupt von Farbe spricht, fängt an zu rasen.«[5]
Was ist der Grund dieser drastischen Formulierung?
Das Syndrom der metaphysischen Geringschätzung der Farben wurzelt in strukturellen, ontologischen Weichenstellungen und Fundamentalunterscheidungen des okzidentalen Rationalisierungsprozesses, wie er auf sich ergänzende Weise von Nietzsche und Freud, Husserl und Max Weber, Heidegger und Wittgenstein,

5 J. W. Goethe, *Zur Farbenlehre. Didaktischer Teil,* Einleitung, Hamburger Ausgabe (HA), ed. E. Trunz, Bd. XXIII, München: Beck 1955, S. 325.

Adorno und Horkheimer, Norbert Elias und Michel Foucault in seiner Tiefenstruktur beschrieben und analysiert worden ist: als ein Prozeß der gewaltsamen Beherrschung der äußeren und inneren Natur, als ein Prozeß der Zivilisierung und Triebrepression, als ein Prozeß der Verdinglichung des Seins zum Seienden. Dieser Rationalisierungs- und Verdinglichungsprozeß, dessen durchgreifende Macht sich in den theoretischen Strukturen der Ontologie und Wissenschaft reflektiert, kennt eine *hierarchische Seinsrangordnung* von »oben« und »unten«, wobei ganz oben die reine, immaterielle und intelligible Wesensform, ganz unten die inferiore Materialität – und mit ihr die bunte Farbigkeit der Wirklichkeit – angeordnet wird. Dieser Prozeß kennt einen *ontologischen Essentialismus* – das Denken in wesentlichen Eigenschaften einer Substanz. Er kennt einen gleichzeitig entspringenden *Objektivismus und Subjektivismus* des Erkennens: eine objektivistische »Außenwelt« nach der Vorstellung der mathematisierten Physik, und, als deren Abfallprodukt, eine »subjektive« »Innenwelt« privater Empfindungen, die einem isolierten »Ich«, einem kontextlosen »Ego« gehören. Dieser Prozeß führt zur Abspaltung von Leiblichkeit, Sinnlichkeit und Materialität von der »reinen« Erkenntnis. Und er führt zu einer dualistischen *Abbildtheorie* der Erkenntnis und der Sprache.[6]

Erkenntnistheoretisch wurzelt die Geringschätzung der Farben also sehr tief. Eine ihrer entscheidenden Voraussetzungen ist die Unterscheidung von primären und sekundären Qualitäten. Primäre Qualitäten sind Zahl, Größe, Gestalt und Bewegung, Härte, Undurchdringlichkeit und Trägheitskraft, sekundäre Qualitäten sind Farbe, Ton, Wärme, Geschmack und Geruch. Nach dieser Unterscheidung der neuzeitlichen Erkenntnistheorie sind nur die leicht mathematisierbaren und geometrisch darstellbaren Qualitäten objektive, wesentliche und rational faßbare Eigenschaften der äußeren Dinge. Die sekundären Eigenschaften, also auch die Farben, werden demgegenüber als rein sinnliche Empfindungen, Gefühle und Vorstellungen angesehen, die ihrerseits durch die primären Qualitäten im Bewußtsein erzeugt werden. Man muß

6 Vgl. zum folgenden: Rehbock, a.a.O., Kap. v (Ist die Wirklichkeit farbig? – Berkeleys Kritik der Unterscheidung zwischen primären und sekundären Qualitäten), v.a. 1. (»Ontologischer Dualismus«) und 2. (»Mechanistische Abbildtheorie«).

sich klarmachen, welch ein Rationalitätsverständnis sich hier dokumentiert, und trotz aller Differenzen die feindlichen Brüder Rationalismus und Empirismus unter der Ägide der neuzeitlichen Physik vereinigt: z. B. Galilei und Descartes, Newton und Locke.

Die sekundären Qualitäten, mithin auch die Farbe, gehören demnach nicht den »objektiven« und »realen« Dingen zu, sondern sind – als sinnliche Empfindungen, Eindrücke, Vorstellungen – psychisch-physische Zustände des wahrnehmenden Subjekts. Die Metaphysik, die Substanzontologie, führt – und dies ist der entscheidende Vorgang – im Verbund mit der neuzeitlichen Naturwissenschaft zur physikalistischen Objektivierung der primären und zur Subjektivierung der sekundären Qualitäten. Damit einher geht eine *Aufspaltung* und *Verdopplung der einen Lebenswirklichkeit des Menschen* in eine subjektive und bloß private *Innenwelt* und in eine objektive und allein öffentliche *Außenwelt* – Metaphysik und Physik führen im Verbund zu einem *ontologischen Dualismus.* Demgemäß ist streng zu unterscheiden zwischen den Vorstellungen des Subjekts und den Eigenschaften der Dinge. Im strengen Sinne Eigenschaften sind nur die primären Qualitäten, während die Farben – in diesem Weltmodell – nur im wahrnehmenden Subjekt existieren.

Zwischen Innen- und Außenwelt wird in dieser Zwei-Welten-Theorie durch eine mechanistische *Abbild-Theorie* der Wahrnehmung (und der Bedeutung) vermittelt. Man denkt sich diese Vermittlung durch einen aufwendigen physikalisch-physiologischen Apparat hergestellt, durch ein materialistisch-mechanistisches Reiz-Reaktions-Schema.

Dies ist das Endprodukt des metaphysisch-physikalischen Verdinglichungsprozesses: die Welt zerfällt in Physik und Psychologie bzw. Sinnesphysiologie. Die Farben als authentische Phänomene sind damit aus der menschlichen Lebenswirklichkeit eskamotiert worden. Es erfolgt eine totale Abkehr vom lebensweltlichen Sinnesfundament und dessen vollständige Ersetzung durch das »wissenschaftliche Weltbild«. Die Farbphänomene werden aufgrund theoretischer Konstruktionen aus der äußeren Realität als bloße Empfindung ins Subjekt verbannt, oder sie werden zu bloßen Schwingungen.

3. Die Kritik der neuzeitlichen Metaphysik: Goethes Farbenlehre

Dieses ganze skizzierte Weltbild gerät völlig ins Wanken und bricht zusammen im Zuge der Entwicklung der modernen Philosophie. Und genau diese Entwicklung führt zur Rehabilitierung und Emanzipation der Farbe. Das ist jetzt zu zeigen. Die Philosophie der klassischen Moderne: dazu zähle ich die Sprachkritik (Wiener Kreis, Analytische Philosophie, Wittgenstein), Phänomenologie und Hermeneutik (Husserl, Heidegger), die Kritische Theorie Adornos und Horkheimers und die an Nietzsche und Freud anknüpfenden tiefenhermeneutischen Ansätze – diese Philosophie ist eine Destruktion der Substanzontologie, eine Kritik des ontologischen Essentialismus, eine Kritik der aus der Metaphysik folgenden hierarchischen und dualistischen Strukturen der Weltaufspaltung in Subjekt und Objekt, Vernunft und Sinnlichkeit. Genau diese Metaphysikkritik, die sich insbesondere gegen die wissenschaftlich transformierte Weltverdinglichung richtet, führt, das ist meine These, zur erneuten Autonomisierung auch der Farbphänomene.

Der erste große Protest gegen die zweifache Weltverdinglichung hinsichtlich der Farben ist Goethes Farbenlehre. Wir können sie hier nicht *in toto* beurteilen. Aber Goethe geht es darum, die Farben aus Newtons Experimentalphysik wieder – als authentische *Urphänomene* – in die humane Funktion zurückzuholen. Goethe wendet sich damit gegen den metaphysischen Anspruch Newtons, vor allem aber des bis in Dichtung und Kunst weit verbreiteten Newtonianismus seiner Zeit, durch Reduktion von Licht und Farbe auf physikalische Qualitäten (wie die Refrangibilität der Lichtstrahlen) das *Wesen* der Farben erklären zu wollen. *Primär* sind für Goethe nicht die sogenannten »primären Qualitäten« der Physik, etwa die Realität im Licht verborgener, verschieden brechbarer Lichtstrahlen; *primär* ist die lebendige Lebenswirklichkeit des Lichts und der Farben, und die unmittelbar den Sinnen sich zeigende Wirklichkeit der Erscheinungen. Daß die Newtonsche Physik dazu tendiert, diese primäre Wirklichkeit zu negieren, unterstreicht Goethes polemische Bemerkung, daß »Newtons Versuche« auf das unschuldige Licht ihre Gewalt »ausüben« und daß die Farben aus der »Marterkammer« dieser Ver-

suche »vor die Jury des gemeinen Menschenverstandes« zu bringen seien.[7]
Goethe wendet sich damit auch gegen die Aufspaltung ein und derselben Wirklichkeit in zwei ontologisch voneinander getrennte Realitäten. Für ihn gibt es weder ein den Sinnen verborgenes *Inneres der Natur* noch eine von der äußeren Welt getrennte rein psychische *Innenwelt bloßer Empfindungen* oder Vorstellungen.[8] Innen und Außen oder Subjekt und Objekt, Begriff und Phänomen – sie sind für Goethe – wie später für Wittgenstein – nur die zwei Aspekte der einen, autonomen Wirklichkeit in der unreduzierten Fülle ihrer Erscheinungen: »Nichts ist drinnen, nichts ist draußen, / Denn was innen, das ist außen.«[9]
Populär und ein geflügeltes Wort waren zu Goethes Zeit die Verse des Schweizer Naturforschers und Naturdichters Albrecht von Haller:
»Ins Innre der Natur dringt kein erschaffner Geist,
Zu glücklich, wann sie noch die äußre Schale weist!«
Gegen diesen ontologischen Dualismus von »Innen« und »Außen« richtet sich Goethes folgendes Gedicht:

»*Ins Innere der Natur,*
O! du Philister!
Dringt kein erschaffner Geist.
Mich und Geschwister
Mögt ihr an solches Wort
Nur nicht erinnern:
Wir denken: Ort für Ort
Sind wir im Innern.
Glückselig! Wem sie nur
Die äußere Schale weist!
Das hör' ich sechzig Jahre wiederholen,
Und fluche drauf, aber verstohlen;
Sage mir tausend tausendmale:
Alles gibt sie reichlich und gern;
Natur hat weder Kern
Noch Schale,

7 J. W. Goethe, »Maximen und Reflexionen«, Nr. 469, HA III, S. 430.
8 Vgl. Rehbock, a.a.O., Kap. VII. 5. (Ursachen und Bedingungen: Goethes Kausalitätskritik, Abschnitt »Innen und Außen«).
9 »Epirrhema«, HA I, S. 358.

Alles ist sie mit einemmale;
Dich prüfe du nur allermeist,
Ob du Kern oder Schale seist!«[10]

Diese letzten polemischen Zeilen gegen einen ontologischen Dualismus, »Natur hat weder Kern / Noch Schale (...)«, diese Zeilen wollte Wittgenstein einmal als Motto seinem Hauptwerk *Philosophische Untersuchungen* voranstellen. In Goethes Sicht gibt es kein verborgenes Inneres der Natur, sondern die lebendigen Erscheinungen sind für den Menschen offenbar, wenn wir sie nicht durch ihnen fremde, mathematisch-physikalische oder bewußtseinsphilosophische Deutungen verdrängen. Goethe wendet sich gegen ein reduktionistisches Mißverständnis solcher Deutungen, wenn er schreibt, es komme ihm »nicht darauf an, durch eine Hypothese die Erscheinungen zu verrenken, sondern die klaren, natürlichen Rechte einer jeden anzuerkennen (...)«.[11]
»Solange nun in der Farbenlehre nicht auch klar wird, *daß die Totalität der Phänomene nicht unter ein beschränktes Phänomen und dessen allenfallsige Erklärung gezwängt werden kann, sondern daß jedes einzelne sich in den Kreis mit allen übrigen stellen, sich ordnen, sich unterordnen muß*«[12] – solange wird die Autonomie der Phänomene *systematisch verzerrt.* Der Versuch, die Natur durch formale Strukturen oder Experimente vollständig in den Griff zu bekommen, scheitert notwendig: Er eliminiert die Phänomene, wo es doch darauf ankommt, sie bis zu den »Urquellen zu verfolgen, bis dorthin, wo sie bloß erscheinen und sind und wo sich nichts weiter an ihnen erklären läßt«.[13] Wie Gertrude Stein in ihrem berühmten Gedicht der klassischen Moderne schrieb, »A rose is a rose is a rose«, so insistiert Goethe (und mit ihm später Wittgenstein) darauf, daß die Farben Farben sind und sonst nichts, keine Schwingungen, keine durch Versuchsanordnungen erzeugten Brechungen, keine »Eindrücke in uns«, sondern ganz sie selbst in der Fülle ihrer komplexen Wirklichkeit.

10 HA XXIII 34 f.
11 Goethe, Gesamtausgabe der Werke und Schriften, Stuttgart: Cotta 1961-1963, Bd. XXII, S. 901 f.
12 »Diderots Versuch über die Malerei«, übersetzt und mit Anmerkungen begleitet von Goethe, in: D. Diderot, *Ästhetische Schriften* I, ed. F. Bassenge, Westberlin 1984, S. 728.
13 *Farbenlehre. Didaktischer Teil,* Einleitung, HA XIII, S. 327.

Auf diese Weise setzt sich Goethe auch bereits – wie die spätere Wesenskritik Wittgensteins – von Platonischen und neuplatonischen, wesens- und einheitszentrierten Vorstellungen ab: Faust wendet sich, vom »Flammenübermaß« der Sonne geblendet, ab, um »am farbigen Abglanz« der Erscheinungen »das Leben« zu haben (Faust Z. 4708, 4727; HA III 148 f.). Dies ist eine versteckte Anspielung auf das Höhlengleichnis Platons, in dem das höchste Ziel des Aufstiegs aus der Höhle ins Freie darin besteht, unmittelbar das Licht des Einen und Guten und damit den Ursprung allen Seins zu schauen.[14] Dieser platonischen Blickrichtung setzt Goethe die aristotelische, den sinnlichen Phänomenen zugewandte Orientierung entgegen. Sie begnügt sich damit, das Licht in der Vielfalt der Farberscheinungen, das Wesen in den Wirkungen gewahr zu werden, ohne etwas *hinter den Phänomenen* zu suchen oder auch nur zu vermuten, etwas zu unterstellen (griechisch: zu hypostasieren), worauf alles zu *reduzieren*, woraus alles *ableitbar* wäre. »Eigentlich unternehmen wir umsonst, das Wesen eines Dinges auszudrücken« – so schreibt Goethe programmatisch zu Beginn der Farbenlehre. »Wirkungen werden wir gewahr, und eine vollständige Geschichte dieser Wirkungen umfaßte wohl allenfalls das Wesen jenes Dinges. Vergebens bemühen wir uns, den Charakter eines Menschen zu schildern; man stelle dagegen seine Handlungen, seine Taten zusammen, und ein Bild des Charakters wird uns entgegentreten.«[15] Die Kritik einer metaphysischen Ableitung und einer physikalischen Reduktion der Farben, wie sie Goethe im Bestreben einer Rettung der authentischen Lebenswirklichkeit und unverstellten Fülle, der *phänomenalen Autonomie der Farben* unternimmt, diese Kritik weist vor auf die letzte uns bekannte, große Transformation der Philosophie, die Spätphilosophie Ludwig Wittgensteins, in der die Farben zu ihrem Recht kommen sollen. Das Denken der Autonomie der Phänomene – und paradigmatisch der Farbphänomene – kann als Herz seines Denkens betrachtet werden.

14 In diesem Zusammenhang: Rehbock, a.a.O., Kap. VII. 6, Abschnitt »Einheit und Vielfalt«.
15 Ebd., Vorwort, HA XIII, S. 315.

4. Die Autonomie der Phänomene – die Rehabilitierung der Farbe: Wittgensteins Spätphilosophie

Das moderne Denken, dem wir die Destruktion der traditionellen Metaphysik und in eins der Wissenschaftsverfallenheit verdanken, dieses Denken geht – in Philosophie und Musik, Malerei und Film, Architektur und Literatur, Psychologie und Wissenschaftstheorie – in vielem auf die Wiener Moderne zurück, der auch Ludwig Wittgenstein zugehört. In seiner Spätphilosophie und ihren – zunächst – negativ-kritischen Einsichten bündelt sich die Destruktion der hierarchischen Metaphysik, der Substanzontologie, des Essentialismus und des Subjekt-Objekt-Dualismus. Versuchen wir, diese Einsichten, die zur Autonomisierung der Farben beitragen, zu reformulieren.

1. Es gibt überhaupt keine Ontologie, die auf irgendeine Weise unseren Orientierungen und Unterscheidungen vorgegeben wäre. Es gibt kein Sein-an-sich, keine irgend vorstrukturierte Weltordnung.
2. Es gibt keine vorgegebenen Hierarchien von »oben« und »unten«, »Gott« und »Welt«, »abstrakter Vernunft« und »konkreter Sinnlichkeit«. Es gibt gewissermaßen nichts »Großes«, »Dominierendes«, und daneben »Kleines« – alles steht auf gleicher »Höhe«.
3. Es gibt deshalb auch kein vorgegebenes »Zentrum« oder »Wesen«, keine wesentlichen Eigenschaften oder Substanzen, keine starren »Objekte« im Sinne der herkömmlichen Ontologie – denen dann noch »unwesentliche« Eigenschaften zukommen.

Wenden wir diese die Fundamente herkömmlichen Denkens bis auf den Grund erschütternden Einsichten auf Farben an. Wittgensteins Sinnanalyse besagt nicht zuletzt: Kein Substantiv hat ohne Adjektiv Sinn, kein Adjektiv ohne Substantiv. »Rot« ist: ein roter Apfel, ein rotes Kleid, rote Wangen, eine rote Rose – »irgend etwas« kann nicht rot sein. Es gibt nicht »die Röte« – aber ebenso nicht »den Tisch«, »die Liebe« oder »die Wahrheit«.

4. Es gibt aber auch keine substantiell-starren »Subjekte«, es gibt kein »Inneres«, keine private Innenwelt subjektiver Empfindungen oder Wahrnehmungen. Das *Primäre* sind Phänomene des Lebens, auch die Farben. Zwar ist die Wahrnehmung der Farben

abhängig von physikalischen und physiologischen Bedingungen. Die Farben selbst aber sind weder etwas bloß Objektives, Äußeres, noch etwas bloß Subjektives, Inneres. Vielmehr sind die Phänomene vollkommen autonom – sie benötigen bzw. wir benötigen zu ihrem Verständnis weder eine »transzendent-objektive Realität«, noch irgendeine »transzendent-subjektive Realität«, noch subjektive »Konstitutionsleistungen«. Die reine phänomenologische Grammatik Wittgensteins beschreibt die völlig autonome Wirklichkeit. Diese ist auf nichts hinter, über oder unter ihr reduzierbar; sondern diese Wirklichkeit zeigt sich in dem, was wir jeweils sagen und tun:
Die Bedeutung von etwas (eines Phänomens) ist der Gebrauch, den wir von ihm machen. Die Bedeutung der Farben und der Farbunterscheidungen ist der Gebrauch, den wir von ihnen im Kontext unseres gesamten Handelns und auf dem Hintergrund unseres sonstigen, gesamten Lebens machen.

Das Bild des metaphysischen Realismus, wie auch des metaphysisch verstandenen wissenschaftlichen Realismus ist uneinlösbar. Um 1930 verabschiedet Wittgenstein dieses Bild. Bedeutung gewinnen unsere Worte nur im Gebrauch, und nie durch eine ontologische reale Wesenheit – sei sie außen (substanzontologisch objektiv oder physikalisch objektiv »gemessen«) oder innen (subjektiv »gefühlt«, »empfunden« oder sinnesphysiologisch »nachgewiesen«).
»Ich sehe eine rote Rose.« – Unsere Wahrnehmungssätze erhalten ihren Sinn im Gebrauch. Ihre Erklärung durch eine kausale Theorie der Wahrnehmung und die Sinnesphysiologie ist hoffnungslos inkonsistent: Alle Theorien über die Farben, Physik, Physiologie ruhen erst nachträglich auf der primären Wirklichkeit des Gebrauchs unserer Farbunterscheidungen im Leben, in der Praxis auf.
Die Autonomie der Phänomene, auch der Farben, geht noch weiter. Keine subjektive Evidenz einer privaten Innenwelt kann je größer sein als die subjektive Evidenz irgend eines Anderen – weil es *keine Referenz* auf ein »x in mir«, einen »Röte-Eindruck in mir (und nur in mir)« gibt. »In der Vase vor mir stehen gelbe Rosen« – das heißt nie: »In mir ist ein Gelb-Eindruck«, oder »Physikalisch meßbare Schwingungen erzeugen kausal auf der Netzhaut einen Eindruck, der als ›gelb‹ empfunden wird« – es

heißt: Ich kann diese Rosen mit andersfarbigen vergleichen, sie voneinander unterscheiden; ich kann dieses Gelb, diesen Gelbton von einem anderen Gelbton unterscheiden; ich kann die Rosen einem Kind zeigen und es fragen, welche Farbe sie haben, und die richtige Antwort erwarten. Alles, was es zu wissen gibt, ist in den möglichen Sprachhandlungszusammenhängen und in der Grammatik der Farbprädikate bereits enthalten und ausgedrückt. Es gibt keine verborgenen Wesenheiten, Eigenschaften, weder solche der Metaphysik noch solche der Physik. Es ist nichts dahinter, nichts hinter dem Gebrauch, hinter dem unerklärlichen und grundlosen Phänomen, *daß* es die Farben »gibt«: »Gibt«, so wie es unser Leben und unser Handeln »gibt«. Die Befreiung vom Zwang hierarchischer Ordnungsstrukturen führt zur Autonomie der Phänomene, die sich in der inneren Verfassung und autonomen, beweglichen Ordnung unseres praktischen Umgangs mit den Farbunterscheidungen zeigt, in ihrer inneren, *internen Konstitution.* Dieser Umgang, diese *Praxis*, ist das »Außen« des »Innen«, von dem Goethe bereits sprach.

In diesem Umgang zeigt sich die *interne Konstitution des autonomen Farbenraumes*; so, wie sich die autonome Konstitution unseres Gefühlsraumes, unseres Schmerzes und unseres Glücks, in dem entsprechenden Kontext lebensweltlicher Sprache und Praxis vor aller Psychologie und Philosophie zeigt. Das heißt auch: Als autonome Phänomene sind die Farben *selbstgegeben* und *gleichursprünglich*, in ihrer komplexen Totalität *irreduzibel* auf etwas anderes als sie selbst, *unableitbar* von etwas anderem als sie selbst, und nur *wechselseitig* verstehbar mit und durch sich selbst.

Es ist faszinierend zu sehen, wie Wittgenstein auf diesem Hintergrund Analysen entwickelt, die entscheidende Grundvoraussetzungen der Goetheschen Farbenlehre rehabilitieren:

- die Bedeutung des Begriffs des Lichts und der Polarität von Licht und Finsternis als fundamentalem Strukturprinzip für die Ordnung der Farben;
- die Bedeutung eines trüben, materiellen Mediums (z. B. Luft, Glas) als notwendige Bedingung für die Entstehung der Farben, der Schattencharakter der Farben.[16] Wittgenstein schreibt:

»Was ich brauche, ist eine (...) phänomenologische Farbenlehre,

16 Vgl. Rehbock, a.a.O., Kap. VIII (Goethes Farbenlehre als phänomenologische Grammatik).

keine physikalische und ebensowenig eine physiologische. Und zwar muß es eine *rein* phänomenologische Farbenlehre sein, in der nur von wirklich Wahrnehmbarem die Rede ist und keine hypothetischen Gegenstände – Wellen, Zellen etc. – vorkommen.«[17]
Zur internen Konstitution der Farbphänomene gehört nach Wittgenstein die Ordnung der Farben mittels der polar-konträren Hell-Dunkel-Unterscheidung, entsprechend Goethes Polarität von Licht und Finsternis. Gelb ist demnach die hellste, Blau die dunkelste Farbe, alle übrigen Farbtöne liegen dazwischen; zu dieser Konstitution gehört wie erwähnt das durchsichtig-trübe Medium (Luft, Wasser, Glas, Rauch etc.); es gehört dazu die Unterscheidung von Grund- und Zwischenfarben und die Unterscheidung von Flächenfarben und Oberflächenfarben. Wir wollen seine komplexen Einzelanalysen hier nicht mehr weiter verfolgen. Wesentlich ist: Die Farbanalysen Ludwig Wittgensteins sollen die eigenständige Realität und die begrifflich-interne, vortheoretische Konstitution der Farbphänomene freilegen, sie freilegen in einer Perspektive, die Goethe erreichen wollte, als er davon sprach, er wolle eine »zarte Empirie«[18] entwickeln.
Ziehen wir das Fazit unserer kurzen Geschichte neuzeitlicher und moderner Farbenphilosophie. Die Geringschätzung, die Depotenzierung der Farben wird durch die Metaphysik und ihre sowohl vertikal- wie horizontal-hierarchische Substanzontologie vorbereitet: die Farben gehören der minderwertigen, niedrigen Seinsschicht der Materie und der Sinnlichkeit zu, gegenüber der die objektive Form, als Wesen der Vernunft, das eigentliche Sein ist. Daher sind die Farben nur unwesentliche Beigabe, Akzidentien der eigentlichen Dinge. Sie haben mit Wahrheit, Vollkommenheit und Beständigkeit nichts zu tun, sondern nur mit Flüchtigkeit, Täuschung und Schein.
Die Tiefenstruktur dieser metaphysischen Geringschätzung tritt vollends zutage, wenn die Welt im in der Neuzeit gleichzeitig entstehenden Subjektivismus und Objektivismus aufgespalten

17 L. Wittgenstein, *Philosophische Bemerkungen*, Frankfurt am Main: Suhrkamp 1981, § 218, S. 273. Gegen Ende seines Lebens nimmt Wittgenstein dieses Programm mit ausführlichen Analysen der Farbbegriffe wieder auf und spricht in seinen *Bemerkungen über die Farben* (Frankfurt am Main: Suhrkamp 1979, I, § 22) statt von einer »phänomenologischen Farbenlehre« von einer »Logik der Farbbegriffe«.
18 HA XIII, S. 435.

und verdoppelt wird in eine »Privatwelt« innerer Empfindungen und eine »Außenwelt« physikalischer Objekte. Zwischen diesen Bereichen werden die Farben (wie übrigens auch die Gefühle und Empfindungen) so aufgeteilt, daß ihre phänomenale Eigenständigkeit völlig getilgt wird, getilgt auf dem Wege theoretischer Konstruktionen.

Goethes Farbenlehre ist ein früher, hellsichtiger Versuch, die zweifache Weltverdinglichung auf die lebendige Lebenswirklichkeit des Lichts und der Farben hin zu überschreiten. Es gibt primär kein subjektivistisches Innen und, davon abgespalten, ein objektivistisches Außen.

Noch weiter geht Wittgenstein in seiner Spätphilosophie, in der *jede* theoretische Verdinglichung abgelehnt bzw. als Schein erwiesen wird und an die Stelle der Großkonstrukte »Subjekt« und »Objekt« die interne Konstitution autonomer Phänomenbereiche – wie der der Farben – und ihre Vernetzung tritt. Seine Philosophie der Farben führt zu komplexen Sinnanalysen dieses autonomen Bereichs. Sie erweisen: Die Farben gehören zum Leben, zu seiner Ganzheit und seiner irreduziblen, qualitativen Fülle – genauso wie der Schmerz und das Glück auf der existentiellen Ebene. Sie gehören zum Reichtum und zur internen Unendlichkeit einer menschlichen Welt, wie sie ständig außen allen sichtbar ist.

Zu dieser Sichtbarkeit der Welt gehört unser lebenspraktischer Umgang mit den Farbqualitäten mit seinem eigenständigen Sinn – vor jeder Physik und Metaphysik. Ein amerikanischer Maler formulierte es glasklar: »Wenn ich male, bin ich das Subjekt. Aber ich bin auch das Objekt. Ich bin der vollständige Satz.«

7. Praktische Gewißheit – jenseits von Dogmatismus und Relativismus. Bemerkungen zu Negativität und Autonomie der Sprache bei Wittgenstein

1.

In den vielen Einzeluntersuchungen zu Wittgensteins Werk scheint mir zuweilen dessen radikaler Impuls verlorenzugehen. Diesen Impuls möchte ich zunächst in Erinnerung rufen. Er verdankt sich der Grundeinsicht, daß jede Art des Verständlichmachens einer Sprache selbst bereits eine Sprache voraussetzt und voraussetzen muß.

Somit können wir, wie Wittgenstein in den *Philosophischen Bemerkungen* feststellt, mit der Sprache »nicht aus der Sprache heraus«[1], weil uns die Struktur der Welt ebenso wie auch die Struktur unseres Bewußtseins nur über bereits intern geregelte (strukturierte) Verhältnisse unserer Sprache zugänglich ist. Das *Nicht* in diesem *Nicht*-Herauskönnen zeigt die Grenze menschlichen Ver-

1 L. Wittgenstein, *Philosophische Bemerkungen*. Aus dem Nachlaß herausgegeben von R. Rhees, Frankfurt am Main: Suhrkamp 1981, § 6 (S. 54): »Wenn ich einem Menschen die Bedeutung eines Wortes ›A‹ erkläre, indem ich sage ›dies ist A‹ und auf etwas hinzeige, so kann dieser Ausdruck in zweierlei Weise gemeint sein. Entweder ist er selber schon ein Satz und kann dann erst verstanden werden, wenn die Bedeutung von A bereits bekannt ist. D. h., ich kann es nur dem Schicksal überlassen, ob der Andere den Satz nun so auffaßt, wie ich ihn meine, oder nicht. Oder der Satz ist eine Definition. Ich hätte jemandem etwa gesagt ›A ist krank‹, er wüßte aber nicht, wen ich mit A meine, und nun zeigte ich auf einen Menschen und sagte ›dies ist A‹. Nun ist der Ausdruck eine Definition, aber diese kann nur verstanden werden, wenn die Art des Gegenstandes bereits durch den grammatisch verstandenen Satz ›A ist krank‹ bekannt war. Das heißt aber, daß jede Art des Verständlichmachens einer Sprache schon eine Sprache voraussetzt. Und die Benützung der Sprache in einem gewissen Sinne nicht zu lehren ist. D. h. nicht durch die Sprache zu lehren, wie man etwa Klavierspielen durch die Sprache lernen kann. – D. h. ja nichts anderes als: Ich kann mit der Sprache nicht aus der Sprache heraus.«

mögens an und indiziert die fundamentale Negativität, die weithin Thema der kritischen Analysen Wittgensteins – in Kontinuität zum *Tractatus* – ist.

Der einzig gangbare Weg einer möglichen Vernunftkritik besteht gemäß dieser Grundeinsicht im Bewußtmachen der Grenzen noch jeder Sinnanalyse und Sinnkritik selbst – ob im Alltag, in den Wissenschaften oder in der Philosophie. Alle sowohl ontologischen wie bewußtseinsphilosophischen Versuche, über die »Welt an sich«, ohne Berücksichtigung der logisch-grammatischen Verfassung der dazu verwendeten sprachlichen Mittel zu sprechen, sind zum Scheitern verurteilt. Warum? Weil man dann unweigerlich genötigt wird, eine Konstruktion von der Art einer »Widerspiegelung« oder »Abbildung« der Realität *in der Sprache* auszuführen. Wir müssen uns dann auf einen Standpunkt außerhalb der – sei es objektiven, sei es subjektiven – Realität und außerhalb unseres Sprachgebrauchs stellen, um von da aus irgendeine, wie auch immer geartete strukturelle Entsprechung oder Isomorphie der Wirklichkeit und der Sprachstruktur zu erkennen – und das ist ein unmöglicher, noch nicht einmal archimedischer Standpunkt. Denn wenn wir unseren Sprachgebrauch dann durch eine »Übereinstimmung« unserer Sätze mit der Wirklichkeit zu erläutern versuchen, dann können wir dies wiederum nur in der Form von Sätzen tun, die die Regeln ihrer jeweiligen logischen Grammatik – die Regeln ihres jeweils korrekten Gebrauchs – bereits wieder voraussetzen. Selbst wenn wir nur auf etwas Wahrnehmbares in der Wirklichkeit zeigten, so gehörte doch dieser deiktische Akt wiederum zu einem sprachlichen Ausdruck: Er könnte also auch wieder nur im Zusammenhang einer komplexeren Sprachpraxis verstanden werden.

Die Form dieser Zeige-Praxis – und mithin die Form der »Welt« überhaupt – *sehen* wir nicht unmittelbar, nicht »realistisch«, nicht »ontologisch«. Eine solche intellektuelle Anschauung der Form kann es nicht geben. Wir können diese Form, diese kategoriale Strukturiertheit weder von vermeintlich vorgängigen, sinnkonstitutiven »Seinsstrukturen«, noch von vermeintlich vorgängigen, ursprünglichen »Bewußtseinsstrukturen« ablesen – kurz: wir können die sinnkonstitutiven Gebrauchsregeln der Sprache von *nichts* vermeintlich Vorgängigem oder Ursprünglichem ablesen. Die Sprache ist in diesem Sinne autonom.

Diese Grundeinsicht ist klar ausgesprochen schon im *Tractatus*:

»4.12 Der Satz kann die gesamte Wirklichkeit darstellen, aber er kann nicht das darstellen, was er mit der Wirklichkeit gemein haben muß, um sie darstellen zu können – die logische Form.
Um die logische Form darstellen zu können, müßten wir uns mit dem Satze außerhalb der Logik aufstellen können, das heißt außerhalb der Welt.
4.12.1 Der Satz kann die logische Form nicht darstellen, sie spiegelt sich in ihm.
Was sich in der Sprache spiegelt, kann sie nicht darstellen.
Was *sich* in der Sprache ausdrückt, können *wir* nicht durch sie ausdrücken. (...)«.
Im Sprachgebrauch zeigt sich die Bedeutung. Sie kann nicht als konstituiert gedacht werden durch Vergleich oder Abbildverhältnisse zwischen Innenwelt und Sprache, zwischen Außenwelt und Sprache, zwischen einer Innenwelt und einer Außenwelt. Beide gibt es nicht als ontologische Bereiche eigenen Rechts. Auch diese Gebrauchsthese steht schon im *Tractatus* (3.326 ff.).
Somit sind alle nachcartesianischen Theoriekonstruktionen der Sinn- bzw. Bedeutungskonstitution – ob Dualismus oder Monismus, Idealismus, Realismus, Empirismus, Materialismus, metaphysischer Parallelismus oder dogmatischer Behaviourismus von Grund auf verfehlt – unter Einschluß der klassischen Transzendentalphilosophie.
Der Entfaltung und Vertiefung dieser Grundeinsicht dienen vornehmlich die weiteren Werke Wittgensteins. Aus ihr folgt die Destruktion unkritischer Ontologien, vor allem die Destruktion des angeblich durch besondere Erkenntnismöglichkeiten zugänglichen »Innen« eines Bewußtseins, ferner die Destruktion einer Abbildtheorie der Bedeutung und irriger Vorstellungen von einer Referenz zwischen Worten und Gegenständen, schließlich auch die Argumentation gegen die Vorstellung von einer Privatsprache.
Die Analysen von Wittgenstein entfalten im Zuge dieser Destruktionsbewegung – ich erinnere an die Tagebuchnotiz »I destroy, I destroy, I destroy«[2] – eine Reihe weiterer negativ-kritischer Thesen bzw. Feststellungen oder Befunde, die sich vielleicht wie folgt zusammenfassen und bezeichnen lassen:

2 L. Wittgenstein, *Vermischte Bemerkungen. Eine Auswahl aus dem Nachlaß*. Herausgegeben von G. H. von Wright, Frankfurt am Main: Suhrkamp 1977, S. 48.

1. Der Befund der *Unentscheidbarkeit* der Differenz »empirisch« / »begrifflich«, zwischen »Erfahrung« und »Regel«[3];
2. der Befund der *Unbestimmtheit der Referenz*[4];
3. der Befund der *Wahrheitsindefinitheit* von Wissen[5];
4. der Befund der *Internalität von Existenzsätzen*[6];
5. der Befund der (theoretischen, szientifischen, »transzendenten«) *Unsicherbarkeit* unseres Wissens[7];
6. der Befund der *Unvordenklichkeit* bzw. *Grundlosigkeit, der Nichtletztbegründbarkeit* von Gewißheit[8];
7. der Befund der *Unvorhersehbarkeit* von Sprachhandlungen, der Führungslosigkeit des Handelns, des sogenannten Regelskeptizismus[9];
8. der Befund der unverzichtbaren Angewiesenheit auf empirische, kontingente und auf grammatische *Basissätze* (hinge propositions) als Fundament aller unserer sprachlichen Orientierungen[10].

Aus diesen Befunden kann man nun, so scheint es auf den ersten Blick, eine extrem skeptische, extrem relativistische Sicht der menschlichen Orientierungspraxis folgern, deren Kontingenz und Beliebigkeit, einen aktualistischen Dezisionismus und letztlich totalen Irrationalismus. Denn, wenn diese Befunde zutreffen, welches Bild der menschlichen Sprach- und Handlungssituation ergibt sich aus ihnen?

Es ergibt sich ein Situationsverständnis, in dem wir – so scheint es – nicht entscheiden können, was wir aus Erfahrung und was wir aus sozialen Konventionen wissen; in dem wir nicht genau angeben

3 Vgl. L. Wittgenstein, *Über Gewißheit*. Herausgegeben von G. E. M. Anscombe u. G.H. von Wright, Frankfurt am Main: Suhrkamp 1971, z. B. §§ 98, 308-321, ab jetzt zitiert als ÜG.

4 P. M. S. Hacker, *Wittgenstein's Place in Twentieth-Century Analytic Philosophy*, Oxford: Blackwell 1996, S. 191 akzentuiert im Zusammenhang eines Vergleichs von Quine und Wittgenstein ebenfalls diesen Punkt.

5 Vgl. *Über Gewißheit*, z. B. §§ 108, 205.

6 Vgl. ebd., z. B. §§ 35, 143, 620.

7 Vgl. ebd., z. B. § 47.

8 Vgl. ebd., z. B. §§ 115, 149-152, 166, 173, 192, 307.

9 Vgl. ebd., z. B. §§ 559-561.

10 Vgl. ebd., z. B. §§ 93-101, 494-497.

können, welche Gegenstände unsere Worte bezeichnen und auf was sie sich jeweils genau in der Welt beziehen; ein Situationsverständnis, in dem unsere Wahrheitsansprüche ungewiß sind, und unsere Existenzannahmen und Behauptungen nur relativ zu bestimmten sozialen und kulturellen Sprachspielgemeinschaften Sinn und Geltung haben. Es ergibt sich ein Situationsverständnis, in welchem unsere Orientierungen und unser Wissen kontingent und relativ sind, ungesichert durch letzte theoretische Abstützungen, grundlos, weil jede Begründung noch einen unbegründeten, nicht mehr absicherbaren Glauben voraussetzt, den wir fraglos im Handeln akzeptieren und akzeptieren müssen:

»Du mußt bedenken, daß das Sprachspiel sozusagen etwas Unvorhersehbares ist. Ich meine: Es ist nicht begründet. Nicht vernünftig (oder unvernünftig). Es steht da – wie unser Leben.« (ÜG § 559)

»Am Grunde des begründeten Glaubens liegt der unbegründete Glaube.« (ÜG § 253)

»Wo sich wirklich zwei Prinzipien treffen, die sich nicht miteinander aussöhnen, da erklärt jeder den Andern für einen Narren und Ketzer.« (ÜG § 611)

Solche und ähnliche Zitate scheinen die skeptische, relativistische Lesart zu bestätigen.

Mit Bezug auf die Analyse des Regelfolgens in den *Philosophischen Untersuchungen* hat diese skeptische Lesart in der Gegenwartsdiskussion noch einmal eine Pointierung erfahren. Von einer Regel ist ihre jeweilige Deutung und ihre jeweilige Anwendung nicht mitgeregelt: »Unser Paradox war dies: eine Regel könnte keine Handlungsweise bestimmen, da jede Handlungsweise mit der Regel in Übereinstimmung zu bringen sei.« (PhU § 201) Wittgenstein erscheint in diesen Diskussionszusammenhängen wie ein Hume der Sprachphilosophie. Daß wir nicht über eine notwendige Verknüpfung zwischen unseren bisherigen und den zukünftigen Erfahrungen verfügen, bedeutet, auf die Sprachpraxis übertragen, daß wir noch nicht einmal im Einzelfall ein uns absicherndes Kriterium für unsere jeweilige Deutung haben können. Hier erfolgt dann der für alle Geltungstheoretiker transzendentaler oder sonstiger rationalistischer Ausrichtung schwer – besser: unerträgliche Rekurs Wittgensteins mit dem kursiven *So* : *So* machen wir es. Das heißt, es erfolgt – dafür scheint nun wiederum alles zu sprechen – ein Rekurs auf eine faktische Praxis, die sich einmal so eingespielt hat, aus welchen Bedürfnissen auch immer. So, wie wir uns in der Analyse Humes an bestimmte Abfolgen von Ereignissen gewöhnt haben, so ist es auch bei Wittgenstein die Macht der Gewohnheit, der Üblichkeiten und Gepflogenheiten, die unsere Sprachhandlungszusammenhänge faktisch stabil hält. So verbindet sich der Skeptizismus der Ordnungen, wo nicht mit dem irrationalen Dezisionismus der Narren und der Ketzer, so doch mit einem Konservativismus und Traditionalismus, die Pädagogik des »Abrichtens« nicht zu vergessen.

II.

Mir scheint diese Konsequenz völlig verfehlt zu sein, vornehmlich, weil sie die wirklich radikale Sinnkritik Wittgensteins gleichsam in den falschen Hals bekommt und damit allerdings ein sehr weitreichendes Mißverständnis etabliert. Denn: Weder folgt aus der radikalen Sinnkritik Wittgensteins und ihren negativen Befunden ein Skeptizismus und Relativismus der Ordnungen, noch folgt aus ihr ein praktischer oder gar politisch interpretierbarer Konservativismus bloß faktischer Konventionen. (Und das gilt selbst dann, wenn Wittgensteins persönliche Überzeugungen so gewesen sein sollten.)
Aber bereits die skeptischen und relativistischen Lesarten verfehlen den von mir zu Anfang erwähnten radikalen Impuls. Diese Rezeptionen lassen Wittgensteins philosophische Texte wieder als Teile einer *Theorie* erscheinen, die aus solchen Lehrstücken wie der »Gebrauchstheorie der Bedeutung«, dem »Privatsprachenargument«, dem »Regelskeptizismus« bzw. aus solchen Grundbegriffen wie z. B. »Sprachspiel«, »Familienähnlichkeit« und »Lebensform« in einem durchaus konventionellen Sinn besteht. Sie verkennen, daß Wittgensteins Sinnkritik als dialogische *Tätigkeit* des sich über sich selbst aufklärenden Denkens je und je am Ort und am Einzelproblem entfaltet wird. Sie ist also ein *Tun*, das jeweils etwas zeigen, klarmachen will, und um diese eingreifende Form eines denkenden Handelns geht es Wittgenstein, nicht um quasiobjektivistische Theorien und die Konstruktion eines erkenntnistheoretischen oder auch sprachphilosophischen Systems – sei es Skeptizismus, Nominalismus, Pragmatismus, oder sonstwie benannt. Die vielen unmißverständlichen Äußerungen Wittgensteins

in dieser Richtung scheinen von manchem nicht wahrgenommen zu werden. Man wundert sich dann noch, daß er diese aphoristische Form der Einzelbemerkung wählt – und vermutet, er sei halt nicht weiter gekommen; man verkennt dabei, daß gerade diese Mikrologie eine radikale Unterminierung theoretisch-objektivistischer Wahrheits- und Geltungsansprüche nicht nur der traditionellen Philosophie darstellt, und diese Radikalität zeigt sich auch im Medium der Form.

Bereits hier zeigt sich auf einer ganz grundsätzlichen Ebene das Offene angesichts der Ordnungen: in einem innovatorischen Philosophieren, verstanden als lebendige dialogische Tätigkeit, die neue Sichtweisen eröffnen kann, indem wir jetzt auf unsere sprachlichen Voraussetzungen und Unterscheidungen *achten*, indem wir *schauen*, wie wir z. B. über Farben oder über unser Innenleben reden, indem wir Situationen *fingieren*, in denen ganz andere Verhältnisse herrschen als die uns vertrauten. Dies alles: achten, schauen und fingieren, sind bewußte Aktivitäten – Philosophie als Tätigkeit – dies ist nicht eine Theorie des Pragmatismus.

Um so mehr sind die skeptisch-konservativen Deutungen verfehlt, als sie bei den negativ-kritischen Befunden Wittgensteins stehenbleiben und diese dann zu *Theorien* über die Sprache als ganze und ihre Funktionen, zu *Theorien* über unsere Erkenntnis meinen objektivieren zu können. Die skeptischen, relativistischen Lesarten der kritischen Reflexionen von Wittgenstein sind daher von Grund auf verfehlt. Denn die negativ-kritischen Aspekte seiner Analysen betreffen im wesentlichen irrige Bilder und Objektivitätsvorstellungen, die einem angemessenen Verständnis des Eigenrechts und der Eigengesetzlichkeit unseres Sprachhandelns gerade im Wege stehen. Damit stehen sie auch dem Verständnis menschlicher Handlungsspielräume, klassisch gesprochen: dem Verständnis menschlicher Freiheit im Wege.

Insbesondere begründet der Abbau irriger Vorstellungen vom Verhältnis der Sprache zur Welt, zumal zu unserer Innenwelt, keinen Skeptizismus, sondern ist eine Befreiung. Betrachten wir einige der erwähnten negativ-kritischen Befunde Wittgensteins daraufhin, was sie im Hinblick auf die Ordnungen und das Offene tatsächlich besagen.

1. Es sind bestimmte *Basissätze* (hinge propositions), die die Grundlage unserer Weltbild-Gewißheiten zusammenfassen und artikulieren. Wir prüfen nicht alles – das können wir nie – sondern:

weil wir vieles akzeptieren, entwickeln wir überhaupt ein Verständnis von Gründen. Dieses Verständnis wird getragen von einem System von Praktiken (Peter Winch), die sich in einem soziokulturellen Kontext entwickelt haben und von dort her auch beurteilbar sind. Aus diesem Befund folgt auf gar keine Weise, daß die Basissätze nicht revidierbar und veränderbar sind, auch nicht, daß wir uns soziokulturelle Lebenswelten als stahlharte Käfige der Hörigkeit vorstellen sollten. Wohl jedoch ist es ein Beitrag zur Aufklärung, wenn wir auf unsere Basissätze in Alltag, Wissenschaft und Philosophie explizit achten und sie dem Durchspielen alternativer Möglichkeiten und der verfremdenden Konfrontation mit den Voraussetzungen anderer Lebens- und Praxisformen aussetzen, und dies war ja gerade eine von Wittgenstein geübte Methode.

2. Es gibt weder in einem Subjekt noch in einer punktuell fixiert gedachten Bedeutung einen archimedischen Punkt der Sinnkonstitution. Es gibt keine transzendente Absicherung der Stabilität von Bedeutungen. Der Destruktion der zeitübergreifenden, besser: zeitlosen Erstreckung einer solchen Bedeutungs*substanz* dienen viele kritische Analysen Wittgensteins, v. a. die des Regelfolgens. Wessen beraubt uns die Zerstörung einer solchen Substantialität der Bedeutung? Sie befreit uns von einer transzendenten Illusion, von einer Scheinsicherheit. Und sie befreit uns zu der Einsicht, daß jedes Regelfolgen, also menschliches Tun *ein freies Fortsetzen bloßer, und das heißt vor allem: nicht-festlegender Anfänge* ist. Jeder Anfang, den wir machen, muß in nicht noch einmal weiter sicherbarer Gewißheit auch bestimmter empirischer, kontingenter Tatsachen gemacht werden. Die bloßen, nicht-festlegenden Anfänge lassen sich nicht noch einmal metaphysisch hintergehen. Auch können wir nicht unseren sinnhaften, regelgeleiteten Handlungen in die oder gar in alle Zukunft vorauseilen, um nachzusehen, ob wir alle Fortsetzungen (Fortsetzungshandlungen) auch entsprechend unserem jetzigen Regelverständnis ausführen. Wir sind jeweils nur endlicher Handlungsfolgen fähig – die Alternative zu dieser weder skeptischen noch relativistischen Einsicht kann nicht in einem theoretischen Dogmatismus des Regelverstehens oder in einem transzendenten Szientismus im Hinblick auf zukünftige Handlungen bestehen. Was von außen, von nirgendwo aus (from the point of nowhere) als Grenze des Wissens, des Prognostizierens, und als Unmöglichkeit einer transzendenten

– mentalistischen oder realistischen – Abstützung erscheint, das ist nur die Kehrseite unserer pragmatischen Spontaneität, also der Fähigkeit, eine Reihe von Ereignissen selbst anzufangen (Kant), unseres Könnens (Wittgenstein).

Wittgensteins Kritik besagt daher letztlich, daß wir uns nicht in der Zukunft oder noch einmal hinter uns oder in uns aufstellen können, um so das Ganze unserer Handlungen, der sie leitenden Absichten oder Verständnisse noch einmal in einem metaphysischen *big picture* von Welt und Ich, Subjekt und Objekt, Sprache und Wirklichkeit zu über- und zu durchschauen. Wir verfügen nicht über ein *big picture* von außen, weil wir ständig noch am Prozeß des Unterscheidungshandelns tätig beteiligt sind, aktiv tätig beim Prozeß der sprachlichen Bestimmungen von Identität und Differenz, aber auch z. B. bei der Bestimmung des Verhältnisses von begrifflicher und empirischer Geltung.[11]

Somit besagt gerade auch die Kritik Wittgensteins an der Innenwelt des Bewußtseins: Wir benötigen keine übermäßigen Tatsachen, z. B. ein transzendentales Subjekt, für Bedeutungserläuterungen. Es gibt außerhalb unserer Sprachhandlungszusammenhänge keine Entitäten, keine Instanzen, die Gelingen, Stabilität oder Verläßlichkeit dieser Zusammenhänge garantieren oder erklären. Würde es sie geben – in Gestalt eines transzendentalen Subjekts x der Bedeutungskonstitution, in Gestalt einer festen Verbindung y von Wort und Gegenstand bzw. einer Supertatsache z der Verbindung von vergangener, gegenwärtiger und zukünftiger Wortgebrauchspraxis bzw. Bedeutung – so müßten diese Erklärungsinstanzen: transzendentales Subjekt x, Verbindungsinstanz y oder Supertatsache z selbst wiederum verstanden werden – sie müßten in der uns bekannten Sprache interpretierbar sein.

Diese Objektivismus- und Mentalismuskritik Wittgensteins ist Metaphysikkritik, die gleichzeitig zweierlei zeigt: Erstens, daß Skeptizismus und Relativismus als theoretische Optionen noch von falschen, quasi-metaphysischen Vorstellungen von dem aus-

11 Diese zeitliche Verendlichung aller uns möglichen Perspektiven zeigt die tiefe systematische Verwandtschaft der Analysen Wittgensteins mit denen von Heideggers *Sein und Zeit*. Diese Analysen lassen sich auf Kant und auf Nietzsches Perspektivismus zurückbeziehen, und sie berühren sich mit der Relativitätstheorie von Einstein. Vgl. ÜG § 305: »Hier ist *wieder* ein Schritt nötig ähnlich dem der Relativitätstheorie.«

gehen, was wir tatsächlich *wissen* können, und zweitens, daß metaphysische Bilder bereits viele unserer alltäglichen Vorstellungen auch bezüglich ganz »kleiner« Verstehenssituationen irreführend belasten. Überall, beim Verständnis jeder sinnhaften Handlung können wir wider Willen zu objektivistischen Metaphysikern werden.

Demgegenüber gilt: Weder lesen wir den Sinn unserer Worte und Sätze von irgendwelchen quasi-metaphysischen Instanzen noch einmal ab, noch bedeutet sprachliche Kompetenz völlige *semantische Verfügungsgewalt* und technisch-instrumentelle Kontrolle der jeweiligen Sprachmittel. Der durch Sprachspiele eröffnete Spielraum ist nicht völlig bekannt – gleichsam total erleuchtet oder transparent – und er ist auch nicht mit einem Schlage insgesamt überschaubar.

Alle diese Vorstellungen sind systematisch irreführende, verräumlichende Verbildlichungen der zeitlichen Bedeutungskonstitution, die insgeheim vom optischen Mythos eines selbstmächtigen, sich selbst völlig transparenten Subjekts der Erkenntnis zehren – einem Zerrbild unserer Situation und damit auch einem Zerrbild unserer Autonomie. (Das gilt auch für eine ideale Kommunikationsgemeinschaft.)

Ein solches Subjekt aber gibt es nicht, und es wäre metaphysischer Szientismus und Dogmatismus, seine Existenz zu behaupten. Vielmehr erheben wir auch alle unsere Wahrheits- und Geltungsansprüche inmitten vieldeutiger (ambigner), opaker, materieller und endlich-diskursiver, für uns nicht gänzlich erkennbarer Verstehenssituationen.

III.

Eine Pointe dieser Sinnkritik ist, daß gerade die Befreiung von den Illusionen der Transparenz, der semantischen Allmacht und des transzendenten Überblicks in allen ihren Verästelungen uns auch die Einsicht in den kreativen, offenen, lebendigen Prozeß der menschlichen Sprachpraxis unverstellt eröffnet: Interpretation, Entwurf, Innovation, neuer Anfang, qualitativ neue Wiederholung, Gegenentwurf gehören zu ihr als einem unabgeschlossenen und prinzipiell unabschließbaren Prozeß, wie auch alle Irrtümer und Mißverständnisse. Sie gehören zu einem Prozeß, der *als gan-*

zer nichts abbildet, sondern der selbst unser Welt- und Selbstverständnis je neu kreiert. Wir sind nicht metaphysische Szientisten unserer eigenen, welterschließenden und weltformierenden Praxis und Sprachpraxis.
Im Blick auf die Ordnungen und das Offene möchte ich zum Schluß zwei weitreichende systematische Konsequenzen dieser Sinnkritik skizzieren und ihre Bedeutung gerade für die praktische Philosophie verdeutlichen. Beide Konsequenzen sind anti-skeptisch und anti-relativistisch zu verstehen. Sie betreffen das, was ich *Autonomie der Sprache, semantische, begriffliche, sprachliche Spontaneität und praktische Gewißheit* nennen will.
Nach dem Gesagten sind unsere Sprachspiele in dem Sinne autonom, daß ihre jeweilige grammatische Verfassung *nicht* auf etwas außerhalb ihrer *zurückführbar, unableitbar* von anderen Grammatiken und *nur als ganze verstehbar* ist. Der Turm im Schachspiel mitsamt seinen Zugmöglichkeiten zeigt am kleinen Beispiel diese Irreduzibilität, Unableitbarkeit und diesen Holismus. Im Rahmen dieser autonomen, eigengesetzlichen internen Konstitution des Spiels entfaltet sich der ganze Reichtum unerschöpflicher Möglichkeiten – der Spielraum allein bereits der Eröffnungen, der Anfänge – bei einer Schachpartie.
»Autonomie« bedeutet gerade nicht Relativität oder gar Willkür und Beliebigkeit. Natürlich »gibt es« in einem schlichten Sinne z. B. die Farben. Wir gehen mit ihnen um. Die Praxis unserer Farbunterscheidungen konstituiert eine Grammatik, die in dem Sinn autonom ist, als sie nicht auf die subjektive Evidenz einer privaten Innenwelt rückführbar ist, und auch nicht auf die Grammatik einer Sprache über neurophysikalische oder neurophysiologische Tatsachen. Die Farben sind autonome Lebensphänomene, erst sekundär und parasitär können wir z. B. von physikalisch meßbaren Schwingungen oder Wellen reden, die kausal Vorgänge auf der Netzhaut bewirken. Unsere autonomen sprachlichen Entwürfe brauchen nicht mit »der Wirklichkeit« übereinzustimmen – sie erzeugen und bestimmen mit, welche Sichten wir etablieren und praktizieren.
Das gilt nun auch in eminentem Sinne für die Ethik. Wir können hier insbesondere von einem begrifflichen Netzwerk sprechen, das mit unseren Praktiken eng verwoben ist. Ich denke an Begriffe wie »Person«, »Achtung«, »Anerkennung«, »Respekt«, »Rücksicht«, »Würde« und »Unantastbarkeit«. Mit diesen Begriffen wird –

geschichtlich über sehr lange Zeit, unter Einfluß von Sprachspielentwürfen der antiken Philosophie, des Christentums und des Humanismus, aber für jeden Teilnehmer am Sprachspiel der okzidentalen Ethik neu – *etwas völlig Neues,* Vorbildloses, etwas Revolutionäres, Ordnungen Sprengendes in die Welt eingeführt: ein Sprachspiel tendenziell universaler Achtung und Anerkennung jedes Menschen als Menschen. Deswegen sind auch unsere Verwendungen des Wortes »Mensch« mit den ethischen *Einsichten* und den von ihnen untrennbaren *Lebensformen* bzw. Praxisformen eng verwoben, z. B. in Sätzen wie:

»Sieh ihn doch nicht bloß als Verbrecher, sieh ihn doch auch einmal als Mensch!«

»Die Gefangenen werden unmenschlich behandelt.«

Oder in Wittgensteins Beispiel zu Anfang der *Vermischten Bemerkungen*:

»So kann ich oft nicht den *Menschen* im Menschen erkennen«.[12]

Diese hier nicht weiter zu entfaltenden ethischen Sprachmöglichkeiten[13] artikulieren unsere *praktischen Gewißheiten* hinsichtlich einer ethischen Lebensform. Sie lassen sich in *Basissätzen* der Art:

»Jeder Mensch hat Würde.«

»Jedem Menschen gebührt Achtung seiner Würde.«

zusammenfassen.

Die ethischen Basissätze sind in gewisser Hinsicht nicht weiter begründbar, denn wir arbeiten umgekehrt moralische Rechtfertigungen und juristische Begründungen allererst mit ihrer Hilfe aus. Hinter der durch die Grammatik der ethischen Basissätze und Prädikate artikulierten, autonomen Praxis ist »nichts« mehr im Sinne einer diese Praxis noch einmal – z. B. metaphysisch, psychologisch, soziologisch – fundierenden Ebene. Was Kant mit der Unbedingtheit des Anspruches des Sittengesetzes meinte, wird jetzt als richtiger Hinweis auf die autonome Grammatik des Ethischen und ihre Universalität begreiflich. Ebenso wird begreiflich: Nicht nur können wir Sinn produzieren, den es vorher bzw. sonst nie in der Welt gab, sondern wir sind auch an dessen Fortbildung und Interpretation ständig beteiligt und tätig. Denn weder liegt ein

12 L. Wittgenstein, *Vermischte Bemerkungen*, a.a.O., S. 11

13 Vgl. dazu meine Analysen in: Th. Rentsch, *Die Konstitution der Moralität*, Frankfurt am Main: Suhrkamp ²1999.

für allemal fest, wie personale Achtung und Würde näherhin verstehbar sind (auch in keinem philosophischen Text!), noch wissen wir selbst jeweils schon abschließend und umfassend, was wir in den unübersehbar vielfältigen Lebenssituationen unter Personalität und Würde jeweils verstehen und verstehen werden. Wir finden dies selbst erst, auf unsicheren und unsicherbaren Pfaden, verwoben mit unseren sonstigen Lebenserfahrungen, inmitten unserer Verwendungspraxis, heraus. (Denken wir z. B. an »Freundschaft« und »Liebe«!) Wir sind, wie auch sonst, auf das Urteil der anderen angewiesen, um eigene Urteilsfähigkeit zu entwickeln. Es gehört zu unserem ethischen Sprachspiel, daß die Gebräuche hier nicht festgelegt sind. Die gesamte Ethik- und Religionsgeschichte zeigt dies ja. In alten Lebensformen kamen Würde und ähnliche Prädikate z. B. nur den Göttern und den Königen zu. Die Grammatik ist nicht determiniert; sie steht der Interpretation, der Deutung offen.

Aber die ethische Grammatik ist mitnichten beliebig, subjektiv, relativ. Sie ist so mit unseren Tätigkeiten und Selbstverständnissen verbunden, daß im Zweifelsfall über Gegenbeispiele zu menschlichem, humanem Verhalten kein Zweifel herrscht. Unsere Gebräuche von »menschlich«, »Achtung«, »Würde« sind so mit reziproken Erwartungshaltungen verbunden, daß sich ihre praktische Gewißheit auch im Vertrauen zeigt, mit dem wir ihnen gemäß handeln. Dementsprechend zeigt die ethische Grammatik der Mißachtung, der Verletzung und der Schuld in ihrer intersubjektiven Geltung, daß hier von Beliebigkeit und Relativismus keine Rede sein kann.

Am Beispiel der ethischen, praktischen Gewißheit wird auch deutlich, wie verfehlt eine ganze Reihe metasprachlicher Zugriffsweisen auf sie waren und sind. Die Grammatik von Funktionen sozialer und individueller Stabilisierung und Selbsterhaltung erreicht nicht ihren spezifischen Sinn, auch nicht psychologische, z. B. emotive Verständnisse hinsichtlich eines subjektiven Gefühls der Achtung. Aber diese Grammatiken lassen sich auf die ethische Praxis zumindest *auch* beziehen, wenn auch nicht auf ihre praktische Gewißheit. Vollends irreführend wären z. B. idealistische metasprachliche Zurechtstellungen von der Art eines Fiktionalismus. Aber wenn wir Menschen als Personen achten, dann tun wir nicht bloß so, *als ob* sie eine letzte, untilgbare Würde hätten. Um die Autonomie der ethischen Sprachpraxis gegen alle metaphysischen und physischen Mißverständnisse abzugrenzen, meinte Kant geradezu eine reine, zweite, grundlegende, intelligible und noumenale Welt konzipieren zu müssen. In einem an Wittgenstein anschließenden Verständnis kann die *nicht weiter begründbare* – wohl aber vielfältig erläuterbare – Autonomie des Ethischen ohne diese quasi-metaphysische Konstruktion begriffen werden. So, wie wir es bei den Farben mit gelben Äpfeln, roten Rosen und schwarzem Kaffee zu tun haben, und nicht mit Schwingungen und Netzhautreizen, aber auch nicht mit »dem Gelb«, »dem Rot« und »dem Schwarz«, so haben wir es im ethischen Kontext mit Menschen im personalen Sinne zu tun, und nicht mit bloßen Naturereignissen oder Leibmaschinen, denen dann nachträglich intelligible Deutungen angedichtet werden. Der Riesenzirkel des Kantschen Systems, der sich im intelligiblen Gebrauch der Kausalitätskategorie zeigt: ohne vorausgesetzte Freiheit keine Moralität, ohne Moralität aber auch keine Freiheit – dieser Zirkel löst sich auf.

Die intelligible Welt ist inmitten unserer einen Welt und nirgendwo sonst – ohne Dogma, ohne Relativismus.

Nachweise

Ausführliche Erläuterungen zum Kontext der Beiträge finden sich in der Einführung. Ich stelle hier nur die bibliographischen Angaben zusammen. Für die vorliegende Buchfassung wurden alle Beiträge leicht überarbeitet.

1. Teil

1. »Interexistentialität. Zur Transformation der existentialen Analytik Heideggers« erschien zuerst in: R. Margreiter/K. Leidlmair (Hg.), *Heidegger. Technik – Ethik – Politik*, Würzburg: Königshausen & Neumann 1991, S. 143-152.
2. »Aufhebung der Ethik« erschien zuerst in: H. Hastedt/E. Martens (Hg.), *Ethik. Ein Grundkurs*, Reinbek b. Hamburg 1994 (= rowohlts enzyklopädie 538), S. 114-143.
3. »Negativität und Ethik« war meine Antrittsvorlesung an der Technischen Universität Dresden am 9. November 1993 und erschien zuerst in: *Wissenschaftliche Zeitschrift der Technischen Universität Dresden* 44 (1995) Heft 2, S. 21-25.
4. »Die Kultur der Differenz. Negative Ethik, Relativismus und die Bedingungen universalistischer Rationalität«. Originalbeitrag.
5. »Unmöglichkeit und Selbsttranszendenz der Gerechtigkeit« erschien zuerst in: Ch. Demmerling/Th. Rentsch (Hg.), *Die Gegenwart der Gerechtigkeit. Diskurse zwischen Recht, praktischer Philosophie und Politik*, Berlin: Akademie 1995, S. 191-196.
6. »Die Konstitution der Konstitution. Rechtsphilosophische Bemerkungen zur Legitimation des Grundgesetzes«, zuerst in: *Jahrbuch Politisches Denken* 1995/96, Stuttgart/Weimar: Metzler 1995, S. 29-46.
7. »Altern als Werden zu sich selbst. Philosophische Anthropologie und Ethik der späten Lebenszeit«, zuerst in: P. B. Baltes/J. Mittelstraß (Hg.), *Zukunft des Alterns und gesellschaftliche Entwicklung*, Berlin/New York: De Gruyter 1992, S. 283-304.
8. »Religiöse Vernunft: Kritik und Rekonstruktion. Systematische Religionsphilosophie als kritische Hermeneutik«, zuerst in: H.-J. Höhn (Hg.), *Krise der Immanenz. Religion an den Grenzen der Moderne*, Frankfurt am Main: Fischer 1996, S. 235-262.

2. Teil

1. »Negativität und Vermittlung. Hegels Anthropo-Theo-Logik«, zuerst in: Ch. Demmerling/F. Kambartel (Hg.), *Vernunftkritik nach Hegel. Analytisch-kritische Interpretationen zur Dialektik*, Frankfurt am Main: Suhrkamp 1992, S. 100-138.

2. »Vermittlung als permanente Negativität. Der Wahrheitsanspruch der ›Negativen Dialektik‹ auf der Folie von Adornos Hegelkritik«, erschien zuerst in: Ch. Menke/M. Seel (Hg.), *Zur Verteidigung der Vernunft gegen ihre Liebhaber und Verächter*, Frankfurt am Main: Suhrkamp 1993, S. 84-102.
3. »Die Negativität der Sprache. Bemerkungen zu Adorno und Wittgenstein«, zuerst in: *Wittgenstein Studies* 1 (1996).
4. »Wie ist ein Mann ohne Eigenschaften überhaupt möglich? Philosophische Bemerkungen zu Musil«, zuerst in: H. Bachmaier (Hg.), *Wien – Paradigmen der Moderne (Viennese Heritage/Wiener Erbe 3)*, Amsterdam/Philadelphia: J. Benjamins 1990, S. 49-75.
5. »Anrennen gegen das Paradox: Wittgenstein, Heidegger und Kierkegaard«, zuerst in: *Wittgenstein Studies* 2 (1997).
6. »Die Autonomie der Phänomene. Zur Rehabilitierung der Farbe in der modernen Philosophie«, zuerst in: K. Georgi/E. Bendin (Hg.), *Farbe und Gestalt, 2. Dresdner Farbenforum*, Dresden 1996, S. 12-25.
7. »Praktische Gewißheit jenseits von Dogmatismus und Relativismus. Bemerkungen zu Negativität und Autonomie der Sprache bei Wittgenstein«, zuerst in: H. J. Schneider/M. Kroß (Hg.), *Mit Sprache spielen. Die Ordnungen und das Offene nach Wittgenstein*, Berlin: Akademie 1999, S. 137-147.

Namenregister

Sachregister